Betriebs- und Wirtschaftsinformatik

Herausgegeben von

H. R. Hansen

H. Krallmann

P. Mertens

A.-W. Scheer

D. Seibt

P. Stahlknecht

H. Strunz

R. Thome

Hans Robert Hansen · Robert Mühlbacher
Gustaf Neumann

Begriffsbasierte Integration von Systemanalysemethoden

Mit 130 Abbildungen

Physica-Verlag

Ein Unternehmen des
Springer-Verlags

Prof. Dr. Hans Robert Hansen
Dr. Robert Mühlbacher
Dr. Gustaf Neumann
Abteilung für Wirtschaftsinformatik
Institut für Informationsverarbeitung
und Informationswirtschaft
Wirtschaftsuniversität Wien
Augasse 2-6
A-1090 Wien

ISBN 978-3-7908-0653-3   ISBN 978-3-642-52396-0 (eBook)
DOI 10.1007/978-3-642-52396-0

CIP-Titelaufnahme der Deutschen Bibliothek
Hansen, Hans Robert:
Begriffsbasierte Integration von Systemanalysemethoden / Hans
Robert Hansen; Robert Mühlbacher; Gustaf Neumann. –
Heidelberg : Physica-Verl., 1992
(Betriebs- und Wirtschaftsinformatik; 53)

NE: Mühlbacher, Robert:; Neumann, Gustaf:; GT

Preface

As more and more information is being computerized, it is becoming harder and harder to share. When everything was on paper, people could read reports written by other people working in the same profession. But when everything is in the computer, it cannot be read without software that is compatible with the software that produced it. For highly structured information in databases and knowledge bases, the problem is getting worse. Even with identical software, the information cannot be used without a precise specification of its structure and meaning. Further progress in sharing and integrating information depends on formal methods for specifying meaning.

This book reports on a project that addresses that problem: it adopts a formal language for specifying meaning as the central focus for systems analysis, design, and development. The formalism is conceptual graphs – a system of logic with a graphical representation that has a direct mapping to and from natural languages. As part of the project, the authors have studied a variety of notations and methodologies that are being used for database design and systems analysis. They show how conceptual graphs can be used as a unifying language that can be translated to and from the other notations. Unlike older systems of logic, such as predicate calculus, conceptual graphs are a highly readable form of logic that clarifies rather than obscures the underlying relationships.

Logic-based approaches for information sharing have attracted increasing attention within the past year. The International Standards Organization (ISO) has begun an effort to develop standards for conceptual schemas and data modeling facilities. They are especially interested in logic-based approaches and graphical methods for making logic more readable, usable, and understandable. In the United States, the American National Standards Institute is also working on logic-based approaches. The ANSI X3H4 Committee on Information Resource Dictionary Systems has adopted conceptual graphs as a basis for unifying diverse specification and analysis languages and notations. The DARPA-sponsored Knowledge Sharing Effort is a coalition of university projects that are using logic-based approaches for sharing information in databases and knowledge bases. All of these projects are closely related, and they have many common members who are trying to work towards a convergence of all the logic-based techniques.

With such an international effort working towards commonality and integration, this book comes at a most opportune time. It shows that a readable, graphic logic-based approach can be used to unify diverse methods for analyzing and representing information. It makes an important contribution towards a synthesis of the diverse approaches with a common logic-based formalism.

New York, USA, May 1992   John F. Sowa
                                                           IBM Systems Research Institute

Vorwort der Autoren

Es gibt nicht viele Gebiete der Wirtschaftsinformatik, in denen eine so breite Vielfalt an unterschiedlichen Lösungsansätzen oder Methoden zur Lösung eines Problems vorgeschlagen werden, wie für die Systemanalyse und den Systementwurf. Bei diesen – teils konkurrierenden, teils sich ergänzenden – Ansätzen wird jeweils der gleiche Aufgabenbereich aus unterschiedlichen Blickwinkeln betrachtet. Bei einem Verfahren (*ER*) stehen beispielsweise die Dinge und Objekte des modellierten Realitätsausschnittes im Betrachtungsmittelpunkt, in einem anderen Verfahren bilden *„elementare Satztypen"* den Ausgangspunkt, wodurch Beziehungen und Nebenbedingungen stärker betont werden (*NIAM*). Im nächsten Verfahren interessieren vor allem die Flüsse und Bewegungen zwischen Einrichtungen, Speichern und Prozessen (*DFD*). Das Verfahren *REMORA* konzentriert sich auf die Dreiecksbeziehung zwischen Objekten, Operationen und Ereignissen, die Methode *SF* versucht, den Realitätsausschnitt durch Mengen und Funktionen mathematisch zu beschreiben, wobei exakt definiert wird, unter welchen Bedingungen Elemente der einen Menge in eine andere Menge übergehen.

Was haben diese Methoden gemein? Jede dieser Methoden verfügt in einzelnen Bereichen über eine starke Modellierungskraft, die zum effizienten Systementwurf signifikant beitragen kann. Unter Modellierungsaspekten wäre es somit von Interesse, je nach Problemstellung den einen oder anderen Methoden-Mix heranzuziehen. Diesem Multi-Methoden-Ansatz steht allerdings entgegen, daß die einzelnen Methoden kleine Miniwelten mit unterschiedlichem Vokabular bilden, wobei die Beherrschung jeder einzelnen Methode einen nicht zu unterschätzenden Einschulungsaufwand benötigt. Die Schnittstellen zwischen den Methoden sind zudem bis dato unzureichend untersucht worden, wodurch die Integration der Methodenergebnisse weiter erschwert wird. Es stellt sich die Frage, nach welchen Kriterien eine Integration erfolgen könnte.

Entwirft man ein Informationssystem mit mehreren unterschiedlichen Methoden und sucht dann nach Gemeinsamkeiten, so fällt ein Integrationsfaktor auf, der interessanterweise bei keiner der Methoden als zentrale Modellierungskomponente verwendet wird: die verwendeten Begriffe. Vergleicht man mehrere Modelle desselben Anwendungsproblems, die mit verschiedenen Methoden modelliert wurden, so bilden die verwendeten Anwendungsbegriffe einen möglichen Integrationspunkt. Werden hingegen mehrere Modelle von unterschiedlichen Anwendungssystemen gegenübergestellt, die mit derselben Methode modelliert wurden, so kann man (auch ohne die Anwendungsprobleme zu kennen) die Modelle durch die verwendeten Methodenbegriffe verstehen.

In diesem Buch wird der Gedanke der begriffsbasierten Integration von Systemanalysemethoden verfolgt, wobei in einem gemeinsamen System methodenspezifische Begriffe (wie z.B. der Begriff des Entitätstyps im ER-Modell, LOT im NIAM-Modell, usw.) neben anwendungsspezifischen Begriffen definiert und maschinell abarbeitbar verwaltet werden. Die verwendeten Begriffsdefinitionen werden in der Form von Begrifflichen Graphen (nach [Sow84]) dargestellt, die zugrundeliegende Programmiersprache ist Prolog.

Das vorliegende Buch enthält Ergebnisse des vom österreichischen Fonds zur Förderung der wissenschaftlichen Forschung (FWF) geförderten Projekts *„Wissensbasierte Integration von Informationssystemdesignmethoden zu einer universellen Repräsentation und deren anwendungsorientierte Interpretation"* (Projektnummer: P7247–PHY), das von Mitarbeitern der Abteilung für Wirtschaftsinformatik an der Wirtschaftsuniversität Wien in Zusammenarbeit mit Studenten entwickelt wurde.

Folgende Kollegen sind neben den Autoren Mitverfasser dieses Sammelwerkes:

- Ludwig Cibulka (NIAM)

- Sebastian Eschenbach (DFD)

- Dörte Jochims (Remora)

- Benno Krachler (SF)

- Sepp Vinatzer (ER)

Norbert Kehrer haben wir für aufwendige Redaktionsarbeiten zu danken.

Wien, im Mai 1992   Hans Robert Hansen
                                                        Robert Mühlbacher
                                                        Gustaf Neumann

Inhaltsverzeichnis

Teil I

Begriffsbasierte Integration von Systemanalysemethoden

Kapitel 1

Begründung der Systemanalyse im Begrifflichen

1.1 Motivation für einen begrifflichen Ansatz

Am Beginn dieser Abhandlung über die Rolle von begrifflichen Strukturen in der Systemanalyse soll ein Fallbeispiel stehen, das die Arbeitsweise der Systemdesignpraxis prototypisch zeigt. Zugleich soll dieser Fall den Ausgangspunkt der Arbeit bilden.

1.1.1 Praxis der Systemanalyse im Jahr 1990: Ein Fallbeispiel

In einer mittelständischen Firma, die mechanische Einzelteile erzeugt, soll ein neues Vertriebsinformationssystem realisiert werden und auf die Verarbeitung durch einen Rechner umgestellt werden. Es wird beschlossen, dieses Informationssystem durch ein Softwarehaus nach den eigenen Vorstellungen auf der bereits vorhandenen Unix–Anlage entwickeln zu lassen.

Zu diesem Zweck wird ein von der Hardwarefirma genanntes Softwarehaus mit der Realisierung betraut. In einer etwa halbstündigen Besprechung mit dem Vertriebsleiter werden die Grundzüge des Programms erläutert. Weiters wird die Sekretärin des Vertriebsleiters mit der Aufgabe betraut, die restliche Abwicklung des Projekts zu überwachen und mit der Softwarefirma in Kontakt zu bleiben. Ergebnis dieser ersten Besprechung ist ein genauer Plan des Bildschirmaufbaus des Vertreterstammverwaltungsprogramms.

Nach etwa zwei Wochen findet eine weitere, etwa einstündige Diskussion mit der Sekretärin statt, bei der die Entwickler der Softwarefirma Fragmente des Vertreterprogramms vorführen und die Bildschirmmaske der Verkaufsdatenerfassung festlegen.

Im Laufe dieser Systementwicklung häufen sich die Aussagen der Sekretärin, „daß sie sich das so eigentlich nicht vorgestellt hätte". Es folgt eine immer zeitraubendere Anpassung der Software an die vermeintlichen neuen Wünsche des Benutzers. Der Benutzer sieht in den neueren Entwicklungsversionen immer weniger seine Ideen und Bedürfnisse verwirklicht und stellt den Erfolg des Projekts in Frage. Er ist nicht bereit, die gelieferte Software in vollem Umfang zu zahlen.

Der Softwareentwickler fühlt sich durch den Benutzer betrogen, da er fortwährend neue Wünsche äußert, die nicht konzipiert waren, und die dieser obendrein nicht zahlen will. Das Softwareprojekt endet mit einer recht und schlecht laufenden Version eines Programms, das ineffizient, instabil und ungünstig wartbar ist und den Erfordernissen der Benutzer nur mangelhaft entspricht.

Wir wollen vorerst einige Definitionen aus diesem Szenario treffen. Hauptbeteiligte sind der Benutzer und der Systemanalytiker. Unter Benutzer einer Software wollen wir jene Personen verstehen, die Software zur Unterstützung ihrer Arbeit im Rahmen eines betrieblichen Informationssystems verwenden. Unter Anwendung wollen wir Software verstehen, die im Rahmen eines betrieblichen Informationssystems eine bestimmte Teilaufgabe unterstützt. Die Arbeit des Benutzers ist zutiefst mit der Anwendung verknüpft. Die Anwendung sollte daher möglicht genau das abbilden, womit der Benutzer im Rahmen seiner Tätigkeit zu tun hat. Personen, die mit der Umsetzung der Problemstellung zu einer Anwendung betraut sind, wollen wir Systemanalytiker nennen. Der Systemanalytiker macht sich ein genaues Bild über die Tätigkeiten des Benutzers, um die Anwendung optimal an die Erfordernisse anzupassen. Von entscheidender Bedeutung ist dabei die Vorgehensweise des Systemanalytikers. Abgesehen von organisatorischen Schwächen, die das Projekt im Fallbeispiel aufweist, die aber in dieser Arbeit nicht behandelt werden sollen, bemerkt man die oberflächliche und unstrukturierte Vorgangsweise.

- Es werden Bildschirminhalte statt Datenstrukturen definiert.

- Es wird über Programme statt über unternehmensweite Datenflüsse gesprochen.

- Anstatt mit dem Benutzer den Sachverhalt selbst zu spezifizieren, den er im Rechner abgebildet haben möchte, werden mögliche Sichten darauf erarbeitet.

- Anstatt einen iterativen Kommunikationsprozeß in Gang zu setzen, werden ganze Teilsysteme ohne Mitwirkung des Benutzers fertiggestellt.

In den letzten zwei Jahrzehnten wurden Vorgehensmodelle entwickelt, die eine disziplinierte Vorgangsweise erleichtern. Wir wollen solche Modelle Systemanalysemethoden nennen. Systemanalysemethoden stellen Regeln bereit, nach denen ein komplexes System in weniger komplexe Teilsysteme zerlegt werden kann. Ziel der Problemzerlegung ist die Schaffung von kleinen, gut kommunizierbaren und atomaren Teilproblemen. So wird beispielsweise das Vertriebsinformationssystem bis hin zur Aufnahme von Vertreterpersonaldaten zergliedert. Jedes Teilproblem wird einer eigenen Teillösung zugeführt. Im Idealfall ist das Teilproblem so beschaffen, daß bereits eine fertige Problemlösung existiert. In diesem Beispielfall wäre das etwa ein SQL-INSERT-Statement mit der dazugehörigen Bildschirmmaske.

Die der Systemanalysemethode inhärenten Regeln sind so beschaffen, daß sich die ergebenden Teillösungen gemäß den gleichen Regeln zu einer Gesamtlösung zusammenfassen lassen. Diese Vorgangsweise geht von der Annahme aus, daß die notwendige Lösungskapazität zur Lösung eines komplexen Problems immer höher als die Summe der notwendigen Lösungskapazitäten zur Lösung der einzelnen entstandenen Teilprobleme ist. Das hat zur Folge, daß sich theoretisch der Einsatz von Systemanalysemethoden auf jeden Fall lohnen sollte. Der Unterschied zwischen Entwicklungsaufwand eines Informationssystems gegebener Größe unter Anwendung einer Methode und jenem Aufwand, den eine Lösung des selben Problems ohne methodische Grundlage verursacht, kann als ökonomischer Vorteil gemessen werden.

Warum werden aber dann die schon seit geraumer Zeit bestehenden Methoden nicht öfter eingesetzt? Ist es nur deren geringer Bekanntheitsgrad? Wodurch wird der ökonomische Vorteil verschleiert? Ist es möglich, durch eine erweiterte Sichtweise auf die Systemanalyse selbst den analytischen Ansatz ökonomischer werden zu lassen?

1.1.2 Kritik zur Systemanalyse

Der meßbare ökonomische Vorteil des Einsatzes einer Systemanalysemethode gegenüber einer *„freihändigen"* Lösung des Problems stellt sich erst ab einer gewissen Problemgröße ein. Wie im Fallbeispiel gezeigt wird, wird dieser *Break Even Point* häufig als zu hoch angenommen. Ginge es jedoch nur um das Ermitteln einer Wirtschaftlichkeitsgrenze, würde sich der mangelnde Einsatz von Analysemethoden auf ein Ausbildungsproblem über Kosten/Nutzen-Rechnungen beschränken.

Liegt es nicht auch an der Auffassung über systemanalytisches Vorgehen selbst und in seiner Bedeutung und Aufgabe im Designprozeß, daß sie nur zögernd Beachtung findet? Liegt etwa der zögerne Einsatz an der Methodik selbst?

Der *Break Even Point* liegt bei einzelnen Methoden verschieden hoch. Methoden wie ISAC [LGN81] verursachen durch ihre starke Hierarchisierung und graphische Aufarbeitung — besonders ohne rechnergestützte Analyse — einen beträchtlichen Aufwand. Darüber hinaus ist das Analyseergebnis nur in Spezialfällen direkt für die Softwareerstellung verwendbar. Es besteht daher ein schlechtes Kosten/Nutzen-Verhältnis. Solche Methoden sind daher erst bei erheblichen Problemgrößen oder in sehr frühen Projektphasen einsetzbar. Die Inhalte solcher Methoden müssen jedoch methodisch gesichert in eine andere, spezifischere Analysemethode übernommen werden. Die Entwicklung eines Überführungsmodells ist Thema dieser Arbeit.

Andere stark algebraische Methoden wiederum sind gut geeignet, viel Information aufzunehmen und genaue Beschreibungen zu formulieren. Sie sind jedoch vollkommen ungeeignet, einen iterativen Designprozeß zu unterstützen, weil sie schlecht kommunizierbar sind. Dies hauptsächlich deshalb, weil auch ein erheblicher Ausbildungsaufwand getrieben werden muß, um die Anwendung der Methode zu erklären. Kommunizierbarkeit und Mächtigkeit stehen einander in diesem Fall als

Prinzipien entgegen. Auf der anderen Seite sind diese heute verwendeten Methoden (etwa VDM [Jon86]; SF [Ber86]) noch nicht dazu geeignet, die Analyse so weit zu spezialisieren, daß daraus automatisch verwendungsfähige Endbenutzerprogramme abgeleitet werden können.

Zur vollständigen Automatisierung der Softwareerstellung existieren am Markt zahlreiche *Case Tools*. Case Tools sind Hilfsmittel zur Anwendung definierter Systemanalysemethoden mit dem Ziel, aus den methodisch entwickelten Inhalten Datenstrukturen, Programmabläufe und Oberflächendefinitionen herzuleiten. Meist werden von Case Tools mehrere Systemanalysemethoden (etwa ER-Modell [Che76]; Datenflußdiagramm [DeM78]) in verschiedenen Abwandlungen unterstützt. Die Stärke von Case Tools liegt in der graphischen Präsentation der Analyseinhalte. Die methodische Integration der Analyseinhalte hingegen ist in vielerlei Hinsicht unvollständig. Es gibt kein einheitliches Referenzmodell, in das die einzelnen Methoden projiziert werden können. Es ist also ein theoretischer Unterbau zu einer Konstruktionslehre für Informationssysteme zu entwickeln, der in sich stimmig und geschlossen ist. Diese Arbeit soll einen Beitrag dazu leisten, den inneren Zusammenhang zwischen einzelnen Methoden in einem logischen Modell transparent darzustellen. Dazu ist es notwendig, die derzeitige Sicht auf die Systemanalyse in Frage zu stellen. Die Vorgehensweise der Systemanalyse als solche hat sich zweifellos bewährt. So werden große Informationssysteme, wie etwa das einer Bank, zunehmend in ER-Modellen dokumentiert. Bei der Anwendung einiger Methoden wird jedoch jene Informationsquelle vernachlässigt, von der sie ihre Information eigentlich beziehen sollte – die Begriffswelt.

1.1.3 Ein Postulat

In den folgenden Kapiteln soll eine alternative Sicht auf die Systemanalyse gezeigt werden. Es wird sich herausstellen, daß die Systemanalyse nicht Ursprung gedanklicher Zusammenhänge ist, sondern lediglich Durchgangsmedium.

Primäres Ausdrucksmittel unserer Gedankenwelt sind die Begriffe, in denen wir zu denken gelernt haben. Wir wollen hier unter Begriff die abstrakte Vorstellung verstehen, die jemand von den Dingen seiner Umgebung ausbildet. Mit Hilfe von Begriffen legen wir Information ab, wir verwenden sie zur Kommunikation und verknüpfen sie zu neuen Zusammenhängen. Das Wissen über Abläufe und Strukturen unserer Arbeitsumgebung und der damit verbundenen Informationen ist also ebenfalls in diesen Begriffen abgelegt. In der traditionellen Sicht auf die Systemanalyse wird die begriffliche Form der Wissensdarstellung zwar nicht geleugnet, es wird ihr aber zweitrangige Bedeutung zugeordnet.

Der Systemanalytiker hat es weniger mit einem „*abstrakten System*" zu tun, das ähnlich wie eine Maschine in viele abgrenzbare Einzelteile zerlegbar ist, als vielmehr mit der Summe aller von allen verstandenen Begriffe. Grundlegende Hypothese dieser Arbeit ist, daß diese Begriffe jeder Systemanalyse vorgelagert sind. Die Systemanalysemethoden nehmen eine Rasterung dieser Begriffe vor. In der Abbildung von Begriffen in einem logischen Modell sollte der Schlüssel für die Integration verschiedener Systemanalysemethoden liegen, da sie in ihrer Gesamtheit wieder das ursprünglich in Begriffen gefaßte Problem wiedergeben sollten.

Die Aufgabe des Systemanalytikers besteht darin, sich in die Begriffswelt des Benutzers durch Lernen von Begriffen einzugliedern. Die bestehende Kommunikationsstörung zwischen Systemanalytikern und Benutzern rührt nur in zweiter Linie von einer fehlenden Konstruktionslehre für Informationssysteme her. Anstatt die Begriffswelt selbst als Analyseobjekt anzuerkennen, betrachtet es der Systemanalytiker als seine Aufgabe, ein durch Begriffe umschriebenes *„abstraktes System"* zu analysieren.

1.2 Begriffswelten

1.2.1 Begriff

Die Begründung der Systemanalyse im Begrifflichen setzt ein bestimmtes Verständnis des Wortes *„Begriff"* voraus. In welcher Weise ist ein Begriff der Informationssystemspezifikation vorgelagert?

Der Duden [Dud83] definiert das Wort *„Begriff"* als *„die Gesamtheit wesentlicher Merkmale einer gedanklichen Einheit"*. Der Begriff, der seinen Ausdruck in einem Wort findet, ist also eigentliches und wohl auch ursprüngliches Transportmedium von Information. Ein Begriff trägt jene Information, die in einem Informationssystem strukturiert werden soll, aber auch jene, die die Struktur der Information enthält. So wird beispielsweise bei einem Gespräch zwischen einem Steuerberater und seinem Klienten, in dem der Klient seine Betriebsanlagen aufzählt, Information in Begriffe gefaßt und übermittelt, während in einem Gespräch zwischen einem Systemanalytiker und einem Benutzer die Struktur von Information kommuniziert wird. Wesentlich dabei ist jedoch, daß der Systemanalytiker offensichtlich all die Information, die er benötigt, um ein Informationssystem zu planen und zu erstellen, aus genau dieser Kommunikation bezieht. Die in der Kommunikation zwischen Systemanalytiker und Benutzer verwendeten Begriffe können in zwei Gruppen gegliedert werden. Einerseits sind dies Anwendungsbegriffe und andererseits Methodenbegriffe. Unter Anwendungsbegriffe wollen wir jene Begriffe verstehen, die zur Beschreibung der zu spezifizierenden Anwendung dienen. In unserem Fallbeispiel wären dies etwa *„Vertreter"*, *„Auftrag"*, *„Umsatz"* oder *„Kunde"*. Methodenbegriffe sind Begriffe, die die begrifflichen Muster bilden, die eine Systemanalysemethode darzustellen vermag. Wird etwa eine datenflußbeschreibende Methode angewendet, so wären etwa *„Prozeß"* oder *„Datenfluß"* Methodenbegriffe. Das für die Konstruktion benötigte technische Wissen ist auch in dieser begrifflichen Form beim Systemanalytiker selbst vorhanden. Die vollständige Spezifikation eines Informationssystems ist also in den verwendeten Begriffen zu suchen.

Welche besondere Eigenschaft haben nun Begriffe, um als Träger dermaßen komplexer Information fungieren zu können? Um diese Frage zu beantworten, muß eine genaue Definition dessen gemacht werden, was in dieser Arbeit unter Begriff verstanden werden soll. Sowa [Sow84, S. 11], nennt drei Komponenten, die im Zusammenhang mit Begriffen stehen. Abbildung 1.1 zeigt diese Komponenten im sog. Bedeutungdreieck, das auf [OR23] zurückgeht.

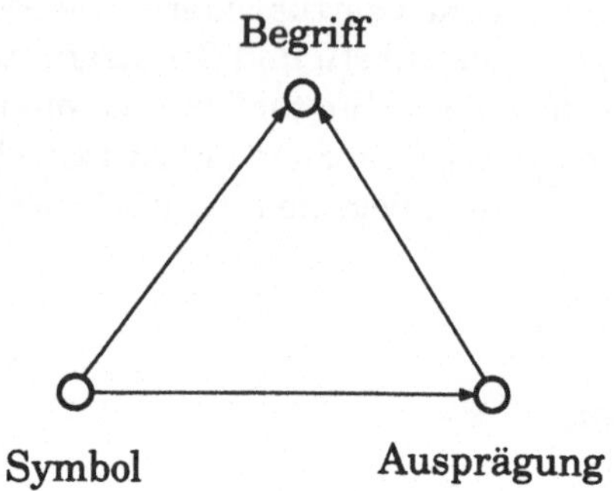

Abbildung 1.1: Das Bedeutungsdreieck

Unter der Annahme, daß die direkte Repräsentation eines Begriffs selbst in einem bestimmten Erregungszustand des Gehirns besteht, ist auf diesen kein direkter Zugriff möglich. Selbst wenn dies möglich wäre, würde ein und derselbe Begriff bei verschiedenen Individuen unterschiedliche Repräsentation finden, wodurch keine Identifikation mehr möglich ist. Der Begriff steht jedoch in einem sehr engen Verhältnis mit dem Symbol, das ihn darstellt. Das Symbol wird dazu verwendet, Begriffe und begriffliche Zusammenhänge zwischen Individuen auszutauschen. Symbole sind zur sprachlichen Verständigung unbedingt notwendig. Es wäre jedoch nicht möglich, die Äquivalenz zwischen Symbol und Begriff zu validieren, gäbe es nicht die tatsächliche Ausprägung, die mit beidem gemeint ist. Unter tatsächlicher Ausprägung wollen wir die Dinge der Realwelt verstehen, von denen ein Begriff gemacht wird, und für die ein Symbol steht. Erst bei der Existenz aller drei Komponenten kann ein Begriff vollständig entstehen. Wir wollen einen Begriff daher erst als gültig ansehen, wenn alle drei Komponenten existieren. In unserer Definition ist ein Begriff nicht existent, wenn er kein Symbol hat, das ihn nach außen repräsentiert, oder kein entsprechendes Ding in der Realwelt erfaßbar ist. Wir wollen die Menge aller Ausprägungen eines Begriffes als dessen Begriffsumfang definieren.

Begriffe und Systemanalyse

Systemanalyse ist integraler Bestandteil der Informationssystemplanung. Planung ist die geistige Vorwegnahme zukünftiger Ereignisse. Eine geistige Vorwegnahme setzt gedankliche Einheiten voraus, mit denen operiert werden kann. Die wesentlichen Merkmale dieser gedanklichen Einheiten sind Begriffe. Die äußere Repräsentation von Begriffen sind Worte.

Mit Begriffen verbindet man also eine Vorstellung von gedanklichen Einheiten. Diese Vorstellungen spielen in einer begriffsorientierten Sichtweise der Informationssystemplanung eine zentrale Rolle. Erster, wesentlicher und oft nicht beachteter Schritt im Planungsprozeß ist die Angleichung der Vorstellungen des Benutzers und des Planers, die von einem bestimmten verwendeten Begriff gemacht werden. Vielfach werden unter einem bestimmten Begriff von beiden Gesprächspartnern unterschiedliche Dinge verstanden. Derartige Mißverständnisse sind der Grund für Planungsfehler. Unter *„Mißverständnis"* kann gemäß unserer Definition die Störung des Bedeutungsdreiecks in bezug auf einen bestimmten Begriff verstanden werden. Es tritt auf, wenn die Achsen zwischen den Bedeutungskomponenten von den beteiligten Personen unterschiedlich gesetzt werden. Wenn etwa ein bestimmtes Symbol bei beiden Gesprächspartnern unterschiedliche Ausprägungen bezeichnet.

Es ist Aufgabe des Systemanalytikers, diese Begriffsangleichung in Gang zu setzen. Eine aktive Erkundung der Begriffswelt ist vorzunehmen, anstatt eines passiven Anhörens der Erklärungen des Benutzers. Nach der vorangegangenen Definition läßt sich die Aufgabe des Systemanalytikers in einer Vervollständigung der Begriffsdefinition sehen. Für jedes existierende Ding ist ein Symbol zu definieren (so es keines hat). Umgekehrt ist aber auch für jedes Symbol ein real existierendes Gegenstück zu erzeugen (Systemdesign). Am Ende der Angleichung stehen gemeinsame Anwendungsbegriffe, die in konsistenter Weise die Realwelt widerspiegeln.

Durchgängigkeit

Die Anwendungsbegriffe müssen konsequent und vollständig während der gesamten Systementwicklung beibehalten werden. Wann immer ein Begriff während der Systementwicklung verlorengeht, geht auch seine Bedeutung unter. Da die Bedeutung jedoch irgendwo benötigt wird, ersteht sie dann an verschiedenen Stellen unter Verwendung anderer Symbole, was wieder zu Mißverständnissen führt. Gerade das jedoch ist durch eine durchgängige Verwendung von Begriffen zu verhindern.

Die Verwendung von Anwendungsbegriffen schafft überdies Abhilfe vom Problem der Benennung von Systemteilen. Da das unterliegende System alle Namen kontextfrei behandelt, wirkt sich eine Verwendung von Anwendungsbegriffen nicht direkt aus. Indirekt leistet sie jedoch einen erheblichen Beitrag zur Dokumentation, da sie den Zusammenhang von Systemteilen zu ihren begrifflichen Wurzeln und Entsprechungen herstellt.

Häufig jedoch geht die Durchgängigkeit verloren. So kann es etwa passieren, daß sich ein Lohnverrechnungs-Benutzerbegriff wie *„Lohnsummensteuerpflicht von Zuzahlungen"* im System implizit wiederfindet. Abbildung 1.2 zeigt die entsprechende Struktur in einer Datei `bezgsart`.

Hier geht der Zusammenhang zwischen Begriff und endgültiger Implementation verloren. Eine Reihe von Transformationsschritten haben ihn zum Verschwinden gebracht. Genauer geht die bei der Begriffsangleichung erarbeitete Verbindung von Begriff, Symbol und Ausprägung verloren. Diese Transformationsschritte werden in der heutigen Praxis der Softwareentwicklung weder unter Anwendung einer Methode noch unter Rücksichtnahme auf den wesentlichen Begriffszusammenhang vollzogen.

Bezgsart	Bezg	Lstpfl	Svpfl	...	Lsstpfl	...
			.	.		
ZUS	1	1	.	0		.
ZUZ	1	0	.	1		.
			.	.		

Abbildung 1.2: Darstellung der Lohnsteuerpflicht einer Zuzahlung ohne begrifflichen Zusammenhang

Zwei Probleme stehen der direkten Verwendung von Symbolen von Anwendungsbegriffen entgegen.

- Zum einen sind die Begriffe des Benutzers nicht exakt genug, um eine genaue Beschreibung des Arbeitsablaufes und der Datenstruktur zu erstellen. Es sind Abläufe und Strukturen zu beschreiben, die im normalen Betrieb dem Benutzer verborgen bleiben, weil sie technische Funktionsweisen beschreiben oder im Allgemeinwissen dermaßen verankert sind, daß sie kein ausdrückliches begriffliches Symbol mehr besitzen.

- Zum anderen sind die verwendeten Worte aufgrund ihrer Länge nicht für die Codierung in Programmen geeignet. Abkürzungen bergen die Gefahr der Zweideutigkeit und damit wieder eines Verlustes des begrifflichen Zusammenhangs.

Das erste Problem hat sich bei der Entwicklung von Expertensystemen in ähnlicher Form gezeigt. Zwar ist dort die Beschreibung technischer Abläufe untergeordnet, aber die Verschüttung der begrifflichen Symbolisierung von nicht kommunizierten Abläufen oder Daten tritt umso deutlicher hervor. Oft kann ein Befragter die behandelten Abläufe nicht vollständig beschreiben, weil er für Unterabläufe keine Symbole kennt. Gerade die Systemanalyse ist dazu geeignet, die Begriffe und deren Symbole aufzubauen und zu konservieren. Begrifflich sind die Abläufe und Strukturen wohl vorhanden, sonst könnten sie nicht verarbeitet werden, weil es keine Symbole dafür gibt. In einem solchen Fall sind Anwendungsbegriffssymbole neu zu erfinden und einzuführen. Einführung heißt, sie in ein geführtes Lexikon aufzunehmen.

Auch das Problem der schlechten Eignung von vollen Begriffsnamen kann mit einem das Informationssystem begleitenden Lexikon gelöst werden. Dies ist grundsätzlich der Gedanke des sog. *Data Dictionary*, das in verschiedenen Methoden und

Werkzeugen auf verschiedene Art realisiert ist. Sei es in Datenbankmanagementsystemen, in denen die einzelnen Tabellen und Attribute verwaltet werden, oder in Case Tools, in denen meistens ein explizites Lexikon aller Abläufe und Strukturen vorhanden ist. In einem solchen Lexikon können beliebig Begriffsymbole als identisch verzeichnet werden, wodurch die Symbole auch in tieferliegenden Regel- oder Datenstrukturen verwendet werden können.

1.2.2 Begriffswelt

Die Bedeutung eines Begriffs liegt nicht nur im Begriff selbst, sondern auch in dessen Beziehungen zu anderen Begriffen. Begriffe stehen typischerweise in bestimmten Beziehungen zueinander. Bestimmte Begriffe sind einander näher als andere. Dies nicht nur, weil sie ihrer Bedeutung nach ähnlicher sind oder einen gemeinsamen Realitätsausschnitt beschreiben, sondern auch, weil sie von bestimmten Personengruppen verwendet werden. Es läßt sich die Menge aller Begriffe also in Gruppen gliedern. Eine solche Gruppe wollen wir Begriffswelt nennen. Um eine Begriffswelt abgrenzen zu können, müssen Beziehungstypen zwischen Begriffen unterschieden werden.

Beziehungstypen zwischen Begriffen

Beziehungstypen können in zwei Gruppen eingeteilt werden. Einerseits können die Begriffe einander in einer Über- bzw. Unterordnung gegenüberstehen. Andererseits können Begriffe in einer nebenordnenden Beziehung zueinander stehen. Im allgemeinen unterscheidet man vier begriffliche Über- und Unterordnungsprinzipien[1]:

Klassifikation ist die Zuordnung eines Realweltobjektes zum beschreibenden Begriff. Eine Wahrnehmung der Realwelt wird unter einem bestimmten Begriff subsumiert. (Beispiel: Eine ganz bestimmte Person zum Begriff *Person*).

Generalisation ist die Zuordnung eines Begriffs zu seinem Überbegriff (Mitarbeiter und Person).

Aggregation ist die Zuordnung eines Begriffs zum Begriff der Dinge, aus denen er besteht (Auto und Motor).

Assoziation ist die Zuordnung einer Begriffsinstanz zu einer Menge von Instanzen.

Neben diesen über- und unterordnende Beziehungen schaffenden Ordnungsprinzipien gibt es zahlreiche nebenordnende Beziehungen, die den Kontext der Aussage, in der der Begriff vorkommt, bilden. Die Primitiva dieser nebenordnenden Beziehungen korrespondieren mit der Bedeutung grammatikalischer Konstrukte, wie Objekt oder Subjekt eines deutschen Satzes. Im Abschnitt 2.3 werden solche begrifflichen Beziehungen aus der Grammatik der deutschen Sprache entwickelt.

---

[1]Diese Klassifikation läßt sich bis Aristoteles zurückverfolgen (vgl. [Sow84]).

Begriffe und Beziehungen bauen ein eng verflochtenes Netz von Bedeutungen auf. Erst eine Menge von Begriffen und deren Beziehungen zueinander ist Träger der gesamten Bedeutung. Eine solche Menge stellt also eine „*Begriffswelt*" dar.

Begriffswelten als Basis menschlicher Kommunikation

Begriffswelten dienen in erster Linie der menschlichen Kommunikation, also der Übertragung von Bedeutung an einen anderen. Begriffswelten werden also dort aufgebaut, wo ein Kommunikationsbedarf besteht. Je differenzierter diese Kommunikation ist, desto strukturreicher ist auch die Begriffswelt, deren sie sich bedient. Eine differenzierte Kommunikation braucht dementsprechend spezifische Beschreibungen dessen, was sie zu kommunizieren hat. In der Begriffswelt findet das seinen Niederschlag in der Existenz von vielen speziellen Begriffen, die miteinander in einer vielfältigen Beziehung stehen (Termini technici). Je mehr Kommunikationsmuster in einer Kommunikation vorkommen, desto mehr Begriffe werden zu deren exakten Beschreibung notwendig.

Man kann also Begriffe in einer Komplexitätshierarchie begreifen. Unterste Stufe dieser Hierarchie ist ein digitaler Rechner. Er kennt nur zwei Begriffe (1 und 0). Durch Herstellung komplexerer Beziehungen dieser Grundbegriffe wird weitere Ausdrucksmöglichkeit geschaffen. Der Instruktionssatz stellt einen Vertreter dieser höheren Ebene dar. Durch Kombination dieser einzelnen Begriffe wird wieder mehr begriffliche Ausdrucksmöglichkeit geschaffen. In dieser Ebene steht etwa eine prozedurale Programmiersprache. Durch eine weitere Zusammenführung dieser Sprachelemente lassen sich Begriffe zu deklarativen Beschreibungen formen. Diese begriffliche Aggregation findet dort ihr Ende, wo die Komplexitätsstufe der Begriffswelt der Benutzer erreicht ist. Abbildung 1.3 zeigt eine solche Begriffshierarchie beispielhaft.

Aber nicht nur nach ihrer Differenzierung, sondern auch nach ihrer absoluten Bedeutung lassen sich Begriffswelten unterscheiden. So haben etwa die Mitarbeiter einer Kreditabteilung einer Bank eine andere Begriffswelt als die Ingenieure einer Industriemontagefirma. In weiten Teilen decken sich wahrscheinlich die Begriffswelten beider Gruppen, die direkt oder indirekt (über Dritte) kommunizieren. Gehen Mitglieder der Gruppe z.B. zum Bäcker, so müssen sie sich mit einer gemeinsamen Sprache verständigen. Dies ist der begriffliche Ausdruck des sog. Allgemeinwissens.

Auch zwischen einem Systemanalytiker und einem Benutzer sollte eine gemeinsame Begriffswelt stehen. Die beste Kommunikation bestünde dann, wenn die Begriffswelten beider Partner exakt die gleichen sind. Das ist jedoch aufgrund unterschiedlicher Erfahrungen verschiedener Personen von vorneherein ausgeschlossen. Wenn jedoch Begriffswelten differieren, das heißt, wenn mit gleichen Begriffssymbolen unterschiedliche Begriffe gemeint sind, so wird die Bedeutung nur unvollständig übermittelt werden. Deshalb kann die Forderung nach der Angleichung von Begriffen auf die Angleichung der Begriffswelt ausgedehnt werden.

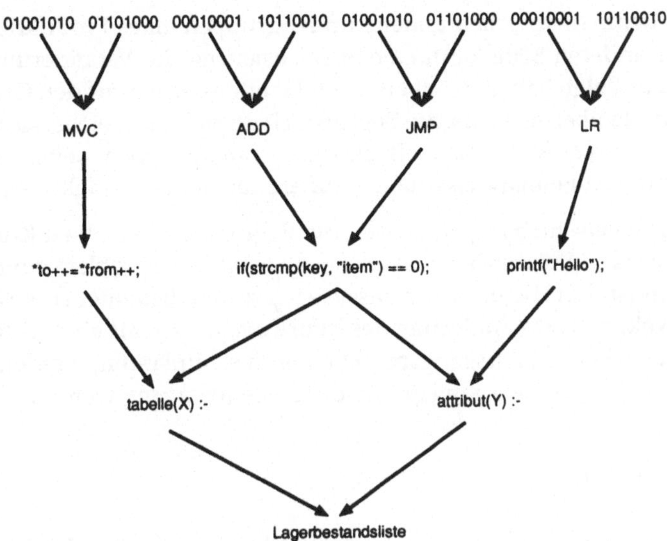

Abbildung 1.3: Beispielhafte Hierarchie von Begriffskomplexitäten

Störung der Kommunikation

Würde eine eineindeutige Beziehung zwischen Worten und Begriffen bestehen, so
würde einer der Kommunikationspartner sofort realisieren, daß die Begriffswelten differieren. Da aber, abgesehen von einigen Ausnahmen, kein eindeutiger
Zusammenhang besteht, entstehen bei den Kommunikationspartnern unterschiedliche Vorstellungen vom Gesprächsinhalt. Genau hier ist die Wurzel von Mißverständnissen, die jeder planerischen Tätigkeit entgegenwirken. Im Laufe der Zeit
haben sich Hilfsmittel herausgebildet, die derartige Mißverständnisse auszuräu-
men helfen. Diese Hilfsmittel haben sich beginnend vom Turmbau zu Babel (GEN
11,2-9) bis hin zu modernen Werkzeugen der Fertigungstechnik stetig verbessert.
Es sind Hilfsmittel zur abstrakten Darstellung von Vorstellungen. Weiters hat die
Fertigungstechnik durch weitreichende Normierungen einen eigenen Typ von Begriffswelten geschaffen, die bestimmte Gegenstände eindeutig beschreiben. Auf
dem Gebiet der Informationssystemplanung ist diese gemeinsame Begriffsbildung
noch nicht in der Weise fortgeschritten. Ein Grund dafür könnte sein, daß es sich
beim Beschreibungsobjekt nicht um physische Objekte handelt. Daher sind auch
die Beschreibungsdimensionen nicht so klar festgesetzt.

Veränderung von Begriffswelten

Begriffswelten bleiben über die Zeit hinweg nicht konstant. Begriffe und deren
Beziehungen können sich in verschiedenste Richtungen hin verschieben. Dies kann
einerseits in einer Verschiebung des Kommunikationsbedürfnisses liegen. Dies tritt
etwa bei der Neueinführung von Produkten, der Verlagerung des Produktschwer-

punkts oder beim Ansprechen neuer Kundengruppen eines Produktionsbetriebes auf. Auf der anderen Seite kann eine Spezialisierung die Veränderung der Kommunikation zur Folge haben. Geht etwa ein Handelsbetrieb auf den Großhandel in der selben Sparte über, so bleibt die Begriffswelt an sich die gleiche, sie wird jedoch erheblich komplexer. So müssen z.B. einzelne Warengruppen weiter untergliedert werden oder die Außenhandelskontakte differenzierter behandelt werden.

Solchen Begriffsverschiebungen müssen die Begriffe der einzelnen Kommunikationspartner nachgeführt werden, was eher ein Ausbildungsproblem denn ein technisches Problem ist. Für die Informationssystemplanung bedeutet eine Veränderung der Begriffswelt, daß eine Änderung des Informationssystems einzuleiten ist. Ähnlich wie die Begriffswelt Ausgangspunkt einer Systemplanung werden soll, sollen Begriffsverschiebungen Ausgangspunkt der Systemwartung werden.

Begriffliche Module

Eine bestimmte Begriffswelt ist naturgemäß nicht überall gültig. Sie ist dort gültig, wo ihre Begriffe verwendet werden. Die Gültigkeit einer Begriffswelt ist also durch ihre Teilhaber determiniert. Wir wollen jene Menschen, die sich einer Begriffswelt bedienen, Teilhaber dieser Begriffswelt nennen. Die Teilhaber bauen mittels der Begriffswelt Gruppen im Sinne der Soziologie auf. Es liegt also der Schluß nahe, daß an diesen soziologischen Gruppengrenzen auch die Begriffswelt ihre Grenze hat. So kann etwa eine Abteilung eines Unternehmens eine Gruppe bilden und dementsprechend auch eine eigene Begriffswelt aufbauen. Eine weitere Aufgabe des Systemanalytikers ist die Auffindung von solchen Begriffsgrenzen.

Es können also in einem Betrieb unterschiedliche Begriffswelten ausgebildet werden. Sie bilden begriffliche Module, die in ein funktionierendes Ganzes zusammenspielen müssen. Dies kann auch klaglos vor sich gehen, solange nicht ein Begriffssymbol in verschiedenen Abteilungen verschiedene Bedeutung besitzt oder ein und derselbe Begriff von unterschiedlichen Begriffssymbolen angesprochen wird. Die Aufgabe des Systemanalytikers ist es, eine begriffliche Integration zwischen unterschiedlichen Begriffswelten zu erreichen. Wenn das nicht möglich ist – etwa weil die Begriffe lange Tradition haben und nicht leicht verändert werden können – so muß die Identität explizit angeführt werden.

Standardsoftware verleiht dem Problem der Modularisierung eine besondere Bedeutung. Einzelnen Standardsoftwarepaketen ist jeweils eine eigene Begriffswelt inhärent. Der Betrieb steht nun vor der Wahl, diese Begriffswelt anzunehmen oder das Paket nicht zu verwenden. Verschärfend kommt hinzu, daß die meisten Pakete hinsichtlich ihrer Begriffswelt recht abgeschlossen sind und daher nicht an die übrige Begriffswelt anpaßbar sind.

Kapitel 2

Ein begriffsorientiertes Klassifikationsschema für Systemanalysemethoden und dessen Eingliederungsverfahren

2.1 Ziel der Klassifikation von Systemanalysemethoden

In den letzten zwei Jahrzehnten sind viele Methoden zur Analyse von komplexen Systemen entwickelt worden. Es hat den Anschein, als würden die Methoden weitgehend unabhängig voneinander entwickelt und nicht aus einem theoretischen Unterbau herausgeführt worden sein. Zwischen den einzelnen Methoden fehlen daher theoretisch fundierte Übergänge und Entsprechungen. Dieses Kapitel soll einen Beitrag zur Entwicklung eines theoretischen Unterbaus bilden, in den einzelne Methoden eingegliedert werden können. Zur Erarbeitung dieser Referenztheorie soll ein begriffsbasierter Ansatz gewählt werden. Gleichzeitig wird ein Vorgehensmodell zur begriffsbasierten Eingliederung vorgestellt. Im Vergleich zu den Arbeiten an der Hochschule St.Gallen [GÖ90a, GÖ90b] wird in dieser Arbeit versucht, die theoretischen Grundlagen für eine fundierte Methodenüberführung zu schaffen und nicht bloß die Erarbeitung eines Referenzmodells zum vagen Vergleich einzelner in der Praxis angewandter Methoden.

Die Notwendigkeit zur Integration von Systemanalysemethoden ergibt sich aus den suboptimalen Übergängen zwischen einzelnen Methoden, die im Analyseprozeß angewandt werden können. Jede Methode eignet sich für die Analyse in einem bestimmten Abschnitt im Analyseprozeß am besten. Die Methoden reichen von Techniken zur Ermittlung einer groben Problemstruktur [LGN81] bis hin zu einer exakten Beschreibung von Daten [Che76], Funktionen [DeM78, Pet88, BS82], Ereignissen [Ber86], Zuständen [Pet81] und Zustandsübergängen [BS82].

Die Verwendung von mehreren Methoden im Spezifikationsprozeß erfordert beim

Abschluß einer Phase die Überführung des Inhaltes einer Methode in eine andere. Solche Überführungen wollen wir Methodenübergänge nennen. Methodenübergänge binden Kapazität, die für die Zielerreichung nur mittelbar produktiv ist. Die Verwendung mehrerer, für die jeweilige Analysephase als geeignet erscheinender Methoden wird somit unökonomisch. Ohne Methodenübergänge ist es in der Praxis nicht mehr möglich, die Inhalte früherer Projektphasen in späteren Phasen weiterzuverwenden. Überdies ist es recht mühsam, Änderungen, die in späteren Phasen gemacht worden sind, wieder in die Inhalte früherer Phasen rückzuübertragen.

Ein begriffsorientiertes Klassifikationsschema soll die theoretische Grundlage für Methodenübergänge bilden, da wir Systemanalysemethoden als Rasterungsinstrumente für Begriffswelten begreifen. Eine „*universelle Repräsentation* " bildet den Kernpunkt dieser Theorie. Die universelle Repräsentation ist dazu geeignet, Methodeninhalte mehrerer Methoden in stimmiger Weise abzubilden und so Methodenübergänge zu erleichtern. Die universelle Repräsentation besteht aus einem begrifflichen Lexikon, in dem die Anwendungsbegriffe des Methodeninhalts verzeichnet werden, und einer begrifflichen Basis (Arbeitsgraph), in die die Struktur der Methodeninhalte überführt werden kann. Die Inhalte der begrifflichen Basis können wie folgt genutzt werden: Angenommen, es sollen während des Entwicklungsprozesses einer Anwendung die Methoden A, B und C eingesetzt werden, wobei A für die Grobgliederung, B für die Datenmodellierung und C für die Funktionenmodellierung geeignet ist. Es wird ein Modell mit Methode A entwickelt. Das Modell in der Methode A kann nun in die universelle Repräsentation überführt werden (Kompilierung). Soll nun zur Methode B übergegangen werden, so führt die Extraktionsprozedur Inhalte aus der universellen Repräsentation in die Repräsentation der Methode B über. Dort kann das Modell gemäß der Methode vervollständigt und verfeinert werden und seinerseits wieder in die universelle Repräsentation kompiliert werden. Auch mit Methode C kann analog verfahren werden.

So entsteht in der begrifflichen Basis (Arbeitsgraph) nach und nach eine vollständige Abbildung des Modells aus mehreren Perspektiven. Abbildung 2.1 zeigt den Konversionsprozeß in verschiedene Methoden.

Um als Methodenübergangsinstrument gerecht zu sein, muß die universelle Repräsentation fähig sein, die in den Methoden darstellbaren begrifflichen Strukturen abzubilden. Die einzelnen Methoden selbst müssen ihrer Aussage nach in ein konsistentes Rahmenwerk gebracht werden und diese Gemeinsamkeiten in der universellen Repräsentation niedergelegt werden. Die Abstimmung einer Methode auf die universelle Repräsentation nennen wir Eingliederung.

Zu Beginn der Erarbeitung eines Klassifikationsschemas steht eine Kategorisierung verschiedener Systemanalysemethoden [OST83, OSV82, OSV86]. Danach können die Methoden nach verschiedenen Dimensionen eingeteilt werden. Die für die Methodenintegration relevanten Dimensionen sollen in den folgenden Abschnitten kurz abgehandelt werden.

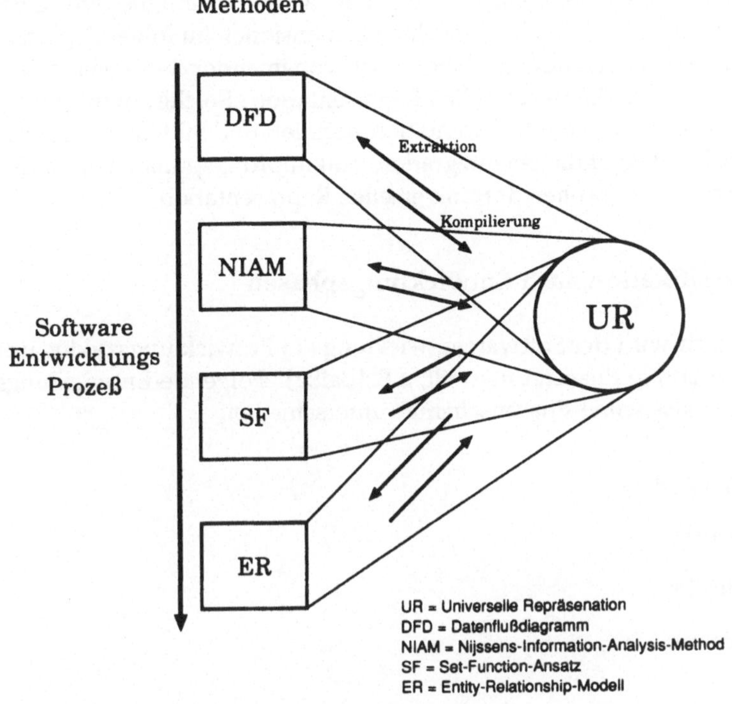

Abbildung 2.1: Integration von Systemanalysemethoden

2.2 Typen von Systemanalysemethoden

2.2.1 Klassifikationsdimensionen

Zur Integration von Systemanalysemethoden ist es zweifellos notwendig, verschiedene Typen von Methoden zu unterscheiden, da die Methoden eines Typs Ähnlichkeit besitzen und wahrscheinlich auch ähnliche Vorgangsweisen bei der Eingliederung erfordern. Methoden lassen sich nach verschiedenen Kriterien einordnen. Wir wollen solche Kriterien als Klassifikationsdimensionen bezeichnen. Im folgenden Abschnitt sollen mehrere Klassifikationsdimensionen für Systemanalysemethoden angegeben werden und deren Relevanz für die begriffliche Analyse untersucht werden. Es soll in diesem Abschnitt keine Klassifikation einzelner Methoden gemacht werden, da hierzu bereits wesentliche Vorarbeiten gemacht wurden [OST83, OSV82, OSV86, GÖ90a, GÖ90b, Pet88, Bal82].

Klassifikationsdimensionen bilden die Grundlage zur Einordnung einer neu zu integrierenden Methode. Wir können uns eine Matrix vorstellen, die von den Klassifikationsdimensionen aufgespannt wird. Jede Methode sollte sich in einer bestimmten Position im Rahmen dieser Matrix einordnen lassen. Abhängig von dieser Position ergibt sich eine jeweils andere Strategie zur begrifflichen Integration. Unter Strategie wollen wir die Vorgehensweise zur Eingliederung verstehen. Diese Strategien werden für die einzelnen Dimensionen im folgenden beschrieben. Eingliederungsstrategien unterscheiden sich voneinander durch verschiedene Anknüpfungspunkte in der universellen Repräsentation. Solche Anknüpfungspunkte werden in der universellen Repräsentation definiert und bilden gewissermaßen die Brückenköpfe zur eigentlichen Integration. Anknüpfungspunkte können Konzepte, Relationen oder Teilgraphen der universellen Repräsentation sein.

2.2.2 Klassifikation nach Entwicklungsphasen

In der Literatur wird der Softwareentwicklung ein Entwicklungszyklus unterstellt, der sich in mehrere Phasen unterteilt, z.B.:[Bal82]. Folgende Entwicklungsphasen werden im „*klassischen Phasenschema*" unterschieden:

- Analysephase

- Grobdesign

- Feindesign

- Codierung

- Test

- Wartung

In neueren Arbeiten wird der Ablauf eines Entwicklungsprojekts nicht mehr als ein einmaliges Ereignis [Pet88] begriffen, sondern als stetig von neuem beginnender Zyklus, der – ähnlich wie ein Wasserfall – Welle für Welle einen gleichen Weg durchschreitet. Der letzte Punkt „*Wartung*", der die größten Kosten verursacht hat, fällt hier gänzlich weg. Änderungen werden in der gleichen Weise gehandhabt, wie die ursprüngliche Entwicklung. Bei Problemverschiebungen wird die resultierende Implementation automatisch nachgeführt.

Bei der Entwicklung von logikbasierten Schemata, wie sie durch die Verwendung begrifflicher Graphen bis hin zu deduktiven Datenbanken [GMN89, GV89] als Integrationsinstrument entstehen, ist diese Phaseneinteilung zwar gültig, jedoch nicht problemadäquat. Die Entwicklung solcher Systeme ist wesentlich besser durch folgende Phaseneinteilung beschreibbar, weil sie die Abbildung der Analyseinhalte in eine logische Repräsentation hervorhebt. Wie auch im klassischen Phasenschema führt auch hier der Systemanalytiker durch die einzelnen Phasen. Die jeweiligen Ansprechpartner sind in den einzelnen Phasen unterschiedliche.

Feststellung des Realitätsausschnitts: Erste Phase ist die grobe Absteckung des Anwendungsgebietes. In einer meist formlosen Beschreibung des Problems werden die Systemgrenzen ermittelt und ein Anwendungsschwerpunkt gesetzt. Ergebnis dieser Grobanalyse ist das sog. „*universe of discourse*", jener

Realitätsausschnitt, der in die Anwendung eingehen soll. Aus einer begrifflichen Sicht steht hier die Ermittlung des Vokabulars (Begriffswelt) im Vordergrund.

Strukturdefinition: Das ermittelte *„universe of discourse"* wird in dieser Phase strukturiert. Es werden, vom Anwendungsschwerpunkt ausgehend, zuerst grobe Strukturkonzepte definiert, die dann nach und nach verfeinert werden. Welche semantischen Einheiten als Strukturkonzepte dienen, bestimmt der Aspekt, unter dem die Analyse gemacht wird, bzw. die Methode, die diesen Aspekt unterstützt. Unter Verwendung einer datenstrukturbeschreibenden Methode (etwa des ER-Modells) wären dies Entity-Typen und Relationship-Typen, die diese Grobstruktur aufbauen.

Liegt diese grobe Strukturierung nun vor, wird mit einer feineren Beschreibung der Strukturkonzepte begonnen (etwa der Anbringung von Attributen an Entity-Typen und Relationship-Typen bei der Verwendung des ER-Modells).

Diese beiden Subphasen können durchaus ineinanderlaufen, indem sich bei der Feinanalyse noch Fehler in den groben Strukturen herausstellen.

Nach dieser Phase stehen (bei Verwendung des ER-Modells) bereits die ersten Strukturen zur Verfügung, die mit gesicherten Methoden direkt in verarbeitbare Formen übersetzt werden können. Etwa kann bereits hier das resultierende ER-Modell in eine SQL-Datenbankstruktur übersetzt werden, die ja ein logisches Äquivalent besitzt. [DZ88] geben einige Einschränkungen dazu.

Nebenbedingungsdefinition: Eine entscheidende, aber wenig beachtete Phase ist die Nebenbedingungsdefinition. Hier werden die semantischen Beziehungen zwischen den einzelnen in der vorigen Phase entwickelten Feinstrukturen ermittelt und festgehalten. Im klassischen Softwareentwicklungsprozeß steckte diese Arbeit implizit in der Phase der *„Kodierung"*. Die Nebenbedingungen sind dadurch nicht mehr explizit und laufen Gefahr, dadurch verloren zu gehen.

Die Nebenbedingungen werden entsprechend der verwendeten Methode niedergelegt. Nicht alle Methoden geben die Möglichkeit, Nebenbedingungen zu definieren. In Methoden, die besonders gut für frühe Projektphasen eingesetzt werden können, sind häufig keine Nebenbedingungen darstellbar (ISAC).

Übersetzung in logische Modelle: Die Ergebnisse aus den früheren Phasen werden in ein logisches Modell übertragen. Es wird dabei davon ausgegangen, daß dieses logische Modell bereits direkt abarbeitbar ist oder in eine abarbeitbare Form gebracht werden kann. Diese Formen können etwa Konsistenzregeln eines Datenbanksystems, Prologklauseln unter der Verwendung von Metainterpretern oder eine deklarative Oberflächenbeschreibungssprache (etwa Access SQL) sein. Die Phase kann abgekürzt werden, indem man bereits eine logikbasierte Methodenrepräsentation verwendet, um das ursprüngliche Modell zu erzeugen.

Test: Die Testphase schließlich soll nicht – wie im klassischen Phasenmodell – hauptsächlich der Auffindung von Spezifikationsfehlern dienen, sondern eher den Charakter eines Effizienztests besitzen. Es wird angenommen, daß spezifikatorische Fehler schon in vorangegangenen Phasen eliminiert wurden. Die dort verwendeten Methoden und ihr Zusammenspiel über ein gemeinsames logisches Modell heben die Wahrscheinlichkeit der Aufdeckung von Spezifikationsfehlern erheblich.

Es kann in der Zielimplementation vorkommen, daß Ineffizienzen auftreten, die durch eine Optimierung beseitigt werden können. Der Einsatz von Methoden der *„Query Optimization"* im Rahmen der Übersetzung kann diese Fehler von vorneherein ausschließen.

Einzelne Methoden werden unter Annahme der klassischen Gliederung in dieser Dimension danach klassifiziert, welche Phasen des Entwicklungsprozesses sie unterstützen. Methoden, die schon in frühen Phasen einsetzbar sind, sind eher abstrakte Methoden, die wenig definitive Aussage enthalten. Sie repräsentieren daher eher allgemeine Begriffe, deren konkrete Bedeutung und Beziehung zu anderen Begriffen der Methode nicht eindeutig sind.

Methoden, die späte Phasen unterstützen, treffen definitivere Aussagen. Sie können daher durch Begriffe bestimmt werden, die genaue und reiche Beziehungen zu anderen Begriffen beschreiben. Je spezieller jedoch die verwendeten Begriffe sind, desto schwieriger wird die Integration mit Begriffen anderer Methoden, da die reichen Beziehungen zwischen Methodenbegriffen entflochten und übertragen werden müssen. Es entsteht eine Fülle von speziellen Begriffen in der universellen Repräsentation. Die Hauptschwierigkeit besteht hier darin, die Begriffe, die sich aus den verschiedenen Methoden ergeben, miteinander in Einklang zu bringen.

2.2.3 Klassifikation nach Präsentationsformen

Eine weitere Unterscheidungsdimension, die für die Eingliederung in die universelle Repräsentation bedeutend ist, ist die Präsentationsform von Systemanalysemethoden. Unter Präsentationsform wollen wir die Art der Darstellung verstehen, in der Informationen in einer Systemanalysemethode abgelegt werden. Das Spektrum dieser Dimension läßt sich am besten durch seine Extrema beschreiben.

Auf der einen Seite stehen Methoden, die Information vorwiegend in graphischer Form ablegen. Es werden die einzelnen Methodenkonstrukte, aber auch deren Beziehungen zueinander mittels graphischer Symbole dargestellt, die mit Text annotiert werden. Beispiele hierzu sind etwa ER-Modelle [Che76], Datenflußdiagramme [DeM78] oder das ISAC-Verfahren [LGN81]. Wir wollen solche Methoden graphische Methoden nennen.

Auf der anderen Seite stehen Methoden, die Analyseinhalte in einer formalen Sprache abbilden. Hier wird die Anwendungsinformation in Buchstabensymbolen abgebildet und durch Operatoren verknüpft. Vertreter sind: Der Set-Function-Ansatz

[Ber86], die Sprache ACM/PCM [BS82] oder die Vienna Development Method [Jon86]. Wir bezeichnen diese Art von Methoden als formalsprachliche Methoden.

Welche Auswirkungen auf die Art des Eingliederungsprozesses hat nun die Einteilung von Methoden in dieser Dimension?

Der Vorteil von graphischen Methoden ist die gute Darstellbarkeit von Zusammenhängen. Die in graphischen Methoden verwendeten Symbole haben oftmals eine reiche Bedeutung. Daher können bestimmte Inhalte in einer Methode sehr einfach dargestellt werden. Nachteil dieser Methoden ist aber ihre Inflexibilität. In einer graphischen Sprache können keine neuen Symbole definiert werden. Inhalte, die nicht von Anfang an abbildbar sind, können gar nicht dargestellt werden. In formalsprachlichen Methoden können neue Operatoren oder Konstrukte definiert werden. Sie haben in der Methode selbst weniger mächtige Konstrukte definiert. Die Konstrukte von graphischen Methode müßten dort erst synthetisiert werden. So ist z.B. die Bedeutung der Bedingungen bezüglich der Kardinalitätsverhältnisse im ER-Modell nicht direkt in SF-Spezifikationen abbildbar. Sie müssen durch zusätzliche Definitionen hinzugefügt werden.

Genau diese Unterscheidung wirkt sich auch auf die Eingliederungsstrategie aus. Bei der Eingliederung von graphischen Methoden sind die einzelnen Konstruktsymbole in begrifflichen Graphen zu modellieren. Das ergibt in vielen Fällen eine Fülle von Konzepten und Relationen. Demgegenüber sind bei der Überführung von formalsprachlichen Methoden lediglich die Grundkonstruktoren in begriffliche Graphen zu übertragen. Formalsprachliche Methoden führen meist zu sehr exakten Beschreibungen.

In graphischen Methoden wird Information häufig in Form von Netzwerken abgebildet. Durch die Beschreibung aller möglichen Knoten und Kanten dieses Netzwerks in der universellen Repräsentation kann die Vollständigkeit der Abbildung gewährleistet werden. In formalsprachlichen Methoden sind es die Operatoren und Symbolgruppen, die in der universellen Repräsentation beschrieben werden müssen. Es hat sich gezeigt, daß die Beschreibung von derartigen Operatoren mitunter eine erhebliche Menge von Definitionen benötigt, um exakt abgebildet zu werden [Kra90].

2.2.4 Klassifikation nach Abbildungsaspekten

Ein zentrales Unterscheidungskriterium für Systemanalysemethoden ist die Unterscheidung nach Abbildungsaspekten. Dies sind im wesentlichen

- eine Datenstruktursicht,

- eine Funktionensicht und

- eine Ereignissicht.

Systemanalysemethoden sind werkzeughafte Hilfsmittel zur gedanklichen Unterstützung der Analyse in bezug auf eine bestimmte Sicht. Die Trennung von verschiedenen Sichten auf ein System vermindert zwar partiell die Komplexität, ist jedoch solange keine echte Problemlösung, solange diese Sichten nicht wieder sinnvoll ineinandergreifen, sodaß sich aus den Sichtinhalten wieder eine komplexe Abbildung des Systems herstellen läßt. Grundannahme dabei ist es, daß sich jedes Informationssystem unter diesen drei Aspekten so modellieren läßt, daß es die korrekte Funktionalität besitzt.

Anders als bei der Klassifikation nach Präsentationsform unterscheiden sich die Eingliederungsstrategien hier nach ihrem Inhalt und nicht nach ihrer Form. In einer universellen Repräsentation sind alle zur Beschreibung dieser Aspekte notwendigen Ausdrucksmittel zu schaffen. Die einzelnen Ausdrucksmittel müssen so ineinandergreifen, daß sie imstande sind, die Grundlage zur Synthetisierung des Gesamtsystems zu bilden. Im Kapitel 3 wird ein logisches Rahmenwerk präsentiert, das diese Integration vollzieht.

2.3   Begriffliches Werkzeug zur Klassifikation

Nach der Abgrenzung von Methodentypen und der Entwicklung von entsprechenden Eingliederungsstrategien ist es nun notwendig, näher auf die Möglichkeiten der universellen Repräsentation einzugehen. Um Methoden auf begrifflicher Basis zu integrieren, müssen die Konstrukte der einzugliedernden Methoden ihrer begrifflichen Bedeutung nach untersucht werden. Komplexe Begriffe werden in begriffliche Grundeinheiten zerlegt, die wieder die Bedeutung der Begriffe ergeben. Die begrifflichen Grundeinheiten bilden das begriffliche Werkzeug zur Integration. Durch das Ablegen von begrifflichen Grundeinheiten in der universellen Repräsentation ist die Möglichkeit geschaffen, komplexere begriffliche Zusammenhänge (etwa die Konstrukte einer Systemanalysemethode) darzustellen.

Die Mächtigkeit der universellen Repräsentation muß zulassen, daß die sich aus den Eingliederungsstrategien ergebenden Anhaltspunkte in einem logisch kohärenten Modell repräsentiert werden können. Die Repräsentation der begrifflichen Graphen [Sow84] gibt die Möglichkeit, begriffliches Wissen nach verschiedenen gedanklichen Ordnungsprinzipen zu gliedern. Die Ordnungsprinzipen der

- Generalisierung,

- Assoziation und

- Klassifikation

sind in begrifflichen Graphen explizit definiert. Die **Generalisierung** beschreibt die Beziehung eines Begriffes zu seinem Überbegriff. Die **Klassifikation** bezeichnet die Beziehung eines einzelnen Individuums zu seinem Begriffstypus, wie etwa ein ganz bestimmtes Auto zum Typus *Auto*. Die **Assoziation** ist die Beziehung, die ein einzelnes Individuum zu der Menge hat, von der es Element ist. Durch diese gedanklichen Ordnungsprinzipien ist es möglich, weite Teile von Begriffswelten in eine Repräsentation aufzunehmen. Das Ordnungsprinzip der **Aggregation** kann in begrifflichen Graphen nicht direkt dargestellt werden. Es ist eine spezielle begriffliche Relation notwendig.

Jüngere Arbeiten zur Wissensrepräsentation in begrifflichen Graphen [GTS89, MN89] befaßten sich mit der Abbildung der Mengenquantifikation. Sätze wie *„Jedes Projekt hat je drei Mitarbeiter"* sind durch diese Erweiterungen nun in begrifflichen Graphen repräsentierbar. Dies ist eine wesentliche Voraussetzung zur Eignung als universelle Repräsentation.

Gemäß der Grundhypothese, daß die zu integrierenden Inhalte von Systemanalysemethoden Begriffsinhalte sind, muß die universelle Repräsentation fähig sein, Begriffswelten aufzunehmen. Begriffliche Graphen [Sow84] sind ursprünglich zur Abbildung von natürlichsprachigen Sätzen definiert worden (vgl. 2.3.1). In begrifflichen Graphen gibt es keine vordefinierten Bedeutungen. Sie sind eine Repräsentationsform, in der begriffliche Zusammenhänge abgebildet werden können. Es erhebt sich nun die Frage, wie tief Begriffe definiert werden sollen. Da jeder Begriff bzw. jede begriffliche Relation wieder durch einen begrifflichen Graphen weiter definiert werden kann, würde sich eine unbeschränkte Definitionstiefe ergeben. Es hat sich bei der Erarbeitung der universellen Repräsentation gezeigt, daß eine unbeschränkte Definitionstiefe nicht zum Ziel führt. Wie tief soll die Definition aber sinnvollerweise reichen? Durch die Definition von

- bestimmten begrifflichen Grundeinheiten und

- einer methodenübergreifenden Typenhierarchie

kann eine Basis von Primitiva geschaffen werden, die als atomar angenommen wird und daher nicht mehr weiter zu definieren ist. In natürlichsprachigen Sätzen ergibt sich die Bedeutung eines Begriffes häufig rein aus seiner Position im Satz. In begrifflichen Graphen hingegen sind die Beziehungen zu Sprachelementen exakt durch Verbindungskanten ausgedrückt. Welche Verbindungskanten benötigt man zur Beschreibung von betrieblichen Informationssystemen? Das darzustellende Wissensgebiet ist weit enger als jenes, das in natürlichsprachigen Sätzen ausgedrückt werden kann. Es müssen nur betriebliche Informationssysteme beschrieben werden. Dadurch ergeben sich weitere Möglichkeiten, die Definitionstiefe zu beschränken. Durch die Definition einer methodenübergreifenden Typenhierarchie können primitive Begriffe dieses Wissensgebiets festgelegt werden.

Grundlegendes Werkzeug zur begrifflichen Klassifikation sind in dieser Arbeit die begrifflichen Graphen nach [Sow84]. Obwohl schon früher erwähnt, soll hier ein kurzer Überblick über die Notation gegeben werden. Eine extensive Behandlung von begrifflichen Graphen und deren Darstellung in Prolog findet sich in Kapitel 3.

2.3.1 Begriffliche Graphen als Grundwerkzeug

Definition: *Begriffliche Graphen bilden eine Sprache zur Wissensdarstellung [Sow84, S. 69].*

In der vorliegenden Arbeit werden begriffliche Graphen zur Darstellung von Datenbankmodellen verwendet. Grundlage dafür ist die Theorie der begrifflichen Graphen, wie sie in [Sow84] entwickelt wurde.

Definition: *Ein **begrifflicher Graph** ist ein Diagramm, das die Bedeutung eines Satzes darstellt [Sow88, S. 2-1].*

Ein begrifflicher Graph setzt sich aus Konzepten (siehe Abschnitt 2.3.2) und begrifflichen Relationen (siehe 2.3.3) zusammen. Diese beiden Konstrukte dienen der Darstellung statischer Sachverhalte. Berechnungen, Abfragen, Ausgaben und andere Vorgänge werden durch Aktoren dargestellt (siehe 2.3.4). Zur Darstellung der dynamischen Elemente von Informationssystemen wird als Erweiterung der Theorie der Begrifflichen Graphen das Konstrukt „*Trigger*" vorgeschlagen (siehe 2.3.5).[1]

2.3.2 Konzepte

Verwendung

Definition: *Ein **Konzept** ist ein Symbol, das die Bedeutung eines Wortes darstellt [Sow88, S. 2-2].*

Konzepte dienen in der Theorie der begrifflichen Graphen zur Darstellung von Entitäten, Attributen, Zuständen und Vorgängen (vgl. [Sow84, S. 69]):

> **Beispiel 2.3-1:** Konzepte:
>
> ```
> person   farbe   ehestand   fahren
> ```

Um auch bestimmte Ausprägungen eines Typs darstellen zu können, wird ein Konzept in einen *Begriffstyp* und einen *Referenten* geteilt. Der Begriffstyp nennt den Typ dessen, was durch das Konzept dargestellt wird. Der Referent nennt die Ausprägung des Typs, die durch ein Konzept dargestellt wird. Es werden drei Arten von Referenten unterschieden (vgl. [Sow88, S. 2-2]):

- *Existentielle* Referenten: Eine Variable, beginnend mit einem Großbuchstaben, zeigt die Existenz einer (nicht näher bestimmten) Ausprägung eines bestimmten Begriffstyps an (z.B: `person(P)`).

- *Individuelle* Referenten: Das Symbol #, gefolgt von einer eindeutig zugeordneten Zahl, identifiziert eine bestimmte Ausprägung eines bestimmten Begriffstyps (z.B: `person(# 3776)`).

---

[1] Als Notation für illustrierende Beispiele dient die VM/PROLOG Linearform (vgl.[MN89, S. 10 ff]).

- *Ausdrückliche* Referenten: Ein Text unter Hochkommata identifiziert gleichfalls eine bestimmte Ausprägung eines bestimmten Begriffstyps (z.B: `person('Johann')`).

Konzepte mit existentiellen Referenten heißen *generische* Konzepte. Konzepte, die eine bestimmte Ausprägung eines Begriffstyps darstellen, heißen *individuelle* Konzepte (vgl. [Sow88, S. 2-2]).

Typenhierarchie

Begriffstypen werden nach bestimmten Merkmalen in eine Hierarchie eingeordnet. Welche Merkmale geeignete Ordnungskriterien sind, wird durch die jeweilige Anwendung bestimmt. Mit begrifflichen Graphen läßt sich jedes beliebige Begriffssystem aufbauen. Die resultierende Typenhierarchie ist daher je nach Anwendung verschieden.

Definition: *Die* **Typenhierarchie** *ist eine hierarchische Klassifikation der Begriffstypen vom Allgemeinen zum Speziellen. Übergeordnete, allgemeinere Begriffstypen heißen* **Supertypen**. *Untergeordnete, speziellere Begriffstypen heißen* **Subtypen**. *Der allgemeinste Begriffstyp heißt* **universeller Supertyp** *und wird durch den Buchstaben T (für „Top") symbolisiert (vgl. [Sow84, S. 80]).*

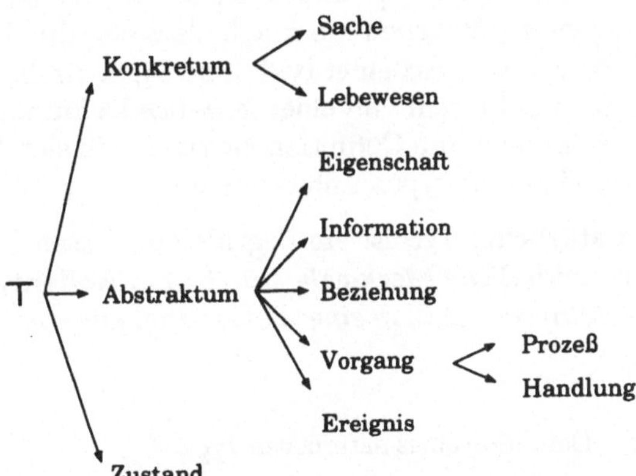

Abbildung 2.2: Typenhierarchie mit Begriffen der Deutschen Sprache

Die Hierarchie in Abbildung 2.2 weist eine Baumstruktur auf, innerhalb derer jeder Begriffstyp, mit Ausnahme von (T), genau einen Supertyp besitzt. Da derartige Hierarchien in der Praxis im nachhinein für bereits vorhandene Begriffe erstellt werden, treten regelmäßig Begriffe auf, die sich nicht eindeutig einordnen lassen. Der Begriff *Virus*, der sowohl Lebewesen als auch Sachen bezeichnen kann, wäre ein derartiger Problemfall für die obige Hierarchie (Abbildung 2.2). Um auch diesen Begriff eindeutig einzuordnen, könnten die Supertypen geändert werden. Etwa: *Lebewesen_und_leblose_Viren* sowie *Sachen_ausgenommen_leblose_Viren*. Die Verwendung derartiger Begriffstypen führt jedoch zu einer Definition durch Aufzählen,was dem Zweck einer Typenhierarchie (Gliederung anhand eindeutiger Unterscheidungsmerkmale anstatt willkürlicher Zuordnung) zuwiderläuft. Eine weitere Möglichkeit ist der Verzicht auf die Unterscheidung zwischen Lebewesen und Sachen. Da der praktische Wert einer Hierarchie jedoch mit der Tiefe ihrer Gliederung steigt, ist auch diese Lösung unbefriedigend. Die Theorie der begrifflichen Graphen kennt daher die Einordnung eines Begriffstyps unter mehr als einem Supertyp (vgl. [Sow84, S. 82]). Die Anwendung dieser Lösung führt zu einer Netzstruktur: Abbildung 2.3.

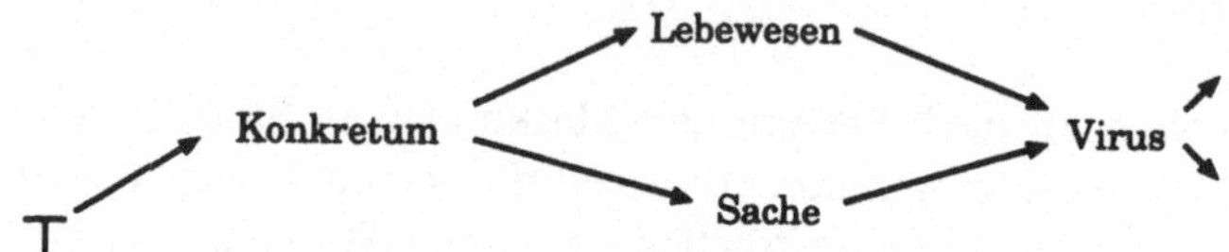

Abbildung 2.3: Begriffstyp mit mehr als einem Supertyp: *Virus*

In der Praxis bildet sich bei Typenhierarchien regelmäßig eine Netzstruktur aus, innerhalb derer Begriffstypen unter mehr als einem Supertyp eingeordnet sind.

Definition

Die Definition eines neuen Begriffstyps umfaßt dessen Supertyp sowie einen begrifflichen Graphen, der jene zusätzlichen Merkmale darstellt, durch die sich der neue Begriffstyp vom Supertyp unterscheidet (vgl. [Sow84, S. 106]). Wird nur der Supertyp angegeben, so spricht man von einer *formellen* Definition, bei Angabe von zusätzlichen Merkmalen heißt die Definition *materiell*. Hinsichtlich der Definition werden zwei Arten von Begriffstypen unterschieden:

Definition: *Ein **natürlicher Typ** ist ein Begriffstyp, dessen Definition sich ausschließlich auf unveränderliche Merkmale stützt. Ein **Rollentyp** ist ein Begriffstyp, der eine Verwendungsart (z.B. in einer Beziehung) eines natürlichen Typs ausdrückt.*

Beispiel 2.3-2:   Definition eines natürlichen Typs:

```
eskimo(P) type person(P),
        herkunftsland(P, 'Groenland'), land('Groenland').
```


Beispiel 2.3-3:   Definition eines Rollentyps

```
freund(Fr) type person(Fr),
        freundschaft(Fr,P), person(P).
```


In beiden Beispielen ist der Begriffstyp *Person* Supertyp. Das Eskimosein bleibt unberührt vom Betrachter und dem Zusammenhang, in dem auf eine bestimmte Person Bezug genommen wird. *Eskimo* ist daher ein natürlicher Typ. Ein Freund hingegen kann einer anderen Person gegenüber beispielsweise als Ehepartner auftreten, was *„eine andere Art den natürlichen Typ zu gebrauchen"* i.S. der obigen Definition darstellt. Auch die Unveränderlichkeit einer derartigen Rolle steht in Frage. *Freund* ist daher ein Rollentyp.

In praktischen Anwendungen werden viele der verwendeten Begriffstypen in die Hierarchie eingeordnet, ohne formal definiert zu werden. Mögliche Gründe dafür sind: mangelnde Information, bewußte Verwendung als Platzhalter oder auch Unmöglichkeit einer materiellen Definition: *„Die Realwelt präsentiert sich eben nicht als hübsche Hierarchie mit exakt definierten Grenzen"* ([Sow84, S. 113]).

2.3.3 Begriffliche Relationen

Verwendung

Durch unzusammenhängende Konzepte lassen sich nur einfache Sachverhalte darstellen. Erst das Wissen um die Beziehungen, in denen die verschiedenen Konzepte zueinander stehen, ermöglicht die Darstellung komplizierterer Sachverhalte. In der Theorie der begrifflichen Graphen werden diese Beziehungen durch begriffliche Relationen dargestellt.

Definition: *Eine* **begriffliche Relation***, die zwei (Einfachrelation) oder mehrere (Mehrfachrelation) Konzepte verbindet, stellt eine Beziehung dieser Konzepte untereinander dar (vgl. [Sow88, S. 2-6]).*

Begriffliche Relationen können auf zwei verschiedene Arten dargestellt werden: Bei der *kontrahierten Form* bildet die Relation die direkte Verbindung zwischen Konzepten.

Beispiel 2.3-4: Begriffliche Relation in kontrahierter Form:

```
person(#3776),  name(#3776,'Johann'), wort('Johann')
```

Die Person, die als #3776 vermerkt ist, wird durch die Relation *Name* mit dem Wort *„Johann"* verbunden.

Eine begriffliche Relation kann auch als Konzept vom Begriffstyp *Beziehung* dargestellt werden, das mit den übrigen Konzepten durch die elementare begriffliche Relation *Link* verbunden ist. Diese Darstellungsart heißt *erweiterte Form*.

Beispiel 2.3-5: Begriffliche Relation in erweiterter Form:

```
person(#3776), link(#3776,N), name(N),
            link(N,'Johann'), wort('Johann')
```

Inhaltlich besteht kein Unterschied zur Aussage von Bsp. 2.3-4.[2]

---

[2]Bei späteren Beispielen werden weiters aus verarbeitungstechnischen Gründen die Konzeptnamen in die Relationen eingesetzt, was allerdings die Lesbarkeit reduziert und in diesem Abschnitt unterlassen wurde.

Definition

Ähnlich wie bei den Begriffstypen läßt sich auch eine Hierarchie der begrifflichen Relationen aufstellen. Allerdings ist die hierarchische Struktur bei Beziehungen weniger ausgeprägt als bei Begriffen. Die allgemeinste begriffliche Relation *link* trifft keinerlei Aussagen über die Art einer Beziehung. Von ihr ausgehend werden die spezielleren begrifflichen Relationen (Subrelationen) definiert (vgl. [Sow88, S. 2-6]). Analog zur Definition der Begriffstypen sind jeweils die nächst-allgemeinere begriffliche Relation (=Superrelation) sowie zusätzliche Merkmale der neu definierten Relation anzuführen.

> **Beispiel 2.3-6:**   Definition einer begrifflichen Relation:

```
agent(P,V) relation
           person(P), link(P,V), vorgang(V).
```

Die Relation *Agent*[3] stellt eine Beziehung zwischen einer Person und einem Vorgang dar.

Quantifikation

Durch eine begriffliche Relation kann auch festgelegt werden, in welchem mengenmäßigen Verhältnis die verbundenen Konzepte zueinander stehen. In der verwendeten Notation dient das $-Symbol als Mengenoperator und das @-Symbol als Operator zur Kennzeichnung des Kardinalitätsverhältnisses. Der Bereich wird in der Form „min *to* max" dargestellt. Diese Zahlen legen fest, daß eine Ausprägung eines Begriffstyps zumindest in *min* und höchstens in *max* Instanzen der betreffenden Relation eingebunden sein muß (vgl. [MN89, S. 9 ff]).

> **Beispiel 2.3-7:**   Quantifikation einer begrifflichen Relation:

```
person($P), agnt($P @ 0 to 1, $R @ 1 to 2), radeln($R).
```

Jede Ausprägung des Begriffstyps *Person* ist durch 0 bis 1 Instanzen der Relation *Agent* mit einer Ausprägung des Begriffstyps *Radeln* verbunden. Eine Ausprägung des Begriffstyps *Radeln* ist jeweils durch 1 bis 2 (Tandem!) Instanzen derselben Relation mit einer Ausprägung des Begriffstyps *Person* verbunden.

2.3.4   Aktoren

Verwendung

Aus Konzepten und Relationen zusammengesetzte begriffliche Graphen sind rein deklarativ. Sie sind geeignet, Tatsachen und Regeln darzustellen oder Vorgänge

---

[3] Agent im Sinne von Handlungsträger.

als eine Abfolge von Zuständen zu beschreiben. Dynamische Funktionen wie das Durchführen von Berechnungen oder das Auslösen von Vorgängen sind jedoch nicht realisierbar. Derartige Realweltvorgänge werden in der Theorie der begrifflichen Graphen durch Aktoren realisiert (vgl. [Sow88, S. 2-17]). Mit Aktoren verbundene Konzepte spielen dabei die Rollen von Ein- und Ausgabewerten. Begriffliche Graphen, die aus Aktoren und Konzepten bestehen, heißen *Datenflußgraphen*.

Definition: *Ein* **Datenflußgraph** *ist ein begrifflicher Graph mit einer Menge von Knoten, Konzepte genannt, und einer anderen Menge von Knoten, genannt* **Aktoren**. *Weist eine Verbindung zwischen einem Aktor und einem Konzept auf das Konzept, so handelt es sich dabei um ein Ausgabekonzept. Ist die Verbindung auf den Aktor gerichtet, so handelt es sich um ein Eingabekonzept (vgl. [Sow84, S. 188]).*

Definition

Da Aktoren jeden denkbaren Realweltvorgang darstellen können, ist eine Definition innerhalb der begrifflichen Graphen nicht möglich: *„Die Aktoren sind entweder Primitiva, die direkt in der Hardware oder in einer maschinennahen Programmiersprache implementiert sind, oder Module, die ihrerseits als ein Netz von Aktoren definiert sind"* ([Sow84, S. 187]).

> **Beispiel 2.3-8:**   Definition eines Aktors:
>
> ```
> dividiere(Dividend, Divisor, Quotient)
>    zahl(Dividend), zahl(Divisor), zahl(Quotient),
>    prolog_ Quotient:= Dividend/Divisor.
> ```
>
> Der Aktor *Dividiere*, wird mit einer PROLOG-Funktion gleichgesetzt, jedoch nicht mithilfe von begrifflichen Graphen definiert, wie das bei Begriffstypen und begrifflichen Relationen möglich ist (vgl. Abschnitte 2.3.2 und 2.3.3).

Die Undefinierbarkeit von Aktoren innerhalb der begrifflichen Graphen legt eine Einschränkung der Verwendung nahe. In der vorliegenden Arbeit werden Aktoren ausschließlich für Systemfunktionen wie die Grundrechnungsarten und Bildschirmausgaben verwendet (Teil über die SF-Methode, Abschnitt 24.4). Realweltvorgänge werden mithilfe des Konstrukts „Trigger" dargestellt (vgl. Abschnitt 2.3.5).

2.3.5 Trigger

Die Problemstellung der vorliegenden Arbeit erfordert eine Darstellung zeitlich bedingter Realweltvorgänge (insbesondere im Abschnitt 19 bei der Behandlung der SF-Methode). Da die darzustellenden Vorgänge innerhalb der begrifflichen Graphen definiert werden können, ginge bei einer Darstellung mithilfe Aktors, des einzigen dynamischen Konstrukts der begrifflichen Graphen, Information verloren.

Darüberhinaus bieten Aktoren keinen Mechanismus zum zeitabhängigen Auslösen von Vorgängen. Diese Gründe sprechen für eine Erweiterung der Theorie der begrifflichen Graphen. Das zu entwickelnde Konstrukt soll alle wichtigen Informationen über einen Vorgang enthalten. In Anlehnung an die bei Bestandsaufnahmen verwendeten Frageschemata beantwortet es jeweils drei Fragen:

- *Was geschieht?* Diese Frage beantwortet der **Aktionsgraph**, ein begrifflicher Graph, der die Art des Vorgangs sowie die Rollen der Beteiligten darstellt.

- *Wer ist davon betroffen?* Antwort auf diese Frage gibt der **Definitionsgraph**, ein begrifflicher Graph, der alle Beteiligten am betreffenden Vorgang darstellt.

- *Wann?* Ein dreiteiliges Argument, das die Zeitpunkte der ersten und letzten Durchführung, sowie der Periode eines Vorgangs nennt, soll darüber Auskunft geben.

Ein Trigger hat damit folgenden Aufbau:

Name   trigger (ZA / Zyklus / ZE),
         quantifikation (/ *Begrifflicher Graph*),
         transaktion (/ *Begrifflicher Graph*).

Name	Name des Triggers
ZA	Zeitpunkt der ersten Durchführung der Aktion
Zyklus	Zeitraum zwischen zwei Durchführungen
ZE	Zeitpunkt der letztmaligen Durchführung
quantifikation(X)	Definitionsgraph; nennt alle Beteiligten und deren Rollen
transaktion(X)	Aktionsgraph; jener Vorgang, der zu den festgesetzten Zeitpunkten durchgeführt wird

Beispiel 2.3-9:   Definition eines Triggers:

```
optimaleBestellmengeFestsetzen
        trigger (oooooo00,oo/ooooo7oo,oo/99122500,oo),
   quantifikation (/ artikel(X)),
   transaktion (/ artikel(X), aus(X,'OptBestellmengeEingeben'),
        text('OptBestellmengeEingeben')).
```

Der Trigger *Opt_Bestellmenge_festsetzen* bewirkt, daß samstags (Periode: 7 Tage, letzte Durchführung Samstag, dem 25.12.1999) für jeden Artikel die optimale Bestellmenge festgesetzt wird.

Definition: *Ein* **Trigger** *ist die Spezifikation eines bedingten Realweltvorgangs in Begrifflichen Graphen.*

Die physische Realisation ist als Tabelle vorzustellen, die für jeden Graphen geführt wird. Die zeitlichen Bedingungen werden periodisch abgeprüft und bei Zutreffen die entsprechenden Aktionen für die bestimmte Definitionsmenge durchgeführt. Entwickelt wurde diese Erweiterung der begrifflichen Graphen in Anlehnung an den SF-Responder (vgl. Abschnitt 19.1.4).

2.4　Definition begrifflicher Strukturen

2.4.1　Definition von begrifflichen Grundrelationen aus semantischen Primitiva

Roger Schank beschreibt in [SR83] semantische Primitiva, die eine sprachenunabhängige Repräsentation erlauben. Er beschreibt sechs begriffliche Grundtypen. Die Grundtypen können in unterschiedlichen Beziehungen zueinander stehen. Abbildung 2.4 zeigt einige von Schanks Definitionen, die Beziehungen zwischen Grundtypen angeben.

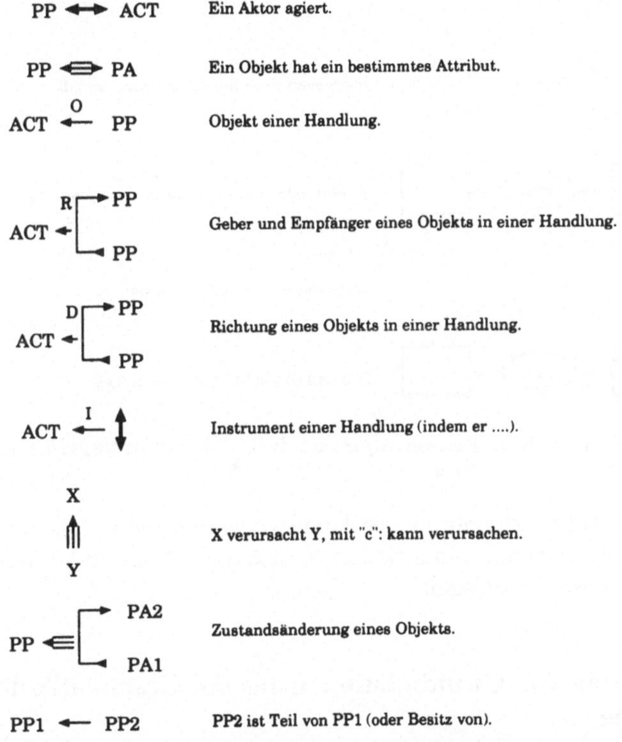

Abbildung 2.4: Primitive Beziehungen nach R. Schank

Nachteil dieser Art von Definition ist, daß keine Abarbeitungsregeln für diese Notation existieren. Weiters fehlen Konsistenzregeln, die angeben, welche Konstrukte zusammentreffen dürfen und welche nicht.

Abbildung 2.5 zeigt eine mögliche Übersetzung von Schanks semantischen Primitiva in begriffliche Graphen. Das Manko der fehlenden Konsistenzregeln kann in begrifflichen Graphen aufgehoben werden. In der Relationendefinition kann angegeben werden, welche Konzepte an der Relation anliegen dürfen. Die Abarbeitungsregeln für die Notation geben die Interpretatoren an, die die universelle Repräsentation verarbeiten. Der entscheidende Nachteil dieser Repräsentation ist

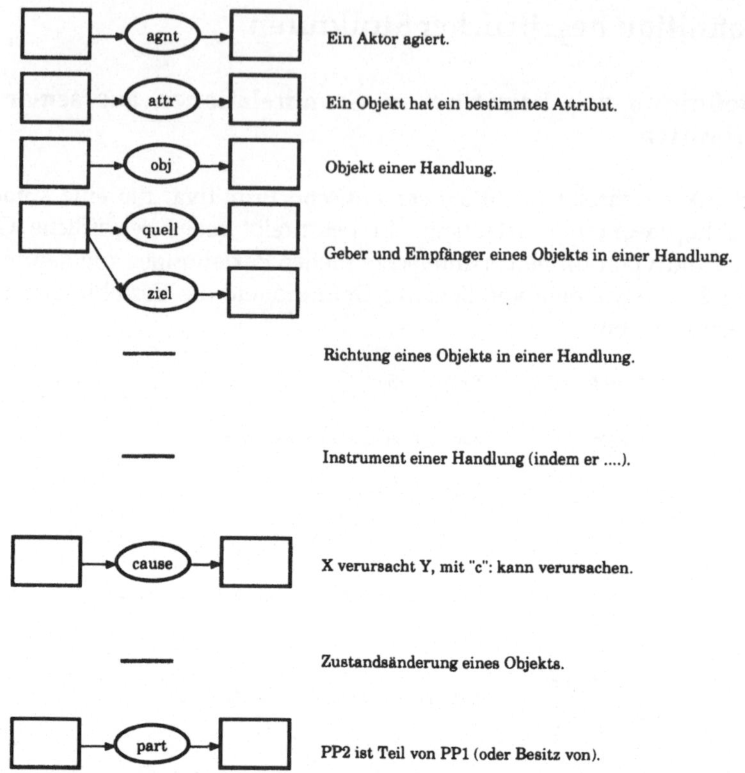

Abbildung 2.5: Primitive Beziehungen nach R. Schank in begrifflichen Graphen

seine fehlende Vollständigkeit. Es ist keineswegs erwiesen, daß die gezeigten Relationen alle notwendigen semantischen Konstrukte abbilden können. Wir wollen einen anderen Ansatz verfolgen.

2.4.2 Definition von Grundrelationen aus der Grammatik der deutschen Sprache

Die Grammatik der deutschen Sprache bildet ebenfalls einen Leitfaden für die Definition von Grundrelationen. Hier ist die Vollständigkeit sicher gegeben, da alles was in Systemanalysemethoden verpackt wird, sicher zuerst in irgendeiner Form in einer natürlichen Sprache seinen Ausdruck fand.

So kann man Bedeutungsprimitiva definieren, die nicht mehr zergliedert werden können. Sie haben nur mehr einen bedeutungslosen Definitionsgraphen. Abbildung 2.6 zeigt eine solche Relationsdefinition. Ihre Bedeutung entspricht genau jener Bedeutung, die die grammatikalischen Konstrukte der deutschen Sprache haben.

Eine weitergehende Relationsdefinition wäre schon deshalb sinnlos, weil keine Inobj(X,Y) relation

Abbildung 2.6: Definition der Relation „*Objekt*"

terpretation in der Grammatik der deutschen Sprache mehr möglich wäre, was zur Folge hat, daß die Inhalte nicht mehr ausgedrückt werden können. Da wir die natürliche Sprache aber als Übermenge des Darzustellenden definiert haben, ist eine weitere Definition nicht sinnvoll.

Um elementare Beziehungen aus der Grammatik der deutschen Sprache zu extrahieren, ist es notwendig, die einzelnen Satzbauarten der deutschen Sprache auf ihren semantischen Aufbau hin zu untersuchen.

Der Duden [Dud73, S. 490 ff] unterscheidet verschiedene Satzbaupläne (kurz: Satzart) der deutschen Sprache. Satzarten beschreiben die Beziehung, die Worte einer Sprache zueinander haben können. Diese Beziehung ist eine syntaktisch-semantische. Sie beschränkt sich daher nicht nur darauf, eine Ordnung von Worten im Satz herzustellen, sondern gibt auch elementare Beziehungen der Bedeutung der Worte an. Der Duden gibt eine Fülle von Satzarten an. Wir wollen im folgenden einige davon analysieren und relevante Primitivrelationen daraus ableiten.

In erster Linie unterscheidet der Duden in Haupt- und Nebensatzbaupläne. Nebensatzbaupläne sind Satzbaupläne, die einen Dativ 2. Grades enthalten. Wir wollen unsere Ausführungen nur auf Hauptsatzpläne beschränken, da alle für die Systemanalyse notwendigen Aussagen in solchen Sätzen ausgedrückt werden können. Neben der Unterscheidung nach Haupt- und Nebensatzbauplänen unterscheidet der Duden in zweiter Stufe in:

- ergänzungslose Sätze
  (z.B.: „*Die Rose blüht*".) und

- Sätze mit Ergänzung
  (z.B.: „*Der Gärtner bindet die Blumen.*").

Abhängig von der Bedeutung des Verbums, das in einem ergänzungslosen Satz steht, kann man in verschiedene Beziehungstypen unterscheiden, die zwischen Subjekt und Prädikat des Satzes bestehen:

(a) Geschehen, das vom Subjekt ausgeführt wird
   (z.B.: „*Er fischt, schreibt*".),

(b) Geschehen, das sich am Subjekt vollzieht
   (z.B.: „*Er verarmt.*", „*Das Eisen rostet.*"),

(c) Geschehen, das den Zustand des Subjektes beschreibt
    (z.B.: „*Die Wiese grünt.*") und

(d) Geschehen mit einem neutralisierten Subjekt
    (z.B.: „*Es regnet, klopft.*").

Die ersten beiden Punkte eignen sich für die Entwicklung von Primitivrelationen. Sowa [Sow84] schlägt die Definition der Primitivrelationen **(agnt)**, **(obj)** vor.

Definition: *Die Primitivrelation* **(agnt)** *bedeutet die Beziehung, die das Subjekt zum Prädikat in Sätzen hat, in denen ein Geschehen beschrieben wird, das vom Subjekt ausgeführt wird (a).*

Definition: *Die Primitivrelation* **(obj)** *bedeutet die Beziehung, die das Subjekt zum Prädikat in Sätzen hat, in denen ein Geschehen beschrieben wird, das sich am Subjekt vollzieht (b).*

Die Satzbauarten (c) und (d) sind zur Ableitung von Primitivrelationen eher ungeeignet. Die Satzart **(c)** hat attributive Bedeutung und ist daher eine Umschreibung eines Attributes. Solche Bedeutungen wollen wir aus Adjektiven ableiten. Adjektive können mit einer Primitivrelation **(attr)** in der begrifflichen Basis dargestellt werden. Die Bedeutung, die in Satzart **(d)** gefaßt ist, spielt in der Systemanalyse keine Rolle.

Definition: *Die Primitivrelation* **(attr)** *drückt die Beziehung aus, die zwischen einem Hauptwort und einem sich auf dieses Hauptwort beziehenden Adjektiv besteht.*

Der Duden faßt Satzarten mit Ergänzungen zu einer Gruppe zusammen. Neben Subjekt und Verb des Satzes treten hier verschiedenen Formen von Objekten auf, die sich in Fall oder Präposition unterscheiden. Die Präpositionen spielen dabei eine zentrale Rolle. Wir wollen daher die Ergänzung in unsere Betrachtungen miteinbeziehen und aus verschiedenen Ergänzungstypen semantische Primitiva ableiten. Der Duden [Dud73, S. 492 ff] unterscheidet folgende Ergänzungen:

- Akkusativobjekt,

- Dativobjekt,

- Genitivobjekt,

- Präpositionalergänzung,

- Gleichsetzungsnominativ,

- Raumergänzung,

- Zeitergänzung,

- Artergänzung.

Steht ein **Akkusativobjekt** in der Ergänzung, wie etwa in „*Die Sekretärin schreibt einen Brief*", so beschreibt der Satz meist ein sach- oder personenbezogenes Geschehen. Die oben definierte Primitivrelation (**obj**) deckt diese Bedeutung ab. Im Unterschied zu ergänzungslosen Sätzen steht das Prädikat dieses Satzes in Beziehung zu zwei anderen Satzgliedern. Abbildung 2.7 zeigt die definierten Primitivrelationen in einem begrifflichen Graphen.

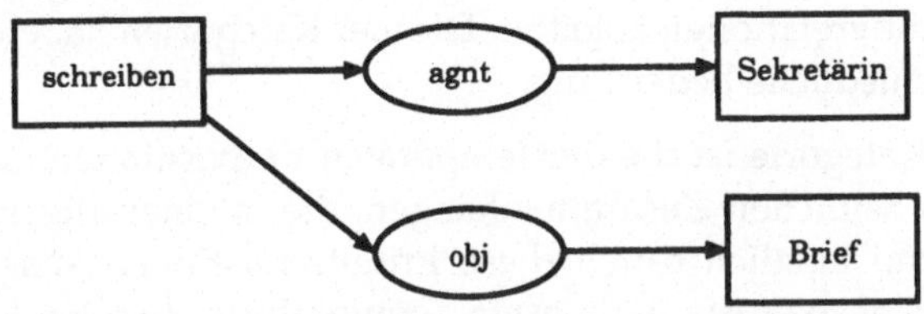

Abbildung 2.7: Begrifflicher Graph zu einem Satz mit Akkusativergänzung

Die linguistische Forschung der fünfziger Jahre hat dem **Dativ** den allgemeinen Inhalt der „*Zuwendung*" gegeben [Dud73, S 495]. Daraus läßt sich folgende Definition ableiten:

Definition: *Die Primitivrelation* (**ziel**) *drückt die Beziehung des Prädikats eines Satzes zum Dativobjekt aus.*

In Sätzen wie „*Die Sekretärin gibt dem Chef einen Brief*" ist eine Primitivrelation (**ziel**) eindeutig ersichtlich. Dieser Satz würde etwa in den in Abbildung 2.8 gezeigten Graphen übersetzt werden.

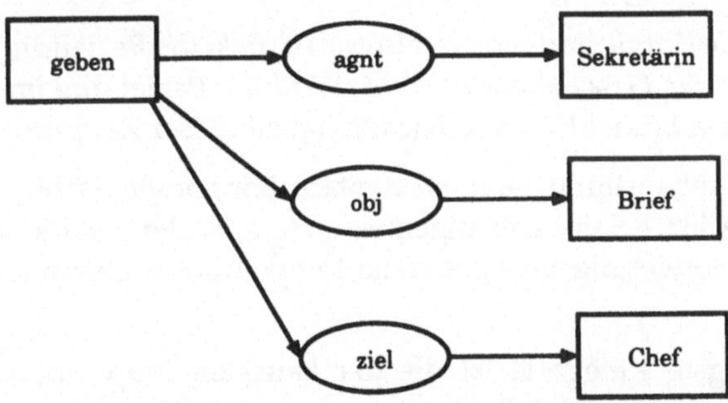

Abbildung 2.8: Begrifflicher Graph zu einem Satz mit Dativergänzung

Die Bedeutung von **Präpositionalobjekten** hängt stark von der verwendeten Präposition ab. Weitere Primitivrelationen lassen sich direkt aus den Präpositionen ableiten. Die Fülle von existierenden Präpositionen macht eine Definition von Primitivrelationen sehr schwer, weil die Bedeutung weit gestreut ist. Der Duden [Dud73, S. 325] unterscheidet vier Kategorien von Präpositionalobjekten, nämlich

- lokale,

- temporale,

- modale und

- kausale

Präpositionen. Manche Präpositionen sind mehrdeutig. So gehört etwa die Präposition „*auf*" allen vier Kategorien an. Mehrdeutige Definitionen sind als Primitivrelationen schlecht geeignet. Wir wollen die Kategorisierung des Duden nutzen und daraus Primitivrelationen ableiten. Die vier Kategorien haben jedoch für diese Aufgabe unterschiedliche Bedeutung.

Die ergiebigste Kategorie ist die der temporalen Präpositionen. Diese dienen zur Darstellung von zeitlichen Zusammenhängen, die in einer allgemeinen Form definierbar sind und letztlich durch diese Primitivrelationen ausgedrückt werden müssen. Vergleicht man die definierten Temporalprimitiva bei [All83, KS85] mit den Bedeutungen, die [Dud73] angibt, so ergibt sich eine bemerkenswerte Kongruenz, obwohl beide Texte in vollkommen unterschiedlichem Zusammenhang stehen. Das läßt auf eine konzise Temporaltheorie schließen, die wir hier auch unseren Modellen zugrundelegen wollen. So übernehmen wir die in [Dud73] angegebenen Bedeutungen als Definitionen:

Definition: *Die Primitivrelation* **(bis)** *drückt die Beziehung eines Zustands (oder eines anhaltenden Vorgangs) zu einem Zeitpunkt aus, an dem dieser Zustand (oder Vorgang) beendet wird.*

Definition: *Die Primitivrelation* **(seit)** *drückt die Beziehung zwischen einem Zustand (oder einem anhaltenden Vorgang) zu einem Zeitpunkt aus, an dem dieser Zustand (oder Vorgang) begonnen wurde.*

Definition: *Die Primitivrelation* **(während)** *drückt die Beziehung zwischen einem Zeitraum und etwas Geschehendem aus. Wird die Beziehung im Zusammenhang mit Zeitpunkten gebraucht, wird Gleichzeitigkeit dieser Zeitpunkte ausgedrückt.*

Eine genauere Abhandlung über elementare temporallogische Zusammenhänge findet sich bei [All83, KS85]. Um allgemeinen temporalen Relationen Bedeutung zu verleihen, ist es notwendig, eine generelle Temporallogik abzubilden (Siehe Kapitel 3).

Die zweitwichtigste Kategorie ist die der kausalen Präpositionen. Von den in [Dud73] definierten kausalen Präpositionen sind einige für den Gebrauch in der Systemanalyse untypisch. So werden zahlreiche Präpositionen angegeben, die sich semantisch nur sehr wenig differenzieren. Wörter wie **angesichts, behufs, dank, gemäß, laut, mangels, seitens** oder **trotz** sind alle leichte Abwandlungen einer implizierenden Aussage. Wir wollen die gegensätzlichsten Wörter hier als Primitivrelationen in die Theorie aufnehmen:

Definition: *Die Primitivrelation* **(infolge)** *drückt die Beziehung zwischen einem Geschehen und einem anderen Geschehen aus, wobei ersteres zweiteres zwingend zur Folge hat (Implikation).*

[Sow84] verwendet in der gleichen Bedeutung die Relation **(impl)** (implies). Aus Gründen der Kontinuität wollen wir die Primitivrelation **(impl)** verwenden.

Definition: *Die Primitivrelation* **(mit)** *drückt die Beziehung zwischen einem Vorgang und dem Mittel, Instrument oder Werkzeug aus, das für diesen Vorgang verwendet wird.*

Diese Definition wählt eine von vielen möglichen Bedeutungen des Wortes „*mit*" aus. Folgende deutsche Sätze, die auch das Wort „*mit*" enthalten, können mit dieser Primitivrelation nicht ausgedrückt werden.

- Ich esse Fisch mit Kartoffeln.

- Ich esse Fisch mit Freude.

- Ich esse Fisch mit einem Freund.

- Ich esse Fisch mit Gräten.

Definition: *Die Primitivrelation* **(von)** *bedeutet die Beziehung zwischen einem Vorgang und dem Urheber oder Täter dieses Vorgangs.*

2.4.3 Wissensgebietspezifische Definitionen

Neben Bedeutungsprimitiva, die aus der Grammatik der deutschen Sprache ermittelt worden sind, gibt es noch zusätzlichen Bedarf an anderen, die die bessere Beschreibung des Wissens über Systemanalysemethoden ermöglichen. Wir wollen hier eine für Systemanalysemethoden besonders wichtige Relation definieren.

Definition: *Die Primitivrelation* **(teil)** *drückt die Beziehung zwischen zwei Dingen aus, wobei das eine Teil des anderen ist.*

Mit der Primitivrelation **(teil)** kann das Strukturierungsprinzip der Aggregation abgebildet werden, das nicht direkt in begrifflichen Graphen notiert werden kann. Die für verschiedene Systemanalysemethoden (ISAC, Datenflußdiagramme) typische Dekomposition eines Modells in Submodelle wird von der Relation **(teil)** getragen.

Definition: *Die Primitivrelation* **(succ)** *drückt die Beziehung zwischen zwei Vorgängen aus, wobei ein Vorgang auf den anderen folgt.*

Die graphische Darstellung mehrerer Systemanalysemethoden stellen Präzedenzgraphen zwischen Vorgängen dar (z.B. ISAC-A-Graphen). Zur Darstellung solcher Zusammenhänge zwischen Vorgängen wird die Primitivrelation **(succ)** verwendet.

2.4.4 Methodenübergreifende Typenhierarchie

In einer begrifflichen Typenhierarchie werden alle Begriffe verzeichnet, die im begrifflichen Graphensystem verwendet werden können. Um Inhalte verschiedener Systemanalysemethoden ineinander überführen zu können, ist es notwendig, Begriffe zu definieren, die in allen Methoden die gleiche Bedeutung haben. Diese Begriffe stehen, wenn sie in der universellen Repräsentation verwendet werden sollen, ebenfalls in einer Typenhierarchie. Sie sind von den Anwendungen, die mit den Methoden spezifiziert werden, unabhängig. Konstrukte einzelner Methoden entsprechen Begriffen in dieser Typenhierarchie (Methodenbegriffe). Anwendungsbegriffe sind Begriffe, die im Rahmen der Entwicklung von Anwendungen definiert worden sind. Sie stehen vorerst als Inhalte der Methoden zur Verfügung. Bei der Überführung in die universelle Repräsentation werden Anwendungsbegriffe als Subtypen von Methodenbegriffen in die Typenhierarchie eingetragen. Dadurch wird die Typenhierarchie von einer reinen methodenübergreifenden Typenhierarchie auf eine Anwendung spezialisiert. Die Methodenbegriffe bleiben in der Typenhierarchie erhalten, sodaß Inhalte nach wie vor von einer Methode in eine andere überführt werden können. Bei der Extraktion von Methodeninhalten aus der universellen Repräsentation dienen die Methodenbegriffe zur Auffindung möglicher Methodeninhalte. Wir wollen diese Begriffe als Eintrittspunkte von Konstrukten in die Typenhierarchie bezeichnen.

Welche Begriffe sind nun besonders geeignet, eine solche Hierarchie aufzubauen? In die methodenübergreifende Typenhierarchie sind all jene Begriffe aufzunehmen, die zur Methodenkonversion notwendig sind. Die Hierarchie definiert die Identität zwischen Konstrukten verschiedener Methoden — unabhängig von einer Anwendung. Jedes Konstrukt jeder eingegliederten Methode muß durch einen entsprechenden Methodenbegriff dargestellt werden.

Allgemeine semantische Elementarbegriffe nach Schank

Wie bereits im Abschnitt 2.4.1 erwähnt, gibt es bei Schank sechs Primitivtypen.

Diese Primitivtypen könnten in der Typenhierarchie zuoberst gesetzt werden. Sie stellen sehr generelle Begriffe dar. Aber auch hier gilt ähnliches wie bei der Relationendefinition. Schanks Grundtypen sind ein starrer und möglicherweise nicht ausreichender Raster, in den nicht alle notwendigen Begriffe eingegliedert werden können. Zudem gibt es kaum Hinweise darauf, was alles unter die einzelnen Typen zu fallen hat.

Exkurs: Experiment mit Duden

Durch Analyse des deutschen Wortschatzes könnten ebenfalls jene Begriffe gefunden werden, die die obersten Begriffe einer natürlichen Typenhierarchie bilden. Da die gesuchten Begriffe sowohl anwendungs- als auch methodenneutral sein sollen, müßten sie sich mit jenen Begriffen decken, die in der Generalisationshierarchie unseres Wortschatzes zuoberst sind. Welche das nun konkret sind, wollen wir mit einem Experiment ermitteln.

Das „*Deutsche Universal Wörterbuch*" soll als Gesamtheit des deutschen Wortschatzes gelten. In ihm sind sämtliche Begriffe verzeichnet, die die deutsche Sprache erlaubt. Weiters wollen wir annehmen, daß jede Begriffsdefinition des Duden einen oder mehrere Überbegriffe enthält. Dies gilt nicht für einen angenommenen universellen Überbegriff („*universal supertype*"). Die gesuchten Primitivtypen müßten sich also dadurch feststellen lassen, indem man die Überbegriffskette Schritt für Schritt verfolgt. Theoretisch müßte sich der in begrifflichen Graphen definierte „*universal supertype*" wiederfinden. Im folgenden sind eine zufällige Stichprobe einiger Wörter aus dem Wörterbuch und deren Überbegriffsketten aufgeführt. Da solche realen Überbegriffsketten nicht immer in der wünschenswerten Ordnung verlaufen, ist die Darstellung in einem Netz von Vorteil. Der Pfeil weist vom Unterbegriff zum Überbegriff. Abbildung 2.9 zeigt das Ergebnis des Experiments.

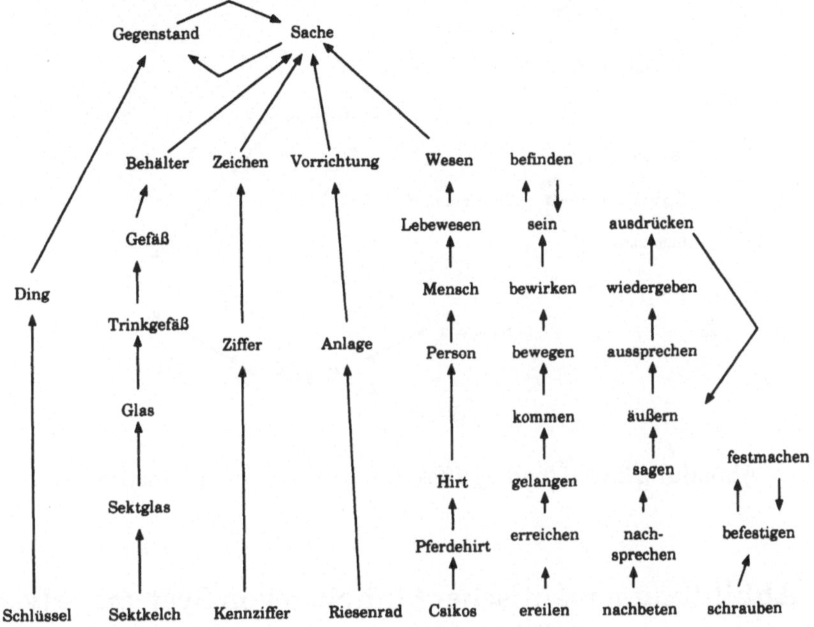

Abbildung 2.9: Überbegriffsketten aus dem Deutschen Universalwörterbuch

Das Experiment zeigt deutlich, daß es keine konsequente, eindeutige und durchgängige Typenhierarchie in der deutschen Sprache gibt. Je weiter wir uns dem „*universal supertype*" nähern, desto dünner wird der begriffliche Gehalt, was ja zu erwarten war. Wir sehen aber auch, daß immer häufiger Zirkeldefinitionen vorkommen. Dieses Beispiel widerlegt die These einer „*Begriffshierarchie*". Der „*universal supertype*" ist ein theoretisches Konstrukt. Dieses Ergebnis ist zwar akademisch sehr interessant, hilft uns aber bei der Suche nach haltbaren Oberbegriffen nicht weiter.

Treffen wir nun eine andere Annahme. Wir wollen nunmehr annehmen, daß sich aus einem Wortschatz immer ein Unterwortschatz mit einer bestimmten Kommunikationszweckbindung bilden läßt. Dieser Unterwortschatz sei der Wortschatz einer bestimmten Begriffswelt (siehe Abschnitt 1.2.2). Je klarer Begriffswelten gegliedert sind, desto übersichtlicher sind auch die Überbegriffsketten. Die klare Gliederung von Begriffswelten ist Aufgabe von Systemanalysemethoden. Anstatt zu versuchen, eine allgemeingültige Begriffshierarchie zu formulieren, ist es sinnvoller, die Gliederungen, die einzelne Methoden vorschlagen, einer methodenübergreifenden

Typenhierarchie zu unterlegen. Bei der Zusammenführung von Begriffshierarchien unterschiedlicher Systemanalysemethoden wird diese lokale Ordnung gestört. Eigentliche Aufgabe der Eingliederung einer Methode in das gegebene Rahmenwerk ist die Zusammenführung der methodenspezifischen Begriffshierarchien. Abbildung 2.10 zeigt eine durchgängige Typenhierarchie, die aus der Zusammenführung mehrerer Analysemethoden entstanden ist.

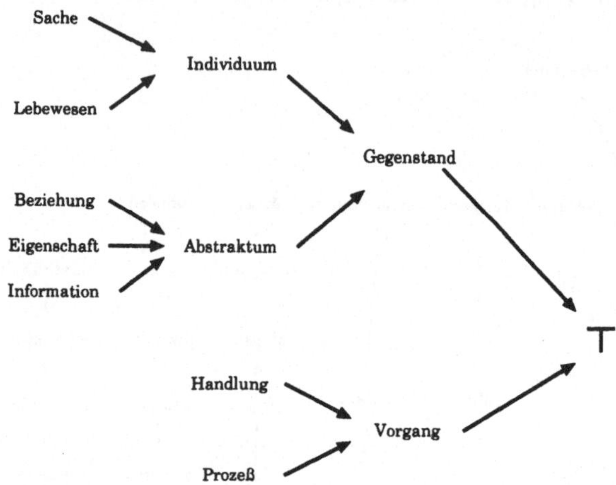

Abbildung 2.10: Überbegriffskette in Systemanalysemethoden

2.5 Abbildung semantischer Einheiten von Systemanalysemethoden in begrifflichen Graphen

Jede Abstraktion hat im allgemeinen ihre symbolische Entsprechung in einer betrachteten Systemanalysemethode. So werden etwa Datenflüsse in Datenflußdiagrammen als Pfeile oder Relationstypen im ER-Modell als Rauten dargestellt.

Für den Eingliederungsvorgang ist jedoch weniger die Darstellung der Abstraktion interessant als vielmehr deren Bedeutung. In diesem Abschnitt wird die Explizierung der Bedeutung von Methodenkonstrukten und deren Überführung in begriffliche Graphen gezeigt.

2.5.1 Beschreibung von Konstrukten in Systemanalysemethoden

Jede Systemanalysemethode stellt zur Modellierung verschiedene semantische „*Bausteine*" zur Verfügung, aus denen Anwendungsmodelle aufgebaut werden können. Meistens werden nur wenige dieser Konstrukte in einer Methode definiert, um die erzeugten Modelle der Methode leicht verständlich zu halten. Werden zuviele verschiedenartige Konstrukte verwendet, verliert das Modell an Klarheit.

Jedem der Konstrukte ist eine bestimmte Bedeutung zugeordnet. Die Bedeutungen der Konstrukte spannen den Aspekt auf, unter dem eine Systemanalysemethode ein Problem gliedert. So ist es in einer datenflußbeschreibenden Methode notwendig, sowohl Datenflüsse als auch jene Bedeutung anzugeben, die Datenflüsse miteinander verbindet.

Wege zur Bedeutungsfindung

Die Bedeutung eines Methodenkonstrukts läßt sich auf zwei Wegen ermitteln.

- Einerseits kann die präsumptive Bedeutung der Methode verwendet werden, das heißt, es wird aus der entsprechenden Literatur die zugrundeliegende Definition entnommen. Gerade bei stark abstrahierenden Methoden sind jedoch die in der Methodenbeschreibung vorhandenen Definitionen nur beschränkt für den exakten Eingliederungsprozeß verwendbar.

- In vielen Fällen kann auch ein pragmatischerer Weg zum Ziel führen. Dabei bilden bereits erstellte Anwendungsmodelle den Ausgangspunkt. Es wird geprüft, in welcher Weise verschiedene Analytiker verschiedene Konstrukte verwenden. Aus den verschiedenen Beobachtungen werden dann Eingliederungshypothesen gebildet.

Wesentlicher Grund, nicht die exaktere erste Varante zu wählen, ist die Unterdefinition einzelner Methoden.

Unterdefinition von Methodenkonstrukten

Die Abbildung eines Methodenkonstrukts in begrifflichen Graphen kann aus mehreren Gründen ungenau sein:

- Das Methodenkonstrukt kann einem sehr generellen Begriff entsprechen. Durch die Existenz einer Typenhierarchie, die es ermöglicht, beliebig generelle Begriffe zu definieren, kann jeder noch so generelle Methodenbegriff in die Typenhierarchie aufgenommen werden.

- Das Methodenkonstrukt kann in der Beziehung zu anderen Methodenkonstrukten im Modell ungenau beschrieben sein. So können etwa die Integritätsbedingungen von Methodenmodellen unterdefiniert sein. Sowohl bei der Erstellung eines Modells als auch bei der Extraktion eines Modells aus der universellen Repräsentation können in diesem Fall bedeutungslose Anwendungsmodelle entstehen. Durch das Hinzufügen weiterer Integritätsbedingungen kann die Bildung bedeutungsloser Anwendungsmodelle verhindert werden.

- Ein Methodenkonstrukt kann in der Weise unterdefiniert sein, daß der entstehende begriffliche Graph aus der Sicht einer anderen Methode nicht mehr hinreichend geeignet ist, ein Konstrukt dieser Methode mit Sicherheit zu extrahieren.

Letzteren Fall wollen wir als Unterdefinition bezeichnen und eine entsprechende Lösung erarbeiten. Wir wollen die *„Aktivität"* eines ISAC-A-Graphen und den *„Prozeß"* eines Datenflußdiagramms als Beispiel heranziehen. Beide Konstrukte haben eine ähnliche Aussage. Sie könnten in der universellen Repräsentation als `vorgang(X)` dargestellt werden. Unterschied der Konstrukte ist folgender: Über den Prozeß des Datenflußdiagramms ist ausgesagt, daß der Vorgang von der Nachfrage an Output ausgelöst wird. Über die Aktivität ist keine derartige Aussage getroffen. Die begrifflichen Graphen, die aus diesen Konstrukten entstehen, differieren. Der aus dem Datenflußdiagramm entstandene Graph trifft mehr Aussagen.

Wir wollen nun annehmen, es sei ein Anwendungsmodell in der ISAC-Methode analysiert und in die universelle Repräsentation überführt worden. Jede Aktivität wurde daher in der universellen Repräsentation als `vorgang(X)` eingetragen. Es soll das Modell nun in ein Datenflußdiagramm extrahiert werden. Zur Extraktion der `vorgang(X)`-Konzepte ist jedoch nicht genug Information vorhanden. Es fehlen die Auslösungsspezifikationen. Es kann jedoch nicht Sinn einer Methodenintegration sein, solche Fälle abzuweisen. So ist es also in diesem Fall notwendig, einen induktiven Schluß zu ermöglichen, der Konstruktkandidaten aus Fragmenten der eigentlichen begrifflichen Repräsentation ermittelt. Im Rahmen der Einfügung der Konstruktkandidaten in das Methodenmodell wird die hypothetische Aussage vom Benutzer zur definitiven Aussage bestätigt. Je weniger Aussagen ein Methodenkonstrukt trifft, desto mehr hypothetische Aussagen müssen getroffen werden.

Das *„Objekt"* des objektorientierten Ansatzes ist das Extrembeispiel hierzu. Hinter einem Objekt kann sich alles mögliche verbergen. Es trifft auch nicht einmal eine klare Aussage über seine Repräsentation. Durch die Definition von Methoden, die prozeduralen Charakter besitzen, erben sie die implizite Bedeutung der zugrundeliegenden Sprache. Die Eingliederung objektorientierter Ansätze hat nur wenig Aussagewert[4].

2.5.2 Bedeutung der Konstruktbezeichnung

Im vorangegangenen Unterabschnitt haben wir Wege aufgezeigt, die Bedeutung von Methodenkonstrukten in Methoden auszumachen. Nun wollen wir untersuchen, welche Bedeutung hinzukommt, wenn das Konstrukt in einen konkreten Anwendungsfall eingebunden wird.

---

[4]Der objektorientierte Ansatz ist ein heute sehr modernes Denkparadigma – provokativ könnte man sagen: Nicht weil er so viel aussagt, sondern weil er so wenig aussagt. Deshalb lassen sich scheinbar so gute Problemlösungen erarbeiten. Er trägt nur unwesentlich zur Weiterentwicklung semantisch korrekter Ausdrucksmittel bei.

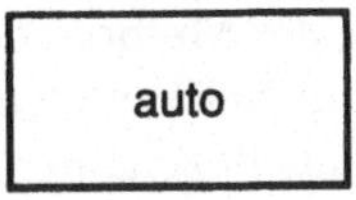

auto

Abbildung 2.11: Symbol für einen Entitätstyp

Das in der Abbildung 2.11 gezeigte Symbol für einen Entitätstyp hat zwei Bedeutungen:

- Methodenspezifisch: Entitätstyp

- Anwendungsspezifisch: Vehikel

Aus reiner Methodensicht ist auf Abbildung 2.11 ein Entitätstyp abgebildet, der mit einer bestimmten Zeichenfolge bezeichnet ist. Aus einer Anwendungssicht steht dort das Symbol, das ein Auto repräsentiert. Welche Bedeutung hat die Wahl eines Bezeichners für den Spezifikationsvorgang?

Methodenkonstrukte sind durch meist modellweit eindeutige Wörter (Bezeichner) bezeichnet. Sie geben einen näheren Hinweis darauf, was mit dem betreffenden Konstrukt gemeint ist. Sie werden der Anwendung entnommen. So kann etwa ein Prozeß des Datenflußdiagramms mit „*bearbeiten*" bezeichnet werden.

Die Wahl der Bezeichner ist jener Punkt im Systemdesign, bei dem die Begriffswelt des Benutzers in das System eingehen sollte. Damit sich die Begriffswelt aufnehmen läßt, muß die Beziehung zwischen Anwendungsbegriffen und Methodenbegriffen genau beschrieben werden. Ein begrifflicher Ansatz eignet sich besonders gut für diese Aufgaben. Sowohl Anwendungsbegriffe als auch Methodenbegriffe werden in das gleiche begriffliche Schema eingeordnet. So kann der Subsumptionsprozeß von Anwendungsbegriffen unter Methodenbegriffe explizit dargestellt und auf eine gemeinsame Ebene gebracht werden. Es kann beispielsweise festgelegt werden, daß der Bezeichner eines Datenflußdiagrammprozesses immer Subtyp des Begriffs „*Vorgang*" ist. Auf diese Weise entsteht in der universellen Repräsentation die Abbildung, um aus einer anderen Modellsicht extrahieren zu können. Wir wollen die Integration von Anwendungsbegriffen mit Methodenbegriffen im Unterschied zur Integration von Methoden untereinander **vertikale** begriffliche Integration nennen. Manchmal leisten die Entwickler von Methoden bereits Vorarbeit zu einer solchen vertikalen Integration, indem sie in der Beschreibung der Konstrukte die möglichen Bezeichnerbegriffe einschränken. Meistens hat das jedoch keinen verbindlichen Charakter, sondern ist eher eine Empfehlung. In relativ rigoroser Weise findet man das bei [Pet88]. Er stellt für die beschriebenen Methoden sog. „*Standards*" auf, die vorschreiben, welche Wortarten zur Bezeichnung verschiedener Konstrukte verwendet werden dürfen.

Auf der Abstraktionsebene des Modells sind die Bezeichner nichts weiter als ein eindeutiges Unterscheidungsmerkmal der Modellkonstrukte. Man könnte die Konstrukte ebenso gut s0, s1, s2 etc. nennen. Auf Methodenebene würde sich die Bedeutung nicht ändern. Einem Benutzer würde ein solches Modell jedoch nichts sagen (oder eben nur die Aussage der Methodenebene). Der Benutzer interpretiert das bezeichnende Wort mit dem ihm bekannten Begriff. Aber auch bei der Verwendung von Anwendungsbegriffen als Bezeichner kann es mehrere Interpretationen geben. Unterschiedliche Begriffe werden aus den Bezeichnern interpretiert. Das ER-Modell in Abbildung 2.12 scheint eine exakte Beschreibung zu sein.

Ein ER-Modellfragment

Abbildung 2.12: Ein einfaches ER-Modell

Würde man dieses Modell verschiedenen Personen eines Betriebs vorlegen, so entstünden verschiedene Interpretationen davon.

- Der **Lagerhalter** denkt an die Zeit, zu der die Lieferung kommt, und ob er genügend Platz zu deren Unterbringung hat.

- Der **Einkäufer** denkt an die Lieferbedingungen dieser Lieferung.

- Für den **Manager** bildet das Modell einen Teil einer strategischen Einheit ab.

- Der **Organisator** überlegt, ob diese Funktion effizient ist.

- Und schließlich wählt der **Datenbank-Designer** eine Datenstruktur, in der er diese Lieferung speichern kann.

Unter diesen Interpretationen existieren keine richtigen und falschen. Sie sind jeweils Teilaspekte des Gesamtproblems. Jede dieser Interpretationen ist für die Gesamtsicht wichtig. Aus jeder Sicht ergeben sich andere Zusammenhänge zu anderen Begriffen (z.B. beim Einkäufer: Lieferbedingung). Die Begriffsbildung sollte alle Teilaspekte vereinigen. Daraus entsteht ein unternehmensweit gültiger Begriff, der wiederum eine unternehmensweite Begriffswelt aufbaut. Erst aus solchen Begriffswelten kann ein unternehmensweit gültiges Informationssystem gebildet werden.

Es ist natürlich möglich, daß sich im Rahmen der Systemanalyse und damit beim Aufbau einer gemeinsamen Begriffswelt einander gegensätzliche Auffassungen eines Begriffes herausstellen. Solche Unterschiede werden an dieser Stelle ausgeräumt. Der bereinigte Begriff wird dann zum Bezeichner des Methodenkonstrukts.

2.5.3 Anwendungsspezifische Typenhierarchie

Zentrale Sammelstelle für Methoden- und Anwendungsbegriffe ist die Typenhierarchie der universellen Repräsentation. Die Typenhierarchie wird von Methodeninterpretern[5] bei der Konversion verwendet.

Für die einzelnen Methoden sind Interpretationstheorien (siehe 2.6.1) definiert. Sie schreiben vor, welchem begrifflichen Graphen ein bestimmtes Methodenkonstrukt entspricht. In der Interpretationstheorie sind also auch Konzepte und Relationen definiert. Die Konzepte und Relationen der Interpretationstheorie müssen sich jedenfalls in der Typenhierarchie befinden — auch wenn noch keine Anwendung definiert ist. Die Typenhierarchie ohne Anwendungsbegriffe, die sich aus der Menge aller eingegliederten Methoden ergibt, wollen wir Neutralhierarchie nennen. Abbildung 2.10 zeigt eine mögliche Neutralhierarchie.

Werden Anwendungsbegriffe in die Typenhierarchie eingetragen, entsteht eine Anwendungshierarchie. Sie umfaßt den Wortschatz der modellierten Begriffswelt. Einzelne Systemanalysemethoden schlagen die Führung eines „*Data Dictionary*" vor [Pet88]. Aus dem Data Dictionary können Begriffe direkt in die Typenhierarchie übertragen werden. Dies muß auch in der Interpretationstheorie angegeben werden. In Kapitel 3 werden gültige Operationen auf die Typenhierarchie gezeigt.

2.5.4 Natürlichsprachige Fassung der Klassifikation

Nach der Behandlung von Methodenkonstrukten und deren Bezeichnern wollen wir nun zur Klassifikation der Konstrukte kommen. Klassifikation ist die Eingliederung von Methoden in der universellen Repräsentation.

Die Klassifikation der Konstrukte einer Methode muß mit den Konstrukten anderer Methoden abgestimmt sein. Es müssen die Überlappungen und Zusammenhänge zwischen Methodenkonstrukten explizit ausgedrückt und abgebildet werden. Zur Erleichterung der Eingliederung empfiehlt es sich, natürlichsprachige Fassungen der einzelnen Konstrukte zu finden, die deren Inhalt in möglichst prägnanter Weise beschreiben. Wie in den vorangegangenen Abschnitten gezeigt wurde, hat jedes Konstrukt eine Entsprechung in natürlicher Sprache. Außerdem ist eine natürlichsprachige Fassung konzeptionell gut geeignet, in begriffliche Graphen übertragen zu werden.

Ein weiterer Vorteil der natürlichsprachigen Formulierung ist es, in einem ersten Schritt die Bedeutung einzelner Konstrukte in einer „*einheitlichen*" Form zu haben, die flexibel und leicht diskutierbar ist. Würde man rein formale Methoden verwenden, so ließen diese zu wenig Freiraum, um die für den Integrationsprozeß notwendigen Strukturen entstehen zu lassen. Es ist manchmal notwendig, sog. Füllstrukturen in begriffliche Graphen aufzunehmen, die nicht direkt aus einer Methode ableitbar sind.

---

[5]Programme, die Methodeninhalte aus der universellen Repräsentation ableiten, einfügen oder anzeigen.

In weiterer Folge müssen nun — aufbauend auf den natürlichsprachigen Fassungen — begriffliche Zusammenhänge zwischen den Methodenkonstrukten hergestellt werden. In einer frühen Phase unseres Projekts haben wir versucht, die einzelnen Konstrukte direkt miteinander in Beziehung zu setzen und direkt in die gemeinsame Typenhierarchie einzugliedern. Dazu wäre es jeweils notwendig, Genus und Differentia der Methodenkonstrukte zu bestimmen. Gerade bei Konstrukten aus verschiedenen Methoden ist es höchst schwierig, eine exakte Differentia anzugeben. Es ist beispielsweise intuitiv klar, daß es einen Zusammenhang zwischen einem ER-Entity und einem DFD-Datenfluß geben muß. Diesen Zusammenhang zu finden, indem man fragt: *„Was ist der Unterschied zwischen Entities und Datenflüssen?"*, führt zu keiner Differentia.

Die Frage *„Was hat ein Entity mit einem Datenfluß zu tun?"* ist wesentlich zielführender. Sie könnte etwa angeben, daß ein Entity genau das ist, was in einem Datenfluß fließt. Aus der systematischen Gegenüberstellung der Konstrukte zweier Methoden (in unserem Fall ER-Modell und Datenflußdiagramm) ergibt sich also eine Art Eingliederungsmatrix.

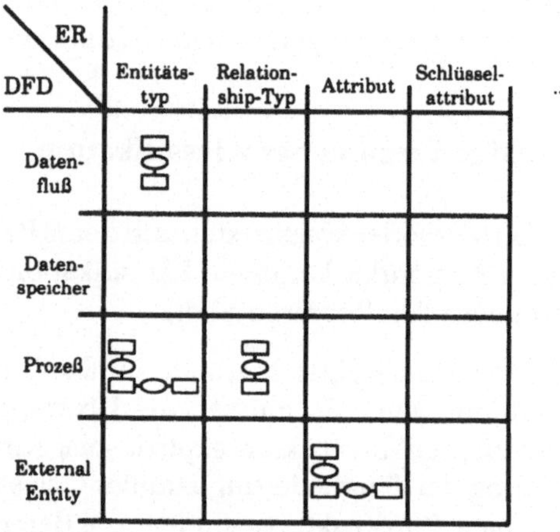

Abbildung 2.13: Eingliederungsmatrix zur Entwicklung von begrifflichen Zusammenhängen

Abbildung 2.13 zeigt eine Eingliederungsmatrix. In den einzelnen Feldern werden die Zusammenhänge zwischen den Methodenkonstrukten beschrieben, zuerst in sprachlicher Form, dann in begrifflichen Graphen. Zur Darstellung solcher Zusammenhänge sind bestimmte Konzepte und Relationen erforderlich. Sie werden in die Neutralhierarchie eingetragen.

Die Matrixdarstellung ist für die Integration zweier Methoden gut geeignet. Für die Integration mehrerer Methoden ist sie ungeeignet, da jede weitere Methode eine zusätzliche Dimension hinzufügen würde. Zur vergleichenden Gegenüberstellung zweier Methoden ist diese dennoch gut geeignet.

2.5.5 Übersetzung der natürlichsprachigen Definitionen in begriffliche Graphen

Die Übersetzung von natürlichsprachigen Definitionen in begriffliche Graphen wird einmal für jede Methode durchgeführt.

Der natürlichsprachige Text der Definition kann nicht wörtlich in begriffliche Graphen umgesetzt werden, da dies zu einer ineffizienten Modellbildung führen würde. So könnte etwa das Konstrukt des Datenflusses *„Artikelnummer"*, der von Prozeß *„entnehmen"* bis Prozeß *„bestellen"* reicht, in einem Satz wie: *„Die Artikelnummer fließt von Prozeß entnehmen nach Prozeß bestellen"* gefaßt werden. Würde man eine wörtliche Übersetzung in begriffliche Graphen vornehmen, würde der in Abbildung 2.14 gezeigte Graph entstehen.

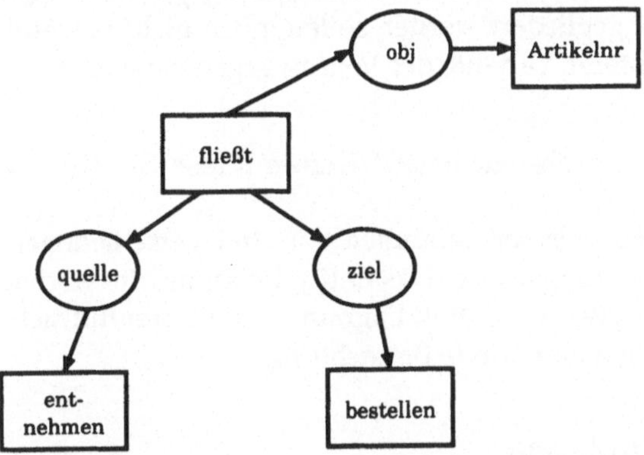

Abbildung 2.14: Redundante Übersetzung in begriffliche Graphen

Das Konzept *„fließt"* wird in Verbindung mit jedem Datenfluß in den Arbeitsgraphen aufgenommen. Die Bedeutung von *„fließen"* in Datenflußdiagrammen ist in [Pet88] definiert als *„Leitungen, die Information von einem Prozeß, einer Quelle, einem Ziel oder einem Datenspeicher zu einem anderen bringen"*. Dieser Inhalt kann jedoch prägnanter in einem Graphen wie in Abbildung 2.15 gezeigt werden.

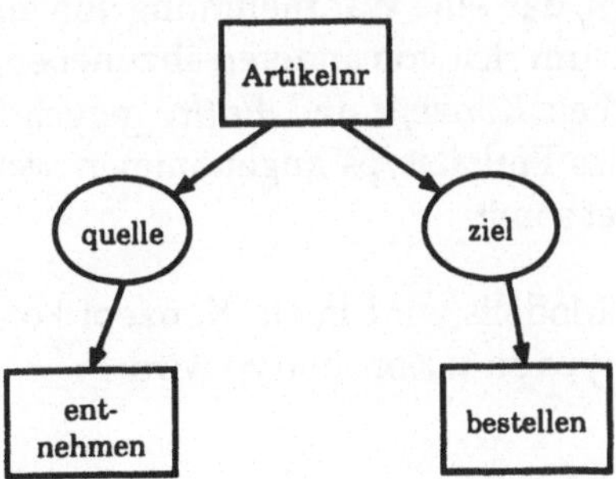

Abbildung 2.15: Effizientere Repräsentation

Die maschinelle Verarbeitung von kürzeren begrifflichen Graphen ist effizienter, da die Zahl der modellierungsirrelevanten Begriffe reduziert wird. Ein Nachteil einer kompakten Darstellung ist ihre Inflexibilität. Durch das Abgehen von der natürlichsprachigen Fassung verschwinden auch einige Anknüpfungspunkte, die u.U. von anderen Bedeutungsgruppen zur exakten Anknüpfung gebraucht werden könnten. Je exakter der Graph den Inhalt des deutschen Satzes abbildet, desto eher können andere Sätze sinngemäß angebunden werden.

Es wäre denkbar (etwa bei der Eingliederung einer zeitbeschreibenden Methode), daß der Zeitpunkt des Vorgangs *„fließen"* eingegliedert werden muß. In der natürlichsprachigen Fassung ist dies einfach. Würde obiger Satz: *„Die Artikelnummer fließt von Prozeß entnehmen nach Prozeß bestellen"* verändert werden auf: *„Die Artikelnummer fließt zu einem Zeitpunkt"*, so ist dies sehr einfach, indem man an das Konzept *„fließt"* in Abbildung 2.14 ein Konzept *„Zeitpunkt"* anknüpft. Bei der Variante in Abbildung 2.15 fehlt der Anknüpfungspunkt für den Zeitpunkt. Wenn Methoden, die eingegliedert werden sollen, noch nicht bekannt sind, sollte daher eher der ineffizienteren Variante der Vorzug gegeben werden.

2.5.6   Einige Beispiele zur begrifflichen Klassifikation von Konstrukten

Die folgenden drei Beispiele stammen aus drei verschiedenen Methoden unterschiedlicher Betrachtungsweise. Das Entity-Relationship-Modell repräsentiert eine Datenstruktursicht, das Datenflußdiagramm eine Datenflußsicht und die Remora-Methode eine ereignisorientierte Betrachtung.

Das Entity des ER-Modells

Vossen definiert in [Voss87] Entities als: *„Wohlunterscheidbare Dinge, welche in der Realwelt existieren."* Um diese natürlichsprachige Fassung in begrifflichen Graphen abzubilden, ist es notwendig, ein geeignetes Konstrukt in begrifflichen Graphen und geeigneten Konversionsregeln zu definieren.

In diesem Fall liegt es nahe, ein *Konzept* als begriffliche Abbildung zu verwenden. [Sow84, S. 70] definiert ein Konzept als *„Die Interpretation einer Wahrnehmung."* Wenn wir also annehmen, daß eine Wahrnehmung von einem realen Ding ausgeht und spezifisch genug ist, um sich von anderen abzuheben, so scheint die Annahme einer Äquivalenz zwischen *Konzept* und *Entity* gerechtfertigt. Als Typ für den Begriff soll der Name des Entitätstyps angenommen werden. Die Definition für einen Entitätstypen lautet somit:

> Ein Entity des ER-Modells wird in ein Konzept konvertiert, wobei der Name des Entitätstyps zum Konzepttyp wird.

Der Datenfluß des Datenflußdiagramms

Ein Datenfluß wird danach bezeichnet, welche Information *in* ihm fließt. So wird etwa ein Datenfluß mit *„Lieferung"* bezeichnet, wenn die Daten über eine Lieferung auf diesem Weg transportiert werden. *„Weg"* ist dabei kein örtlicher, sondern ein logischer Weg von einem Prozeß oder einem *„external Entity"* zu einem anderen. Die Information, die der Datenfluß enthält, ist die Information über die Existenz der Daten, woher die Daten stammen und wohin sie fließen.

Unter Verwendung des Konzeptes *„fließt"* und von Primitivrelationen, die diese Flußprinzipien repräsentieren (etwa *„(quelle)"* und *„(ziel)"*), kann dieser Zusammenhang in begrifflichen Graphen dargestellt werden. Dinge, die die datenmäßige Abbildung erlauben, können auch als Konzept abgebildet werden. Unter dieser Annahme kann also für die Überleitung eines Datenflusses folgendes definiert werden:

> Ein Datenfluß wird durch das Konzept *„fließt"* dargestellt, dessen Objekt die Daten sind, die vom Datenfluß transportiert werden. Die Relationen (quelle) und (ziel) verbinden den Fluß mit den Prozessen, von denen Daten kommen und zu denen Daten gehen.

Der Event der REMORA-Methode

> Ein Event ist alles, was zu einer gegebenen Zeit passieren kann. Er ist die Feststellung, daß ein oder mehrere Objekte durch Ausführung von Operationen ihren Zustand gewechselt haben [RR86].

Diese Definition kann im Unterschied zu oben genannten Beispielen nicht direkt in begriffliche Graphen übertragen werden. Es gibt kein Konstrukt in begrifflichen Graphen. Für diese Abbildung ist es notwendig, den Typ EREIGNIS zu definieren und an einer geeigneten Stelle (etwa direkt unter den universellen Supertyp) in die Typenhierarchie einzufügen. Der Typ EREIGNIS unterscheidet sich vom universellen Supertyp zumindest dadurch, daß er mit einem bestimmten Zeitpunkt in Verbindung steht. Der *Event* der REMORA-Methode sagt jedoch noch Zusätzliches aus, nämlich seinen Zusammenhang mit einer Operation, die er auslöst, und den Objekten, die er betrifft. Die Repräsentation in begrifflichen Graphen kann dann etwa so definiert werden:

> Ein Event der REMORA-Methode wird in ein Konzept übersetzt, dessen Supertyp das Konzept EVENT ist. Über die Primitivrelation (impl) wird Event mit dem Konzept einer Operation verbunden, die vom Ereignis ausgelöst wird. (impl) ist definiert als: $o \supset e \equiv \neg(o \wedge \neg e)$.

2.5.7 Semantischer Gehalt der Struktur in Systemanalysemethoden

Die im vorangegangenen Abschnitt beschriebenen semantischen Bausteine sind in sich abgeschlossene Gebilde. Durch das beliebige Zusammensetzen dieser Konstrukte können größere Zusammenhänge abgebildet werden. Es müssen dabei syntaktische Regeln beachtet werden. In Abbildung 2.16 werden einzelne Konstrukte eines Datenflußdiagramms zu einem Fragment eines Modells zusammengefügt. Das Datenflußdiagramm soll uns stellvertretend für andere Methoden zur Beobachtung dienen. Unser Beispiel beschreibt einen Kunden, eine Anfrage und eine Bearbeitung, wobei „*Kunde*" vom Systemanalytiker als `External entity`, „*Anfrage*" als `Datenfluß` und „*Bearbeitung*" als `Prozeß` klassifiziert wurden.

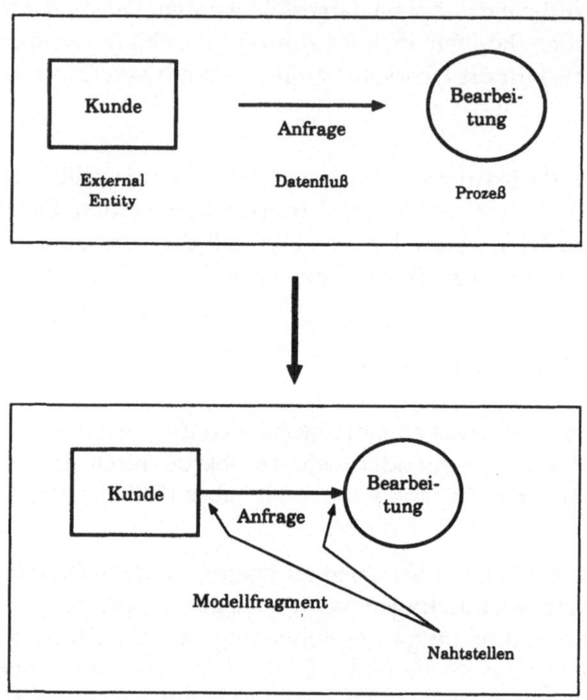

Abbildung 2.16: Zusammensetzen eines Modellfragments

Im zusammengesetzten Modell kommt Bedeutung hinzu, die durch die einzelnen Konstrukte nicht ausgesagt werden kann. In Abbildung 2.16 bedeutet das gesamte Modell etwa „*Ein Kunde übergibt eine Anfrage zur Bearbeitung*". Im Vergleich zur singulären Betrachtung der einzelnen Konstrukte kommt hier etwa hinzu, daß eine Übergabe stattfindet.

Genauer betrachtet entsteht an beiden Konstruktnähten neue Bedeutung. Im Übergang von `External Entity` zu `Datenfluß` sollte definiert werden, wie die Information in den Datenfluß eintritt (Oberfläche, etc.), während im Übergang von `Datenfluß` zu `Prozeß` ein Zugriffsmechanismus für diese Daten beschrieben werden sollte. Das Datenflußdiagramm bietet jedoch nicht mehr die Ausdrucksmöglichkeiten, diese Übergänge genauer zu spezifizieren. Die Bedeutung ist jedoch vorhanden und muß im weiteren Designprozeß spezifiziert werden.

Dies soll ein Beispiel verdeutlichen. Wir wollen annehmen, es handelt sich um die Preisauskunft eines Warenwirtschaftssystems, bei dem ein Kunde den Preis eines bestimmten Artikels bei einer bestimmten Menge erfragen kann. Die „*Anfrage*" besteht aus einer „*Artikel*"- und einer „*Mengen*"information. Auf der Seite des Informationssystems steht ein Prozeß, der diese Informationen aufnimmt und „*bearbeitet*" – in unserem Beispiel etwa eine Datenbankabfrage auf die Preistabelle.

Die im Datenflußdiagramm nicht darstellbare Oberflächenspezifikation wird in einer fiktiven Oberflächenbeschreibungssprache definiert. Abbildung 2.17 zeigt diesen Methodenwechsel.

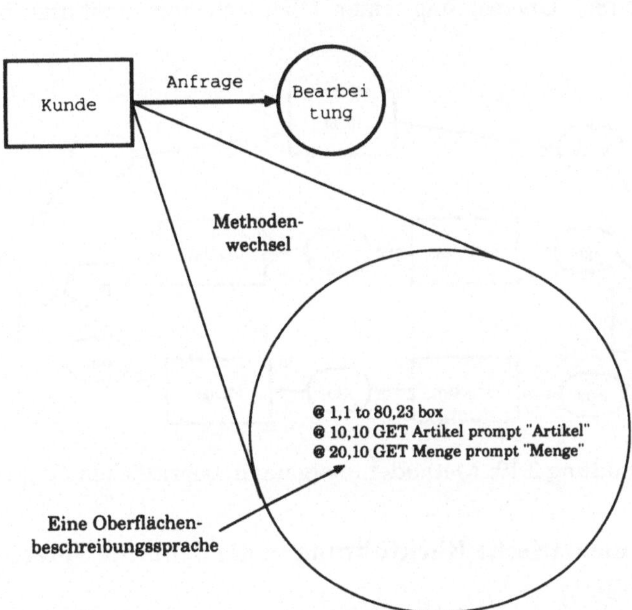

Abbildung 2.17: Spezifikation von Konstruktnahtstellen durch eine andere Methode

Vorerst muß die Oberflächenbeschreibungssprache in die universelle Repräsentation eingegliedert werden. Hier soll nur das verwendete Konstrukt GET eingegliedert werden. Abbildung 2.18 zeigt die Übersetzung der Zeile @ 10,10 GET X prompt T. Wir wollen weiters annehmen, daß ein Kunde die gewünschte Anfrage selbständig eingibt.

Eines oder mehrere Konzepte, die sich aus den Methodenkonstrukten ergeben (hier „*Kunde*" und „*Anfrage*"), müssen als Kuppelkonzepte beim Methodenwechsel fungieren. Kuppelkonzepte sind Konzepte, die in beiden zu integrierenden Methoden vorkommen. Auf diese Art läßt sich nun der Methodenwechsel unter Einbeziehung der eigentlichen Methodenrepräsentation (Abbildung 2.14) in der universellen Repräsentation festhalten. Abbildung 2.19 zeigt das Modellfragment aus Abbildung 2.17, ergänzt um die Bedeutung der Eingabe.

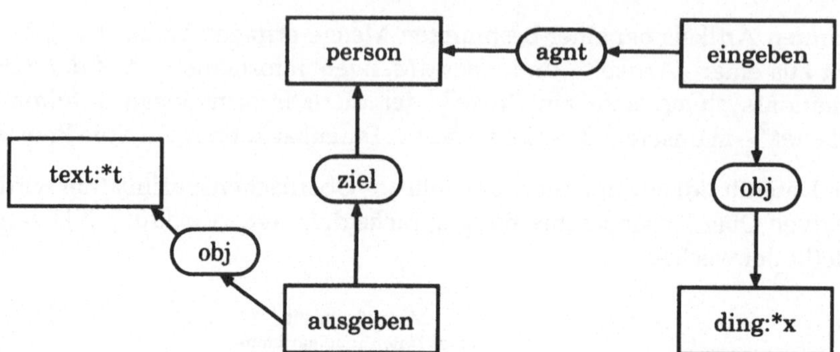

Abbildung 2.18: Übersetzung einer Oberflächenbeschreibung in begriffliche Graphen

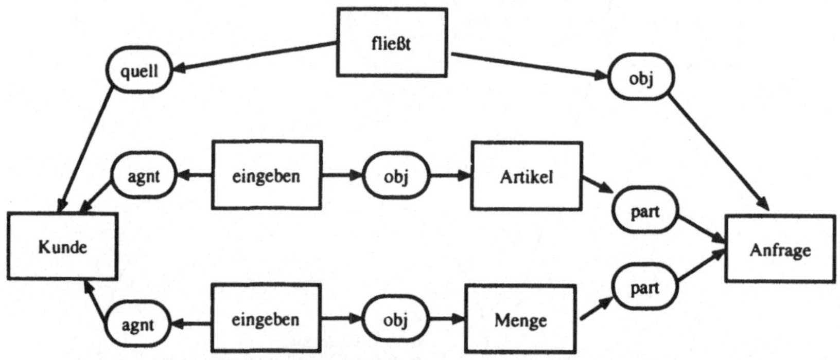

Abbildung 2.19: Methodenübergang in begrifflichen Graphen

2.5.8 Dokumentarische Rückführung in die deutsche Sprache (Paraphrasierung)

Die Inhalte der einzelnen Methoden sammeln sich sukzessive in der universellen Repräsentation in Form von begrifflichen Graphen. Es gibt nun aber – quasi als Abfallprodukt der Eingliederung – eine Abbildung der Graphen auf die deutsche Sprache. Diese Abbildung kann unter anderem dazu dienen, die Inhalte wieder in deutsche Sätze zu verwandeln. Dadurch könnten automatisch Dokumentationen für die in der universellen Repräsentation abgebildeten Inhalte produziert werden.

Um das Ausdrucksproblem zu reduzieren, ist es notwendig, Worthüllen zu definieren, die bei der Paraphrasierung angewendet werden können. Die angesammelten begrifflichen Graphen werden in die Worthüllen eingesetzt und entsprechend ihrem Vorkommen in der universellen Repräsentation zu ganzen Sätzen ergänzt.

Anhand des im vorigen Abschnitt entwickelten Beispiels wollen wir die Paraphrasierung zeigen. Abbildung 2.20 zeigt die Worthüllen mit zugehörigen begrifflichen Graphen.

Würde man in diese Worthüllen die begrifflichen Graphen aus Abbildung 2.19

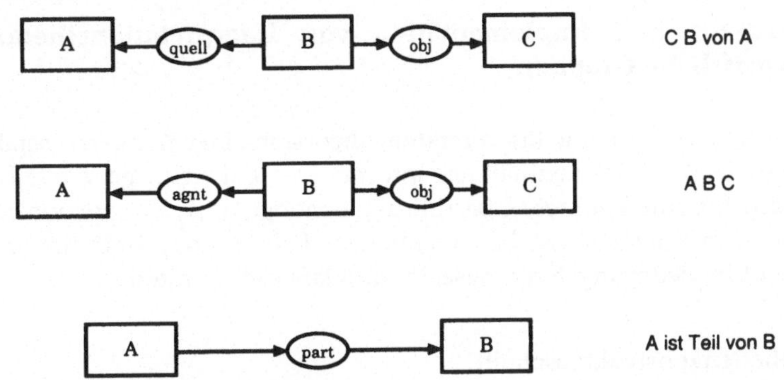

Abbildung 2.20: Einige Satzfragmente aus der universellen Repräsentation

einsetzen, so erhielte man folgendes Ergebnis:

```
Anfrage flieszen von Kunde.
Artikel ist Teil von Anfrage.
Menge ist Teil von Abfrage.
Kunde eingeben Menge.
Kunde eingeben Artikel.
```

Dies ist natürlich weitab einer grammatikalisch korrekten Form, da die Flexionen der Wörter fehlen[6]. Durch die Anwendung von Flexionsregeln auf diesen Text sollte sich ein annehmbares Ergebnis erzielen lassen.

2.6 Prototypische Konversionsprozedur aus einer Methode in die universelle Repräsentation und vice versa

Im vorigen Abschnitt wurde die Entwicklung von Eingliederungshypothesen vorgestellt, die jeweils für ein bestimmtes Konstrukt einer Methode gelten. Bei der Eingliederung einer ganzen Methode werden die einzelnen Eingliederungshypothesen zu einer Interpretationstheorie zusammengefaßt. In diesem Abschnitt soll die Struktur einer Interpretationstheorie und der Weg zur Implementation einer solchen näher beleuchtet werden.

Interpretationstheorien sind das zentrale Element jedes Konversionsprozesses. Im ersten Abschnitt wird die Struktur einer Interpretation beschrieben. Im zweiten Abschnitt soll die Interpretationstheorie in eine prototypische Konversionsprozedur eingebettet werden. Hier wird ein Konversionsvorgang genau beschrieben.

---

[6]Einem geschenkten Gaul schaut man nicht ins Maul (Sprichwort).

2.6.1 Struktur und Implementation von Interpretationstheorien für begriffliche Graphen

In unseren Ansatz wird eine Interpretationstheorie in einer Konversionstabelle implementiert. Diese Tabelle enthält alle Informationen, die eine generelle Konversionsprozedur für eine konkrete Überführung benötigt. Eine Konversionstabelle ist eine Menge von Konversionstabelleneinträgen. Jeder Eintrag stellt die Implementation einer Eingliederungshypothese dar und läßt sich in einen

- Methodenkonstruktabschnitt,

- Konversionsregelabschnitt und einen

- Abschnitt für begriffliche Graphen

gliedern.

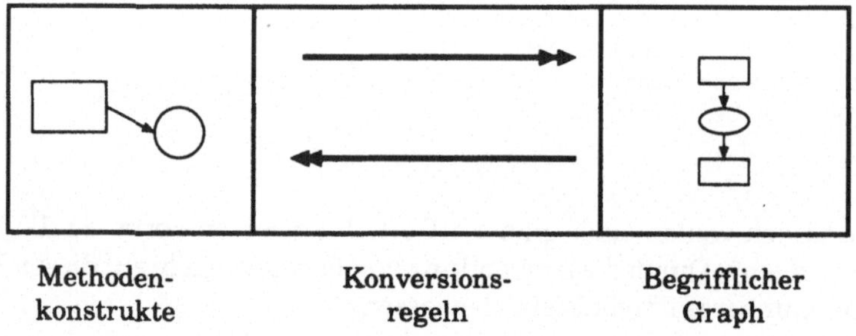

Abbildung 2.21: Konversionstabelleneintrag

Im Methodenkonstruktabschnitt sind einzelne Methodenkonstrukte in ihrer methodenspezifischen Repäsentation abgelegt. Methodenkonstrukte können zu Modellfragmenten zusammengestellt werden, die dann ebenfalls als Eintrag im Methodenkonstruktabschnitt erlaubt sind. Dies ist dann erforderlich, wenn Modellfragmente als solche eine spezielle Bedeutung besitzen, die eine eigene Eingliederungshypothese erforderlich machen.

Der Abschnitt für begriffliche Graphen (kurz Graphenabschnitt) enthält jenen begrifflichen Teilgraphen, der die Bedeutung des Methodenkonstrukts im Methodenkonstruktabschnitt wiedergibt.

Sowohl der Methodenkonstruktabschnitt als auch der Graphenabschnitt enthalten lediglich Vorlagen, in denen an bestimmten Stellen Metavariable stehen. Die Metavariablen werden im Rahmen der Konversion gebunden und ergeben so jeweils gültige Modelle bzw. Graphen. Im Graphenabschnitt etwa stehen Metavariable für ganze Konzepte, die an dieser Stelle eingefügt werden müssen. Ein ER-Konstrukt *„Artikel"* wird beispielsweise in ein Konzept `[artikel:X]` übersetzt, das im erzeugten Graphen eingesetzt wird.

Abhängig von der Konversionsrichtung wollen wir die beiden Seiten der Konversionstabelle als Quell- und Zielseite bezeichnen.

Der Konversionsregelabschnitt (siehe Abbildung 2.21) enthält Regeln, wie die einzelnen Metavariablen der Zielseite gebunden werden müssen. Die Bindungen ergeben sich aus dem auf der Quellseite stehenden Modell. Abhängig von der Konversionsrichtung sind einige Maßnahmen zu setzen, um die Konsistenz der Modelle beider Seiten zu erhalten.

Beispiel: Die Konversion von einem ER-Modell, das ein Entity „*Artikel*" enthält, erfordert die Überführung desselben in ein Konzept „*Artikel*". Um die universelle Repräsentation konsistent zu halten, muß dieses Konzept in der Typenhierarchie eingetragen werden. Damit jedoch dieser Typenhierarchieeintrag gemacht werden kann, muß vom Benutzer etwa der Supertyp von „*Artikel*" abgefragt werden, unter dem das neue Konzept eingetragen werden soll. Ein Supertyp kann sich auch aus dem Methodenkonstrukt selbst ergeben, unter den das neue Konzept ohnehin eingetragen werden muß. Er wird als Eintrittspunkt des Konzepts bezeichnet.

2.6.2 Einbettung der Konversionstabelle in eine Konversionsprozedur

Die Konversionstabelle beschreibt, wie Methodenkonstrukte in begriffliche Graphen übersetzt werden und umgekehrt. Dies ist der wichtigste Teil der Konversionsprozedur. Nichtsdestoweniger ist es notwendig, vor der eigentlichen Konversion bestimmte Vorkehrungen zu treffen, die im folgenden näher beschrieben werden.

Konversionsprozeduren können nach ihrer Richtung unterschieden werden. Die Konversion eines Methodenmodells in die universelle Repräsentation wollen wir „*Kompilierungsprozedur*" nennen. Die Konversion eines begrifflichen Graphen in ein Methodenmodell wollen wir „*Extraktionsprozedur*" nennen.

Kompilierungsprozedur

Isolation von Methodenkonstrukten In einem ersten Schritt müssen einzelne Methodenkonstrukte aus dem gesamten zu übertragenden Modell isoliert werden (z.B.: Suche alle Entities eines ER-Modells). Die genaue Implementation dieses Vorgangs hängt von der methodenspezifischen Repräsentation ab, die zur Darstellung des Methodenmodells verwendet wird. Der Isolationsmechanismus muß wissen, welche Konstrukte oder Konstruktgruppen die Konversionstabelle verarbeiten kann. Für jedes isolierte Konstrukt muß ein Eintrag in der Konversionstabelle existieren. Die Metavariablen im Konversionstabelleneintrag werden entsprechend gebunden. Damit entsteht ein gültiges Teilmodell auf der Methodenseite des Tabelleneintrags.

Eigentliche Konversion Der eigentliche Konversionvorgang ist eine Übersetzung des Methodenmodells in einen begrifflichen Teilgraphen der universellen Repräsentation unter Benutzung der entsprechenden Konversionsregel. Die

Konversionsregel schreibt dabei die Schritte vor, die zur Überführung notwendig sind. Idealerweise sollten die Schritte deklarativ definiert sein, sodaß die Reihenfolge ihrer Ausführung nichts am Ergebnis ändert. Konzepte, die in der universellen Repräsentation noch nicht benutzt worden sind, müssen in die Typenhierarchie eingetragen werden. Jedes Methodenkonstrukt wird auf diese Art in einen begrifflichen Graphen verwandelt. Ergebnis der eigentlichen Konversion ist eine Menge von begrifflichen Teilgraphen, die die einzelnen Methodenkonstrukte abbilden.

Verkettung der resultierenden Teilgraphen Die erzeugten Teilgraphen können dann mittels der definierten Verkettungsoperation [Sow84] zu einem Gesamtgraphen verkettet werden. Das Ergebnis der Verkettung kann dann als Arbeitsgraph der universellen Repräsentation verwendet werden oder seinerseits mit einem bereits existierenden Arbeitsgraphen, der sich aus früher übersetzten Methodeninhalten ergeben hat, verkettet werden.

Extraktionsprozedur

Die Extraktionsprozedur beschreibt die Überführung eines Modellinhalts aus der universellen Repräsentation in eine methodenspezifische Repräsentation. Anfangspunkt ist der Arbeitsgraph, die Typenhierarchie und der Relationenvorrat der universellen Repräsentation. Der Arbeitsgraph enthält die Spezifikation eines Informationssystems, die in einer anderen Methode gemacht worden ist. Es sollte unerheblich sein, in welcher Methode diese Analyse gemacht worden ist, da die universelle Repräsentation als methodenneutral angenommen wird. Die gezeigte Prozedur ist das auch. Die Konversionstabellen und die sog. *„Eintrittspunkte"* jedoch sind methodenspezifisch.

Ermittlung von Konstruktkandidaten Im ersten Schritt müssen alle Konzepte im Arbeitsgraphen ermittelt werden, die als Kandidaten zur Konversion in ein Methodenkonstrukt in Frage kommen. Für jedes Methodenkonstrukt sind daher *„Eintrittspunkte"* definiert. Eintrittspunkte sind Konzepte in der Typenhierarchie, die spezifisch genug sind, um auf ein bestimmtes Methodenkonstrukt hinzuweisen.

Das Konzept *„Vorgang"*, zum Beispiel, ist ein starkes Indiz dafür, daß sich *„Prozeß"*-Konstrukte des Datenflußdiagramms im Modell befinden. Dieser Zusammenhang ist in der entsprechenden Interpretationstheorie festgelegt. Es müssen also alle Subtypen von *„Vorgang"* gefunden werden. Der Eintrittspunkt für das Diagrammkonstrukt *„Prozeß"* ist also das Konzept *„Vorgang"*. Subtypen davon werden als Konstruktkandidaten ausgewählt.

Die Konstruktkandidaten der einzelnen Methodenkonstrukte werden in *„Konstruktpools"* gesammelt. Für jedes Methodenkonstrukt gibt es einen Pool.

Auswertung der Konstruktkandidaten Im nächsten Schritt müssen die ermittelten Kandidaten weiter auf ihre Eignung als Konstrukt untersucht werden. Zu

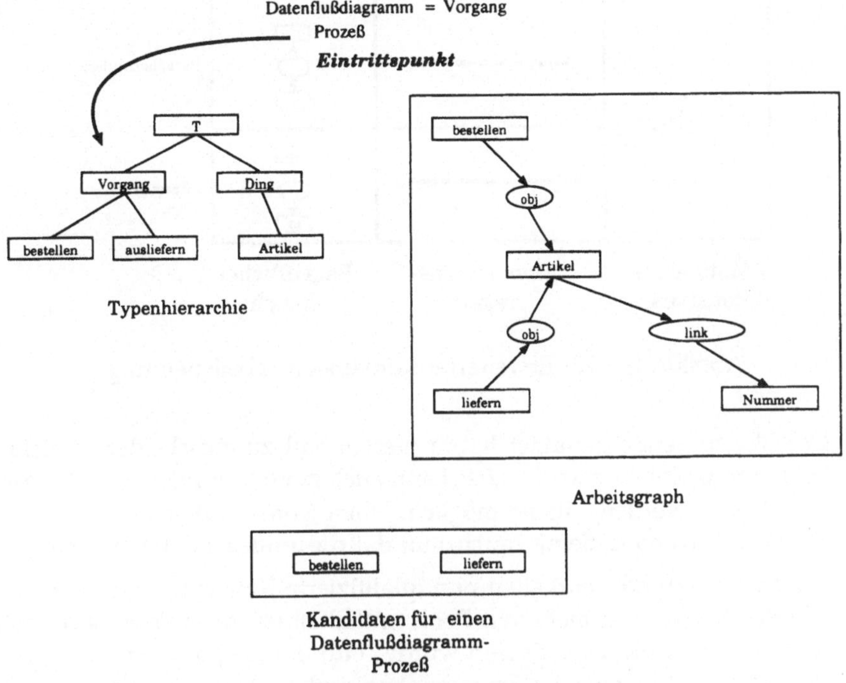

Abbildung 2.22: Konstruktkandidaten

diesem Zweck muß im Arbeitsgraph nach weiteren Hinweisen dafür gesucht werden, ob ein Kandidat zur Überführung in ein Konstrukt geeignet ist. Beispielsweise ist die Existenz einer Relation (succ), die an einem Konzept anliegt, ein guter Hinweis dafür, daß das Konzept in einen Datenflußdiagramm-Prozeß übersetzt werden muß.

Um jedoch solche Hinweise im Arbeitsgraphen zu finden, braucht man entsprechende Abfragegraphen. Der begriffliche Graph in der Konversionstabelle ist nicht spezifisch genug, um daraus eine Abfrage zu formulieren. Die Konversionstabelle muß also um einen Abfragegraphen erweitert werden. Die Abbildung 2.23 zeigt die erweiterte Struktur der Konversionstabelle.

Der Fragegraph wird auf dem Arbeitsgraphen ausgeführt, um zu ermitteln, ob Konzepte und Relationen im Umfeld des Kandidatenkonzepts stehen, die auf eine Konversion in das gesuchte Methodenkonstrukt hinweisen. Typischerweise kann es zwei Möglichkeiten geben, warum die richtigen Konzepte nicht gefunden werden:

- Der Kandidat kann nicht als Konstrukt qualifiziert werden, oder
- die Methoden, in denen der Inhalt des Arbeitsgraphen spezifiziert wurde, waren selbst nicht in der Lage, die entsprechenden Hinweise aufzunehmen. Wurde etwa das Modell im ER-Modell definiert, so kann keine (succ)-Relation vorhanden sein.

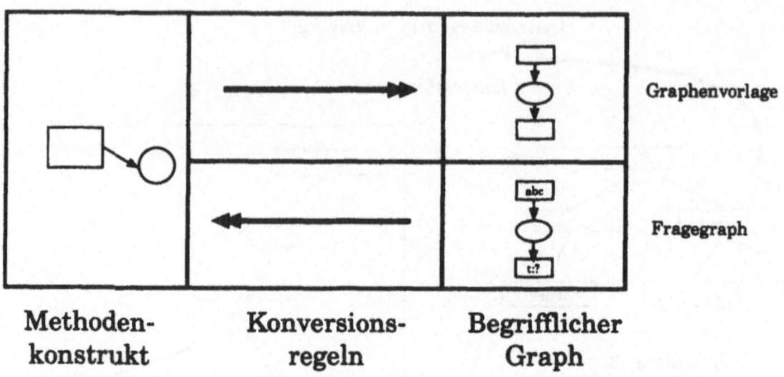

Abbildung 2.23: Erweiterter Konversionstabelleneintrag

Der überführende Benutzer hat in diesem Fall zu entscheiden, welche der
beiden Situationen zutrifft. Hier kann auch neue Information in das Modell
eingebracht werden. Es ist möglich, einen Konstruktkandidaten zu einem
Konstrukt zu konvertieren – auch ohne daß die umliegenden Konzepte passen.

Die Konstruktpools enthalten nun qualifizierte Konzepte. Wenn ein quali-
fiziertes Konzept in mehreren Pools enthalten ist, so muß es dort gelöscht
werden, wo es nicht qualifiziert wurde. Nur ein Pool darf ein Konzept qua-
lifizieren. Im Ergebnis des Fragegraphen sind die Metavariablen instantiiert,
sodaß dieser Graph als Ausgangspunkt für die Konversion geeignet ist. Durch
Anwendung der Konversionsregeln werden die qualifizierten Konstrukte in
Methodenkonstrukte überführt.

Generierung des resultierenden Methodenmodells Die Menge der resultierenden Methodenkonstrukte ist möglicherweise nicht ausreichend, um ein
ganzes Methodenmodell zu generieren. Es können Konsistenzregeln des
Modells verletzt werden, oder es müssen weitere Definitionen gemacht werden. An dieser Stelle kann das ausgewählte Konstrukt der Eingabeprozedur
für Methodenkonstrukte übergeben werden, um es in das Methodenmodell
aufzunehmen. Nach den methodenspezifischen Regeln können nun die generierten Modellfragmente zu einem gesamten Methodenmodell verkettet
werden.

Kapitel 3

Ein Prolog-ähnlicher Interpretationsmechanismus für begriffliche Graphen

3.1 Einleitung

In diesem Kapitel werden Ansätze zur Verwirklichung der in den vorigen Kapiteln präsentierten Ideen gezeigt. Das Kapitel gliedert sich in drei Hauptteile. Im **ersten** Abschnitt wird eine effiziente Reformulierung von begrifflichen Graphen [Sow84] in Prolog erarbeitet. Diese Reformulierung bildet die repräsentatorische Grundlage der universellen Repräsentation. Die Ausdrucksmöglichkeiten in begrifflichen Graphen werden zugunsten einer erheblich verbesserten Verarbeitbarkeit eingeschränkt. Nur die zur Eignung als universelle Repräsentation notwendige Ausdrucksmöglichkeit wird in Prolog übernommen. Im **zweiten** Teil dieses Kapitels wird ein logisches Rahmenwerk zur Systementwicklung vorgestellt. Dieses logische Rahmenwerk erlaubt eine noch effizientere Darstellung von Methodeninhalten. Es können Inhalte aus der universellen Repräsentation in die vorgeschlagene Form übertragen werden. Dabei werden jene Informationen aus dem Modell eliminiert, die die Kompilierung und Extraktion in methodenspezifische Modelle benötigt. Das Modell ist aus dieser Form nicht mehr in Methodenmodelle übersetzbar. Die Repräsentation im vorgestellten logischen Rahmenwerk kann wesentlich besser als die universelle Repräsentation selbst zur Entwicklung eines deduktiven Datenbankschemas benutzt werden. Im **dritten** Teil dieses Kapitels, der die restlichen Abschnitte umfaßt, werden Ansätze zur Implementation eines Systementwicklungswerkzeugs präsentiert, das die begriffliche Methodenintegration mittels einer universellen Repräsentation zur Grundlage hat.

3.2   Reformulierung begrifflicher Graphen in Prolog

3.2.1   Notwendigkeit einer Reformulierung

In begrifflichen Graphen können Inhalte in vielen Abstraktionsdimensionen (wie
etwa Generalisierung, Assoziation, temporale, modale oder negative Aussagen)
dargestellt werden. Gerade diese Vielfalt ist es jedoch, die die Inferenz in begrifflichen Graphen ineffizient und unvollständig werden läßt. Wir wollen in der folgenden Reformulierung von begrifflichen Graphen in Prolog Verbesserungen in zwei
Richtungen erreichen. Einerseits sollen die Abstraktionsdimensionen auf die für
das vorliegende Projekt notwendigen reduziert werden und andererseits soll durch
die Repräsentation in Prolog die Möglichkeit zur effizienteren Inferenz geschaffen
werden.

Die Einschränkungen, die die Verwendung von Prolog erfordert, sind zwar ein
Nachteil, bringen jedoch die effiziente Verarbeitbarkeit von begrifflichen Graphen
mit sich. Es soll gezeigt werden, daß die Ausdruckskraft der begrifflichen Graphen
nicht soweit eingeschränkt wird, als daß dies vom Nachteil einer ineffizienten Implementierung aufgehoben würde. Durch eine Reformulierung in Prolog können
weiters einige vorteilhafte Effekte erreicht werden:

- Es kann die Mächtigkeit des Unifikationsalgorithmus genutzt werden.

- Es kann die Methodik der Metaprogrammierung verwendet werden.

- Es können Regeln in expliziter Form angegeben werden.

3.2.2   Reformulierung einzelner begrifflicher Konstrukte

Konzepte

Konzepte begrifflicher Graphen werden in Termen der Form

$$funktor(I : W)$$

reformuliert. In $funktor$ steht der Konzepttyp. Das Argument dieses Prolog-Terms
beinhaltet den Referenten. Im Unterschied zu den vielfältigen Möglichkeiten, die
die begrifflichen Graphen für die Bindung des Referenten bieten, wird hier nur
eine einfache Form aufgenommen. I wird mit einem Individual Marker gebunden,
der das Konzept eindeutig von anderen unterscheidet. W ist der Wert des Konzepts. Ähnlich dem Konzeptnamen bei Sowa kann hier ein Prolog-Atom, ein String
oder eine Zahl gebunden werden. Mengen werden als Listen in dieser Variable
gebunden. Wir wollen später noch näher darauf eingehen.

Beispiel:

```
artikel(#1004:'Bisolvon').
```

Relationen

Relationen begrifflicher Graphen werden in Termen der Form

$$funktor(k1, k2, \ldots, kn)$$

reformuliert. In *funktor* steht der Relationentyp. Die Anzahl der Argumente richtet sich nach der Stelligkeit der Relation. Jedes Argument wird mit Konzepttermen gebunden. Im Unterschied zu früheren Repräsentationen in Prolog (vgl. [MN89]) werden hier die vollständigen Konzeptterme der anliegenden Konzepte eingesetzt. Das hat eine Reihe von Vorteilen, die in der Folge gezeigt werden.

```
obj(liefern(#1000:C),artikel(#1004:'Bisolvon')).
```

Individuen

Individuen sind einzelne Instanzen von Konzepten und Relationen. Ihre genaue Bedeutung wird im Abschnitt 3.2.2 näher erläutert. Deshalb sollen hier nur allgemeine Eigenschaften von Individuen zusammengefaßt werden.

Individuen sind durch einen Individual Marker eindeutig voneinander zu unterscheiden und repräsentieren eine bestimmte Ausprägung. Jedes Individuum hat einen Wert, den es ändern kann. Das Individuum selbst jedoch bleibt immer bestehen. Es ändert seinen Wert ausschließlich durch die Existenz anderer Individuen. Z.B. wird ein Lagerstand nur durch das Bekanntwerden eines Zugangs, d.h. die Entstehung eines Individuums *„Zugang"* verändert. In dieses System kann eine temporale Logik eingebettet werden.

Aktoren

Aktoren sollen aus der Reformulierung ausgeschlossen werden. Sie verhindern den ausschließlich deklarativen Charakter von begrifflichen Graphen. Die notwendige Prozeduralität wird auf die in Prolog vorliegende reduziert. Arithmetische Operationen etwa werden in der gleichen Art und Weise wie in Prolog behandelt. Sie werden als Relationen dargestellt und werden bei der Inferenz als Prolog-Systemprädikate interpretiert.

Arbeitsgraph

Wir wollen vorerst versuchen, das Konstrukt des Arbeitsgraphen in seiner Definition nach Sowa in Prolog zu reformulieren, um daran die Probleme der ursprünglichen Definition zu erkennen. Durch eine Neudefinition, die härtere Aussagen über die im Arbeitsgraphen verwendbaren Strukturen trifft, sollen diese Probleme behoben und es soll eine Reformulierung präsentiert werden.

Der Arbeitsgraph ist jener Teil in einem begrifflichen Graphensystem, in dem logische Aussagen notiert werden können, die miteinander durch Konjunktion verbunden sind. Die Aussagen des Arbeitsgraphen betreffen eine bestimmte Objektwelt. So sagt etwa der Graph in Abbildung 3.1 die Existenz eines bestimmten Kunden aus.

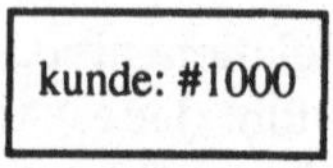

$$\boxed{\text{kunde: \#1000}}$$

Abbildung 3.1: Es existiert ein bestimmter Kunde

Der sog. Individual Marker (hier: #1000) weist auf das bestimmte Objekt der Realwelt hin. Bei Sowa muß eine Aussage im Arbeitsgraphen jedoch nicht auf ein bestimmtes Objekt zeigen. Die Aussage kann auch generisch bleiben. Abbildung 3.2 zeigt einen derartigen Graphen.

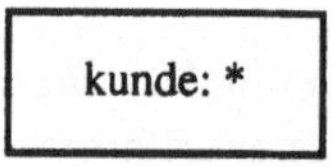

$$\boxed{\text{kunde: *}}$$

Abbildung 3.2: Es existiert irgendein Kunde

Die logischen Variablen der Aussagen im Arbeitsgraphen sind existentiell quantifiziert. Jedes Konzept im Arbeitsgraphen stellt ein Faktum dar. Es ist nun die Frage, welche Art von Aussage ein generisches Konzept im Arbeitsgraphen tatsächlich hat. Ein besonderes Problem entsteht daher mit der Behandlung von solchen Fakten. Angenommen es existieren zwei Konzepte des gleichen Typs, von denen eines mit einem Individualmarker versehen und das andere generisch ist (Abbildung 3.3).

$$\boxed{\text{kunde: \#1000}} \qquad \boxed{\text{kunde: *}}$$

Abbildung 3.3: Es existieren irgendein Kunde und ein bestimmter Kunde

Das generische Konzept bestimmt einen nicht näher bekannten Kunden, das individualisierte Konzept einen ganz bestimmten. Man sieht leicht, daß in dieser Definition einige Fragen auftauchen:

- Wieviele Kunden sind im Arbeitsgraphen verzeichnet?

- Können die beiden Konzepte unifiziert werden?

- Wenn ja, wie können dann mehrere Unbekannte auseinandergehalten werden?

- Was geschieht, wenn ein unbekanntes Konzept zu einem gegebenen Zeitpunkt bekannt wird ?

Die Problematik wird noch deutlicher, wenn man die Reformulierung weiter voran-
treibt. In einem Arbeitsgraphen werden wahre Aussagen abgelegt. Abbildung 3.4
zeigt einen beispielhaften Arbeitsgraphen. Es wird weiters im Graphen die Information abgelegt, in welcher Weise Konzepte und Relationen miteinander verknüpft
sind. Wir wollen diese Verknüpfung Konnektivität nennen. Aufgabe der Repräsentation ist es nun, die Konnektivität entsprechend den abgelegten Graphen wiederzugeben. In der Reformulierung in Prolog ist also eine Repräsentation zu finden,
die die Konnektivität aufrechterhält.

Abbildung 3.4: Beispielhafter Arbeitsgraph

Die einfachste Form zur Darstellung des Beispielgraphen ist die Abbildung in
Prolog-Fakten. Die Typen und Relationen werden in ein Prädikat ag(X) als Argument abgelegt, um sie von anderen Klauseln in der Datenbank zu unterscheiden.

```
ag(lieferant(#1)).
ag(agnt(liefern(#2),lieferant(#1))).
ag(liefern(#2)).
ag(obj(liefern(#2),ware(#3))).
ag(ware(#3)).
```

In diesem Fall bleibt die Konnektivität jedoch nur dann erhalten, wenn die Konzepte und Relationen variablenfrei sind. Hier treten wieder die Fragen um die
Verwendung generischer Konzepte und deren Bedeutung auf. Wird nämlich anstatt eines individualisierten Konzepts ein generisches eingesetzt, würden wir aus
obigem Beispielgraphen die folgenden Fakten erhalten:

```
ag(lieferant(#1)).
ag(agnt(liefern(#2),lieferant(#1))).
ag(liefern(#2)).
ag(obj(liefern(#2),ware(X))).
ag(ware(X)).
```

Solange kein zweites generisches Konzept desselben Typs im Arbeitsgraphen vorhanden ist, ist auch dieser Graph richtig verbunden. Der Graph bedeutet etwa: *„Der
Lieferant liefert irgendeine Ware"*. Demzufolge muß auch *irgendeine* nicht näher
bestimmte Ware vorhanden sein. Die Aufnahme des Konzeptes ware(X) spiegelt
dies wider. Die Anwendung eines Fragegraphen (vgl. Abbildung 3.6) würde etwa
folgendes Ergebnis liefern:

```
:- fg(lieferant(A),agnt(liefern(B),lieferant(A)), liefern(B),
      obj(liefern(B),ware(C)), ware(C)).

A = #1
B = #2
C = _456378
```

Um das Problem deutlich zu machen, nehmen wir nun an, daß ein zweiter Liefervorgang bekannt wird, bei dem jedoch die Ware bestimmt ist. Der bisherige Arbeitsgraph wird entsprechend erweitert.

```
ag(lieferant(#1)).
ag(agnt(liefern(#2),lieferant(#1))).
ag(liefern(#2)).
ag(obj(liefern(#2),ware(X))).
ag(ware(X)).
ag(lieferant(#3)).
ag(agnt(liefern(#4),lieferant(#3))).
ag(liefern(#4)).
ag(obj(liefern(#4),ware(#5))).
ag(ware(#5)).
```

Wendet man den gleichen Fragegraphen wie oben nun auf diesen Arbeitsgraphen an, so werden verschiedene Lösungen generiert:

```
• Lieferant 1 liefern Ware X mit Lieferung 2,
```

```
• Lieferant 3 liefern Ware 5 mit Lieferung 4,
```

```
• Lieferant 1 liefern Ware 5 mit Lieferung 2.
```

Die dritte Lösung verletzt die Konnektivität des gegebenen Arbeitsgraphen. Es wird das Konzept eines anderen Teilgraphen verwendet, womit die Relation (obj) nicht mehr mit der gegebenen Relation übereinstimmt. Pragmatisch könnte man argumentieren, daß die unbekannte Ware durchaus `ware(# 5)` gewesen sein könnte. Das würde die erhaltene Antwort erklären. Die Lösung stellt aber eine Vermutung dar und kein beweisbares Faktum.

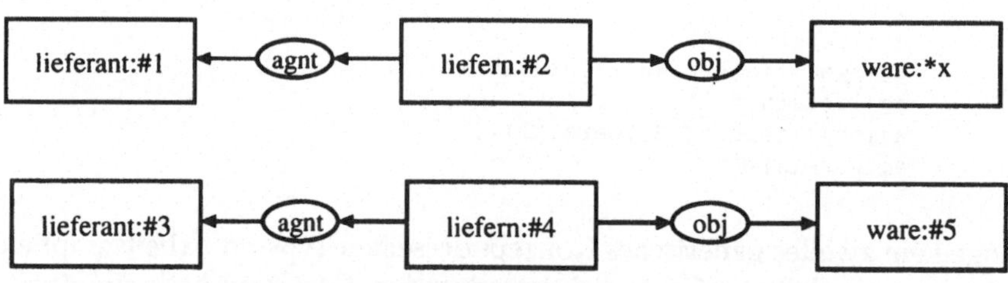

Abbildung 3.5: Arbeitsgraph zweier Lieferungen

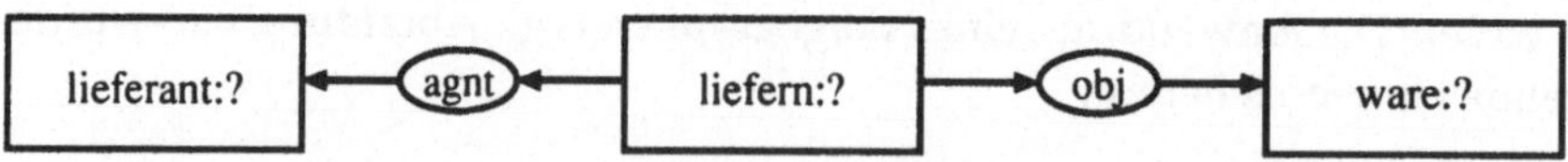

Abbildung 3.6: Fragegraph nach einer Lieferung

In der rein graphischen Form ließe sich die dritte Lösung zunächst nicht ableiten. Abbildung 3.5 zeigt die oben angeführten Lieferungen in begrifflichen Graphen.

Der Arbeitsgraph besteht aus zwei getrennten Teilgraphen. Ein Fragegraph, wie
ihn Abbildung 3.6 zeigt, würde lediglich die beiden ersten Lösungen des Prolog-
Ziels (:-fg(...)) ergeben, da kein Zusammenhang zwischen den Graphen besteht. In dieser Form bliebe also die logische Konsistenz gewahrt. Bei Sowa ist
jedoch eine Operation zur Verschmelzung von begrifflichen Graphen definiert. Sie
gehorcht definierten Verschmelzungsregeln. Die beiden Graphen lassen sich gemäß
diesen Verschmelzungsregeln [Sow84, S. 92 ff] zu einem einzigen Graphen zusam-
menführen und ergeben den in Abbildung 3.7 gezeigten Graphen.

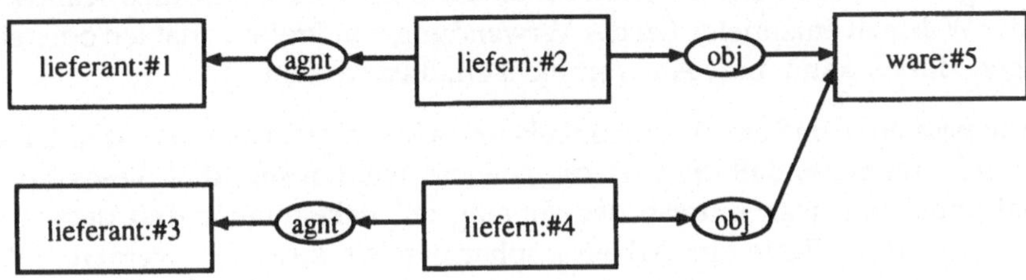

Abbildung 3.7: Verschmolzener Arbeitsgraph zweier Lieferungen

Diese Verschmelzung ist nur dann erfolgreich, wenn mindestens ein Konzept nicht
instantiiert ist. Dies liegt auf der Hand, weil zumindest ein Konzept unbekannt sein
muß, um die Identität eines anderen anzunehmen. Gegenüber dem verschmolzenen
Graphen ist die Konnektivität der dritten Lösung der Aufzählung ebenfalls korrekt.
Die Frage ist nur, ob der Arbeitsgraph selbst noch gültig ist.

Wir wollen nun einige Lösungen präsentieren, die sich im Rahmen einer Reformulierung ergeben. Eine Problemlösung ist die Verwendung eines eigenen *„Individual"*-
Markers, der die Existenz einer unbekannten Instanz symbolisiert. Wir wollen das
anhand unseres Beispiels zeigen. Dazu wollen wir eine Reihe von Lieferanten
annehmen.

```
ag(lieferant(#1)).
ag(lieferant(#2)).
ag(lieferant(#3)).
ag(lieferant(#4)).
ag(lieferant(#nil)).
```

Das Symbol nil bedeutet hier einen bestimmten, aber nicht näher definierten Lieferanten. Der unbekannte Lieferant kann — nun als Prolog-Klausel aufgefaßt — nicht
mehr mit anderen Lieferanten gebunden werden und bleibt daher als Unbekannter
bestehen.

Die Verwendung lediglich eines Symbols für die Darstellung unbekannter Konzepte
versagt, wenn mehrere bestimmte unbekannte Konzepte vorhanden sind und diese
miteinander verwechselt werden können. Es ist also hier vorteilhaft, Metavariablen
einzuführen, die ein bestimmtes, aber unbekanntes Individuum auf einem bekannten Platz symbolisieren. Um unserem obigen Beispiel zu folgen, gibt es nun vier
bekannte Lieferanten und zwei unbekannte.

```
ag(lieferant(#1)).
ag(lieferant(#2)).
ag(lieferant(#3)).
ag(lieferant(#4)).
ag(lieferant(#nA)).
ag(lieferant(#nB)).
```

Die beiden unbekannten Lieferanten können jetzt eindeutig unterschieden werden.
Eine Frage, wieviele Lieferanten nun vorhanden sind, würde nun mit 6 beantwortet,
was der Wahrheit entspricht. Bei der Verwendung von Prologvariablen oder einem
einzigen Marker kann diese Antwort nicht erhalten werden.

Es kann passieren, daß ein bislang unbekanntes Konzept zu einem bekannten Konzept wird. Im Falle, daß die Tatsache bewahrt werden soll, daß dieses Konzept
einmal unbekannt war, müssen der Vorgang der Bekanntgabe und dessen Auswirkungen auf die Fakten im Arbeitsgraphen explizit dargestellt werden. Soll das
Gesamtsystem immer nur den aktuellen Stand bewahren, kann die unbekannte
Klausel entfernt und die neue hinzugefügt werden.

Beide Lösungen zur Abbildung von bestimmten, aber nicht bekannten Individuen
sind nicht sehr befriedigend. Um eine radikale Lösung zu formulieren, muß die
Definition des Arbeitsgraphen selbst bzw. die der Konzeptreferenten überarbeitet
werden.

Wie schon in der Reformulierung von Konzepten teilweise vorweggenommen, soll
über den Arbeitsgraphen und die darin verwendeten Konzepte folgendes definiert
werden:

- Referenten haben den Aufbau $I : W$, wobei I ein Individual Marker ist und
  W der Wert des Konzepts.

- Jedes Konzept im Arbeitsgraphen muß einen Individual-Marker besitzen. Der
  Individual-Marker bedeutet, daß das Konzept bestimmt ist.

- Der Wert des Konzepts enthält den Namen oder die Ausprägung des Konzepts. Bei einem unbekannten Konzept bleibt die Variable W frei. Bestimmt
  ist das Konzept jedoch in jedem Fall.

Die sechs Lieferanten sind in der nunmehrigen Reformulierung wohlunterscheid-
bar, unabhängig davon, ob sie bekannt sind oder nicht.

```
ag(lieferant(#1:'Huber')).
ag(lieferant(#2:'Herba')).
ag(lieferant(#3:'Merck')).
ag(lieferant(#4:'Bayer')).
ag(lieferant(#5:X)).
ag(lieferant(#6:Y)).
```

Geschachtelte Kontexte

Bei der Verarbeitung von natürlicher Sprache, für die begriffliche Graphen ursprünglich konzipiert wurden, ist es notwendig, verschiedene Aussagen oder Gruppen von Aussagen unter einem gemeinsamen Aspekt betrachten zu können. Es wird
davon abgegangen, allen Aussagen einen einzigen Wahrheitswert zuzuordnen. Es
können über Gruppen von Aussagen wieder Aussagen (Metaaussagen) getroffen
werden. Durch die Anwendung einer Metaaussage kann eine Aussage etwa zu
einer

- temporalen,

- modalen oder

- negativen

Aussage werden. Um diese Metaaussagen näher zu beleuchten, wählen wir wieder
einige Beispiele aus einer Lagerverwaltungsanwendung. *Ein Artikel wird bei einem
Lieferanten bestellt.* Dies ist eine gegenwärtige, unbedingte, positive Aussage.

Der absolute Sinn einer Aussage kann durch eine Metaaussage verändert werden.
Durch eine Metaaussage wird die Allgemeingültigkeit einer Aussage beschränkt.
Sie ist nicht mehr unter allen Umständen wahr. Durch das Hinzufügen von: *„In der
Vergangenheit war es wahr, daß ein Artikel bestellt wurde"*, erhalten wir eine über
die Zeit nicht mehr allgemeingültige Aussage. Es wird aus einer zeitunabhängigen
Aussage eine zeitabhängige Aussage. Wir begeben uns damit auf das Gebiet der
temporalen Logik. [KS85, All83] stellen eigene Inferenzmechanismen für diese
Logik vor. Da diese Art von Aussagen in der natürlichen Sprache häufig vorkommt,
gibt es dort eigene Vergangenheitsformen, die die komplizierte Ausdrucksform
verkürzen. Da würde es etwa heißen: *„Ein Artikel wurde bei einem Lieferanten
bestellt"*.

Der Wahrheitwert von Aussagen kann aber auch durch das Voranstellen von Aussagen wie: *„Ein Mitarbeiter glaubt, daß ein Artikel geliefert wird"* verändert werden.
In diesem Fall wird die Aussage zu einer modalen Aussage. Sie ist nicht mehr
unbedingt wahr. Die natürliche Sprache bietet die Verwendung von Verben wie
glauben, hoffen, wollen, wissen an, um solche Aussagen abzubilden.

Die wichtigste Aussagemodifikation ist die Negation. Durch das Voranstellen einer
Metaaussage wie: *„Es ist nicht wahr, daß ..."*, wird eine Aussage negiert. Es werden
also Aussagen darüber getroffen, was nicht wahr ist oder was nicht sein darf, wenn
ein solcher Satz als Nebenbedingung aufgefaßt wird. Können in einem logischen
Programm solche Aussagen getroffen werden, so sind die entstehenden Klauseln
keine Hornklauseln mehr. Prolog ist nur zur Verarbeitung von Hornklauselpro-
grammen definiert. Dadurch ist die Formulierung solcher Aussagen nicht möglich.
Sie können nur in einer impliziten Weise in Prolog verarbeitet werden.

Sowa behandelt in [Sow84, S. 173 ff] modale und temporale Logik und in [Sow84,
S. 137 ff] negative Aussagen. Zentrales Konstrukt der Darstellung von Metaaussagen in begrifflichen Graphen ist der sog. Kontext. Nach Peirce [Pei60] definiert Sowa

einen Kontext als einen herausgeschnittenen Teil des Arbeitsgraphen. Er definiert
weiter ein Konzept PROPOSITION (quasi als *„Systemkonzept"*), dessen Referenten
auch begriffliche Graphen sein können. Alle Metaaussagen werden nun über dieses
Konzept PROPOSITION gemacht. In der graphischen Form wird um eine Aussage
ein Rahmen gezogen. Durch die Einführung eines Konzepts, dessen Bedeutung
direkt auf die Interpretation wirkt, werden mehrere Aussagenebenen vermischt.
Abbildung 3.8 zeigt die Aussage unseres Beispiels und deren Modifikationen unter
verschiedenen Kontexten.

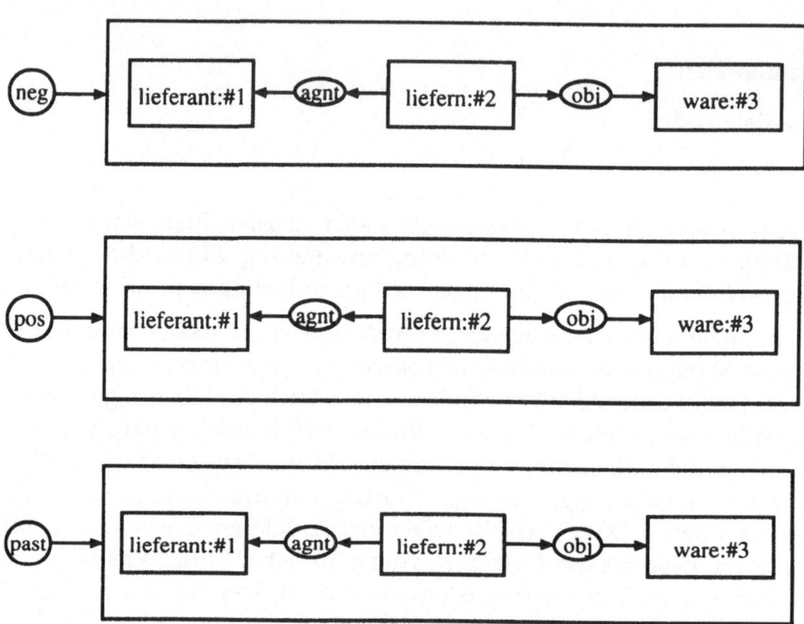

Abbildung 3.8: Beispielsaussage unter verschiedenen Kontexten

Zur Abbildung von Systemanalysemethoden sind nicht alle Metaaussagen notwendig, da bei der Erstellung von Informationssystemen verschiedene Annahmen
getroffen werden, die in der natürlichen Sprache nicht zu treffen sind. So wird
etwa angenommen, daß nur definitive Informationen in ein System gelangen, nicht
jedoch Aussagen, die ein Glauben, Hoffen oder Wollen ausdrücken. Die Abbildung
von Modallogik soll also in unserer Reformulierung ausgeschlossen werden.

Unter der Annahme, daß nur gegenwärtige Informationen in einem zu analysierenden System aufgenommen werden, kann auch die Behandlung der temporalen
Logik entfallen. Wir wollen diese Annahme vorerst treffen.

Wesentliche und hier zu behandelnde Metaaussage ist die Negation. Sowa repräsentiert sie in einem Kontext, der mit der einstelligen Relation (NEG) verbunden
ist. Solche negativen Aussagen können auch geschachtelt sein. Es kann also eine
negative Aussage in einer anderen negativen Aussage enthalten sein. Abbildung 3.9
zeigt eine solche Verschachtelung.

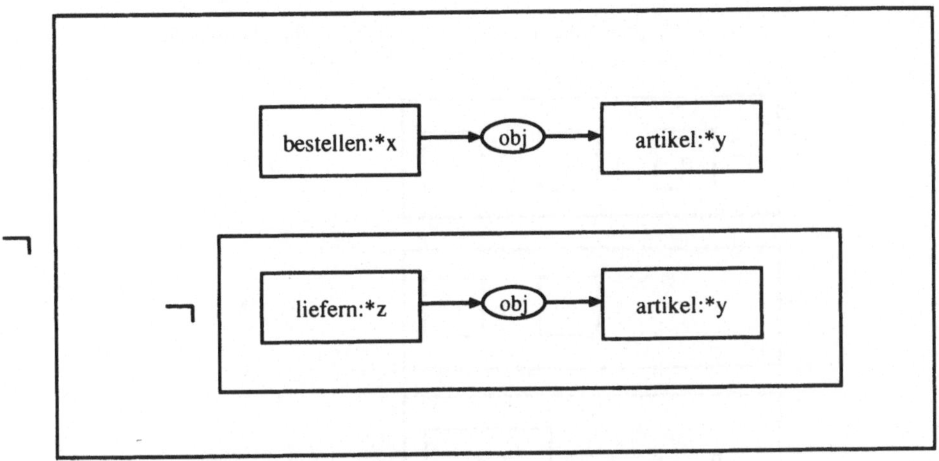

Abbildung 3.9: Verschachtelte negative Aussagen

Wollte man eine Verschachtelung mehrerer Aussagen in der natürlichen Sprache ausdrücken, so kämen meist relativ komplizierte Sätze zustande. Der in Abbildung 3.9 gezeigte Graph hieße etwa: *„Es ist nicht wahr, daß ein Artikel bestellt und nicht geliefert wird.".* Dieser Satz ist nicht nach den oben angeführten Übersetzungsregeln in die deutsche Sprache gebildet worden (also mit *„Es ist nicht wahr, daß ()"*), weil sonst eine zweideutige Aussage entstehen würde. Die Formulierung derselben ist komlizierter, etwa: *„Es ist nicht wahr, daß ein Artikel bestellt ist, und es ist nicht wahr, daß er nicht geliefert wird."*

Gerade die verschachtelten Kontexte sind dazu geeignet, komplexere logische Zusammenhänge abzubilden. Neben einer rein natürlichsprachlichen Interpretation gibt es noch eine formallogische. Werden die Kontexte formal betrachtet, so lassen sich die Umformungsregeln der formalen Logik anwenden. Sowa stellt in [Sow84, S. 138 ff] einige logische Formeln in der Graphennotation vor. Abbildung 3.10 gibt diese Formeln wieder.

Nicht jede dieser Formeln kann in Prolog reformuliert werden, da in Prolog keine negativen Formeln im Kopf einer Regel oder als Faktum erlaubt sind. Die oberste und die darauffolgende Verschachtelungsebene lassen sich in Prolog in einer impliziten Weise reformulieren. Für die Abbildung von Inhalten von Systemanalysemethoden ist das auch hinreichend. Eine der wichtigsten Darstellungsformen für diesen Zweck sind Regeln. Abbildung 3.11 zeigt die Form, in der Sowa vorschlägt, Implikationen (Regeln) darzustellen: *„Eine Bestellung impliziert eine Lieferung".*

Prolog stellt eigene Ausdrucksmittel zur Darstellung von Implikationen zur Verfügung. Es kann nun ein Graph dieser Form in eine Prolog-Regel übersetzt werden. Es wird die Aussage des innersten Kontextes zum Regelkopf und die Aussage im oberen negativen Kontext zum Regelkörper. Wir wollen einen eigenen Regeloperator : == definieren, um Prolog-Regeln von Graphenregeln unterscheiden zu können. Der in Abbildung 3.11 gezeigte Graph kann demnach in eine Regel reformuliert

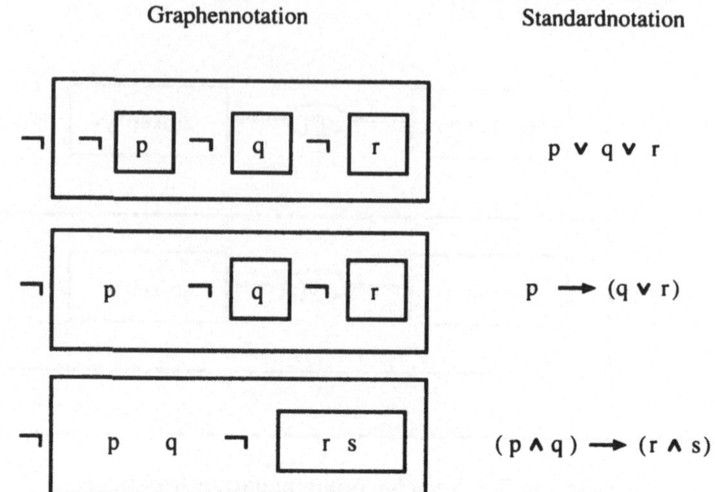

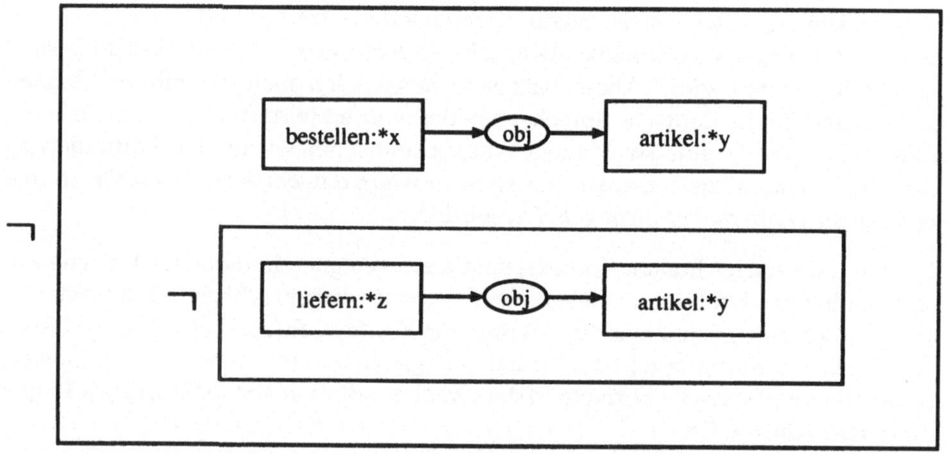

Abbildung 3.10: Einige logische Formeln nach Sowa in Graphenform

Abbildung 3.11: Logische Implikation nach Sowa in Graphenform

werden.

```
ag([artikel(B),
   obj(liefern(A),artikel(B)),
   liefern(A)])            :==   artikel(B),
                                 obj(bestellen(C),artikel(B)),
                                 bestellen(C).
```

Die Anwendungsregel soll sich von Konzepten und Relationen auf oberster Ebene nicht unterscheiden. Deshalb bildet den Kopf der Regel ein Term ag(X), wie bei den anderen Eintragungen im Arbeitsgraphen auch. X ist dabei mit einer Liste von

Konzepten und Relationen gebunden. Sie sind wahr, wenn der Körper der Regel
wahr ist.

Sowa definiert Identitätsbeziehungen zwischen zwei Konzepten, die in unterschiedlichen Kontexten stehen (sog. Identity lines, siehe [Sow84, S. 141]). Diese Identitäts-
linien sind in unserer Reformulierung durch gleichnamige Variablen bezeichnet.
Die Verwendung solcher Konzepte beinhaltet die Gefahr der infiniten Rekursion.
Im Beispielfall etwa muß versucht werden, `artikel(B)` zu beweisen. Ist keine
Instanz des Artikels vorhanden, wird neuerlich die Regel angewendet, was zu einer
unendlichen Rekursion führt. Durch geeignete Interpretation kann das verhindert
werden. Es muß bei der Interpretation sichergestellt werden, daß das zu bewei-
sende Konzept eines Regelkörpers nicht mit dem eigenen Regelkopf zu beweisen
versucht wird.

Die Darstellung einfacher negativer Kontexte ist durch die Verwendung von Hornklauseln nicht direkt möglich. Negative Kontexte lassen sich jedoch wieder in einer
Prolog-impliziten Form darstellen. Abbildung 3.12 zeigt einen negativen Kontext,
der die Nebenbedingung (constraint) eines Lagers darstellt: *„Es darf keinen Artikel
geben, dessen Ablaufdatum kleiner ist als das heutige Datum."*

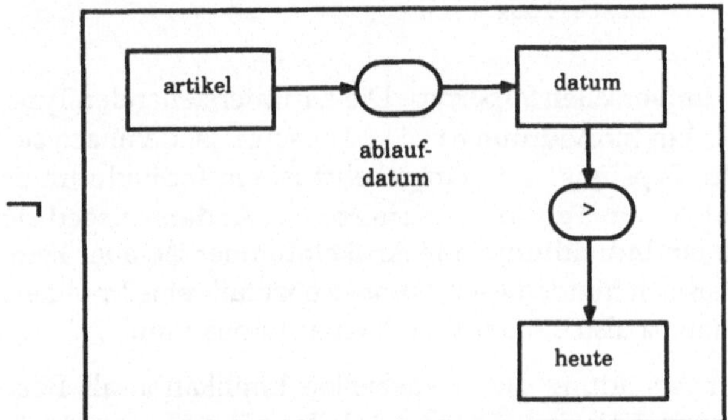

Abbildung 3.12: Einfacher negativer Kontext

Durch die Definition eines Prädikats `inkonsistent` kann auch aus einer negativen
Bedingung eine Hornklausel abgeleitet werden. So kann der in Abbildung 3.12
abgebildete Graph in folgende Prologklausel reformuliert werden.

```
inkonsistent :- fg(artikel(A),
                 chrc(artikel(A),ablaufdatum(B)),
                 ablaufdatum(B),
                 kleiner(ablaufdatum(B),heute(C)),
                 heute(C)).
```

Das Ziel `inkonsistent` sollte nur aufgerufen werden, wenn sich eine Veränderung
ergeben hat, die die Bedingung dieses Ziels betrifft.

Typenhierarchie

Jedes Konzept, das in einem System von begrifflichen Graphen verwendet wird, muß in der Typenhierarchie deklariert werden. Dies ist wesentliche Konsistenzbedingung begrifflicher Graphen. Sowa definiert die Typenhierarchie als eine partielle Ordnung von Typenschildern, wobei das Ordnungskriterium die Über- und Unterbegriffsbeziehung ist [Sow84, S. 80]. Jedem im Graphensystem auftretenden Individuum ist ein Typenschild zugeordnet. Oberster Typ ist der *„universelle Supertyp"*.

Um zu einer Reformulierung zu kommen, müssen wir die Bedeutung dieser Begriffshierarchie ermitteln. Da die Beziehung zwischen Überbegriff und Unterbegriff das Ordnungskriterium darstellt, ist jedes Individuum eines bestimmten Typs gleichzeitig auch Individuum der (bzw. des) Überbegriffe(s).

Nehmen wir eine Typenhierarchie an, auf der das Lagerverwaltungsmodell aufbauen soll:

```
t
nummer
artikelnummer
bestellposition
```

t bedeutet den universellen Supertyp. Die darunterstehenden Typen sind Subtypen (Unterbegriffe). Ein Individuum `artikelnummer` ist demnach sicher ebenfalls ein Individuum des Typs `nummer`. Umgekehrt ist ein Individuum des Typs `Nummer` nicht immer auch vom Typ `Artikelnummer`. Anders ausgedrückt: Es kann nie wahr sein, daß ein Individuum eine Artikelnummer ist, aber keine Nummer. Wir sehen sofort, daß sich hinter dieser Aussage ebenfalls eine Implikation verbirgt. Die Typendeklaration ist also ein Spezialfall einer Implikation.

Wir wollen zur Abbildung dieser speziellen Implikation als Regeloperator `type` anstatt von `:==` definieren. Dabei wird der zu definierende Typ mit dem ihn definierenden Graphen verbunden. So kann die Typenhierarchie als eine Menge von `type`-Klauseln verstanden werden.

```
          nummer(X) type t(X).
    artikelnummer(X) type nummer(X).
 bestellposition(X) type artikelnummer(X).
```

Auf der linken Seite des Operators steht das zu definierende Konzept (Definitionskonzept), rechts steht der Überbegriff (Genus).

Aristoteles unterschied zwei Teile eines Begriffs – *Genus* und *Differentia*. Der Genus ist jener Teil der begrifflichen Bedeutung, der vom Überbegriff stammt. Die Differentia ist jener Teil der Begriffsbedeutung, die beinhaltet, was den Begriff von anderen Unterbegriffen des gleichen Überbegriffs unterscheidet.

Die Differentia bildet eine zusätzliche Einschränkung, die Individuen erfüllen müssen, um unter den entsprechenden Typ subsumiert zu werden. Die Differentia kann

in begrifflichen Graphen formuliert werden und dem Überbegriff als einschränkende Bedingung hinzugefügt werden. Es entsteht der Definitionsgraph. Er steht auf
der rechten Seite des `type`-Operators.

So ist etwa eine `artikelnummer` eine `nummer`, die einen `artikel` charakterisiert.
Wir können also die Eintragung für das Konzept `artikelnummer` entsprechend
verändern.

```
artikelnummer(X) type
        nummer(X), chrc(nummer(X), artikel(Y)), artikel(Y).
```

Der rechte Teil des Eintrags wird als Fragegraph aufgefaßt, der bewiesen werden
muß, damit das links stehende Konzept als bewiesen gilt. Es soll überdies die
Konvention gelten, daß der erste Term des Definitionsgraphen das Konzept des
Supertyps ist (in diesem Fall `nummer`).

Wir wollen nun das Verhalten der Fragegrapheninterpretation anhand eines Beispiels erläutern. Es sei ein Arbeitsgraph und ein Fragegraph gegeben. Letzterer soll
aus dem gegebenen Arbeitsgraphen bewiesen werden:

```
ag(nummer(#1001:1234)).
ag(chrc(nummer(#1001:1234), artikel(#1002:'Bisolvon'))).
ag(artikel(#1002:'Bisolvon')).

:- fg(artikelnummer(X)).
```

Da das Konzept `artikelnummer(X)` nicht direkt im Arbeitsgraphen zu finden
ist, wird versucht, es durch Einbeziehung der Typenhierarchie zu erschließen. Der
Definitionsgraph des Konzepts `artikelnummer(X)` kann aus dem Arbeitsgraphen
bewiesen werden. Und somit ergibt sich als Ergebnis der Inferenz:

```
:- fg(artikelnummer(X)).

X = #1001:1234.
```

Die inverse Möglichkeit zur Interaktion zwischen Typenhierarchie und Individuen
besteht ebenfalls. Die Existenz eines Individuums eines bestimmten Typs hat definitionsgemäß zur Folge, daß für alle Konzepte und Relationen in der Definition
ebenfalls Individuen existieren müssen.

So nehmen wir etwa den folgenden Arbeitsgraphen an (anstatt des letzten):

```
ag(artikelnummer(#1001:1234)).
```

Die Existenz dieser Artikelnummer impliziert, daß es auch einen Artikel gibt, den
sie charakterisiert. Im derzeitigen Arbeitsgraphen ist ein solcher Artikel jedoch
nicht definiert. Rein intuitiv muß es diesen Artikel jedoch geben, da für ihn eine
Artikelnummer definiert ist. Der Artikel ist also bestimmt, aber nicht bekannt. Aus
unseren Definitionen läßt sich ableiten, daß er also auch im Arbeitsgraph beweisbar

sein muß. Verallgemeinern wir diesen Schluß, so läßt sich sagen, daß nicht nur der Definitionsgraph das definierte Konzept impliziert, sondern auch umgekehrt. In diesem Fall hätten wir es bei einer Typendeklaration nicht mit einer Implikation, sondern mit einer Äquivalenz zu tun, weil:

$$\neg(P \wedge \neg Q) \wedge \neg(\neg P \wedge Q) \equiv (P \equiv Q)$$

Diese Erkenntnis hat jedoch weitreichende Folgen für die Aufnahme von Individuen in das System. Denn: Wann immer die Existenz eines Individuums bekannt wird, ist es auch bestimmt. Seine Werte sind hingegen unbekannt. Da es sich bei einer Typendeklaration um eine Äquivalenz handelt, hat das zur Folge, daß alle im Definitionsgraphen vorhandenen Konzepte ebenfalls bestimmt werden. Eine vollständige Individualisierung — also die Bekanntgabe aller Werte der Konzepte — würde bedeuten, daß vor der Eingabe eines jeden Individuums alle abhängigen Konzepte individualisiert werden. Abhängig ist ein Konzept A von einem Konzept B, wenn B im Definitionsgraphen von A steht. Wie man leicht erkennen kann, ergibt diese Art der Individualisierung eine sehr starke Detaillierung. Es müssen also Detailfragen beantwortet werden, die vom Benutzer nicht erfragt werden können.

Die Verwendung von unbekannten Individuen (deren Werte frei bleiben) schafft Abhilfe. Sie geht davon aus, daß ein Individuum eines definierten Konzepts auf jeden Fall auch Individuen der abhängigen Konzepte zur Folge hat. Entsteht z.B. ein Individuum `artikelnummer(X)`, muß unter anderen auch ein Individuum `artikel(Y)` entstehen. Der Wert dieses Individuums ist vorerst unbekannt. Das Individuum wird jedoch angelegt.

Natürlich ist auch in der umgekehrten Richtung die Individualisierung vorzunehmen. Dann nämlich, wenn irgendein existierender Definitionsgraph durch das Hinzutreten eines neuen Individuums erfüllt wird. In diesem Fall müßte der entsprechende Typ ebenfalls ein Individuum erhalten. Das begründet sich auch in der Tatsache, daß Definitionskonzept und Definitionsgraph äquivalent sind. Ähnlich wie bei der Reformulierung negativer Kontexte ist eine extensive Suche nach möglichen neuen Individuen nicht sehr effizient. Durch den rückwärtsverkettenden Beweismechanismus ist die direkte Ablegung eines Individuums nicht notwendig, da es ohnehin bewiesen werden kann.

Die Definition der Typendeklaration als Äquivalenz hat eine weitere Folge. Es ist die Frage, ob ein Typ mehrmals deklariert werden kann.

```
q type p.
q type r.
```

Dies ist etwa notwendig, wenn ein Typ mehrere Supertypen besitzt. Wie wir in der Herleitung der Äquivalenz leicht sehen können, ergibt sich aus `q type p` auch die Implikation $p \rightarrow q$. Wenn z.B. `r` wahr ist, ist auch `q` wahr und damit auch wiederum p. Dies gilt für jeden anderen Fall auch. Daher können die Deklarationen zusammengefaßt werden, indem die beiden Definitionsgraphen durch eine Konjunktion verbunden werden.

```
q type p, r.
```

Aus q folgt demnach p und r. In jedem Definitionsgraphen ist, wie aus obigem
Beispiel zu ersehen ist, auch das Konzept des Supertyps enthalten. Im Beispiel ist
das das Konzept nummer(X). Jedes existierende Individuum ist auch ein Individuum des Supertyps. Daher ist es sinnlos, ein eigenes Individuum für den Supertyp
anzulegen. Die Individualisierung erstreckt sich aber schon auf den Definitionsgraphen des Supertyps. Wir wollen unser obiges Beispiel um einige Typen erweitern,
um das Problem exakter vor Augen zu führen.

```
pharmazentralnummer(X) type
                            artikelnummer(X),
                            chrc(nummer(X), pharmazeutikum(Y)),
                            pharmazeutikum(Y).
```

Wir definieren einen Begriff pharmazentralnummer als Subtyp von artikelnummer, der ein pharmazeutikum charakterisiert.   Weiters wird der Begriff
pharmazeutikum als Subtyp von Artikel definiert. Dazu sei hier die Definition
von artikel gezeigt. Diese Definition wird später noch vervollständigt.

```
artikel(X)   type
                 ding(X),
                 chrc(artikelnummer(Y), ding(X)),
                 artikelnummer(Y),
                 name(ding(X),string(A)),
                 string(A),
                 lagerort(ding(X),ort(B)),
                 ort(B).

pharmazeutikum(X) type
                      artikel(X),
                      enthaelt(artikel(X), wirkstoff(Y)),
                      wirkstoff(Y).
```

Wollen wir nun ein Konzept pharmazeutikum individualisieren, werden auch die
Konzepte seines Definitionsgraphen individualisiert. Es sei folgendes Individuum
gegeben:

```
ag(pharmazeutikum(#1002:'Bisolvon')).
```

Es ließe sich nun auch ein Fragegraph für ein Konzept wirkstoff(X) beweisen.
Der Wert, in diesem Fall der Name des Wirkstoffs, ist unbekannt, das Konzept selbst
jedoch beweisbar. Es muß diesen Wirkstoff geben.

```
:- fg(pharmazeutikum(X),
      enthaelt(pharmazeutikum(X), wirkstoff(Y)),
      wirkstoff(Y)).


   X = #1001:'Bisolvon'
   Y = #1002:C
```

Nicht nur Konzepte aus dem Definitionsgraphen des Individuenkonzepts lassen
sich beweisen, sondern eben auch jene des Supertyps. So läßt sich auch ableiten,
daß ein `pharmazeutikum` einen `lagerort` besitzt. Genau wie der Wirkstoff ist
auch der Lagerort hier unbekannt.

```
:- fg(pharmazeutikum(X),
      lagerort(pharmazeutikum(X), ort(Y)),
      ort(Y)).



  X = #1001:'Bisolvon'
  Y = #1005:C
```

Relationenvorrat

Zweites wesentliches Konstrukt in begrifflichen Graphen sind begriffliche Relationen. Nach Sowa dürfen in einem Graphen nur Relationen verwendet werden,
die im Relationenvorrat definiert worden sind. Struktur und Bedeutung sowie die
Reformulierung in Prolog sollen in diesem Abschnitt behandelt werden.

Analog zu Typen werden Relationen durch einen Eintrag in den Relationenvorrat
definiert. Auch hier wird ein zweistelliges Eintragungsprädikat (in diesem Fall
`relation`) verwendet. Auch hier ist der Prädikatsname als Prologoperator definiert. Auch dieser Operator stellt eine Äquivalenz dar. Die Argumentation dazu
erfolgt analog zur Typendeklaration.

Es gibt zwei Varianten, wie eine Relation in Prolog reformuliert werden kann. Die
Varianten unterscheiden sich darin, wie die Konzepte repräsentiert sind, die an der
Relation anliegen. Im einen (äußeren) Fall wird das anliegende Konzept nicht in
der Relation selbst vermerkt, im anderen (inneren) Fall doch.

Die äußere Variante hat den Vorteil, daß die Typenfunktoren nicht in den Argumenten der Relation mitgeführt werden müssen. Nachteil ist, daß ein erheblicher
Aufwand nötig ist, die jeweils zusammenhängenden Konzepte und Relationen zu
finden. Der Graph *„Ein Mitarbeiter entnimmt einen Artikel"* würde in der äußeren
Darstellungsform etwa wie folgt aussehen.

```
mitarbeiter(A), agnt(B,A), entnimmt(B), obj(B,C), artikel(C).
```

Die innere Variante hat den Vorteil, daß jede Relation für sich, inklusive ihrer an-
grenzenden Konzepttypen, beweisbar wird. Nachteil dieser Darstellungsform ist,
daß Konzepte in einem vollständig ausgeführten Graphen redundant stehen. Im
folgenden ist der oben dargestellte Graph in seiner inneren Darstellungsform gezeigt.

```
mitarbeiter(A),
agnt(entnimmt(B),mitarbeiter(A)),
entnimmt(B),
obj(entnimmt(B),artikel(C)),
artikel(C).
```

Die innere Darstellungsweise erscheint schwerfälliger, ist jedoch um vieles leichter zu verarbeiten. Speziell dann, wenn wie vorgeschlagen, der Arbeitsgraph in Form einzelner Fakten in der Datenbank abgelegt wird. Hier wäre es sehr aufwendig, anliegende Konzepte oder Relationen zu finden.

Durch die redundante Darstellung von Konzepten sind spezielle Konsistenzregeln für einen Graphen einzuhalten, die nur der Repräsentation wegen gemacht werden müssen. Bei der Vollständigkeitsprüfung, der Prüfung, ob alle Relationen vollständig mit Konzepten verbunden sind, ist etwa damit festzustellen, ob auch die Konzeptfunktoren und nicht nur die Referenten ident sind. Der Nachteil der gesonderten Konsistenzprüfung wird aber durch die weitaus bessere Verarbeitbarkeit wettgemacht.

In Abhängigkeit von der Funktion des Graphen kann die Darstellungsform gekürzt werden. Dient der darzustellende Graph als Arbeitsgraph, so muß die vollständige Abbildung behalten werden. Der obige Beispielgraph sieht in Form eines Arbeitsgraphen so aus:

```
ag(mitarbeiter(#1001:A)).
ag(agnt(entnimmt(#1002:B),mitarbeiter(#1001:A))).
ag(entnimmt(#1002:B)).
ag(obj(entnimmt(#1002:B),artikel(#1003:C))).
ag(artikel(#1003:C)).
```

Die Konzepte müssen hier explizit angegeben werden, da sie auch für sich wieder beweisbar sein müssen. Wird ein Graph jedoch als Fragegraph verwendet, so ist die explizite Angabe von Konzepten in der Prologform nicht notwendig, da die einzelnen Konzepte ohnehin im Zuge des Beweises der Relation behandelt werden. Es läßt sich zeigen, daß jeder gekürzte, zusammenhängende Graph in dieser Darstellungsweise auch gültig ist, solange der vollständige gültig war: *Nachdem jedes Konzept in einem zusammenhängenden Graphen auch mit einer Relation verbunden ist, ist dieses Konzept auch dort behandelt.*

Ein Graph, der nur ein Konzept enthält, kann nicht gekürzt werden. Das Beweisverfahren ließe sich effizienter gestalten, wenn der Interpreter bereits bewiesene Konzepte nicht noch einmal beweisen würde. In unserem Fall etwa das Konzept `entnimmt(#1002:B)`.

Im Gegensatz zu Typen bilden Relationen keine partielle Ordnung, die einen eindeutigen Ordnungsbegriff kennt. Man kann keine definitive Über- und Unterrelation bestimmen. Wir wollen den oben gezeigten Graphen als Relation deklarieren.

```
entn(mitarbeiter(A),artikel(C))  relation

                    mitarbeiter(A),
                    agnt(entnimmt(B),mitarbeiter(A)),
                    entnimmt(B),
                    obj(entnimmt(B),artikel(C)),
                    artikel(C).
```

Es läßt sich jedoch nicht wie bei einer Typendefinition im Definitionsgraphen eine bestimmte Relation als „*Superrelation*" finden und demnach der Rest als Differentia bestimmen. Die vorhandenen Relationen `agnt` und `obj` erfüllen diese Funktion nicht. Es spannt sich also zwischen Relationen keine Ordnung auf.

Mengenkonzepte

In begrifflichen Graphen nach Sowa sind Mengen als Referenten von Konzepten zugelassen [Sow84, S. 115 ff]. Sowa verwendet Mengenkonzepte zur Repräsentation von Mehrzahlwörter der natürlichen Sprache. So heißt das folgende Konzept *„Die Personen Jakob und Hugo"*:

```
[person:{Jakob,Hugo}]
```

Die logische Aussage dieses Konzeptes ist (nach Sowa): *Es existiert eine Menge, und die Elemente dieser Menge sind vom Typ Person.* Diese Form der Mengendarstellung wirft jedoch einige Probleme auf, sobald mehr als ein Konzept in einem Graphen vorhanden ist, das einen Mengenreferenten besitzt. Um dies zu verdeutlichen, wollen wir einen Fall aus unserem Beispiel zitieren. Folgender Text umschreibt einen Beispielsausschnitt, mit dessen Hilfe die Mengenproblematik besonders gut gezeigt werden kann:

> *Im Rahmen der Lagerhaltung besteht das Problem, Artikel, die auszugehen drohen, nachzubestellen. Für jede Artikelnummer ist daher eine Mindestmenge definiert. Unterschreitet der momentane Bestand diese Mindestmenge, so muß vom entsprechenden Artikel nachbestellt werden. Wieviel nachbestellt werden soll, gibt die Bestellmenge an, die ebenfalls zu jeder Artikelnummer definiert ist. In real eingesetzten Lagerhaltungssystemen ist diese Bestellmenge variabel und wird nach einem Optimierungsmodell bei jeder Bestellauslösung aufgrund der Vergangenheitswerte neu errechnet. Wir wollen die Bestellmenge in diesem Fall als fixe Größe annehmen, da sie keinen Erklärungsbeitrag zur Mengenproblematik liefert.*
>
> *Mehrmals am Tage werden Bestellungen an Lieferanten zusammengestellt. Eine Bestellung ist eine Menge von Artikelnummern, die an den Lieferanten übermittelt werden. Man könnte ebensogut eindeutige Artikelnamen übermitteln. Es werden in eine Bestellung jene Artikelnummern aufgenommen, deren Artikelbestand unter die Mindestmenge gesunken ist. Artikelbestand ist die Kardinalität der Menge aller Artikelinstanzen, die im Betrieb existieren.*

Wie man leicht erkennen kann, beinhaltet das Bestellwesen einer Lagerverwaltung einige besondere Herausforderungen an die Repräsentation von Mengen. Wir wollen vorerst alle für das Beispiel notwendigen Typen definieren.

Bei der Definition von Typen in Zusammenhang mit einer Mengendiskussion stoßen wir auf ein ambivalentes Verhältnis zwischen Typen und Mengen. Typen beschreiben eine abstrakte Klassifikation von Dingen. Zu jedem Typus gibt es eine Menge seiner Ausprägungen. Die Elemente dieser Menge sind alle vom beschriebenen Typus. Es gibt also zwei Beschreibungsmöglichkeiten, um aus einer Grundgesamtheit von Dingen bestimmte Elemente auszugrenzen. Einerseits kann ein Typ gebildet werden, der die Instanzen beschreibt, die näher bestimmt werden sollen. Andererseits kann eine beliebige Teilmenge gebildet werden, die einzelne Elemente der Grundgesamtheit herausnimmt. Bei einer reinen Teilmengenbildung geht jedoch die Information verloren, was zu dieser Unterscheidung geführt hat. Aus begrifflicher Sicht spiegeln Mengen und Typen Begriffsumfang und Begriffsinhalt wider. Der Begriffsumfang beschreibt die Menge aller Individuen, die unter einem Begriff subsumierbar sind, der Begriffsinhalt beschreibt, was über den Begriff ausgesagt ist. Wir wollen diesen Zusammenhang an unserem Beispiel zeigen.

In einem Lager existieren eine Menge von Artikelinstanzen (also einzelne Packungen). Sie haben bestimmte Eigenschaften, wie Namen, Packungsgröße etc. Es lassen sich nun aus der Menge aller lagernden Artikel einige Teilmengen aussondern. Z.B: Jene Packungen, die jeweils zu einem Produkt gehören. Sie haben die gleiche Artikelnummer. Wie oben erwähnt, gibt es die Möglichkeit, sie in Teilmengen zusammenzufassen oder eben Subtypen zu definieren. Jedes Produkt im Sortiment unseres Beispielbetriebs entspräche einem Typ. Wir wollen zur Repräsentation der Typen die bereits im letzten Abschnitt reformulierten Terme in Prolog verwenden. Hier ist die vollständige Typendeklaration.

```
artikel(X)   type
                ding(X),
                chrc(artikelnummer(Y), ding(X)),
                artikelnummer(Y),
                name(ding(X),string(A)),
                string(A),
                lagerort(ding(X),ort(B)),
                ort(B),
                einkaufspreis(ding(X), geldbetrag(C)),
                geldbetrag(C),
                verkaufspreis(ding(X), geldbetrag(D)),
                geldbetrag(D),
                hersteller(ding(X), firma(E)),
                firma(E) .
```

Der hier definierte Artikel kann auf jede Art von Lager angewandt werden. Wir wollen ein branchenspezifisches Lager definieren — etwa das eines pharmazeutischen Betriebes. Es wird der Typ `artikel(X)` weiter spezifiziert.

```
pharmazeutikum(X) type
                artikel(X),
                enthaelt(artikel(X), wirkstoff(A)),
                wirkstoff(A),
                inhaltsmenge(artikel(X), mengenzahl(B)),
                mengenzahl(B),
                form(artikel(X), darreichungsform(C)),
                darreichungsform(C) .
```

Vom allgemeinen Begriff `pharmazeutikum` aus kann nun jeder der etwa 6000 Artikel einer Apotheke als Typ definiert werden. Dabei werden die meisten generischen Konzepte gebunden. Auch hier läßt sich die Bindung bei den Supertypen beobachten. Wir wollen beispielsweise den Hustensaft „*Bisolvon*" anlegen.

```
bisolvon(X) type
   pharmazeutikum(X)
   chrc(artikelnummer(#1500:39821), pharmazeutikum(:X)),
   artikelnummer(#1500:39821),
   name(pharmazeutikum(X),string(#1501:'Bisolvon')),
   string(#1501:'Bisolvon'),
   lagerort(pharmazeutikum(X),ort(#1502:'Kasten')),
   ort(#1502:'Kasten'),
   einkaufspreis(pharmazeutikum(X), geldbetrag(#1503:134.40)),
   geldbetrag(#1503:134.40),
   verkaufspreis(pharmazeutikum(X), geldbetrag(#1504:220.30)),
   geldbetrag(#1504:220.30),
   hersteller(pharmazeutikum(X), firma(#1505:'Boeringer')),
   firma(#1505:'Boehringer'),
   enthaelt(pharmazeutikum(X), wirkstoff(#1506:'Dihydro')),
   wirkstoff(#1506:'Dihydro'),
   inhaltsmenge(pharmazeutikum(X), mengenzahl(#1507:100)),
   mengenzahl(#1507:100),
   form(pharmazeutikum(X), darreichungsform(#1508:'Saft')),
   darreichungsform(#1508:'Saft'),
   ablaufdatum(pharmazeutikum(X),datum(#1509:D)),
   datum(#1509:D).
```

In den letzten beiden Zeilen der Definition findet sich die Relation `ablaufdatum`.
Nicht jedes Pharmazeutikum hat ein Ablaufdatum. Es stellt also neben den einzelnen Instanzen von Name und Preis eine weitere Differentia zu `pharmazeutikum(X)`
dar. Jede im Betrieb einlangende Packung des Produkts *„Bisolvon"* wird als Instanz
des Typs `bisolvon(X)` behandelt. Weiters muß im Rahmen der Bindung auch das
Ablaufdatum erfaßt werden. Einzelne Instanzen würden dann etwa wie folgt im
Arbeitsgraphen verzeichnet werden.

```
ag(bisolvon(#1200)).
ag(ablaufdatum(bisolvon(#1200),datum(#1601:'5.6.91'))).
ag(bisolvon(#1201)).
ag(ablaufdatum(bisolvon(#1201),datum(#1615:'5.6.91'))).
ag(bisolvon(#1443)).
ag(ablaufdatum(bisolvon(#1443),datum(#1633:'23.7.91'))).
```

Es kann nun die Menge aller Packungen von *„Bisolvon"* in einem Graphen darstellt
werden. Sowa verwendet dazu die Mengennotation. 3.13 zeigt eine Menge von
Bisolvonpackungen.

bisolvon:{#1200,#1201,#1443}

Abbildung 3.13: Mengenkonzept bei Sowa

Wir wollen diese Mengenkonzepte in Prolog reformulieren. Prolog stellt Systemprädikate zur Verfügung, die Ziele mit existentiell quantifizierten Variablen verarbeiten können. So bindet `setof(X,a(X),L)` die Variable L mit einer Liste aller
Lösungen von `a(X)`. In der reformulierten Form sollen Mengen als Listen abgebildet
werden. Hier ein Fragegraph nach der Menge aller Packungen Bisolvon.

```
:- fg(bisolvon($ X)).
```

```
X = [# 1200:A,# 1201:B,# 1443:C]
```

Der Fragegrapheninterpreter verwandelt das Konzept in ein Prologziel. Der Operator $ zeigt an, daß es sich beim Referenten um eine Menge handelt. Obiger Graph wird wie das folgende Prologprädikat behandelt.

```
:- setof(A, ag(bisolvon(A)), X).
```

```
X = [# 1200:A,# 1201:B,# 1443:C]
```

Mengenkonzepte können jedoch nicht nur im Fragegraphen, sondern auch im Arbeitsgraphen auftreten. Sie stehen naturgemäß in einem engen Verhältnis mit den Individuen, die Elemente der Menge sind. Es darf kein Mengenkonzept existieren, in dessen Menge ein Element enthalten ist, das nicht selbst als Individuum vorhanden ist. Das Mengenkonzept stellt selbst wieder ein Individuum dar, das durch andere Individuen verändert werden kann.

Komplizierter wird die Darstellung von Mengen, wenn im Fragegraphen mehrere Konzepte mit Mengenreferenten existieren. Bei Sowa kommt es in diesem Fall zu Mehrdeutigkeiten. Wir wollen das in der Reformulierung in Prolog ändern.

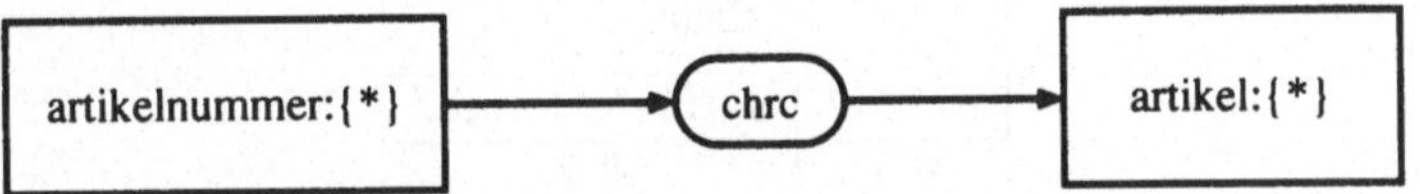

Abbildung 3.14: Mehrdeutige Mengenkonzepte bei Sowa

Abbildung 3.14 zeigt einen Graphen, bei dem die Bedeutung der Mengen in den Konzepten nicht eindeutig ist. Es wird in diesem Graphen ausgesagt, daß es eine Menge von Artikelnummern und eine Menge von Artikeln gibt. Es kann jedoch keine Aussage über deren mengenmäßige Beziehungen zueinander gemacht werden. In diesem Fall ist es nicht eindeutig, ob eine Artikelnummer genau einen oder mehrere Artikel charakterisiert, ob ein Artikel von mehreren Artikelnummern charakterisiert werden kann, und wenn ja, von wie vielen. Besonders verschärft sich dieses Problem, wenn der Graph mehr als zwei Konzepte enthält, weil hier zusätzlich das Problem der Festlegung des Gültigkeitsbereichs der Aussage auftritt. Jede mengenmäßige Aussage muß beinhalten, für welche Aussagen sie gilt. Sowa stellt in [Sow84, S. 119] die Verwendung von Präfixen wie *coll, dist, disj* zur genaueren Bestimmung der Mengenzusammenhänge vor. Es kommt jedoch auch hier zu Zweideutigkeiten. Hauptgrund dafür ist stets, daß nicht unterschieden wird zwischen Aussagen, die einzelne Elemente der Menge eines Mengenkonzepts betreffen, und Aussagen, die die Menge als solche betreffen.

Es hat verschiedentlich Lösungsansätze zu diesem Thema gegeben. Sie stellen alle auf eine Erweiterung der Syntax und Bedeutung der Graphenreferenten ab. So haben etwa [GTS89] vorgeschlagen, funktionale Abhängigkeiten ebenfalls in die Repräsentation aufzunehmen. In [MN89] wird die Mengennotation in Konzepten und Relationen erweitert. Die Mengenspezifikation lehnt sich an die des Entity-Relationship-Modells [Che76] an. Durch die Verwendung eines Operators „@" kann eine Kardinalitätsbedingung an den Mengenreferenten geknüpft werden. Die Kardinalitätsbedingung ist bei Konzepten und Relationen unterschiedlich definiert. In Konzepten gibt die Kardinalitätsbedingung die Kardinalität des Mengenreferenten. Die Bedingung gibt an, welche Kardinalität die Menge in einem Mengenkonzept annehmen darf. Ein Term der Form $M - N$ spezifiziert die Ober- und Untergrenze der Kardinalität. Ein Konzept

```
bisolvon($ X @ 1 to 3).
```

bedeutet, daß X nur mit einer Liste, die ein bis drei Elemente enthält, gebunden werden kann. Die Mengenspezifikation in der Relation gibt das Kardinalitätsverhältnis an, also wie oft ein Element des an der Relation partizipierenden Mengenkonzepts über diese Relation mit einem Element eines anderen partizipierenden Mengenkonzepts verknüpft ist.

```
chrc(artikel($ X @ 1 to 1), artikelnummer($ Y @ 1 to n)).
```

Diese Relation könnte beispielsweise folgende Instanzen aufweisen:

CHRC	
artikel	*artikelnummer*
# 1	# 2
# 3	# 2
# 5	# 6
# 7	# 8
# 9	# 8
# 11	# 12

Abbildung 3.15: Mengenausprägungen

Welches Element (Individuum) mit welchem anderen durch die Relation verknüpft ist, kann jedoch nur aus dem Individuum selbst erfragt werden. In den Kardinalitätsbedingungen ist diese Information nicht enthalten.

Es ist nicht immer sinnvoll, sich bei der Ausgrenzung von Teilmengen Typen zu bedienen, deren Instanzenmenge diese Teilmenge darstellt. Dies ist speziell dann der Fall, wenn die Instanzen, die diesen Teilmengen angehören sollen, immer wieder wechseln – wenn also die entstehenden Typen keine natürlichen Typen, sondern Rollentypen wären. Betrachten wir unser Beispiel, können wir folgendes feststellen:

Eine Packung eines bestimmten Arzneistoffes kann einem Produkt zugeordnet werden. Eine Packung *„Bisolvon"* etwa wird unter den Typ `bisolvon(X)` subsumierbar sein, solange im Betrieb Informationen über sie gesammelt werden. `bisolvon(X)` stellt daher einen natürlichen Typ dar.

Anders verhält es sich etwa bei jenen Artikelnummern, die fallweise zu Bestellpositionen werden, wenn der Bestand des Artikels, den sie beschreiben, unter den Mindestbestand dieses Artikels sinkt. Einzelne Instanzen von Artikelnummern ließen sich nur zeitweise unter den Typ `bestellposition(X)` subsumieren.

Wir wollen nun das Konzept `bestellposition(X)` definieren. Daran lassen sich besondere Lösungen zeigen, die zur Verarbeitung von Mengen relevant sind.

Zuerst gilt es, den Bestand eines Artikels zu bestimmen. Dazu müssen alle Instanzen eines einzigen Artikeltyps gefunden werden. Dies gibt der oben formulierte Fragegraph an.

```
:- fg(bisolvon($ X)).

 X = [# 1200:A,# 1201:B,# 1443:C]
```

Die Lösung ist eine Liste mit allen vorhandenen Instanzen eines Artikels. Die Fragestellung im vorliegenden Zusammenhang ist jedoch wesentlich komplexer, denn der Typus der zu suchenden Artikel ist nicht bekannt. Die Grundmenge, von der nun ausgegangen werden muß, ist die Menge aller Artikel des Lagers. Die Packungen eines Artikels sind nur über die gemeinsame Artikelnummer verbunden.

In einem nächsten Schritt müssen wir also die Mengen von Artikelinstanzen suchen, die eine gegebene Artikelnummer gemeinsam haben. Das ist durch die Bildung von Sorten möglich. Sowa bringt in [Sow90] p.12ff einen entsprechenden Vorschlag, der hier in Prolog reformuliert werden soll.

$$[(\lambda x)[ELEFANT : *x] \rightarrow (AGNT) \rightarrow [PERFORM] \leftarrow (IN) \leftarrow [CIRCUS] : *]$$

Sowa verwendet das Typenfeld eines Konzepts, um dort einen λ-Ausdruck und eine einschränkende Bedingung dafür anzugeben, welche Instanzen ausgewählt werden sollen. Die Grundmenge wird durch jenes Konzept bestimmt, das mit der Lambdavariablen versehen ist. In Sowa's Beispiel ist das $[ELEFANT : *X]$. In diesem Beispiel wird also aus der Menge aller Elefanten die Menge aller Elefanten, die im Zirkus auftreten, ausgegrenzt und in die generische Menge ($\{*\}$) gestellt.

Genau dasselbe Problem ergibt sich bei der Ermittlung aller Artikel, die eine bestimmte Artikelnummer besitzen. Wir wollen nun die gleiche Abfrage wie oben unter Zuhilfenahme von Sortendefinitionen formulieren. Die Artikelnummer vom Produkt „*Bisolvon*" sei 39821. Wir wollen also alle Artikel mit dieser Artikelnummer aufsuchen. In der Notation nach Sowa würde die Abfrage nach dieser Menge wie folgt aussehen:

$$[(\lambda x)[ARTIKEL : *x] \rightarrow (CHRC) \rightarrow [ARTIKELNUMMER :' 39821'] : *]$$

Die Reformulierung in Prolog ist in diesem Fall nicht ohne weiteres möglich. Im Funktor des Konzeptterms wird der Konzepttyp bestimmt. In Prolog sind jedoch

nur Prolog-Atome als Prädikatfunktoren zulässig. Folglich müssen der Bedingungs-
term und die abstrahierte Variable in den Term gelegt werden. Funktor des Terms
bleibt der natürliche Typ des Konzepts, das die Grundmenge bestimmt.

```
artikel(A : (artikelnummer(39821),
             chrc(artikelnummer(39821),artikel(A)),
             artikel(A)) $ S).
```

Der Referent enthält einen Term der Form $x : y\$z$, wobei x die abstrahierte Variable,
y den einschränkenden Ausdruck und z die Prolog-Variable enthält, die mit der
Liste gebunden werden soll. Konsistenzbedingung für diesen Term ist jedoch, daß
das Konzept mit der abstrahierten Variablen mit dem umgebenden Konzept übereinstimmt. Stellen wir diesen Term in den Fragegraphen, so erhalten wir ebenfalls
die Liste der richtigen Instanzen.

```
:- fg(artikel(A : (artikelnummer(39821),
                   chrc(artikelnummer(39821),artikel(A)),
                   artikel(A)) $ S)).


S = [# 1200:A,# 1201:B,# 1443:C]
```

Die Interpretation erfolgt wie das folgende Prolog-Prädikat unter der Verwendung
von `setof(X,Y,Z)`.

```
:- setof(A,fg(artikelnummer(39821),
         chrc(artikelnummer(39821),artikel(A)),
         artikel(A)), S)).


S = [# 1200:A,# 1201:B,# 1443:C]
```

Würde man dieses Prolog-Ziel gleich als Reformulierung verwenden, würde der
Konzepttyp nicht so leicht ermittelbar sein. In den nun vorgestellten Konstrukten
läßt sich nun der Konzepttyp `bestellposition(X)` formulieren.

```
bestellposition(X) type
      artikelnummer(X),
      chrc(artikelnummer(X),
           artikel(A : (artikelnummer(X),
                        chrc(artikelnummer(X), artikel(A)),
                        artikel(A)) $ S)),
      artikel(A : (artikelnummer(X),
                   chrc(artikelnummer(X), artikel(A)),
                   artikel(A)) $ S)).
```

Zu deutsch: *Eine Bestellposition ist eine Artikelnummer, die einen Artikel charakterisiert.*

Diese Darstellungsform ist recht unübersichtlich. Dies liegt am mehrfachen Vorkommen des eingeschränkten `artikel`-Konzepts. Bei der Besprechung der Relationen wurde eine gekürzte Form präsentiert, die die gleiche Bedeutung besitzt.
Wir wollen die Definition dahingehend verändern. `artikelnummer(X)` muß in
diesem Fall im Definitionsgraphen bleiben, da sonst der Supertyp der Eintragung
erheblich schwieriger zu ermitteln ist.

```
bestellposition(X) type
      artikelnummer(X),
      chrc(artikelnummer(X),
           artikel(A : (artikelnummer(X),
                        chrc(artikelnummer(X), artikel(A)),
                        artikel(A)) $ S)).
```

Mit dieser Definition ist das Konzept `bestellposition(X)` noch nicht hinreichend definiert. Die Variable S wird mit der Liste aller Instanzen eines Artikels gebunden. Der Bestand des Artikels ist die Anzahl der Elemente, die diese Liste enthält. Es muß eine Relation geschaffen werden, die eine Menge mit einer Zahl verbindet, die die Kardinalität der Menge angibt.

```
kard(artikel(A : (artikelnummer(X),
                  chrc(artikelnummer(X), artikel(A)),
                  artikel(A)) $ S),
     zahl(Y)).
```

`kard` bedeutet Kardinalität. Eine derartige Relation ist aus mehreren Aspekten von besonderer Bedeutung. Im Grunde entspricht die Bedeutung dieser Relation dem bekannten `length`-Prädikat, das in Prolog häufig Verwendung findet.

```
length([],0).
length([H|T],N) :-
       length(T,M),
       N is M + 1.
```

In einer Reformulierung in Prolog wäre es also ein Leichtes, für die Berechnung der Kardinalität genau dieses Prädikat zu verwenden. Das `length`-Prädikat wäre jedoch eine Art *„Systemrelation"*, weil es im Rahmen der Reformulierung nicht definiert wäre. Es gäbe dann keinen `relation`-Eintrag für `kard(A,B)`.

Daraus ergeben sich nun zwei Alternativen zur Reformulierung. Einerseits könnte die Bedeutung des `length(A,B)`-Prädikats durch rekursive Definition der `kard`-Relation gefaßt werden. Allerdings muß dann ein Konstrukt zur Verarbeitung von Listen in das Rahmenwerk eingefügt werden, was einen Nachteil mit sich bringt.

```
ag(kard(t($ []), zahl(0))).
kard(t($ [H|T]), zahl(N)) type
               kard(t($ [T]), zahl(M)), N is M + 1.
```

Die Abbildung eines generellen Faktums im Arbeitsgraphen, wie hier, wäre zwar funktionsfähig, aber nicht intuitiv klar. Die zweite Möglichkeit der Darstellung besteht darin, daß man eben Systemrelationen im Rahmenwerk zuläßt und für den Metainterpreter ersichtlich markiert. Dementsprechend können wir die Definition für `bestellposition(X)` erweitern. Wir wollen eine Systemrelation mit `sys(X)` markieren.

```
bestellposition(X) type
       artikelnummer(X),
       chrc(artikelnummer(X),
            artikel(A :
                      (artikelnummer(X),
                       chrc(artikelnummer(X), artikel(A)),
                       artikel(A)) $ S)),
       sys(length(S,Z)), zahl(Z).
```

Die Einführung von Systemrelationen birgt die Gefahr in sich, daß ganze Teile der
Problemlösung außerhalb des Rahmenwerks repräsentiert werden und daher nicht
mehr im Rahmenwerk verfügbar sind. Man sollte sich daher darauf beschränken,
die Systemprädikate recht sparsam und nur für eng definierte Probleme zu verwenden. Weiters ist darauf zu achten, daß die Systemprädikate die Variablen in einer
Art binden, die einen gültigen Referenten ergibt.

Ein ähnliches Problem besteht bei der Verwendung von mathematischen Relationen
(z.B. größer als). Auch aus diesem Grund ist die zuerst präsentierte Lösung nicht von
Vorteil. Wir vervollständigen damit die Definition von `bestellposition(X)`:

```
bestellposition(X) type
       artikelnummer(X),
       chrc(artikelnummer(X),
            artikel(A :
                      (artikelnummer(X),
                       chrc(artikelnummer(X), artikel(A)),
                       artikel(A)) $ S)),
       sys(length(S,Z)), zahl(Z),
       chrc(mindestmenge(M), artikelnummer(X)),
       sys(M < Z).
```

Um die direkte Verwendung von `sys`-Prädikaten zu vermeiden, könnten extra
Relationen eingeführt werden.

In einem weiteren Schritt wollen wir einzelne Bestellpositionen zu einer Bestellung
zusammenfassen. Daran kann die Bildung von Mengeninstanzen gut demonstriert
werden. Eine Bestellung ist eine Menge von Bestellpositionen. Bestellpositionen
sind Artikelnummern, die zum Zeitpunkt der Bestellung die notwendigen Kriterien erfüllen. Wird also eine Bestellung ausgelöst, so entsteht eine Instanz des
Typs `bestellung(X)`. Diese Instanz enthält eine Menge von Instanzen des Typs
`bestellposition(X)`. Wir wollen nun die entsprechenden Definitionen zeigen.

```
bestellung(X: $ C) type
              bestellposition(X:$ C),
              bestelldatum(bestellposition(X:$ C), datum(D)),
              datum(D),
              lieferant(bestellposition(X:$ C), firma(F)),
              firma(F).
```

Eine interessante Frage erhebt sich hier, wenn festzustellen ist, welches Konzept Supertyp von `bestellung(X)` und welches von `bestellposition(X)` ist – denn:

Eine Bestellung ist keine Bestellposition und eine Menge von Bestellpositionen ist keine Artikelnummer. Daraus kann abgeleitet werden, daß die Durchgängigkeit der Typenhierarchie durchbrochen ist, sobald ein Typ als die Menge mehrerer anderer definiert wird. Auf der einen Seite geht es um die Definition eines Typs als Menge. Eine `bestellung(X)` ist eine Menge von `bestellpositionen(X)`. Die Instanz des definierten Typs besteht also nicht mehr aus einem Individuum und einem Wert, sondern aus einer Menge von Individuen und deren Werten. Der vergebene Individualmarker für die Menge wird an die Bestellposition weitergegeben. Der Wert ist entsprechend auch kein atomarer, sondern eine Menge (also mit Präfix \$ versehen). Auf diese Art sind auch geschachtelte Mengenbildungen möglich. Ein Term

```
bestellung(X : $ B)
```

bedeutet etwa eine Menge von Bestellungen. In der gebundnen Form sieht man den Aufbau des Referenten detaillierter.

```
bestellung(#2000 : $ [#1000: $ [#100:A, #200:B, #300:C],
                      #1001: $ [#101:A, #201:B, #301:C]]).
```

`#100`, `#200`, `#300`, `#101`, `#201`, `#301` sind einzelne Artikelnummern, die Werter `#1000`, `#1001` stellen einzelne Bestellungen dar und `#2000` stellt die Menge der Bestellungen dar.

Instanzen können im Laufe der Zeit ihre Eigenschaften dermaßen ändern, daß sie nicht mehr zu einer bestimmten Menge zählen. Kardinalität und Inhalt dieser Mengen können sich also verändern. Es ist jedoch extrem aufwendig, alle ermittelten Mengen jederzeit auf dem jeweiligen Stand zu halten. Es müßte jedoch leichter ermittelbar sein, welche Mengenkonzepte von einer Änderung betroffen sind, um sie entsprechend mitzuändern.

Es gibt natürlich auch Fälle, in denen die Veränderung nicht erwünscht ist. In unserem Beispiel etwa ist eine Bestellung eine Menge von Bestellpositionen. Die Bestellung an sich (daher auch die Menge) erhält zusätzliche Attribute wie Bestelldatum und Firma. Diese Mengen haben permanenten Charakter. Die Menge eines Artikelbestandes andererseits ist kurz nach der Ermittlung ihrer Kardinalität uninteressant und wird beim Auftreten einer Ereignisinstanz verändert.

Im Set-Function-Ansatz [Ber86] ist die Beziehung zwischen Mengen und Funktionen, die einzelne Elemente in eine andere Menge überleiten, zentrales Beschreibungsmittel.

Verbleibende Ineffizienz der Reformulierung

Trotz einer weitgehenden Bereinigung von Verarbeitungs- und Bedeutungsstrukturen in begrifflichen Graphen durch die vorangegangene Reformulierung bestehen weiter einige Ineffizienzen in der Verarbeitung.

So erfordert die Äquivalenz von Typen bzw. Relationen mit ihren Definitionen einen Beweis in beide Richtungen. Es müßte also stets nachgewiesen werden, ob ein Konzept nicht durch die maximale Auflösung aller Definitionen doch noch als gültig abgeleitet werden kann. Diese Inferenz ist jedoch sehr aufwendig.

Auch sind die Möglichkeiten der Metaprogrammierung in Prolog noch nicht voll ausgeschöpft. Die Programmierung in Kontexten ist hier ein Anfang.

Die vorangegangene Reformulierung von begrifflichen Graphen hatte das Ziel, die Graphen in eine zwar weniger mächtige, aber besser verarbeitbare Form zu bringen. In dieser Form sind begriffliche Graphen als universelle Repräsentation zur Integration von Systemanalysemethoden gut geeignet. Die einzelnen Inhalte können sehr genau beschrieben und dargestellt werden. Die Repräsentation bietet genug Anhaltspunkte, um immer neue Methoden einzugliedern.

In ihrer jetzigen Fassung sind begriffliche Graphen jedoch nicht dazu geeignet, als Grundlage für ein effizientes Informationssystem selbst zu dienen. Viele Darstellungsformen sind zwar deklarativ klar, die Interpretationsmechanismen sind jedoch so aufwendig, daß sich keine akzeptable Anwendung damit erstellen läßt.

3.3   Aufbau einer begriffsbasierten Entwicklungsumgebung

In den letzten Abschnitten wurden die implementationstechnischen Grundlagen zum Aufbau einer begriffsbasierten Systementwicklungsumgebung gelegt. In diesem Abschnitt soll nun ein Vorschlag zur Ausführung einer solchen Umgebung gemacht werden.

Die Implementation der Umgebung gliedert sich in zwei Hauptteile, die Menge aller anwendungsunabhängigen Programme einerseits und die *Anwendungsprojekte* andererseits. Die Menge aller anwendungsunabhängigen Programme läßt sich in einer Systemanalysemethodenbeschreibungssprache (SAMBS, vgl. Abbildung 3.26) und deren Interpretatoren zusammenfassen. Ein Anwendungsprojekt besteht aus der Menge aller Spezifikationen in verschiedenen Methoden und dem begrifflichen Graphen, der die Integration bildet. In der Umgebung kann immer nur ein Anwendungsprojekt zu einem Zeitpunkt verarbeitet (geladen) werden. Anwendungsprojekte beschreiben Anwendungen (z.B. Warenwirtschaft, Buchhaltung, Kostenrechnung oder Dienstzettelverwaltung), die unabhängige Inhalte haben und daher auch mit verschiedenen Begriffswelten arbeiten.

3.3.1 Anwendungsprojekte

Abbildung 3.16 zeigt den Aufbau eines Anwendungsprojekts. Ein Anwendungsprojekt besteht demnach aus:

Typen- und Relationendefinition: Hier werden die Definitionen aller Konzepte und Relationen gehalten, die innerhalb eines Anwendungsprojekts verwendet werden.

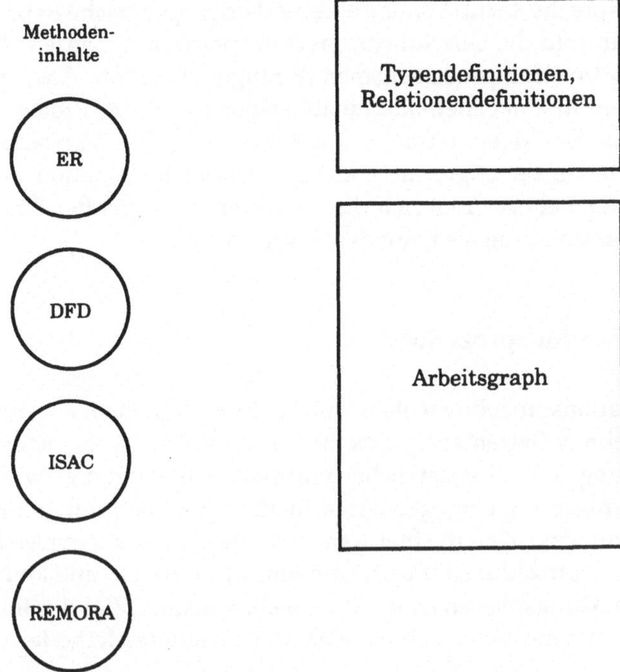

Abbildung 3.16: Aufbau eines Anwendungsprojekts

Arbeitsgraphen: Der Arbeitsgraph ist ein begrifflicher Graph, der die Integration aller Spezifikationen beinhaltet, die innerhalb eines Anwendungsprojekts in den verschiedenen Methoden gemacht und anschließend in die universelle Repräsentation kompiliert worden sind.

Plätze für Methodeninhalte: Für jede verwendete Methode existiert ein Platz für Methodeninhalte. Dort werden die aktuellen Modelle abgebildet, die in einer Methode gemacht worden sind. Die Modelle sind in einer methodenspezifischen Repräsentation dargestellt, die mit der Beschreibungssprache SAMBS für jede Methode spezifiziert worden ist.

Zur Arbeit an einem Anwendungsprojekt stehen verschiedene Verwaltungsmechanismen, die das Hinzufügen, Löschen und Ändern von Methodenkonstrukten unterstützen, zur Verfügung. Eine direkte Manipulation in der universellen Repräsentation, die im Arbeitsgraphen und den dazugehörigen Definitionen besteht, darf nur eingeschränkt möglich sein, da sonst unstrukturierte Teile der Arbeitsgraphen entstehen, die von keiner Interpretationstheorie erkannt und daher auch nicht sinnvoll übergeführt werden können. Der Arbeitsgraph sollte nur von den Überführungsmechanismen verändert oder aufgebaut werden.

Die Inhalte der einzelnen Methoden werden durch methodenspezifische Verwaltungsprogramme verändert. Die Programme haben bei jeder Änderung festzustellen, ob das Modell gemäß den Integritätsregeln der Methode konsistent ist. Mit der

Beschreibungssprache SAMBS können eine methodenspezifische Repräsentation, die Integritätsregeln und die Überführungsregeln spezifiziert werden. Damit können die einzelnen Verwaltungsmechanismen (Einfügen, Löschen, Anzeigen, Kompilieren, Extrahieren) in einer methodenunabhängigen Form in Prolog implementiert werden. Sie stellen Metainterpreter auf SAMBS dar. Die Verwaltungsmechanismen holen sich die benötigte methodenspezifische Information aus der SAMBS-Beschreibung. Dabei erweisen sich die Verfahren der logischen Programmierung zur Metaprogrammierung als besonders hilfreich.

3.3.2 Spezifikationsprozedur

Unter Spezifikationsprozedur wollen wir das Durchlaufen eines Anwendungsmodells durch mehrere Systemanalysemethoden verstehen, wobei bei jeder Methode dem Anwendungsmodell zusätzliche Information hinzugefügt wird. Die in die Entwicklungsumgebung eingegliederten Methoden stehen durch ihre Stellung im Systementwicklungsprozeß in einer Rangordnung. Es existieren Methoden, die in der Spezifikationsprozedur sehr früh zum Einsatz kommen, und andere, die erst in späteren Entwicklungsphasen sinnvoll verwendbar sind. Ziel des Integrationsprozesses ist es, die Inhalte der einzelnen Methoden in andere Methoden überzuführen.

Spezifikationsprozedur ohne nachträgliche Änderungen

Die Spezifikationsprozedur beginnt mit der Anwendung der ersten Methode. Dies wird naturgemäß eine Methode sein, die den Anfang des Systementwicklungsprozesses unterstützt, also etwa ISAC oder Datenflußdiagramme. Der zu analysierende Sachverhalt wird in der Methode modelliert. Im Modell sind die einzelnen Methodenkonstrukte miteinander verknüpft und benannt und geben so den Sachverhalt aus der Sicht der angewendeten Methode wieder.

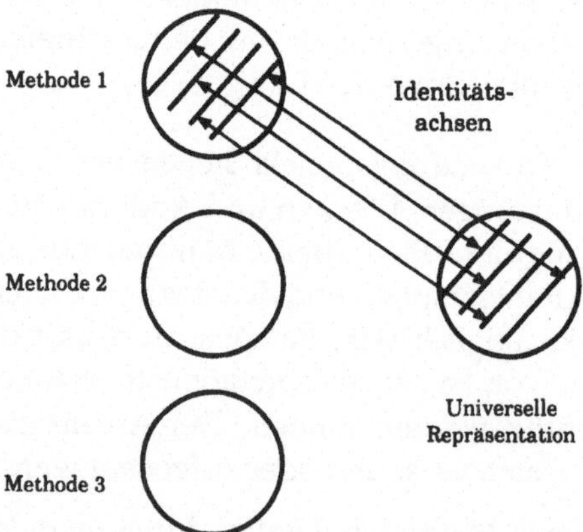

Abbildung 3.17: Kompilierung aus einer Methode in die universelle Repräsentation

Abbildung 3.17 zeigt den modellierten Sachverhalt. Die Richtung der Schraffierung bedeutet die Methodensichtweise. Diese Sichtweise wird nach der im Kapitel 2 gezeigten Konversionsprozedur in die universelle Repräsentation übergeführt. In der universellen Repräsentation ist nun der Sachverhalt aus der gleichen Sichtweise repräsentiert. Bei der Überführung entstehen dabei sog. *Identitätsachsen*, die in weiterer Folge von Bedeutung sind. Eine Identitätsachse ist die feste Beziehung einer bestimmten Konstruktinstanz einer Methode zu jenem Teil des Arbeitsgraphen des Anwendungsprojekts, der dieses Konstrukt repräsentiert.

In einem nächsten Schritt wird der Analyseinhalt aus dem Arbeitsgraphen in eine Methode extrahiert, die die folgende Phase des Systementwicklungsprozesses unterstützt. Die in Kapitel 2 beschriebene Extraktionsprozedur bedient sich verschiedener Eintrittspunkte im Arbeitsgraphen, die als Konstruktkandidaten in Frage kommen.

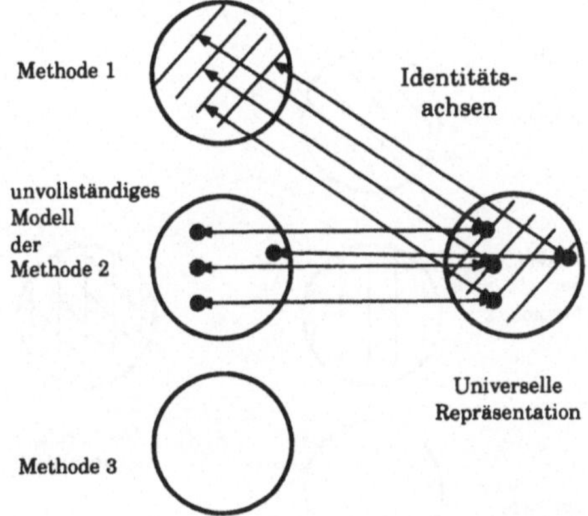

Abbildung 3.18: Extraktion eines Modellfragments

Abbildung 3.18 zeigt diese Anhaltspunkte. Aus den Kandidaten werden einige ausgewählt und in Methodenkonstrukte übersetzt. Das extrahierte Modell ist unvollständig. Nur jene Konstrukte sind vorhanden, die im bestehenden Arbeitsgraphen erkannt wurden. Auch bei dieser Extraktion entstehen wieder Identitätsachsen zwischen den extrahierten Methodenkonstrukten und den korrespondierenden Teilen des Arbeitsgraphen. Die Identitätsachsen vom Arbeitsgraphen zu anderen Methoden bleiben bestehen.

Das unvollständige Methodenmodell wird neuerlich mit Analyseinhalten, die aus dem methodeneigenen Analyseprozeß stammen, angereichert. Diese Methodensicht unterscheidet sich vom ersten Ansatz. Daher stehen die Konstrukte zueinander in einem anderen Zusammenhang.

In Abbildung 3.19 wird die Methodensicht der zweiten Methode durch eine senkrechte Schraffierung symbolisiert. Vorerst nehmen wir an, daß die Methodenkonstrukte, die in die Methode extrahiert wurden, durch die Analyse unberührt bleiben, also weder gelöscht noch verändert werden.

Nach der Vervollständigung des Modells wird es neuerlich in die universelle Re-

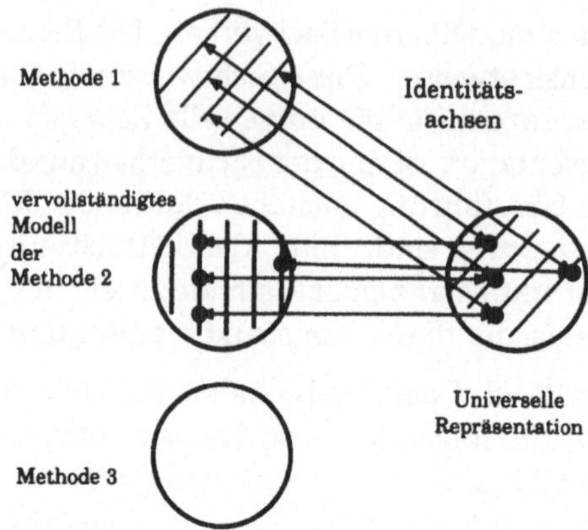

Abbildung 3.19: Vervollständigung des extrahierten Modells

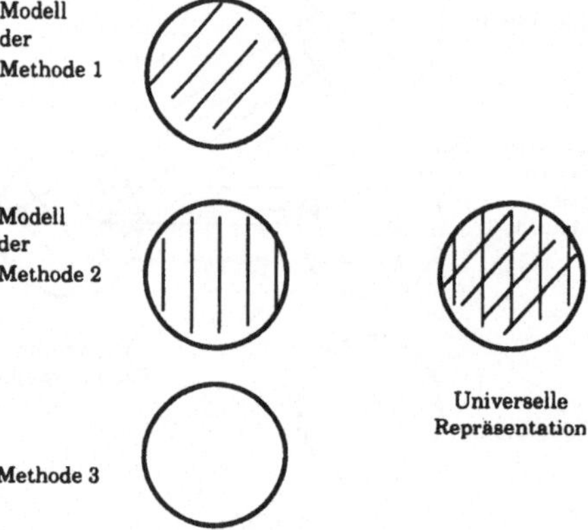

Abbildung 3.20: Kompilierung des vervollständigten Modells

präsentation kompiliert. Dabei entstehen neue Identitätsachsen. Abbildung 3.20
zeigt die Überlagerung von verschiedenen Methodensichten in der universellen
Repräsentation . Die Identitätsachsen wurden in Abbildung 3.20 weggelassen.

In weiteren Phasen des Systementwicklungsprozesses wird mit den entsprechenden Methoden auf die gleiche Art und Weise verfahren. Abbildung 3.21 zeigt die
einzelnen Inhalte beim Abschluß des Spezifikationsprozesses.

Spezifikationsprozedur mit nachträglichen Änderungen

Realistischerweise kann in keinem Fall angenommen werden, daß eine einmal ge-
troffene Spezifikation in einem bestimmten Methodenmodell im Laufe der weiteren
Systementwicklung nicht mehr wieder verändert wird. Wie wird aber das Modell einer früher angewendeten Methode verändert, wenn in einer Methode eine
Veränderung passiert, die sich auf die extrahierten Methodenkonstrukte bezieht?

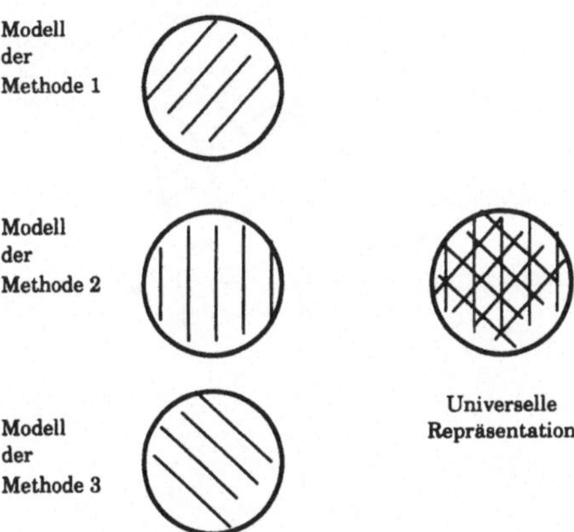

Abbildung 3.21: Vollständiger Spezifikationsprozeß

Es ist also notwendig, die Spezifikationsprozedur so zu definieren, daß sie solche Fälle (und das ist vermutlich die Mehrheit der Fälle) korrekt abhandelt.

Es sind zwei Möglichkeiten denkbar, diese Notwendigkeit in der Definition einer Spezifikationsprozedur zu berücksichtigen.

Wasserfallmodell: Spezifikationen, die in späteren Phasen erkannt werden, müssen erst in den Methoden früherer Phasen formuliert und dann gemäß einer linearen Spezifikationsprozedur in weitere Phasen übergeführt werden.

Simultane Ableitung von Änderungen: Extrahierte Konstrukte einer Methode, die durch Spezifikationen in dieser Methode verändert oder entfernt werden, werden gekennzeichnet. Die Kennzeichnung propagiert sich in die Modelle der anderen Methoden, wodurch die Konstrukte in diesen Methoden bei der nächsten Extraktion in diese Methode als verändert angezeigt werden.

Da das *Wasserfallmodell* eine sehr starke Einschränkung der Möglichkeiten des Gesamtsystems bedeutet, ist einer simultanen Ableitung von Änderungen der Vorzug zu geben.

Eine mögliche Lösung des Propagierungsproblems wird in Abbildung 3.22 vorgestellt. Die beim Konversionsvorgang entstehenden Identitätsachsen beschreiben die Identität zwischen einem Methodenkonstrukt und einem entsprechenden Graphenteil. Wird jetzt einer der beiden Teile verändert, so ist die Identität nicht mehr gewahrt. Die Identitätsachse ist gebrochen. Wenn eine der Identitätsachsen eines Teilgraphen im Arbeitsgraphen bricht, so gilt dieser Teilgraph als verändert. Dadurch brechen weiters die anderen Identitätsachsen zu anderen Methoden. Wird später in diese Methoden noch einmal extrahiert, so werden die korrumpierten Konstrukte angezeigt. Korrumpiert sind jene Konstrukte, die nur über eine gebrochene Identitätsachse mit der universellen Repräsentation verbunden sind.

Eine wesentliche Eigenschaft der Spezifikationsprozedur muß jedoch gelten: Das Anwendungsmodell darf nur in einer Methode gleichzeitig verändert werden. Es

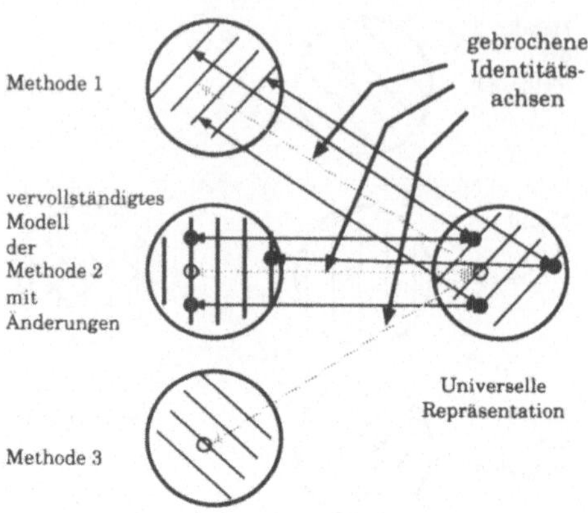

Abbildung 3.22: Vervollständigung mit Veränderungen

wird also ein gegebener Inhalt in einer Methode formuliert, dann in die universelle Repräsentation überführt, in eine andere Methode extrahiert und schließlich
hier weiter verarbeitet, ohne daß die Modelle anderer Methoden berührt werden.
Erst bei einer neuerlichen Extraktion in diese Methode kann das Modell verändert
werden. Dies ist jedoch weniger ein methodisches Problem als ein Problem einer
klaren Versionsgenerierung.

3.4   Eine Beschreibungssprache für Systemanalysemethoden
SAMBS

Im Abschnitt 3.3 wurde der Aufbau eines Anwendungsprojekts beschrieben. Für
jede eingegliederte Systemanalysemethode ist darin ein Platz vorgesehen, in den
Modelle dieser Methode abgelegt werden können. Zur Erstellung und Veränderung
des Methodeninhalts werden Verwaltungsprogramme benötigt. Für jede Methode
muß also eine Menge von Programmen existieren, die die Inhalte der Methode
ändern. Die Hauptfunktionen, Hinzufügen, Löschen und Konsistenzprüfung, sowie die Kompilierung und Extraktion in die universelle Repräsentation sollten
abgedeckt sein.

Dieser Abschnitt stellt die Implementierung einer Sprache zur Beschreibung von
Systemanalysemethoden (SAMBS) vor. Dabei wird davon ausgegangen, daß in dieser Sprache alle notwendigen Informationen so ausgedrückt werden können, daß
sie von verschiedenen Interpretern verarbeitet werden können. Das hat den Vorteil,
daß die notwendigen Verwaltungs-, Prüf- und Konversionsprogramme nur einmal
geschrieben werden müssen und für alle eingegliederten Methoden Geltung haben. Sie sind als Interpretatoren auf die Beschreibungssprache implementiert. Ein
weiterer wichtiger Vorteil einer generellen Implementierung ist, daß alle methoden-
relevanten Informationen an einer Stelle im System gebündelt sind. Dort können
sie je nach Bedarf verändert werden, ohne das Gesamtsystem zu verändern.

Im folgenden sind einige Informationstypen angegeben, die in SAMBS angebbar sein müssen, damit sie in entsprechender Weise interpretiert werden können.

Konstruktdeklarationen: Die Deklaration von Konstrukten, die in einer Methode definiert sind.

Vorlage für die methodenspezifische Repräsentation: Definition einer Repräsentationsvorlage, nach der die Terme in der methodenspezifischen Repräsentation gestaltet sind.

Konsistenzregeln: Bedingungen, unter denen ein Konstrukt als gültig angenommen werden darf.

Konversionsvorschriften: Die einzelnen Konstrukte sollen auch mittels Interpretation in die universelle Repräsentation überführt werden. Dazu ist es notwendig, Vorschriften zu definieren, wie ein Konstrukt in die universelle Repräsentation überzuführen ist.

Mengenbeziehungen: Definition, in welcher mengenmäßigen Beziehung ein Konstrukt mit einem anderen steht und an welche Stelle eine Liste (Assoziation) gestellt werden muß.

Domainmengen: Es ist notwendig, die möglichen Variablenbindungen zu beschränken. Eine Definition, welche Werte eine Variable in der methodenspezifischen Repräsentation annehmen darf, ist daher notwendig.

Vollbezeichnungen: Aus der Repräsentation ist nicht unmittelbar ableitbar, wie die einzelnen Konstrukte heißen. Für die Ableitung eines Benutzerdialogs sind diese Texte jedoch notwendig.

Prompttexte: Aus der Repräsentation ist weiters nicht unmittelbar ableitbar, was bei der Bindung einer Variablen durch den Benutzer als Prompt gezeigt werden soll (Bezeichnung der Variablen).

Fehlertexte: Ebenfalls nicht direkt ableitbar ist eine genaue Erklärung dafür, daß ein Konstrukt als inkonsistent abgewiesen wurde. Sie muß auch in der Beschreibungssprache festgehalten sein.

Eine SAMBS-Beschreibung besteht daher aus folgenden Klauseln:

3.4.1 Konstruktdeklarationen

Ausdrucksmittel in Systemanalysemethoden sind Methodenkonstrukte. Im ersten Abschnitt einer SAMBS-Beschreibung werden die einzelnen Konstrukte mittels der Klausel `konstrukt/4` beschrieben.

```
konstrukt(ent(E,AL,KL),  E,  'Entity',
          [E-'Bezeichnung',AL-'Attributsliste',  KL-'Keyliste']).
```

Abbildung 3.23: `konstrukt` deklariert ein Methodenkonstrukt

In Abbildung 3.23 ist beispielsweise die Deklaration des Konstrukts *Entity* des ER-Modells gezeigt. Erstes Argument der Klausel ist ein Term, der die methodenspezifische Repräsentation in Prolog beschreibt. Alle in einem konkreten Modell angegebenen „*Entities*" werden in einer Form `ent(E,AL,KL)` in der Prolog-Datenbank abgelegt. Das zweite Argument der Klausel enthält jene Variablen der methodenspezifischen Repräsentation, die das angegebene Konstrukt eindeutig identifiziert. Es wird angenommen, daß es in keiner Systemanalysemethode möglich ist, zwei Konstrukte mit dem selben Namen zu definieren. Im dritten Argument steht ein Atom, das den Namen des Konstrukttyps angibt. Dieses Atom wird von einigen später beschriebenen Interpretern als Prompttext verwendet. Das vierte Argument enthält eine Liste von Tupeln, deren Teile jeweils mit einem '-' Operator verbunden sind. Jedes Tupel beschreibt eine Variable in der methodenspezifischen Repräsentation. Auf einer Seite des Tupels steht die beschriebene Variable, auf der anderen ein Atom, das diese Variable im Klartext angibt.

3.4.2 Nebenbedingungen

Ein Modell, das in einer bestimmten Systemanalysemethode definiert ist, besteht aus einzelnen Konstrukten, um Struktur darzustellen. Zwischen diesen Konstrukten gelten Regeln, die bestimmen, in welchen Zusammenstellungen einzelne Konstrukte aufeinander treffen dürfen. Diese Regeln sind die Konsistenzregeln der Methoden. Bei der Eingabe eines spezifischen Modells ist darauf zu achten, daß die Konsistenzregeln nicht verletzt werden. Die Konsistenzregeln stellen also Nebenbedingungen für die Eingabe und Veränderung von Methodenmodellen dar. Diese Nebenbedingungen werden in SAMBS in einem eigenen Abschnitt behandelt.

Zur Definition von Nebenbedingungen werden Regeln der Form:

$$A::B$$

angegeben. Sie bedeuten: *Das Konstrukt A ist dann gültig, wenn B gilt.* Anhand des obigen Beispiels (Definition eines ER-Entitätstyps) wollen wir die Struktur dieser Klausel näher beschreiben.

Es darf pro Methodenkonstrukt nur eine Konsistenzregel geben. Die Variable A des Terms (`A :: B`) enthält den Term der methodenspezifischen Repräsentation. Er muß mit dem Term in der `konstrukt`-Deklaration unifizierbar sein.

Die Variable B enthält den Konsistenzregelkörper. Der Regelkörper besteht aus

```
ent(E,AL,KL) ::
    atom(E),

    rlt(R,EL),
    member(c(E,Min,Max),EL),

    forall(A,AL,(att(A,D), true)),

    length(KL,N),
    (N > 0),
    forall(K,KL,(katt(K,D), true)),

    true.
```

Abbildung 3.24: Die Konsistenzregel des Konstrukts *Entity*

Termen, die mit einem Konjunktionssymbol ',' verbunden sind. Die Terme im
Regelkörper müssen einer der folgenden Gruppen angehören.

Systemprädikat: Alle Terme, die für die Interpreter von SAMBS als Systemprädikate
definiert sind. In diesem Beispiel sind das: atom/1, member/2, length/2, >/2.

Konstrukte: Alle Terme, die innerhalb der aktuellen Methodendefinition als Konstrukt definiert sind. Hier: rlt/2, katt/2.

Programmregel: Alle Terme, die im Programmteil der aktuellen Methodendefinition definiert sind. Hier: att/2.

forall: Der Term `forall/3`, der die Elemente einer Menge bestimmt.

true: Jeder Regelkörper muß mit dem Term `true` beendet werden. `true` ist letzter
und wenn notwendig einziger Term des Regelkörpers.

Mit dem Prädikat `forall/3` kann der Inhalt einer Menge bestimmt werden.

```
forall(E,EL,B)
```

bedeutet danach: *Für alle Elemente* E *aus* EL *gilt, daß* B *hält.* B ist wieder
ein Regelkörper, der nach obigen Bildungsregeln aufgebaut ist. Ist im Bedingungsteil ein Methodenkonstrukt zu finden, wie etwa in der Zeile `forall(K,KL,`
`(katt(K,D), true))` des Beispiels, so bedeutet das, daß alle Elemente in der
Liste KL Namen von katt(K,D)-Konstrukten (hier: Keyattributen) sein müssen. Einige Interpreter interpretieren daraus die Notwendigkeit zu ermitteln, ob es ein
Methodenkonstrukt gibt. Gibt es kein gültiges, so wird es konstruiert und die
Benutzerabfrage dementsprechend gesteuert.

3.4.3 Programm

Der Regelkörper, der für die einzelnen Konstrukte im Nebenbedingungsteil definiert wird, besteht aus konjunktiven Zielen. Weiters können im Bedingungsteil einander ausschließende Ziele vorkommen. So etwa kann in der Attributliste AL eines Entitätstyps (ent(E,AL,KL)) sowohl ein einfaches Attribut (`satt(A,D)`), ein zusammengesetztes Attribut (`zatt(A,D)`) als auch ein mehrwertiges Attribut (`matt(A,D)`) vorkommen. Für jede dieser einander ausschließenden Konstrukte gibt es jedoch eigene Nebenbedingungen. Die Nebenbedingung kann Terme enthalten, die als Prädikate wieder im Programmteil definiert sind. Alle Klauseln im Programmteil sind in der Form

$$A <\text{-} B.$$

angegeben. Die Variable A enthält jenen Term, der in der Nebenbedingung definiert ist. Die Variable B enthält wieder einen Regelkörper, der nach den oben genannten Bildungsregeln aufgebaut ist.

```
        /* Nebenbedingungen */

    ent(E,AL,KL) ::
                            .
                            .
                forall(A,AL,(att(A,D), true)),
                            .
                            .
            true.

        /* Programmteil */

    att(A,D) <- satt(A,D), true.
    att(A,D) <- matt(A,D), true.
    att(A,D) <- zatt(A,D), true.
```

Abbildung 3.25: Beispiel einer Programmteildefinition

Abbildung 3.25 zeigt eine Programmdefinition anhand verschiedener Arten von Attributen, die im ER-Modell definiert sind. Für das Ziel `att(A,D)` gibt es mehrere Klauseln, die alternativ zum Zuge kommen. Im Regelkörper einer im Programmteil definierten Klausel kann wieder ein im Programmteil definiertes Ziel vorkommen. Wesentlicher Unterschied zur Nebenbedingungsdeklaration ist, daß über den Klauseln des Programmteils das Prolog-Backtracking möglich ist, sodaß in alternativen Beweisbäumen gesucht werden kann.

3.4.4 Interpretationstheorien

In Kapitel 2 wird die Überführung eines Modells von einer methodenspezifischen Repräsentation in eine universelle Repräsentation beschrieben. Dabei wurden sog. Interpretationstheorien eingeführt, die die Äquivalenzen zwischen Methodenkonstrukten und entsprechenden Teilgraphen vom begrifflichen Arbeitsgraphen definieren. Die Implementation dieser Interpretationstheorien zeigt dieser Abschnitt. In jeder Beschreibung einer Systemanalysemethode wird hier deren Überführung in die universelle Repräsentation definiert. Eine Interpretationstheorie besteht aus einer Überführungstabelle, deren Einträge einzelne Methodenkonstrukte mit entsprechenden Teilgraphen verbinden. Die generelle Struktur eines Tabelleneintrags ist

$$it(A,B,C),$$

wobei die Variable A einen Teil des Methodenmodells beschreibt, die Variable B ein Ziel, das ausgeführt werden muß, um die Konversion durchzuführen, und schließlich die Variable C, die den entsprechenden Teil des begrifflichen Graphen ergibt, der mit dem aktuellen Arbeitsgraphen verkettet werden kann.

Es sind jedoch nicht immer einzelne Konstrukte, die isoliert von anderen Konstrukten überführt werden können, sondern vielmehr Konstruktkombinationen, deren gemeinsame Bedeutung nur sinnvoll in begriffliche Graphen zu übersetzen ist. Dadurch wird das Problem der Unterdefinition gelöst. So kann beispielsweise das *Entity* des ER-Modells nicht losgelöst von seinen Attributen konvertiert werden. Hier müssen also immer Entity-Attribut Teile des Modells aufgesucht werden. Der methodenspezifische Teil des Tabelleneintrags (A) muß also ein Ziel beinhalten, in dem beide Konstrukte und die Bedingungen, die sie verbinden, vorkommen. Diese Bedingungen können wieder nur in als Systemprädikate definierten Termen erfolgen. So lautet etwa das Ziel, ein Entity mit einem dazugehörigen Attribut aufzufinden: *Suche ein Entity und ein Attribut, sodaß der Name des Attributs Element der Attributsliste des Entitätstyps ist!*

```
(ent(E,AL,KL), satt(A,D), member(A,AL))
```

Nach dem Auffinden eines Modellteils findet die eigentliche Konvertierung statt. Das zweite Argument des it/3-Terms enthält ein Ziel zur Ausführung. Auch dieses Ziel darf nur als Systemprädikate definierte Ziele enthalten.

Die Hauptaufgaben, die in diesem Teil gelöst werden sollen, sind

- Namenskonversion,

- Identitätswahrung (`ident(A,B)`),

- Deklaration der Eintrittspunkte (`eintritt(A,B)`),

- Eintragungen und Veränderungen in der Typenhierarchie.

In der Namenskonversion wird beschrieben, welche Symbole des Methodenmodells wie in die universelle Repräsentation überführt werden sollen. So wird z.B. der Name eines Entitätstyps des ER-Modells zur Typenbezeichnung des korrespondierenden Konzepts in der universellen Repräsentation.

Die Identitätswahrung hat die Aufgabe, sicherzustellen, daß die Identität eines Methodenkonstrukts in der universellen Repräsentation aufrecht bleibt, d.h. daß von jedem Konstrukt klar bleibt, welcher Teilgraph des Arbeitsgraphen ihm entspricht und vice versa. Im Abschnitt 3.3.2 wurde eine Prozedur beschrieben, die über den Bruch von Identitätsachsen eine mögliche Inkonsistenz über Methoden hinweg propagiert. Aufbau, Bruch und Wiederaufbau solcher Identitätsachsen werden ebenfalls hier definiert. Die Implementation von Identitätsachsen besteht im wesentlichen in Termen der Form:

```
ia(it(A,B,C)).
```

Dabei werden die durch eine Überführung gebundnen Terme im Argument des Prädikats `ia/1` als Fakten in der Prolog-Datenbank abgelegt. Dadurch ist die Überführung der einzelnen Konstrukte oder Konstruktgruppen dokumentiert. Bei der Veränderung eines Methodenkonstrukts werden die entsprechenden Identitätsachsen gebrochen, um die Veränderung an die anderen Methoden weiterzugeben. Ein solcher Bruch wird seinerseits wieder mit einem eigenen Prädikat `iab/1` implementiert. In das Argument des Terms wird die gebrochene Identitätsachse gestellt und in der Prolog-Datenbank abgelegt. Die eigentliche Identitätsachse bleibt jedoch als Term bestehen. Im Abschnitt 3.3.2 wurden abgeleitete Identitätsachsenbrüche gezeigt. Danach ist eine Identitätsachse auch dann gebrochen, wenn der Teilgraph der universellen Repräsentation von einer gebrochenen Identitätsachse herrührt. Dies ist dann der Fall, wenn der Teil C der Interpretationstheorie der untersuchten Identitätsachse Teilgraph eines C-Teils einer gebrochenen Identitätsachse ist. Das vollständige Prädikat `iab/1` läßt sich also wie folgt anschreiben:

```
iab(ia(it(A,B,C))).
iab(ia(it(A,B,C))) :- iab(ia(it(E,F,G))),
                      tfg(G,C).
```

Das Prädikat `tfg/2` hat dieselbe Bedeutung wie `fg/1`, nur kann hier ein temporärer Arbeitsgraph mitgegeben werden, der anstatt des Arbeitsgraphen der universellen Repräsentation verwendet wird.

Die Eintragung und Veränderung von Definitionen in der Typenhierarchie werden über eigene Operationen auf der Typenhierarchie bewerkstelligt. Die gültigen Operationen sind in Abschnitt 3.7 näher beschrieben. Im Unterschied zu den oben beschriebenen Funktionen des Konversionsteils hat die Eintragung in die Typenhierarchie Nebeneffekte, und daher muß hier von einer rein deklarativen Beschreibung der Eintragung abgegangen werden. Für die Typenoperationsprädikate gibt es sowohl eine prozedurale als auch eine deklarative Interpretation.

Da im Konversionsteil der Tabelle auch prozedurale Information steht, ist die Konversion nicht in beide Richtungen im gleichen Maße verwendbar und gültig. Wir unterscheiden in eine Kompilierungskonversion und eine Extraktionskonversion. Die

genauen implementationstechnischen Details finden sich in den Abschnitten 3.5.6
und 3.5.7.

3.5 Interpretatoren auf SAMBS

Erst durch verschiedene Interpretationen kann die Beschreibungssprache umfassend genutzt werden. Abbildung 3.26 zeigt überblicksmäßig, wie die Beschreibungssprache und ihre Interpretationsmechanismen miteinander verknüpft sind.

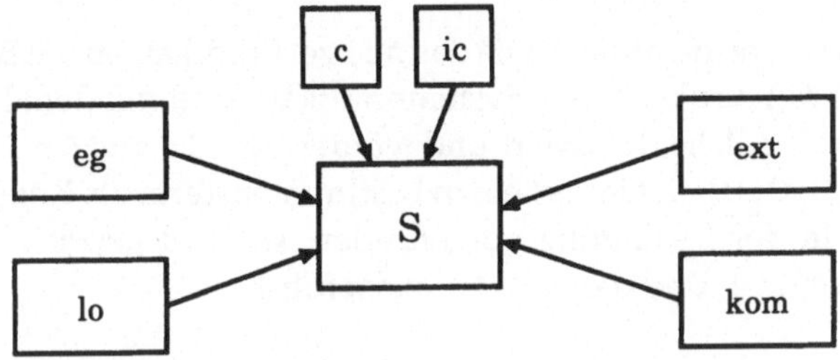

Abbildung 3.26: Interpretationen der Beschreibungssprache SAMBS

Die Menge der Interpreter gliedert sich in drei Gruppen:

Verwaltungsinterpreter sind Interpreter, die zum Hinzufügen und Löschen von Konstruktinstanzen[1] aus einem gegebenen Methodenmodell dienen. In diesem Abschnitt soll ein Interpreter I_{eg} zur Eingabe neuer Konstrukte, ein Interpreter I_{an} zum Verändern von Konstrukten und ein Interpreter I_{lo} zum Löschen von Konstrukten beschrieben werden.

Prüfungsinterpreter sind Interpreter, die zur Überprüfung des Methodenmodells dienen. Sie stellen fest, ob ein Konstrukt nach den in der Beschreibungssprache definierten Regeln konsistent ist (I_c). Um das gesamte Modell zu prüfen, ist es notwendig[2], einen eigenen Inkonsistenzprüfer (I_{ic}) zu beschreiben, der feststellt, ob es ein Konstrukt gibt, das inkonsistent ist. Dieser Inkonsistenzprüfer verwendet den Konsistenzprüfer in negierter Form. Das hat zur Folge, daß jene Bedingungen, die nicht erfüllt sind, nicht auftreten[3].

Überführungsinterpreter sind Interpreter, die die einzelnen Konstrukte eines Modells gemäß den Konversionsvorschriften der Konversionstabelle (it/3) in die universelle Repräsentation überführen. In diesem Abschnitt ist ein Interpreter I_{kom} beschrieben, der zur Kompilierung aus der methodenspezifischen Repräsentation in die universelle Repräsentation dient und ein gegenteiliger Interpreter I_{ext}, der die Extraktion eines Methodenmodells aus der universellen Repräsentation vollzieht.

---

[1] Wir wollen in diesem Abschnitt Konstruktinstanzen immer mit Konstrukten bezeichnen.

[2] Da in Prolog alle Variablen existentiell quantifiziert sind, können nur Abfragen wie: *Gibt es ein X, das ... ?* gestellt werden.

[3] Prolog bindet bei Negationen die Variablen nicht.

3.5.1 I_c, ein Konsistenzprüfer

Der Konsistenzprüfer I_c ist dem klassischen `solve(X)`-Prädikat [Neu88] sehr verwandt. I_c gliedert sich in zwei Teile, die Prädikate `c(X)` und `cb(X)`.

Damit das Prädikat `c(X)` Erfolg hat, muß die Variable mit einem gültigen Konstrukt gebunden sein, eine entsprechende Bildungsregel und eine Klausel dieses Konstrukts existieren sowie die Bedingung (B) halten.

Das Prädikat `cb(X)` prüft, ähnlich wie das `solve`-Prädikat, ob die Bedingungen für das zu prüfende Konstrukt halten. Systemprädikate sind mit dem Faktum `sys(X)` dem Interpreter als solche deklariert und werden als Ziel ausgeführt. Das Faktum `konstrukt(A,B,C,D)` deklariert einen bestimmten Term als Konstrukt. Wird ein solcher Term `T` in der Bedingung vorgefunden, so wird geprüft, ob dieser Term ebenfalls konsistent ist, und daher `c(T)` ausgeführt.

```
c(A)  :- konstrukt(A,X,Y,Z),
         !,
         (A :: B),
         A,
         cb(B).

cb(forall(A,X,Y))  :-
         findall(A,
           (member(A,X),
            cb(Y)),      X).

cb(A)  :- konstrukt(A,X,Y,Z),
         !,
         c(A).

cb(A)  :- (A <- B),
         !,
         cb(B).

cb(A)  :- sys(A),
         !,
         call(A).

cb((A,B))  :- !,
            cb(A),
            cb(B).
```

Abbildung 3.27: I_c, ein Interpreter, der die Konsistenz eines methodenspezifischen Modells prüft

3.5.2 I_{ic}, ein Inkonsistenzprüfer

Die Variable X bei der Ausführung des Ziels c(X) des Konsistenzprüfers I_c ist existentiell quantifiziert. Ist die Variable im Ziel gebunden, so wird geprüft, ob genau dieses Konstrukt konsistent nach den Bildungsregeln ist. Wird die Variable jedoch ungebunden im Ziel verwendet, so bedeutet das, daß **ein einziges** Konstrukt gefunden werden soll, das konsistent gemäß den Bildungsregeln ist.

```
ic(A) :- konstrukt(A,X,Y,Z),
         !,
         (A :: B),
         A,
         \+ cb(B).
```

Abbildung 3.28: I_{ic}, ein Interpreter, der Inkonsistenzen nachweist

Ziel einer Konsistenzprüfung ist es jedoch, **alle** Konstrukte auf Konsistenz gemäß den Bildungsregeln hin zu überprüfen. Ein Weg dazu ist es, ein Prädikat ic(X) (Abbildung 3.28) zu definieren, das prüft, ob es **ein** Konstrukt gibt, das inkonsistent ist. Dies ist gültig, da $\forall x \equiv \neg \exists(x)$. Das Prädikat ic(X) gleicht dem Prädikat c(X). Im Unterschied vom Prädikat c(X) wird im Prädikat ic(X) versucht, ein Konstrukt A zu finden, das **nicht** den Bedingungen der Bildungsregeln entspricht.

Die Variable X wird mit jenem Konstruktterm gebunden, der inkonsistent ist. Erst im Wege des Backtracking können **alle** inkonsistenten Konstrukte aufgefunden werden.

3.5.3 I_{eg}, ein Eingabeinterpreter

Der Eingabeinterpreter I_{eg} soll dazu dienen, aus der Beschreibung eines Konstrukts in SAMBS einen Benutzerdialog abzuleiten und die erhaltenen Eingaben als Fakten in der Datenbank zu speichern. Im folgenden Abschnitt wird eine Lösung präsentiert, die versucht, die bei einem Benutzerdialog notwendige prozedurale Information möglichst lückenlos aus der Beschreibungssprache abzuleiten.

Interpretative Konstruktion

Der Interpreter I_{eg} wird mit einem Ziel eg(X). aufgerufen. Die deklarative Bedeutung dieses Ziels ist: *„Das im Argument gegebene Konstrukt ist mit dem Restmodell konsistent und kann mit einem außerlogischen Prädikat in die Datenbank geschrieben werden"*. Die prozedurale Bedeutung davon hingegen ist: *„Frage den Benutzer um alle notwendigen Informationen, sodaß das Konstrukt anschließend in die Datenbank geschrieben werden kann"*.

Das Verhalten der prozeduralen Interpretation von I_{eg} muß in folgenden, einander überlappenden Fällen genauer definiert werden:

- Wenn bereits ein Konstrukt mit gleichem Namen existiert.

- Wenn das Konstrukt innerhalb einer abgeleiteten Konstruktion bereits bearbeitet wird.

- Wenn die Variablen teilweise gebunden und ungebunden sind.

Grundsätzlich versucht der I_{eg} nacheinander die Konstruktvariablen mit gültigen Termen zu binden. Ist im Regelkörper der Nebenbedingung definiert, daß ein gültiges Konstrukt zu binden ist und gibt es dieses Konstrukt im Methodenmodell nicht, so wird versucht, das entsprechende Konstrukt zu erzeugen. Wir wollen das als abgeleitete Konstruktion bezeichnen. Ein Konstrukt gilt genau dann als existent, wenn eine Klausel dafür in der Datenbank vorhanden ist. Die Bedeutung einzelner I_{eg}–Ziele soll am Beispiel der Eingabe eines Prozesses des Datenflußdiagramms gezeigt werden. Die methodenspezifische Repräsentation eines Prozesses sei als pro(B,N,L) definiert, wobei B ein Bezeichner, N die Nummer und L die Diagrammebene ist.

eg(pro(B,N,L)): I_{eg} versucht alle Variablen nacheinander zu binden, indem entsprechende Benutzerabfragen gemacht werden bzw. neuerlich I_{eg} aufgerufen wird, um ein entsprechendes Konstrukt zu erzeugen.

eg(pro(warenannahme,1,0)): I_{eg} bestätigt die Existenz und Konsistenz des gebundenen Konstrukts.

eg(pro(warenannahme,X,Y)): I_{eg} versucht, ein Prozeß-Konstrukt „*Warenannahme*" zu erzeugen und alle fehlenden Informationen durch Benutzerabfragen zu ergänzen.

Ein besonderes Problem für die Eingabe besteht dann, wenn zwei Konstrukte einer Methode als voneinander abhängig definiert sind. So könnte beispielsweise ein ER-Relationship nur eingegeben werden, wenn es ein ER-Entity gibt, mit dem es verbunden ist. Umgekehrt kann ein ER-Entity nur eingegeben werden, wenn es ein ER-Relationship gibt, das mit ihm verbunden ist. Die Konstruktion eines Entitätstyps hat eine abgeleitete Konstruktion eines ER-Relationshiptyps zur Folge, der wiederum eine abgeleitete Konstruktion eines ER-Entitätstyps ist, der aber bereits unter Konstruktion steht. Wenngleich dieses Beispiel kein reales ist, da diese Definition im ER-Modell nicht gültig ist, so zeigt es doch die Problematik zirkulärer Definitionen. Es ist daher bei der Entwicklung einer SAMBS-Beschreibung dafür Sorge zu tragen, daß keine zirkuläre Definition auftritt.

```
eg(A)  :- konstrukt(A,X,Y,Z),
          (A :: B),
          nl,
          write('Eingabe von '), write(Y), write(' '), write(X), nl,
          write('---------------------------'),        nl,
          egb(Z, B).


egb([],B).
egb([(H - P)|T], B) :-
          seler([H],B,Z),
          !,
          egv((H - P),Z),
          egb(T,B).


egv((V - P), G) :-
          atom(V),
          format("~ a: ~ a~ n",[P,V]),
          egi(G),
          !.

egv((V - P), G) :-
          var(V),
          format("~ a: ",[P]),
          read(V),
          egi(G),
          !.

egv(V, G) :-
          write('Inkonsistenz !!'),
          nl,
          write('nochmals '),
          !,
          egv(V,G).
```

Abbildung 3.29: $I_{eg}/1$, Eingabeinterpreter für SAMBS in Prolog

```
egi(true).
egi(((forall(X,Y,Fa),B)) :-
          egre(X,Y,Fa),
          egi(B).


egi((A,B)) :-
          konstrukt(A,X,Y,Z),
          !,
          solli(Y),
          eg(A),format("~ p ist gemacht~ n",A),
          egi(B).


egi((A,B)) :-
          sys(A),
          !,
          call(A),
          egi(B).


egi((A,B)) :-
          (A <- C),
          egi(C),
          !.


egi((A,B)) :-
          (A <- C),
          !,
          format("~ n~ nModellkonstrukt ~ p inkonsistent !!~ n
                    SAMBS File pruefen !",[A]),
          nl,
          fail.



egre(X,Y,B) :-
        setof(X,
              (member(X,Y),
               egi(B)),        L).



solli(Y) :-
        nl,
        write('Konstruiere '),
        write(Y),
        write('(j/n)? '),
        read(j).
```

Abbildung 3.30: $I_{eg}/2$, Eingabeinterpreter für SAMBS in Prolog

```
        seler([], _, true).
        seler([H|T],B,Z) :-
                sele(H,B,Z0,U,FL),
                seler(FL, U, Z1),
                goalappend(Z0, Z1, Zf),
                seler(T, B, Zt),
                goalappend(Zf, Zt, Z).

        sele(H, true, true, true,[]).
        sele(H,(A,B),(A,R),U,FL0) :-
                A =.. [F|V],
                varmember(H,V),
                vardelete(V,H,FL1),
                sele(H,B,R,U,FL),
                append(FL, FL1, FL0).

        sele(H,(A,B),R,(A,U),FL) :-
                sele(H,B,R,U,FL).
```

Abbildung 3.31: $I_{eg}/3$, Prädikat, das für einen Regelkörper feststellt, welche Subziele für eine gegebene Variable relevant sind

3.5.4 I_{lo}, ein Löschungsinterpreter

Mit Hilfe des Löschungsinterpreters kann ein Methodenkonstrukt aus einem Modell entfernt werden. Der Interpreter läßt dabei nicht zu, daß Konstrukte so entfernt werden, daß dadurch das Methodenmodell ungültig würde. Soll ein Methodenkonstrukt trotzdem gelöscht werden, muß anstatt dessen ein anderes Konstrukt eingegeben werden, damit die Modellkonsistenz gewahrt bleibt.

3.5.5 I_v, ein Verzeichnisinterpreter

Der Verzeichnisinterpreter I_v ermöglicht es, die im geladenen Modell vorhandenen Konstruktinstanzen anzuzeigen. In einer ersten Stufe werden alle Konstrukte der geladenen Methode gezeigt. Vom angewählten Konstrukttyp werden dann sämtliche Konstruktinstanzen zur Auswahl gestellt. Nach einer neuerlichen Wahl der entsprechenden Instanz wird diese angezeigt. Das Argument von `iv(X)` wird mit dem Term der Konstruktinstanz gebunden.

3.5.6 I_{ext}, ein Extraktionsinterpreter

Der Extraktionsinterpreter steuert die Überführung von Methodeninhalten aus der universellen Repräsentation in eine Methodenrepräsentation. Ergebnis des präsentierten Extraktionsinterpreters sind Vorschläge für Methodenkonstrukte, die, sollten sie vom Benutzer im Methodenmodell erwünscht sein, mittles I_{eg} in das Modell auf-

```
lo(X)  :-
       \+ (ascend(X,L,A,V),
           \+ (hc(L))).
lo(X)  :-
       \+ (ascend(X,L,A,V),
           \+ (functor(X,F,Ar),
               length(LL,Ar),
               Y =.. [F|LL],
               format("Es muss hier ein neues
                       Konstrukt eingegeben werden.",[]),
               eg(Y),
               konstrukt(X,M,N,O),
               konstrukt(Y,V,E,P))).

ascend(X,Y,A,V)  :-
       call(X),
       (Y :: C),
       search(X,C),
       call(Y). /* Da fehlt noch was */

ascend(X,Y1,An,V)  :-
       call(X),
       (Y :: C),
       goalmember(forall(A,B,Z),C),
       search(X,Z),
       call(Y),
       member(A,B),
       modinstru(X,Y,Y1,An,V).

search(A,C)  :-
       goalmember(A,C).
search(A,C)  :-
       goalmember(B,C),
       (B <- Z),
       search(A,Z).
```

Abbildung 3.32: $I_{lo}/1$, ein Löschungsinterpreter

```
hc(A)  :- konstrukt(A,X,Y,Z),
          !,
          (A :: B),
          cb(B).


modinstru(X,Y,Z,A,V) :-
          Y =.. [F|Lo],
          konstrukt(X,N,M,O),
          flist(N,Lo,Ln,La,V),
          Z =.. [F|Ln],
          A =.. [F|La].


flist(X,[],[],[],V).
flist(X,[[H|T]|B],[D|E],[F|G],V) :-
          delete([H|T],X,D),
          subst(X,V,[H|T],F),
          !,
          flist(X,B,E,G,V).
flist(X,[A|B],[D|E],[F|G],V) :-
          A =.. [_|L],
          modinstru(X,A,D,F,V),
          flist(X,B,E,G,V).
flist(X,[H|T],[H|T1],[H|T2],V) :-
          flist(X,T,T1,T2,V).
```

Abbildung 3.33: $I_{lo}/2$, ein Löschungsinterpreter

genommen werden können. Fehlende Information wird im Zuge dessen ergänzt. I_{ext} bildet aus den in einer Interpretationstheorie angegebenen Eintrittspunkten (`eintritt(A,B)`) begriffliche Fragegraphen, die dem Fragegrapheninterpreter I_{fg} übergeben werden, der im Arbeitsgraphen nach einer Lösung sucht. Die daraus resultierenden Lösungen werden mittels des B-Teils der Interpretationstheorie in Methodenkonstrukte übersetzt und dem Benutzer zur Eingabe vorgeschlagen.

3.5.7 I_{kom}, ein Kompilierungsinterpreter

Der Kompilierungsinterpreter überträgt Methodeninhalte aus einer methodenspezifischen Repräsentation in die universelle Repräsentation. Ergebnis der Kompilierung sind Teilgraphen des Arbeitsgraphen und Typenhierarchieeintragungen. Die Eintragungen werden nur für jene Konzepte gebildet, von denen in der Typenhierarchie noch keine Eintragung besteht. Die einzutragenden Konzepte werden zu Subtypen der Eintrittspunkte des Methodenkonstrukts.

Eine weitere wesentliche Funktion der Kompilierungskonversion ist die Identifikation der Konzeptinstanzen. Die Konzepte, die bei der Konversion entstehen, besitzen keinen Individual-Marker. Es ist noch nicht sicher, welche Identität sie

```
/* VerzeichnisMETA */

iv(X) :- write('Verzeichnisinterpreter'),nl,
         write('----------------------'),nl,
         methode(M),
         methode(M,Mt),
         findall(F-B-K,
                 (konstrukt(K,X,B,Y),
                  K =.. [F|R]),
                 L),
         format("Konstrukte von ~ a~ n
                 ----------------------------- ~ n~ n",Mt),
         menue(L,E,A-(A-N-O)-(A-N)),
         ivk(E,X).


ivk(P-Q-K,Ke) :-
         konstrukt(K,A,B,Y),
         findall(A-K,K,L),
         format("~ nInstanzen von Konstrukt ~ a~ n
                 ----------------------------- ~ n~ n",B),
         menue(L,A-Ke, A-(A-X)-A),
         konstrukt(Ke,A,U,V),
         format("~ nKonstruktinstanz: ~ a~ n
                 ----------------------------- ~ n~ n",A),
         ivi(V).

ivi([]).
ivi([V - P | R]) :-
         format("~ a: ~ p~ n", [P,V]),
         ivi(R).
```

Abbildung 3.34: I_v, ein Verzeichnisinterpreter

annehmen. Möglicherweise wird festgestellt, daß ein Konzept im bestehenden
Arbeitsgraphen bereits mit dem neu hinzukommenden identisch ist. Nur an die
Konzepte, von denen kein identisches Konzept gefunden werden kann, wird ein
eigener Individual-Marker vergeben.

3.6   Ein Fragegrapheninterpreter I_{fg}

Eine wesentliche Komponente eines Rahmenwerks zur Verarbeitung von begrifflichen Graphen ist die sog. Abfrageoperation. Sie stellt jene Komponente des Systems dar, die ermittelt, ob ein gegebener Graph (Fragegraph) Teilgraph des Arbeitsgraphen ist.

Abbildung 3.40 zeigt einen Fragegraphen F, der in einen Arbeitsgraphen A eingepaßt
wird. Die Abfrageoperation liefert einen Ergebnisgraphen, der eine Spezialisierung

```
ext(T) :-
        findall(it(A,B,C), it(A,B,C), L),
        exlist(L).


exlist([]).
exlist([it(A,B,C) | T]) :-
      bind(B),
      setof(it(A,B,E), fg(C,E), EL),
      itlist(EL),
      exlist(T).

itlist([]).
itlist([it(A,B,E) | T]) :-
      it(A,B1,E),
      extra(B1),
      assemkon(A),
      itlist(T).


bind(true).
bind((eintritt(A,B),Z)) :-
          member(A,B),
          nonvar(A),
          bind(Z).
bind((A,B)) :-
        \+ (A = eintritt(X,Y)),
          bind(B).
```

Abbildung 3.35: $I_{ext}/1$, ein Extraktionsinterpreter

des Fragegraphen darstellt. Spezialisierung bedeutet, daß einige Konzepte durch
ihre Subtypen ersetzt worden sind.

Wesentliche Anwendung der Abfrageoperation im vorliegenden Fall ist das Auffinden von Methodenkonstrukten in der universellen Repräsentation. Vom Extraktionsinterpreter werden verschiedene Fragegraphen formuliert, die dann im Arbeitsgraphen gesucht werden. Ist für ein bestimmtes Konstrukt ein Ergebnisgraph
beweisbar, so wird dieser in ein Methodenkonstrukt konvertiert.

Ist ein Konzept des Fragegraphen im Arbeitsgraphen nicht auffindbar, so wird
versucht, einen Subtyp dieses Konzepts im Arbeitsgraphen zu beweisen. Wird
ein solcher gefunden, wird das Konzept des Arbeitsgraphen auf dieses Konzept
restringiert und in den Ergebnisgraphen gestellt.

```
        extra(true).
        extra((A,B)) :-
                   sys(A),!,
                   call(A),
                   extra(B).
        extra((ident(A,B),Z)) :-
                   ia(A-B),
                   extra(Z).
        extra((ident(A,B),Z)) :-
                   \+ ia(A-B),
                   extra(Z).
        extra((eintritt(A,B),Z)) :-
                   extra(Z).


        assemkon(true).
        assemkon((A,Z)) :-
                   konstrukt(A,B,C,D),
                   makeexist(A),
                   assemkon(Z).
        assemkon((A,B)) :-
                   sys(A),
                   !,
                   call(A),
                   assemkon(B).


        makeexist(A) :-
                   call(A), write(A), nl,!.
        makeexist(A) :-
                   format("Neues Konstrukt: ~ p~ n", A).
```

Abbildung 3.36: $I_{ext}/2$, ein Extraktionsinterpreter

3.7 Operationen auf Typenhierarchie und Relationenvorrat

Alle Typen und Relationen, die im Graphensystem Verwendung finden, müssen
dem System bekanntgegeben werden. Für jedes Konzept gibt es eine entsprechende Eintragung in der Typenhierarchie bzw. im Relationenvorrat. Diese wird mit
den Prädikaten `type` und `relation` gemacht, die in der vorliegenden Implementierung als Operatoren definiert sind.

3.7.1 Typen

In Abschnitt 3.2 wurde die Deklaration von Typenhierarchieeintragungen behandelt. Hier sollen nun einige Operationen auf diese Deklarationen beschrieben werden. Zur Verwaltung der Typenhierarchie sind verschiedene Operationen darauf
zu definieren.

```
     kom :-
           findall(it(A,B,C), it(A,B,C), IL),
           itlist(IL,[],Ia),
           format("~ n~ nIdentiaetsachsen dieser
                      Kompilierung:~ n~ n",[]),
           enter_ia(Ia).


     itlist([],L,L).
     itlist([H | T],IdlO,Idl2) :-
             konv(H,IdlO, Idl1),
             itlist(T,Idl1, Idl2).


     konv(it(A,B,C),IdlO, Idl1) :-
             findall(it(A,B,C), matchmodel(A), KL),
             kllist(KL,IdlO, Idl1).

     kllist([],L,L).
     kllist([it(A,B,C)|T],IdlO,Idl2) :-
             doB(B, IdlO,Idl1),
             make_ag(C),
             kllist(T,Idl1, Idl2).
```

Abbildung 3.37: $I_{kom}/1$, ein Kompilierungsinterpreter

Aus den in Abschnitt 3.2 erwähnten Konsistenzregeln für die Typenhierarchie sind nun für die einzelnen Operationen folgende Abläufe ableitbar.

Einfügen eines Konzepttyps

Ein Konzept kann nur in die Typenhierarchie eingefügt werden, wenn ein gültiger Definitionsgraph angegeben wurde. Ein Definitionsgraph ist gültig, wenn alle Konzepte und Relationen, die er enthält, definiert sind. Der „universal supertyp" und die Relation „link" sind davon ausgenommen. Sie bedürfen keiner Definition.

Bevor ein Typ in die Typenhierarchie aufgenommen wird, wird geprüft, ob die Konsistenzregeln halten. Der Definitionsgraph wird entweder durch den Übersetzer eingegeben oder aus der Interpretationstheorie abgeleitet.

Ändern eines Konzepttyps

Die Änderung von Konzepten verursacht einen Bruch der Identitätsachsen dieses Konzepts zu Konstrukten in anderen als der gerade behandelten Methode. Der Sinn des Konzepts kann dabei verändert werden. Die Änderung eines Konzepts betrifft nur seinen Definitionsgraphen. Wird der Definitionsgraph verändert, so gilt das Konzept als verändert.

```
    doB(true,L,L).
    doB((ident(X,Y),B),Id10,Id12) :-
        proveid(X-Y,Id10,Id11),
        doB(B,Id11,Id12).
    doB((eintritt(X,Y),B),Id10,Id11) :-
        typecheck(X,Y),
        doB(B,Id10,Id11).
    doB((A,B),Id10,Id11) :-
        sys(A),
        !,
        call(A),
        doB(B,Id10,Id11).


proveid(H, Id10, Id10) :-
        member(H,Id10), !.
proveid(X-Y, Id10,Id11) :-
        individualize(Y),
        append(Id10, [X-Y], Id11).

individualize(Y) :-
        (Y =.. [F, # I : W]),
        fetchind(I).

typecheck(X,Y) :-
        X type DG, !.
typecheck(X,Y) :-
        format("~ p anlegen als Subtyp von:~ n~ n",[X]),
        findall(F,(member(A,Y), A =.. [F | R]), L),
        menue(L, W, R-R-R),
        format("~ n~ p Subtyp von ~ p~ n",[Y,W]),
        (Wk =.. [W,DD]),
        typedef(X, Wk).
```

Abbildung 3.38: $I_{kom}/2$, ein Kompilierungsinterpreter

Davon zu unterscheiden ist etwa die Veränderung der Typenbezeichnung. Hier gilt das ursprüngliche Konzept nicht als verändert. Es gilt bloß ein neues Konzept als hinzugetreten, auch wenn beide Konzepte den identischen Definitionsgraphen besitzen.

Für sich genommen ist eine Änderung immer durch ein Löschen und Wiedereinfügen beschreibbar. Dies ist im vorliegenden Fall nicht gegeben. Dadurch, daß zu jedem Konzept eine Menge von Identitätsachsen besteht, muß auch bei einer Veränderung die Identität gewahrt bleiben, wenngleich die Identitätsachse als gebrochen gilt. Da Abhängigkeiten zwischen Konzepten bestehen, betrifft die Veränderung eines Konstrukts auch andere Konstrukte in der Typenhierarchie. So sind etwa die Bedeutungen aller Subtypen eines Konzepts von dessen Änderung — zumindest potentiell — beeinträchtigt.

```
        make_ag(true).
        make_ag((not(A),B)) :-
              write('inconsistent :- fg(A)'), nl,
              assert((inconsistent :- fg(A))),
              make_ag(B).
        make_ag((A,B)) :-
              write(ag(A)),nl, assert(ag(A)),
               make_ag(B).


        enter_ia([]).
        enter_ia([H | T]) :-
               write(ia(H)), nl, assert(ia(H)),
               enter_ia(T).



        matchmodel(true).
        matchmodel((A,B)) :-
              konstrukt(A,I,_,_),
              call(A),
              matchmodel(B).
        matchmodel((A,B)) :-
              sys(A),
              !,
              call(A),
              matchmodel(B).
```

Abbildung 3.39: $I_{kom}/3$, ein Kompilierungsinterpreter

Löschen eines Konzepttyps

Es kommt vor, daß ein einmal definierter Konzepttyp wieder gelöscht werden
muß. Dabei treten zwei Probleme auf. Zum einen ist die Bedeutung einer solchen
Löschung genau zu beschreiben, zum anderen sind die Abhängigkeiten zu anderen
Konzepten oder dem Arbeitsgraphen und deren Bedeutung zu untersuchen.

Löschen heißt also, ein Konzept in der Weise aus dem Gesamtsystem zu entfernen,
daß es fortan nicht mehr verwendet werden kann. Die begriffliche Bedeutung dieses
Vorgangs ist das Streichen eines Begriffs aus der Begriffswelt. Das Streichen eines
Begriffs ist Voraussetzung für eine sich umbildende Begriffswelt.

Ein Begriff (Konzepttyp) kann jedoch nur dann gelöscht werden, wenn er weder
in einem Definitionsgraphen noch im Arbeitsgraphen vorkommt. Alle abhängigen
Konzepte müssen daher verändert werden. Diese Veränderung hat aber zur Folge,
daß die Identitätsachsen aller betroffenen Konzepte gebrochen sind.

Arbeitsgraph

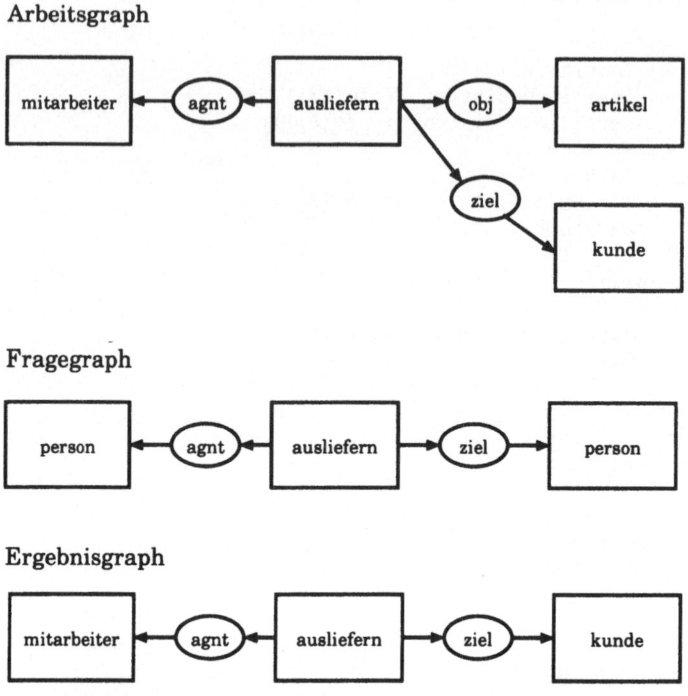

Fragegraph

Ergebnisgraph

Abbildung 3.40: Beispiel einer Abfrageoperation

3.7.2 Relationen

Implementation und Problematik sind beim Relationenvorrat analog zu denen der Typenhierarchie.

Einfügen einer Relation

Eine Relation kann nur eingegeben werden, wenn ein gültiger Definitionsgraph angegeben wurde. Nur die Relation `link` bedarf keiner Definition.

Ändern einer Relation

Im Unterschied zu Konzeptänderungen werden Relationen in dem hier beschriebenen Rahmenwerk nur auf Methodenebene, nicht jedoch auf Anwendungsebene verändert. Die Definition einer Relation kann allenfalls im Rahmen der Neueingliederung einer Methode geändert werden, nicht jedoch im Rahmen eines Anwendungsprojekts. Gerade weil sich die Beziehung zwischen einzelnen Relationen schwer beschreiben läßt, hätte eine Neudefinition einer Relation zur Folge, daß der Extraktionsinterpreter einer anderen Methode das entsprechende Konstrukt nicht

```
      /* Fragegrapheninterpreter fuer Graphen in Prolog */

      :- op(1197, xfx, [:==]).

      fg((X,Y),(X1,Y1)) :- !,
           fg(X,X1),
           fg(Y,Y1).
      fg(X,Y) :-
           rel(X),
           !,
           X =.. [F|R],
           fgk(R,R1),
           Y =.. [F|R1],
           prove(Y).
      fg(X,A) :-
           kon(X,Y),
           !,
           subtype(A,X),
           prove(A).

      prove(X) :-  call(ag(X)).
      prove(X) :-
           (ag(AA) :== B),
           member(X,AA),
           fg(B,E).

      fgk([],[]).
      fgk([H|T],[H1|T1]) :-
           subtype(H1,H),
           prove(H1),
           fgk(T,T1).

      subtype(X,X).
      subtype(X,Y) :-
             kon(Z,Y),
             subtype(X,Z).
```

Abbildung 3.41: I_{fg}, ein Fragegrapheninterpreter

sicher finden würde. Um ein sicheres Finden zu ermöglichen, müßte es das Konstrukt der Eintrittspunkte auch auf Relationenseite geben. Ohne Hierarchie läßt sich aber ein solches Konstrukt nicht beschreiben.

Wird eine Relation doch geändert – etwa im Rahmen einer Neueingliederung –, so propagiert sich diese Änderung ebenfalls zu all den Konzept- und Relationsdefinitionen, die diese Relation enthält.

Löschen einer Relation

Auch die Löschung einer Relation kann allenfalls bei der Eingliederung einer neuen Methode passieren. Zu bedenken ist dabei, daß die bereits existierenden Anwendungsmodelle in der Weise konvertiert werden müssen, daß sie die gelöschte Relation nicht mehr verwenden.

In der vorliegenden Implementation sind die genauen Konsistenzprüfungen nur rudimentär gelöst. Es gilt an dieser Stelle, eine umfassende, bewiesene Theorie zu Einfügungen und Veränderungen in der Typenhierarchie zu erarbeiten.

Teil II

Überführung von ER-Modellen in begriffliche Graphen

Kapitel 4

Konstruktionselemente von ER-Modellen

In diesem Kapitel werden die Grundkonzepte des ER-Modells beschrieben und der schematische Aufbau der Überführungsprozedur in begriffliche Graphen vorgestellt. Weiters wird die ER-spezifische Interpretationstheorie zur Steuerung der Überführungsprozedur erläutert.

Das konzeptionelle Schema ist eine Beschreibung der Datentypen, Beziehungen und Beschränkungen, die für den Benutzer der Datenbank relevant sind. Da das konzeptionelle Schema unabhängig von der Implementation erstellt wird, ist es auch für den nichttechnischen Datenbankbenutzer leicht verständlich und ermöglicht dem Datenbankersteller ein – von den Beschränkungen einer spezifischen Datenbank – freies Arbeiten (siehe [EN89, S. 39] und [Che85, S. 176f]).

Das ER-Modell definiert verschiedene Konzepte, um ein konzeptionelles Schema zu erstellen. Die Konzepte, die hier behandelt werden, sind im wesentlichen die bei [Voss87, S. 39ff] beschriebenen Konstrukte, die um Sonderformen von Attributen und Entitätstypen erweitert wurden (Quelle: [EN89]).

4.1 Entitätstyp

In der Literatur finden sich folgende Definitionen für Entitäten:

- Objekte, die eindeutig identifiziert werden können [Che85];

- wohlunterscheidbare Dinge, die in der Realwelt existieren [Voss87];

- Objekte der Realwelt mit unabhängiger Existenz [EN89].

Als gemeinsamen Nenner dieser Definitionen kann man isolieren: *Eine Entität ist ein Objekt der Realwelt, das von anderen Objekten eindeutig unterschieden werden kann.* Der Entitätstyp kann als „*eine Menge von ähnlichen Entitäten, die die gleichen Attribute haben"* definiert werden. Zur Beschreibung der Struktur eines Entitätstyps wird das Entitätstyp-Schema definiert: *Ein Entitätstyp-Schema definiert eine Struktur, die die einzelnen Entitäten dieses Typs gemeinsam haben.* Eine Entität wird durch Attribute beschrieben.

> **Beispiel 4.1-1:** Ein Unternehmen tritt mit vielen Personen in Interaktion: Mitarbeitern, Kunden, Lieferanten, ...
>
> Diese Personen können wir als Entitäten auffassen, da sie wohlunterscheidbar sind.
>
> Alle gemeinsam bilden sie den Entitätstyp *Person* mit den gleichen Attributen. Das Schema beschreibt die Struktur dieses Entitätstyps: der Name des Entitätstyps ist *Person,* die *Sozialversicherungsnummer* bietet sich als identifizierendes Attribut für Mitarbeiter an, *Adresse* und *Name* sind einfache Attribute.

4.2 Beziehungstyp

Die Entitäten eines Entitätstyps können mit den Entitäten desselben oder eines oder mehrerer anderer Entitätstypen in Beziehung treten.

Definition: *Ein* **Beziehungstyp** *ist eine Menge von Beziehungen gleichen Typs zwischen den Entitäten von einem oder mehreren Entitätstypen.*

Einer Beziehung können durch ein oder mehrere Attribute Werte zugeordnet werden.

Kardinalitätsverhältnisse

Die Kardinalitätsverhältnisse geben einerseits an, wie oft eine Entität mit einer anderen in Beziehung treten kann, und andererseits, ob sie mit einer anderen Entität in Beziehung treten muß.

Die Kardinalitätsverhältnisse werden als Zahlenpaare dargestellt. Die erste Zahl gibt an, wie oft die Entität mindestens in Beziehung zu anderen Entitäten tritt, die zweite wie oft höchstens.

> **Beispiel 4.2-1:** Ein Kardinalitätsverhältnis (1,1) bedeutet, daß die Entität mindestens einmal, aber nur einmal mit einer anderen in Beziehung tritt. Ein Kardinalitätsverhältnis (0,n) bedeutet, daß die Entität entweder überhaupt nicht in Beziehung tritt oder beliebig oft.

Mit der ersten Zahl des Zahlenpaares kann eine Existenzabhängigkeit angeben werden. Hat die erste Zahl den Wert 1, so wird dadurch eine totale Partizipation ausgedrückt. Das bedeutet, daß jede Entität des Entitätstyps an dieser Beziehung teilnehmen muß. Ist der Wert 0, so muß die Entität nicht unbedingt über diese Beziehung mit der anderen Entität in Verbindung stehen, die Entität existiert unabhängig von der Beziehung.

4.3 Attribut

4.3.1 Einfaches Attribut

Zur Beschreibung von Entitäten und Beziehungen werden Attribute verwendet.

Definition: *Ein **Attribut** ordnet den Entitäten oder Beziehungen eines Entitätstyps bzw. Beziehungstyps Werte aus einem Wertebereich zu. Der **Wertebereich** bestimmt die Menge von Werten, die ein Attribut annehmen kann. Er wird entweder durch Aufzählung oder durch eine Typangabe und durch eine Unter- und Obergrenze beschrieben.*

Falls die Werte vom Typ *Zahl* sind, kann die Aufzählung der Werte unterbleiben und (nicht notwendigerweise) durch Angabe von Grenzen erfolgen (da für die Zahlenmenge auf eine hinreichend exakte Definition zurückgegriffen werden kann). Für alle anderen Werttypen aber muß der Wertebereich durch Aufzählen der Werte beschrieben werden.

> **Beispiel 4.3-1:** Der Wertebereich des Attributs *Alter* kann durch Angabe von Grenzen beschrieben werden:
>
> Wertebereich: Typ = Zahl, Untergrenze = 0, Obergrenze = 100
>
> Der Wertebereich des Attributs *Wochentag* muß durch Aufzählen der möglichen Werte beschrieben werden:
>
> Wertebereich: Typ = String, (Montag, Dienstag, ..., Samstag, Sonntag).

4.3.2 Identifizierendes Attribut

Definition: *Ein **identifizierendes Attribut** eines Entitätstyps ordnet dessen Entitäten genau einen Wert (oder eine Wertekombination) und umgekehrt den Werten genau eine Entität zu, sodaß keine Entität denselben Wert für dieses Attribut hat. Dadurch kann jede Entität eines Entitätstyps von den anderen unterschieden werden.*

Entitäten sind wohlunterscheidbare Objekte der Realwelt. Bei der Modellbildung wird aber von der Realwelt abstrahiert und so kann es passieren, daß die Eigenschaft der Unterscheidbarkeit von Entitäten nicht in das konzeptionelle Schema integriert wird. Häufig erscheint diese Modellierung zu aufwendig. Zur Lösung dieser Problematik können künstliche Attribute beitragen, die die Entitäten eindeutig identifizieren (z.B. Matrikelnummer für Studenten) [Han86, S. 98]. Diese künstlichen Attribute sind häufig Nummern (z.B. Sozialversicherungsnummer, Kundennummer, Artikelnummer etc.) oder es werden verschiedene Attribute, die zusammen die Entitäten eindeutig unterscheidbar machen, zu einem Attribut zusammengefaßt (siehe Abschnitt 4.3.4).

> **Beispiel 4.3-2:** Jede Person kann anhand der Sozialversicherungsnummer eindeutig identifiziert werden, da für jede Person eine andere (neue) Sozialversicherungsnummer vergeben wird.

4.3.3 Mehrwertiges Attribut

Es gibt Eigenschaften von Entitäten und Beziehungen, die gleichzeitig mehrere
Werte haben können, z.B. akademische Titel einer Person. Solche Eigenschaften
können durch mehrwertige Attribute dargestellt werden.

Definition: *Ein* **mehrwertiges Attribut** *ordnet einer Entität eines Entitätstyps
oder einer Beziehung eines Beziehungstyps gleichzeitig einen, keinen oder mehrere
Werte zu.*

4.3.4 Zusammengesetztes Attribut

Es gibt Attribute, deren Wertebereiche aus zusammengesetzten Werten bestehen.
Jeder dieser Werte hat eine eigenständige Bedeutung. Solche Attribute werden zusammengesetzte Attribute genannt. Es können aber auch einfache und mehrwertige
zusammengesetzte Attribute definiert werden.

Beispiel 4.3-3:

- **Zusammengesetztes identifizierendes Attribut:** Vorausgesetzt, daß es
  keine zwei Personen gibt, die am selben Tag geboren sind und denselben
  Vor- und Familiennamen tragen, wäre das zusammengesetzte Attribut
  Vorname-Familienname-Geburtsdatum ein identifizierendes Attribut. Wird
  diese Bedingung aber verletzt, d.h. es existieren zwei verschiedene Personen mit denselben Werten für diese drei einfachen Attribute, so ist dieses
  zusammengesetzte Attribut kein identifizierendes Attribut mehr.

- **Zusammengesetztes einfaches Attribut:** Ein Attribut namens Adresse,
  dessen Werte sich aus Wohnort, Postleitzahl, Straßenname und Hausnummer zusammensetzen.

- **zusammengesetztes mehrwertiges Attribut:** Ein Attribut *akademischer Titel*, das sich aus Jahr (der Verleihung) und Titel zusammensetzt. Eine
  Entität *Person* kann für dieses Attribut mehrere Werte haben:(1987, Mag.
  rer. soc. oec.), (1990, Dipl.-Ing.) usw.

Ein zusammengesetztes Attribut ordnet einer Entität oder einer Beziehung die Wertekombination der Bestandteile dieses Attributs zu. Die Art der Beziehung zwischen dem Wertebereich des zusammengesetzten Attributs und dem Entitätstyp
bzw. dem Beziehungstyp leitet sich aus der Art des zusammengesetzten Attributs
ab. Die Beziehung zwischen den Wertetupeln des zusammengesetzten Attributs
und den Werten der Teilattribute (zusammensetzende Attribute) ist n:1. Ein Wert
eines Teilattributs kann zu mehreren Wertetupeln in Beziehung stehen, ein Wertetupel dagegen nur zu jeweils einem Wert eines Teilattributs.

Zusammengesetzte Attribute werden benötigt, wenn man sowohl auf das Attribut
als Ganzes, als auch auf die einzelnen Komponenten zugreifen möchte [EN89, S.
41].

4.4   Schwacher Entitätstyp

Durch das identifizierende Attribut kann man die einzelnen Entitäten eines Entitätstyps identifizieren. Es gibt nur wenige natürliche Eigenschaften von Entitäten, die dazu in der Lage sind und in der Form eines Attributs dargestellt werden können. Daher werden häufig künstliche identifizierende Attribute definiert (siehe Abschnitt 4.3.2). Es kann aber auch vorkommen, daß die Definition solcher künstlicher Attribute sehr schwierig und unpraktikabel ist.

> **Beispiel 4.4-1:**   [Che85, S. 185]: *Es gibt keine Straße, die mit einer anderen identisch ist. Man kann sie durch die Farbe, die Form, die Anzahl ihrer Häuser, ... von anderen Straßen unterscheiden. Nur kann man das nicht mit einem Attribut beschreiben. Der Straßenname aber, der die Straße von anderen Straßen unterscheiden soll, ist dazu nur innerhalb einer Stadt in der Lage. In einer anderen Stadt kann es durchaus eine Straße mit demselben Namen geben.*

In diesem Beispiel ist der Straßenname teilidentifizierend, das Attribut *Straßenname* ist nur für jede Stadt (bzw. gemeinsam mit dem Entitätstyp *Stadt*) identifizierend. Zur Lösung dieses Problems wird der schwache Entitätstyp definiert:

Definition: *Ein **schwacher Entitätstyp** ist die Zusammenfassung von Entitäten des gleichen Typs, deren Attribute alleine zur Unterscheidung nicht ausreichen, jedoch unter Heranziehung eines weiteren Entitätstyps (engl.: owner) zur Identifikation ausreichen.*

Die Entitäten eines schwachen Entitätstyps werden über eine spezielle Beziehung (die sog. „*identifying relationship*") zu einem besonders gekennzeichneten Entitätstyp (dem sogenannten „*Owner*") identifiziert. Im obigen Beispiel ist der schwache Entitätstyp *Straße*, der zur Identifikation herangezogene Entitätstyp (Owner) ist *Stadt*.

Zwischen einem schwachen Entitätstyp und seinem Owner besteht immer eine Existenzabhängigkeit, da die schwache Entität ohne die sie identifizierende Entität nicht von den anderen schwachen Entitäten unterschieden werden kann. Nicht jede Existenzabhängigkeit ergibt automatisch einen schwachen Entitätstyp. [EN89] weisen darauf hin, daß man einen schwachen Entitätstyp manchmal durch ein zusammengesetztes mehrwertiges Attribut ersetzen kann. Die Entscheidung, welche Darstellungsform ausgewählt wird, liegt beim Systemanalytiker.

4.5   Graphische Symbole

Nachfolgend sind die den ER-Konstrukten entsprechenden graphischen Symbole aufgeführt:

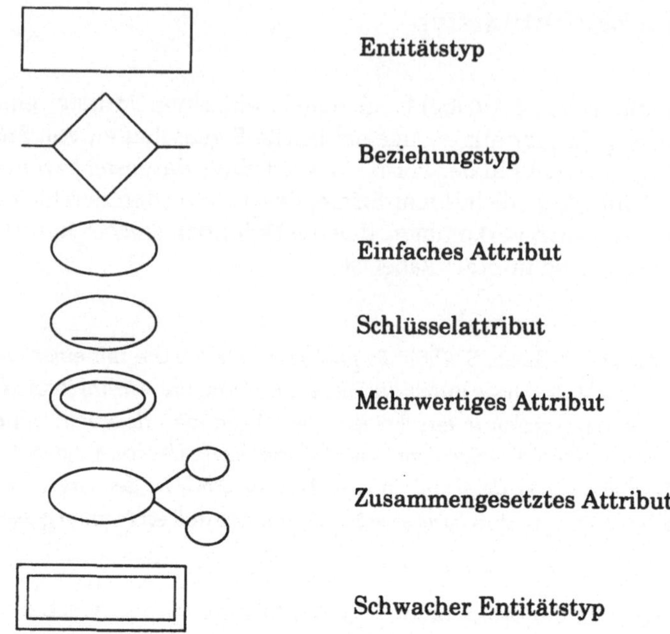

Abbildung 4.1: Graphische Symbole für die ER-Konstrukte

4.6 Interpretationstheorie

Die Interpretationstheorie bildet die Grundlage für die Kompilation und die Extraktion, wobei die Theorie durch die Konversionstabelle implementiert wird. Die Konversionstabelle beschreibt für jedes ER-Konstrukt, wie es zu einem Konzept bzw. zu einem begrifflichen Graphen kompiliert wird und welche Aktionen dabei durchgeführt werden müssen, um die Konsistenz des ER-Modells und der daraus abgeleiteten begrifflichen Graphen zu gewährleisten. Weiters beschreibt diese Tabelle auch die Extraktion von ER-Konstrukten. In den folgenden Abschnitten werden die Einträge für die ER-Konstrukte angeführt. Die Herleitung dieser Einträge wird in den nächsten Abschnitten behandelt.

Im folgenden werden die Einträge für die ER-Konstrukte aufgelistet. Dabei werden jeweils die behandelten ER-Konstrukte den begrifflichen Repräsentationen gegenübergestellt.

4.6.1 Entitätstyp

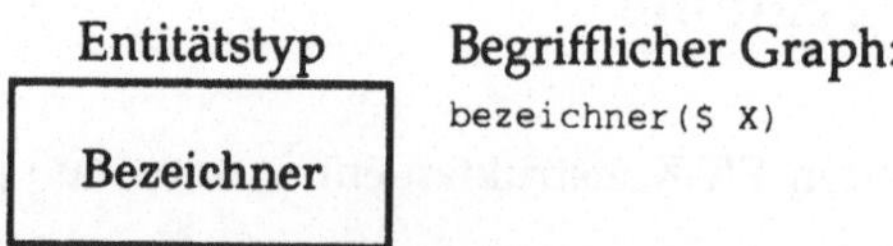

Begrifflicher Graph:
```
bezeichner($ X)
```

Kompilation: Es wird ein Konzept mit dem Bezeichner des Entitätstyps erzeugt. Existiert noch kein entsprechender Typ, wird dieser als Subtyp von *Konkretum*, *Vorgang* oder *Beziehung* in die Typenhierarchie eingetragen. Die Differentia besteht aus den Attributen des Entitätstyps. Gibt es im Arbeitsgraphen kein entsprechendes Konzept, wird das neu generierte Konzept in den Arbeitsgraphen eingetragen.

Extraktion: Anwärter für die Extraktion sind Konzepte, die Subtypen von *Konkretum*, *Vorgang* oder *Beziehung* sind. Es werden Entitätstypen mit dem Bezeichner der ausgewählten Anwärter generiert und in das ER-Modell eingetragen.

4.6.2 Beziehungstyp

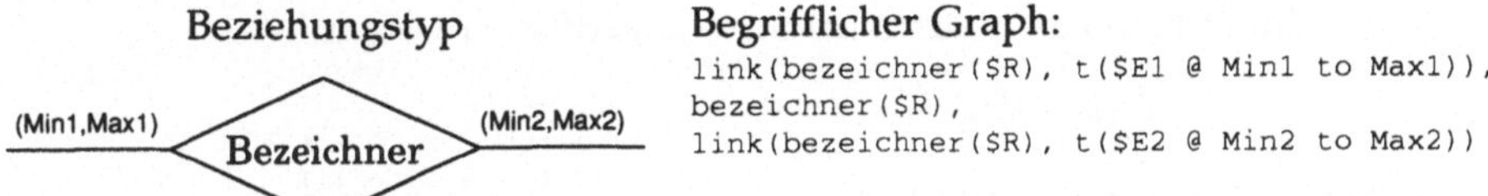


```
link(bezeichner($R), t($E1 @ Min1 to Max1)),
bezeichner($R),
link(bezeichner($R), t($E2 @ Min2 to Max2))
```

Kompilation: Es wird ein Konzept mit dem Bezeichner des Beziehungstyps erzeugt. Existiert noch kein entsprechender Typ, wird dieser als Subtyp von *Vorgang* oder *Beziehung* in die Typenhierarchie eingetragen. Die Differentia besteht aus den Entitätstypen, die durch den Beziehungstyp in Beziehung gesetzt werden und den Attributen des Beziehungstyps. Die Konzepte, die Entitätstypen repräsentieren, werden durch die begriffliche Relation *link* mit dem Konzept des Beziehungstyps verbunden. In den Referenten der begrifflichen Relationen werden die Kardinalitätsverhältnisse eingetragen. Gibt es im Arbeitsgraphen kein entsprechendes Konzept, wird das neu generierte Konzept in den Arbeitsgraphen eingetragen.

Extraktion: Anwärter für die Extraktion sind Konzepte, die Subtypen von *Vorgang* oder *Beziehung* sind. Es werden Beziehungstypen mit dem Bezeichner der ausgewählten Anwärter generiert und in das ER-Modell eingetragen.

4.6.3 Einfaches Attribut

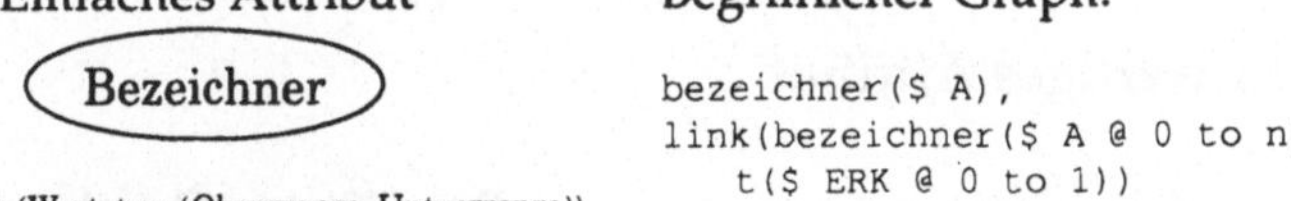


```
bezeichner($ A),
link(bezeichner($ A @ 0 to n),
    t($ ERK @ 0 to 1))
```

Wertebereich (Wertetyp, (Obergrenze, Untergrenze))
oder (Wertetyp, (Wertemenge))

Kompilation: Es wird ein Konzept mit dem Bezeichner des einfachen Attributs erzeugt. Existiert noch kein entsprechender Typ, wird dieser als Subtyp von *Konkretum*, *Vorgang*, *Beziehung* oder *Eigenschaft* in die Typenhierarchie eingetragen. Die Differentia besteht aus den Entitätstypen oder Beziehungstypen, die durch das Attribut beschrieben werden, und dem Wertebereich. Die Konzepte für das beschriebene ER-Konstrukt, das einfache Attribut und den Wertebereich werden durch die begriffliche Relation *link* miteinander verbunden. Die n:1-Beziehung zwischen dem ER-Konstrukt und dem Wert des Attributs wird als Kardinalitätsverhältnis in die Referenten der begrifflichen Relationen eingetragen. Gibt es im Arbeitsgraphen kein entsprechendes Konzept, wird das neu generierte Konzept in den Arbeitsgraphen eingetragen.

Extraktion: Anwärter für die Extraktion sind Konzepte, die Subtypen von *Konkretum*, *Vorgang*, *Beziehung* oder *Eigenschaft* sind. Es werden einfache Attribute mit dem Bezeichner der ausgewählten Anwärter generiert und in das ER-Modell eingetragen.

4.6.4 Identifizierendes Attribut

Identifizierendes Attribut

(Bezeichner)

Wertebereich (Wertetyp, (Obergrenze, Untergrenze))
oder (Wertetyp, (Wertemenge))

Begrifflicher Graph:

```
bezeichner($ A),
link(bezeichner($ A @ 0 to 1),
  t($ ERK @ 1 to 1))
```

Kompilation: Es wird ein Konzept mit dem Bezeichner des identifizierenden Attributs erzeugt. Existiert noch kein entsprechender Typ, wird dieser als Subtyp von *Konkretum*, *Vorgang*, *Beziehung* oder *Eigenschaft* in die Typenhierarchie eingetragen. Die Differentia besteht aus dem Entitätstyp, der durch das Attribut identifiziert wird, und dem Wertebereich. Die Konzepte für den Entitätstyp, das identifizierende Attribut und den Wertebereich werden durch die begriffliche Relation *link* miteinander verbunden. Die 1:1-Beziehung zwischen dem Entitätstyp und dem Wert des Attributs wird als Kardinalitätsverhältnis in die Referenten der begrifflichen Relationen eingetragen. Gibt es im Arbeitsgraphen kein entsprechendes Konzept, wird das neu generierte Konzept in den Arbeitsgraphen eingetragen.

Extraktion: Anwärter für die Extraktion sind Konzepte, die Subtypen von *Konkretum*, *Vorgang*, *Beziehung* oder *Eigenschaft* sind. Es werden identifizierende Attribute mit dem Bezeichner der ausgewählten Anwärter generiert und in das ER-Modell eingetragen.

4.6.5 Mehrwertiges Attribut

Mehrwertiges Attribut

((Bezeichner))

Wertebereich (Wertetyp, (Obergrenze, Untergrenze))
oder (Wertetyp, (Wertemenge))

Begrifflicher Graph:

```
bezeichner($ A),
link(bezeichner($ A @ 0 to n),
  t($ ERK @ 0 to n))
```

Kompilation: Es wird ein Konzept mit dem Bezeichner des mehrwertigen Attributs erzeugt. Existiert noch kein entsprechender Typ, wird dieser als Subtyp von

Konkretum, Vorgang, Beziehung oder *Eigenschaft* in die Typenhierarchie eingetragen. Die Differentia besteht aus den Entitätstypen oder Beziehungstypen, die durch das Attribut beschrieben werden, und dem Wertebereich. Die Konzepte für das beschriebene ER-Konstrukt, das mehrwertige Attribut und den Wertebereich werden durch die begriffliche Relation *link* miteinander verbunden. Die m:n-Beziehung zwischen dem ER-Konstrukt und dem Wertebereich wird als Kardinalitätsverhältnis in die Referenten der begrifflichen Relationen eingetragen. Gibt es im Arbeitsgraphen kein entsprechendes Konzept, wird das neu generierte Konzept in den Arbeitsgraphen eingetragen.

Extraktion: Anwärter für die Extraktion sind Konzepte, die Subtypen von *Konkretum, Vorgang, Beziehung* oder *Eigenschaft* sind. Es werden mehrwertige Attribute mit dem Bezeichner der ausgewählten Anwärter generiert und in das ER-Modell eingetragen.

4.6.6 Zusammengesetztes Attribut

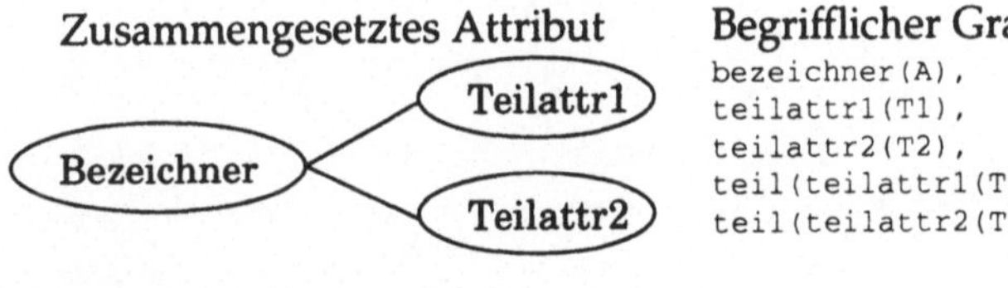

Kompilation: Es wird ein Konzept mit dem Bezeichner des zusammengesetzten Attributs erzeugt. Existiert noch kein entsprechender Typ, wird dieser als Subtyp von *Konkretum, Vorgang, Beziehung* oder *Eigenschaft* in die Typenhierarchie eingetragen. Die Differentia besteht aus den Entitätstypen oder Beziehungstypen, die durch das Attribut beschrieben werden, und dem Wertebereich. Die Konzepte für das beschriebene ER-Konstrukt, das zusammengesetzte Attribut, die zusammensetzenden Attribute und die Wertebereiche werden durch die begriffliche Relation *link* miteinander verbunden. Die Beziehung zwischen dem ER-Konstrukt und dem Wertebereich wird als Kardinalitätsverhältnis in die Referenten der begrifflichen Relationen eingetragen. Die Konstituenten werden als *teil* des zusammengesetzten Attributs definiert. Dabei werden deren Kardinalitätsverhältnisse übernommen. Gibt es im Arbeitsgraphen kein entsprechendes Konzept, wird das neu generierte Konzept in den Arbeitsgraphen eingetragen.

Extraktion: Anwärter für die Extraktion sind Konzepte, die Subtypen von *Konkretum, Vorgang, Beziehung* oder *Eigenschaft* sind. Es werden zusammengesetzte Attribute mit dem Bezeichner der ausgewählten Anwärter generiert und in das ER-Modell eingetragen.

4.6.7   Schwacher Entitätstyp

Schwacher Entitätstyp   **Begrifflicher Graph:**

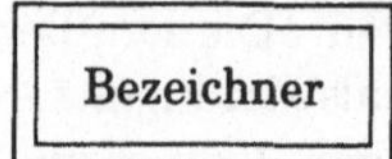


```
bezeichner($ B), attribut($A), owner($O),
link(bezeichner($B), attribut($A)),
link(bezeichner($B), owner($O)),
unique(bezeichner($B), attribut($A), owner($O))
```

Kompilation: Es wird ein Konzept mit dem Bezeichner des schwachen Entitätstyps erzeugt. Existiert noch kein entsprechender Typ, wird dieser als Subtyp von *Konkretum*, *Vorgang* oder *Beziehung* in die Typenhierarchie eingetragen. Die Differentia besteht aus den Attributen des schwachen Entitätstyps. Gibt es im Arbeitsgraphen kein entsprechendes Konzept, wird das neu generierte Konzept in den Arbeitsgraphen eingetragen. Die triadische Relation *unique(X, Y, Z)* definiert, daß jedes *X* eindeutig durch das Paar *Y* und *Z* bestimmt wird.

Extraktion: Anwärter für die Extraktion sind Konzepte, die auch Anwärter für die Extraktion eines Entitätstyps sind, für die aber kein systemweit identifizierendes Attribut extrahiert werden kann.

Kapitel 5

Kompilation eines ER–Modells in begriffliche Graphen

5.1 Kompilationsalgorithmus

5.1.1 Überblick

Zu Beginn dieses Abschnitts wird untersucht, welche Voraussetzungen für ein zu kompilierendes ER-Modell gelten müssen. In weiterer Folge wird ein grober Überblick über den Ablauf der Kompilation gegeben. Weiters wird untersucht, in welche begriffliche Struktur bestimmte Konstrukte des ER-Modells übersetzt werden. Es folgt die Eingliederung neu generierter Konzepte in die Typenhierarchie und in den Arbeitsgraphen. Abschließend wird ein ER-Modell formuliert, das als durchgehendes Beispiel für die nachfolgenden Abschnitte der Kompilation dient.

5.1.2 Voraussetzungen

Ausgangspunkt der Kompilation ist ein – in einer Prolog-Repräsentation vorliegendes – ER-Modell. Es muß inhaltlich und formal konsistent sein.

„*Inhaltlich konsistent*" bedeutet, daß das ER-Modell den Tatsachen entspricht, die es abbilden soll (z.B. daß nicht Entitätstypen zueinander in Beziehung gesetzt werden, die in der Realität jedoch nicht in Beziehung stehen, oder daß die Auswahl der Kardinalitätsverhältnisse nicht richtig gewählt wurde, usw.). Ob das ER-Modell inhaltlich konsistent ist, kann nur der Systemanalytiker selbst beurteilen.

„*Formal konsistent*" bedeutet, daß das ER-Modell den Bildungsgesetzen für ER-Modelle entspricht (z.B. daß jeder Entitätstyp durch Beziehungstypen mit anderen verbunden ist und nicht im Leeren hängt, oder daß ein Beziehungstyp nicht im Leeren endet). Eine formale Überprüfung erfolgt maschinell (siehe Abschnitt 7.2).

5.1.3 Ablauf der Kompilation

Die Kompilation erfolgt in fünf Schritten, wobei der Benutzer bei einem Schritt eingreifen muß.

1. Im ER-Modell wird ein ER-Konstrukt isoliert.

2. Gemäß dem entsprechenden Eintrag in der Konversionstabelle wird ein Konzept erzeugt, das den Bezeichner des ER-Konstrukts erhält.

3. In der Typenhierarchie wird eine Definition des erzeugten Konzepts gesucht.

4. Wird keine Definition gefunden, muß das Konzept definiert werden. Das geschieht, indem der Benutzer den Supertyp des Konzepts bestimmt. Die Differentia wird aus dem ER-Konstrukt abgeleitet.

5. Das Konzept wird in den Arbeitsgraphen eingefügt.

Diese Schritte werden für jedes ER-Konstrukt durchgeführt. Die Kompilation ist abgeschlossen, wenn alle ER-Konstrukte kompiliert wurden.

Kompilation eines ER-Konstrukts

Im Rahmen der Kompilation wird ein Konzept oder ein begrifflicher Graph generiert, der dem ER-Konstrukt entspricht. Der Entitätstyp kann als Summe verschiedener Wahrnehmungen betrachtet werden. Diese Wahrnehmungen können als begrifflicher Graph dargestellt werden. Dieser begriffliche Graph dient als Definitionsgraph für einen Typ, der der Summe der Wahrnehmungen – dem Entitätstyp – entspricht (Beispiel: siehe Abschnitt 5.3).

In gleicher Weise kann für den Beziehungstyp ein Typ generiert werden, der durch einen Definitionsgraphen definiert wird, in dem die Wahrnehmungen im Zusammenhang mit Beziehungstypen in Konzepte gefaßt werden.

Das Attribut ordnet einer Entität oder Beziehung Werte zu und stellt so Eigenschaften bzw. äußere Merkmale dar. Hier liegen nicht mehrere Wahrnehmungen vor, sondern nur eine, nämlich die der Eigenschaft. Daher wird das Attribut als Konzept dargestellt.

Übertragung von Bildungsgesetzen

Bei der Überführung von ER-Modellen in begriffliche Graphen stellt sich die Frage, in welcher Weise die Bildungsgesetze von ER-Modellen in begriffliche Graphen übertragen werden können. Die Bildungsgesetze geben an, in welcher Beziehung einzelne Konstrukte einer Methode zueinander stehen. Um die Aussage eines Modells über die Kompilation hinweg zu erhalten, müssen nicht nur die einzelnen

Konstrukte, sondern auch die Bildungsgesetze des Gesamtmodells in definierter Form übertragen werden.

Nebenbedingung für die Realisierung dieser Forderung ist die Möglichkeit, die Bildungsregeln auch in den begrifflichen Graphen entsprechend abzubilden. Ein Beispiel dafür ist die Beziehung zwischen Entitätstypen und Entitäten. In einer methodenspezifischen Bildungsregel wird ausgesagt, daß ein Entitätstyp individuelle Entitäten beschreibt. Wie kann dieser Zusammenhang in begrifflichen Graphen abgebildet werden? Wesentliche Voraussetzung dafür ist Festlegung von Identitäten. Es muß also beschrieben werden, welche Konstrukte (oder allenfalls Teile von Konstrukten) welche Entsprechung im begrifflichen Graphen besitzen. Ein Beispiel dafür ist der Bezeichner einer Entität. Der Bezeichner einer Entität bestimmt einen Typ, der wieder seinerseits eine individuelle Ausprägung dieses Typs festlegt. Welchem Beschreibungsmittel in begrifflichen Graphen entspricht nun ein Bezeichner eines ER-Konstrukts? Intuitiv bietet sich an dieser Stelle die Typenbezeichnung eines entsprechenden begrifflichen Konzepts an.

Um tatsächlich eine Identität in dieser Weise definieren zu können, muß jedoch nicht nur die semantische Äquivalenz, sondern auch die Äquivalenz in bezug auf die Modellbildungsregeln sichergestellt werden, in die der Bezeichner involviert ist. So besteht etwa im ER-Modell die Forderung, daß Bezeichner von Entitäten im Modell eindeutig zu sein haben (anders als etwa die Bezeichner von Attributen, die nur in bezug auf das Konstrukt, auf das sie sich beziehen, eindeutig sein müssen). Es ist also festzustellen, ob diese Bildungsregeln auch in den daraus abgeleiteten begrifflichen Graphen gegeben sind.

Jedes Konzept eines begrifflichen Graphen muß einen eindeutigen Konzeptbezeichner besitzen. Die Bildungsregel wäre also auch in begrifflichen Graphen gegeben, womit die tatsächliche Äquivalenz beider Bezeichner nachgewiesen wäre.

Eingliederung in die Typenhierarchie

Der nächste Schritt der Kompilation besteht in der Eingliederung des neu generierten Konzepts in die Typenhierarchie. Existiert bereits ein entsprechender Typ in der Typenhierarchie, kann die Eingliederung entfallen. Für jedes ER-Konstrukt gibt es einen sogenannten Eintrittspunkt in die Typenhierarchie.

Ein Eintrittspunkt ist ein Typ in der Typenhierarchie, der dem ER-Konstrukt in der Bedeutung entspricht. Entspricht ein Typ *Angestellter* einem Entitätstyp *Angestellter*, so ist dieser Typ der Eintrittspunkt für den Entitätstyp. Findet sich in der Typenhierarchie kein entsprechender Typ, muß ein neuer generiert und definiert werden. Der Supertyp dieses neu erzeugten Typs ist der Eintrittspunkt in die Typenhierarchie. Gibt es z.B. in der Typenhierarchie einen Typ *Person*, aber keinen Typ *Angestellter*, so wird ein Typ *Angestellter* erzeugt und als Subtyp von *Person* definiert. Der Eintrittspunkt ist *Person*.

Allgemein gibt es für jedes ER-Konstrukt Bereiche in der Typenhierarchie, die keinen Eintrittspunkt für das Konzept haben (so wird z.B. ein Entitätstyp nie Subtyp von *Eigenschaft* sein oder ein Beziehungstyp Subtyp von *Daten*). Man kann also in Umkehrung für jedes ER-Konstrukt einen Bereich in der Typenhierarchie finden, in dem die Eintrittspunkte dieser ER-Konstrukte liegen. Die Supertypen dieser Bereiche werden ebenfalls Eintrittspunkte genannt. Die Isolierung dieser Eintrittspunkte ist in der Folge wichtiger Bestandteil bei der Entwicklung der Konversionstabelle.

Bei der Erstellung des Definitionsgraphen kann es dazu kommen, daß zur Definition eines Konzepts andere Konzepte benötigt werden, die ihrerseits aber noch nicht definiert sind oder zu ihrer Definition dieses Konzept benötigen. Dazu hat [Bac90] vorgeschlagen, Typen, die in ihrem Definitionsgraphen noch nicht definierte Konzepte enthalten, erst dann endgültig in die Typenhierarchie aufzunehmen, wenn diese Konzepte definiert wurden.

Eingliederung in den Arbeitsgraphen

Der letzte Schritt der Kompilation besteht in der Einfügung des erzeugten Konzepts in den Arbeitsgraphen. Während die Eingliederung in die Typenhierarchie die Einführung der ER-Konstrukte in die Begriffswelt der begrifflichen Graphen behandelt, wird durch den Arbeitsgraphen der Ausschnitt der Realwelt eingefangen, der durch das ER-Modell beschrieben wird.

Prädikatenlogisch betrachtet sind die (Definitions-)Graphen der Typenhierarchie universell quantifizierte Aussagen über die Konzepte. Die in den Definitionsgraphen gemachten Aussagen gelten für alle Konzepte dieses Typs, egal ob in der Typenhierarchie oder im Arbeitsgraphen. Die Aussagen des Arbeitsgraphen sind dagegen existentiell quantifiziert. Er prüft Aussagen über die Existenz von Konzepten, die mit anderen Konzepten in Verbindung stehen. Für die Eingliederung eines Konzepts in den Arbeitsgraphen gibt es zwei Möglichkeiten:

- ein entsprechendes Konzept existiert bereits im Arbeitsgraphen, oder

- das Konzept wird mit den bereits vorhandenen Konzepten verbunden.

Ein entsprechendes Konzept existiert dann, wenn das ER-Konstrukt, das in das einzugliedernde Konzept kompiliert wurde, aus diesem Konzept im Arbeitsgraphen extrahiert wurde (zur Extraktion siehe Abschnitt 6). Außerdem können ER-Konstrukte in begriffliche Graphen kompiliert werden, die entsprechende Konzepte beinhalten (z.B. die Grenzen eines Wertebereichs von verschiedenen Attributen; ein Beispiel hierzu befindet sich im Abschnitt 5.5.7). Gibt es im Arbeitsgraphen keine Entsprechung für das Konzept, wird es den vorhandenen Konzepten beigefügt.

5.2   Beispiel eines ER-Modells

Zur Illustrierung des Kompiliervorgangs werden anhand eines Beispiels die einzelnen Schritte der Modellierung einer Lagerverwaltung praktisch durchgeführt. Hierzu liegen folgende Angaben vor.

Artikel:

Die im Lager verwalteten Artikel sind durch eine sechsstellige Zahl eindeutig identifiziert. Weiters hat jeder Artikel eine textliche Bezeichnung, einen Einkaufspreis und einen Verkaufspreis. Der Einkaufspreis gilt als Grundpreis, zu dem (bei Bestellung größerer Mengen) eigene Einkaufskonditionen vereinbart sind. Diese Einkaufskonditionen können entweder für mehrere Artikel mit dem Lieferanten vereinbart sein oder in Form von Aktionen in einem bestimmten Zeitraum für einzelne Artikel bestehen. Die Konditionen werden in Form von Naturalrabatten gewährt. Die Konditionen sind in der branchenüblichen Form, z.B. „*10 + 1*" angegeben. „*10 + 1*" bedeutet: Bei der Abnahme von 10 Stück wird ein Stück als Naturalrabatt gewährt.

Warenentnahmestelle:

Die Anfrage eines Kunden wird von der Warenentnahmestelle bearbeitet. Das vorliegende Lager ist nach dem Bestellpunktverfahren organisiert, d.h. zu jedem Artikel ist zum Zeitpunkt der Warenentnahme bekannt, welcher Lagerbestand vorhanden ist und bei welchem Bestand eine Nachbestellung ausgelöst werden soll (Losgröße). Ist der vom Kunden angefragte Artikel auf Lager, wird eine Warenentnahme verzeichnet. Die Warenentnahme bezeichnet die Artikelnummer und die Menge, die entnommen worden ist. Wird bei der Warenentnahme eine Losgröße unterschritten, wird die Nachbestellung des Artikels ausgelöst. Bei der Nachbestellung ist nur die Artikelnummer an die Bestellstelle weiterzugeben. Kann eine Kundenanfrage nicht oder nicht vollständig befriedigt werden, wird eine Fehlmenge verzeichnet. Eine Fehlmenge bezeichnet eine Artikelnummer und die Menge, die nicht erfüllt werden konnte.

Bestellstelle:

Die Lieferanten rufen mehrmals täglich bei der Bestellstelle an, um Bestellungen entgegenzunehmen. Bei jedem Artikel ist verzeichnet, bei welchem Lieferanten er zu besorgen ist. Die Lieferantenauswahl stützt sich nicht auf den Preis, sondern ist firmenpolitisch gegeben. Bei jedem Bestellruf werden aus den einzelnen Nachbestellungspositionen, die von der Warenentnahmestelle kommen, Bestellungen zusammengestellt und dem Lieferanten durchgesagt. Die optimalen Bestellmengen sind pro Artikel verzeichnet und stellen die Bestellmenge dar. Zwischen Bestellstelle und Lieferant wird eine eindeutige Bestellnummer vereinbart. Bei der Bestellung entsteht eine Bestelliste, die die Bestellnummer, den Lieferanten und die einzelnen Bestellpositionen enthält. Die Bestelliste wird an die Warenannahmestelle weitergereicht.

Warenannahme:

Sobald die Lieferung eintrifft, wird die gelieferte Ware in der Warenannahmestelle mit der Bestelliste verglichen. Die korrekt gelieferte Ware wird in das Lager eingeordnet, und es wird ein Warenzugang verzeichnet. Ist Ware gar nicht, fehlerhaft oder in falscher Anzahl gekommen, wird die Position in eine Fehlerliste eingetragen, deren Kopie dann mit der leeren Kiste des Lieferanten dem Boten mitgegeben wird. Bei der folgenden Lieferung wird dann die Vollständigkeit nochmals geprüft. Eine Bestellung ist dann erledigt, wenn keine dazugehörige Fehlerliste in Umlauf ist.

Berechnungen und Auswertungen:

Jeden Samstag mittag wird für jeden Artikel die optimale Bestellmenge auf Grund der bisherigen Daten neu berechnet. Die Neuberechnung einzelner Artikel kann auch unter der Woche begonnen werden (etwa nach Bekanntwerden einer Lieferantenaktion). Die Geschäftsleitung kann jederzeit den aktuellen Lagerbestand (mengen- und wertmäßig) sowie den erreichten Lieferbereitschaftsgrad und etwaig vorkommende Fehlmengen abrufen.

ER-Modell

Das ER-Modell der Lageranwendung ist in Abbildung 5.1 wiedergegeben. Die im Modell enthaltenen Wertebereiche sind in nachstehender Tabelle zusammengefaßt.

	Wertebereiche (Typ,(Min, Max)), oder (Typ,(Wertemenge))
Name	String,(-,-)
LieferantenNr	Zahl,(0,-)
Bestellmenge	Zahl,(0,-)
Rabattmenge	Zahl,(0,-)
BestellNr	Zahl,(0,-)
Fehlerliste	String,(-,-)
Bestellpunkt	Zahl,(0,-)
Menge	Zahl,(0,-)
Fehlmenge	Zahl,(0,-)
opt. Bestellm.	Zahl,(0,-)
ArtikelNr	Zahl,(0,1 000 000)
Bezeichnung	String,(-,-)
Einkaufspreis	Zahl,(0,-)
Verkaufspreis	Zahl,(0,-)
Menge	Zahl,(0,-)
Name	String,(-,-)
KundenNr	Zahl,(0,-)

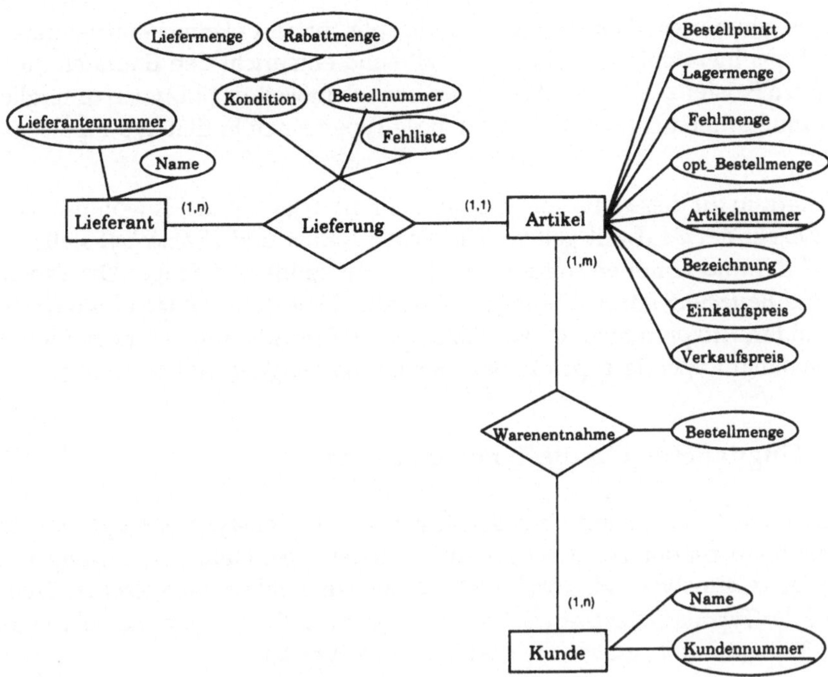

Abbildung 5.1: Lagermodell

5.3   Entitätstyp

5.3.1   Überblick

Zu Beginn dieses Abschnitts werden die Eintrittspunkte für den Entitätstyp bestimmt. Weiters wird untersucht, wie die neugenerierten Konzepte in die Typenhierarchie eingeliedert (definiert) werden. In der Folge wird die Eingliederung in
den Arbeitsgraphen beschrieben. Zur Illustration folgt abschließend ein Beispiel.

5.3.2   Eintrittspunkt

[EN89, S. 40] beschreibt zwei Möglichkeiten für die Erscheinungsformen einer Entität. Eine Entität kann ein Objekt mit einer physischen Existenz – als Beispiele
·werden Person, Auto, Haus oder Angestellter genannt – oder ein Objekt mit einer
begrifflichen Existenz, also keiner physischen, sondern einer abstrakten Existenz
sein – Beispiele hierfür sind Gesellschaft (iSv Unternehmen), Beruf oder Lehrveran-
staltung.

Die Entsprechung für diese zwei Erscheinungsformen sind die Typen *Konkretum* und
Abstraktum. Der Typ *Konkretum* definiert körperliche Konzepte und entspricht somit
Entitäten mit einer physischen Existenz. Der Typ *Abstraktum* definiert dagegen

Konzepte ohne körperliche Existenz – Konzepte, für die es keine Wahrnehmung gibt (siehe Typenhierarchie in Abbildung 5.2) – und entspricht den Entitäten mit einer abstrakten Existenz. Der Typ *Abstraktum* ist noch in weitere Subtypen untergliedert. Daher muß untersucht werden, ob all diese Typen einen Entitätstyp repräsentieren können.

Als Kriterium für diese Auswahl soll die Definition der Entität als wohlunterscheidbares Objekt der Realwelt gelten. Die Typen *Datum* und *Eigenschaft* stellen keine Objekte dar und kommen somit nicht als Eintrittspunkte in Frage. Die Typen *Vorgang* und *Beziehung* können hingegen abstrakte Objekte im obigen Sinn darstellen und sind Eintrittspunkte für den Entitätstyp. Als Eintrittspunkte für den Entitätstyp werden daher folgende Typen isoliert: *Konkretum*, *Vorgang* und *Beziehung*.

5.3.3 Eingliederung in die Typenhierarchie

Nachdem ein Konzept mit dem Bezeichner des Entitätstyps erzeugt worden ist, muß der Benutzer den entsprechenden Typ in die Typenhierarchie eintragen. Dazu muß er den Genustyp (vgl. Abschnitt 3.2.2) suchen. Gibt es einen solchen Typ nicht, so wird der Typ als Subtyp eines der Eintrittspunkte eingetragen. Hat der Benutzer diesen Typ gefunden, gibt er die Definition des Typs an.

Genus ist das als Supertyp ausgewählte Konzept, die Differentia, die den Unterschied zwischen Super- und Subtyp erklärt, besteht hier aus den Attributen des Entitätstyps, da diese den Entitätstyp näher beschreiben.

5.3.4 Eingliederung in den Arbeitsgraphen

Ist der Entitätstyp, für den das Konzept einzugliedern ist, bei einer Extraktion aus einem Konzept hervorgegangen, so sind das einzugliedernde und das im Arbeitsgraphen vorhandene Konzept ident, und die Eingliederung kann entfallen. Da der Entitätstyp eine Menge von Entitäten repräsentiert, erhält das Konzept im Referenten eine generische Menge.

Ist der Entitätstyp erst im ER-Modell durch Definition des Benutzers entstanden oder ist der Arbeitsgraph leer, so wird das Konzept dem Arbeitsgraphen hinzugefügt. Verbindungen zu anderen Konzepten werden über begriffliche Relationen hergestellt.

5.3.5 Beispiel

Gegeben sind drei Entitätstypen: *Lieferant*, *Artikel* und *Kunde*. Eintrittspunkte sind die Typen *Konkretum*, *Vorgang* und *Beziehung*. Die vorliegenden Entitätstypen sind Subtypen von *Konkretum*.

Die Definitionsgraphen haben als Genus den Typ *Konkretum* und als Differentia die Konzepte, die die Attribute repräsentieren. Somit geraten wir in die Lage, zur

Definition eines Konzepts andere – noch nicht definierte – Konzepte verwenden zu müssen.

Bis zu der Definition dieser Konzepte wird der Definitionsgraph der Entitätstypen nur bedingt und erst bei der Definition der Attribute endgültig in die Typenhierarchie übernommen (zur Definition des Attributs siehe Abschnitt 5.5.3). Nachfolgend werden die Definitionsgraphen für *Lieferant, Artikel* und *Kunde* beschrieben.

```
lieferant(X) type
   konkretum(X),
      link(lieferantenNr($ Y1),konkretum($ X @ 1 to 1)),
         lieferantenNr($ Y1),  link(lieferantenNr($ Y1),$ Z @ 0 to 1),
            zahl($ Z),
            kleiner(zahl(UG:0),zahl($ Z)),  zahl(UG:0),
      link(name($ Y2),  konkretum($ X @ 1 to 1)),
         name($ Y2),  link(name($ Y2),string($ S 0 to n)),  string($ S).


artikel(X) type
   konkretum(X),
      link(artikelNr($ Y1),  konkretum($ X @ 1 to 1)),
         artikelNr($ Y1),  link(artikelNr($ Y1),zahl($ Z1 @ 0 to 1)),
            zahl($ Z1),
            kleiner(zahl(UG:0),zahl($ Z1)),  zahl(UG:0),
            groesser(zahl(OG:1000000),zahl($ Z1)),  zahl(OG:1000000),
      link(menge($ Y2),  konkretum($ X @ 1 to 1)),
         menge($ Y2),  link(menge($ Y2),zahl($ Z2 @ 0 to n)),  zahl($ Z2),
            kleiner(zahl(UG:0),zahl($ Z2)),  zahl(UG:0),
      link(fehlmenge($ Y3),  konkretum($ X @ 1 to 1)),
         fehlmenge($ Y3),  link(fehlmenge($ Y3),zahl($ Z2 @ 0 to n)),
      link(opt_bestellmenge($ Y4),  konkretum($ X @ 1 to 1)),
         opt_bestellmenge($ Y4),
         link(opt_bestellmenge($ Y4),  zahl($ Z2 @ 0 to n)),
      link(bestellpunkt($ Y5),  konkretum($ X @ 1 to 1)),
         bestellpunkt($ Y5),
         link(bestellpunkt($ Y5),zahl($ Z2 @ 0 to n)),
      link(einkaufspreis($ Y6),  konkretum($ X @ 1 to 1)),
         einkaufspreis($ Y6),
         link(einkaufspreis($ Y6),zahl($ Z2 @ 0 to n)),
      link(verkaufspreis($ Y7),  konkretum($ X @ 1 to 1)),
         verkaufspreis($ Y7),
         link(verkaufspreis($ Y7),zahl($ Z2 @ 0 to n)),
      link(bezeichnung($ Y8),  konkretum($ X @ 1 to 1)),
         bezeichnung($ Y8),  link(bezeichnung($ Y8),string($ S)),
         string($ S).


kunde(X) type
   konkretum(X),
      link(kundenNr($ Y1),  konkretum($ X @ 1 to 1)),
         kundenNr($ Y1),  link(kundenNr($ Y1),zahl($ Z @ 0 to 1),
      zahl($ Z),  kleiner(zahl(UG:0),zahl($ Z)),  zahl(UG:0),
      link(name($ Y2),  konkretum($ X @ 1 to 1)),
         name($ Y2),  link(name($ Y2),string($ S @ 0 to n),
            string($ S).
```

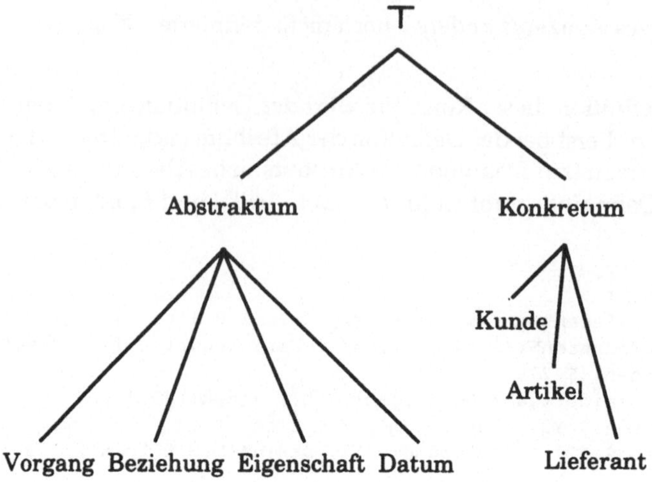

Abbildung 5.2: Typenhierarchie

Nach dem Einfügen der drei Konzepte aus Abbildung 5.2 liegt folgender Arbeitsgraph vor:

```
ag(lieferant($ X1)).   ag(artikel($ X2)).   ag(kunde($ X3)).
```

5.4 Beziehungstyp

5.4.1 Überblick

Nach der Herleitung der Eintrittspunkte für Beziehungstypen wird die Repräsentation der Kardinalitätsverhältnisse in begrifflichen Graphen erläutert. Es folgen die Eingliederung in die Typenhierarchie und in den Arbeitsgraphen und ein Beispiel zur Kompilation von Beziehungstypen.

5.4.2 Eintrittspunkt

Als erster Schritt wird ein Konzept mit dem Bezeichner des Beziehungstyps erzeugt. Nun muß geklärt werden, von welchen Typen der Typenhierarchie dieses Konzept Subtyp sein kann. Es müssen die Eintrittspunkte bestimmt werden.

Dazu rufen wir uns noch einmal die Bedeutung des Beziehungstyps in Erinnerung. Der Beziehungstyp stellt Beziehungen zwischen Entitätstypen her. Ein Konzept, das einen Beziehungstyp repräsentieren soll, kann also nur von solchen Typen Subtyp sein, die zwischen anderen Typen, die ihrerseits Entitätstypen repräsentieren, Beziehungen herstellen können. Hierfür kommen die folgenden Begriffe in Frage:

- *Zustand*: zwei Entitäten treten im Rahmen eines Zustands in Beziehung (z.B. eine Person ist angestellt in einem Unternehmen)

- *Beziehung*: zwischen zwei Entitäten besteht eine Beziehung (z.B. eine Person und ein Unternehmen stehen durch einen Arbeitsvertrag in Beziehung)

- *Vorgang*: zwei Entitäten werden durch einen Vorgang in Beziehung gesetzt (z.B. eine Person arbeitet für ein Unternehmen)

In der Typenhierarchie finden sich zwei Typen, die diesen Begriffen entsprechen: der Typ *Beziehung* entspricht den Begriffen *Beziehung* und *Zustand* und der Typ *Vorgang* dem Begriff *Vorgang*. Die Eintrittspunkte für ein Konzept, das einen Beziehungstyp repräsentiert, sind also die Typen *Beziehung* und *Vorgang*.

5.4.3 Kardinalitätsverhältnisse

Die Kardinalitätsverhältnisse treffen eine Aussage über die Struktur der Beziehung und sind daher ein wichtiger Bestandteil der Definition des Beziehungstyps.

[MN89] haben einen Vorschlag für die Integration von Kardinalitätsverhältnissen in begrifflichen Graphen gemacht. Ausgehend von der im Abschnitt 4.2 dargestellten Notation von [EN89] übertragen sie diese Notation in die Referenten der Relationen, die das Konzept, das den Beziehungstyp repräsentiert, mit den Konzepten, die für Entitätstypen stehen, verbinden.

Beispiel 5.4-1:   Zwischen den Entitätstypen *Angestellter* und *Unternehmen* besteht ein Beziehung (siehe Abbildung 5.3).

Abbildung 5.3: Kardinalitätsverhältnisse

Die Kardinalitätsverhältnisse (in den Klammern) bedeuten, daß ein Angestellter mindestens einmal mit einem Unternehmen in Beziehung tritt (Existenzabhängigkeit, d.h. ein Angestellter existiert für das Modell erst, wenn er in ein Arbeitsverhältnis mit dem Unternehmen tritt), aber er darf höchstens einmal mit einem Unternehmen in ein Arbeitsverhältnis treten (d.h. er kann nur für ein Unternehmen arbeiten).

Das Unternehmen tritt mindestens einmal mit einem Angestellten in Beziehung (Existenzabhängigkeit: ein Unternehmen ohne Angestellte gibt es nach obiger Definition nicht), kann aber mit mehreren Angestellten in ein Arbeitsverhältnis treten (es ist keine Obergrenze für die Angestelltenzahl gesetzt). Die Repräsentation dieses Sachverhalts in begrifflichen Graphen ist wie folgt:

```
angestellter($ X), link(arbeitsverhaeltnis($ Y),
angestellter($ X @ 1 to 1)),
```

```
arbeitsverhaeltnis($ Y),
link(arbeitsverhaeltnis($ Y),unternehmen($ Z @ 1 to n)),
unternehmen($ Z).
```

5.4.4 Eingliederung in die Typenhierarchie

Vor der Eingliederung wird überprüft, ob nicht schon eine Typdefinition des Konzepts vorliegt. Ist dies nicht der Fall, muß der Benutzer den Supertyp des Konzepts in der Typenhierarchie bestimmen. Der Supertyp ist entweder einer der zwei oben bestimmten Eintrittspunkte – *Vorgang* oder *Beziehung* – oder ein Subtyp davon.

Der Supertyp ist der Genus des neu zu definierenden Typs und somit Teil der Typdefinition. Der zweite Teil ist die Differentia. Sie wird aus den Entitätstypen, die in Beziehung gesetzt werden, abgeleitet und um die Kardinalitätsverhältnisse ergänzt.

Im Definitionsgraphen werden der Genustyp und die Typen, die für die Entitätstypen stehen, durch begriffliche Relationen verbunden. Diese geben an, wie die Typen zueinander stehen. Beim Typ *Vorgang* gibt es einen aktiven und einen passiven Teil, dementsprechend werden in diesem Fall die Relationen *agnt* und *obj* verwendet. Beim Typ *Beziehung* hingegen kann keine derartige Aussage getroffen werden – die Relation zwischen Beziehung und Entitätstyp kann nicht näher beschrieben werden. Diese Typen werden daher durch die Relation *link* verbunden.

5.4.5 Eingliederung in den Arbeitsgraphen

Die Eingliederung von Beziehungstypen entspricht der Eingliederung von Entitätstypen. Da auch der Beziehungstyp aus einer Menge von Beziehungen besteht, wird im Referenten des erzeugten Konzepts eine generische Menge eingetragen.

Für extrahierte Konzepte, die ein entsprechendes Konzept im Arbeitsgraphen haben, kann die Eingliederung entfallen. Neue Konzepte, die durch die Definition eines Beziehungstyps im ER-Modell entstanden sind, werden dem Arbeitsgraphen hinzugefügt.

5.4.6 Beispiel

Zwischen den drei Entitätstypen bestehen zwei Beziehungstypen: *Lieferung* und *Warenentnahme*. Als mögliche Eintrittspunkte gibt es *Vorgang* und *Beziehung*. Die hier vorliegenden Beziehungstypen sind vom Typ *Vorgang*. Da das Konzept *Vorgang* keine Subtypen hat, werden die Konzepte als Subtypen von *Vorgang* eingeordnet. Dadurch ergibt sich die in Abbildung 5.4 dargestellte Typenhierarchie.

Die Definitionsgraphen bestehen aus dem Genus *Vorgang* und der Differentia, die sich aus den zwei Konzepten für die Entitätstypen und den Konzepten, die die Attribute darstellen, zusammensetzt:

```
lieferung(X) type
   vorgang($ X),
      agnt(vorgang($ X),lieferant($ E1 @ 1 to n)),  lieferant($ E1),
      obj(vorgang($ X),artikel($ E2 @ 1 to 1)),  artikel($ E2),
      link(bestellNr($ Y1), vorgang($ X @ 1 to 1)),
         bestellNr($ Y1),  link(bestellNr($ Y1),zahl($ Z @ 0 to n),
            zahl($ Z),
            kleiner(zahl(UG:0),zahl($ Z)),  zahl(UG:0),
      link(fehlerliste($ Y2), vorgang($ X @ 1 to 1)),
         fehlerliste($ Y2),  link(fehlerliste($ Y2),string($ S 0 to n)),
string($ S),
      link(kondition($ Y3), vorgang($ X @ 1 to 1)),
         kondition($ Y3),
            teil(kondition($ Y3),liefermenge(A1)),
            teil(kondition($ Y3),rabattmenge($ A2)),
         liefermenge(A1),
         rabattmenge($ A2).
warenentnahme(X) type
      vorgang($ X),
      agnt(vorgang($ X),kunde($ E1 @ 1 to m)),  kunde($ E1),
      obj(vorgang($ X),artikel($ E2 @ 1 to n)),  artikel($ E2),
        link(menge($ Y1), vorgang($ X @ 1 to 1)),
           menge($ Y1),  link(menge($ Y1),zahl($ Z @ 0 to n)),  zahl($ Z),
              kleiner(zahl(UG:0),zahl($ Z)),  zahl(UG:0).
```

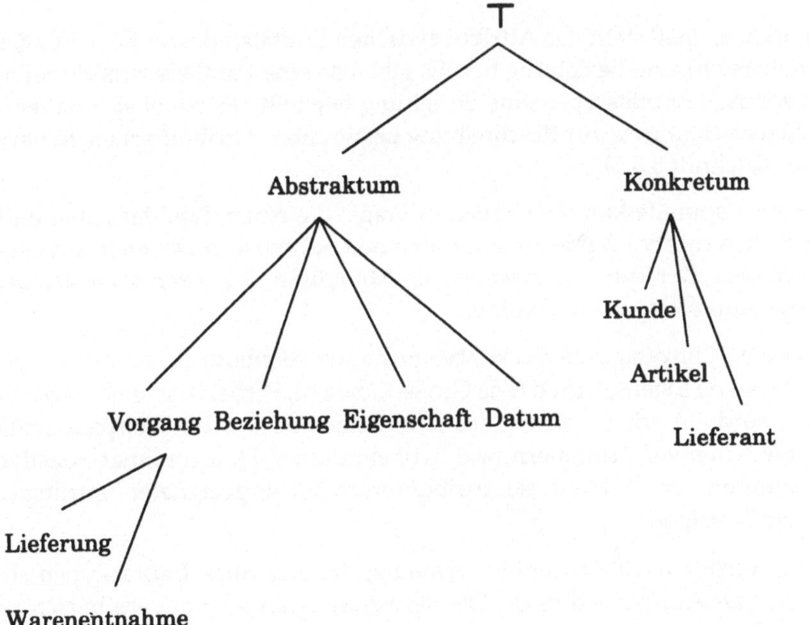

Abbildung 5.4: Typenhierarchie

Die Konzepte, die die Entitätstypen repräsentieren, werden im Arbeitsgraphen durch die Konzepte für die Beziehungstypen verbunden:

```
lieferant($ X1),
```

```
   agnt(lieferung($ R1),lieferant($ X1 @ 1 to n)),
lieferung($ R1),
   obj(lieferung($ R1),artikel($ X2 @ 1 to 1)),
artikel($ X2),
   obj(warenentnahme($ R2),artikel($ X2 @ 1 to m)),
warenentnahme($ R2),
   agnt(warenentnahme($ R2),kunde($ X3 @ 1 to n)),
kunde($ X3).
```

5.5 Attribut

5.5.1 Überblick

Nach der Bestimmung der Eintrittspunkte wird die Eingliederung des Attributs
unter Berücksichtigung der verschiedenen Erscheinungsformen in die Typenhierarchie behandelt. Vor dem abschließenden Beispiel wird die Eingliederung der
neugenerierten Konzepte in den Arbeitsgraphen erläutert.

5.5.2 Eintrittspunkt

Definitionsgemäß stellt das Attribut zwischen Entitätstyp oder Beziehungstyp und
Wert(ebereich) eine Beziehung her. Es gibt also eine Parallele zum Beziehungstyp,
der zwischen Entitätstypen eine Beziehung herstellt. Es bietet sich daher an, Kardinalitätsverhältnisse zur Beschreibung bestimmter Attributformen zu verwenden
(siehe Abschnitt 5.5.5).

Als Eintrittspunkte kommen Typen in Frage, die einen Typ, der einen Entitätstyp
oder Beziehungstyp repräsentiert, und einen Subtyp von *Datum* in Beziehung setzen können. Der Typ *Eigenschaft* (siehe Abbildung 5.4) kann als erster derartiger
Eintrittspunkt festgehalten werden.

Dieser eine Eintrittspunkt deckt aber nicht alle Attribute ab, da es viele Attribute
gibt, die keine Eigenschaften (wie Größe, Gewicht, Farbe) beschreiben, sondern nur
Werte zuordnen, wie z.B. häufig das identifizierende Attribut (Beispiele sind Namen
und alle Arten von Nummern, wie Artikelnummer, Hausnummer, Sozialversicherungsnummer usw.). Für diese Attribute erscheint als geeigneter Eintrittspunkt das
Konzept *Beziehung*.

Häufig werden auch Attribute verwendet, die eigentlich Entitätstypen sind (z.B.
Ortschaft als Attribut Adresse). Die Verwendung als Attribut ergibt sich aus einer
für das Gesamtsystem untergeordneten Bedeutung, die es nicht notwendig macht,
einen eigenen Entitätstyp zu definieren. Z.B. kann der durch das ER-Modell in
Abbildung 5.5 beschriebene Sachverhalt auch durch das ER-Modell in Abbildung
5.6 repräsentiert werden.

Da es sich hier um einen Entitätstyp handelt, der als Attribut modelliert wurde,
sind die Eintrittspunkte für ein solches Attribut die Eintrittspunkte des Entitätstyps:

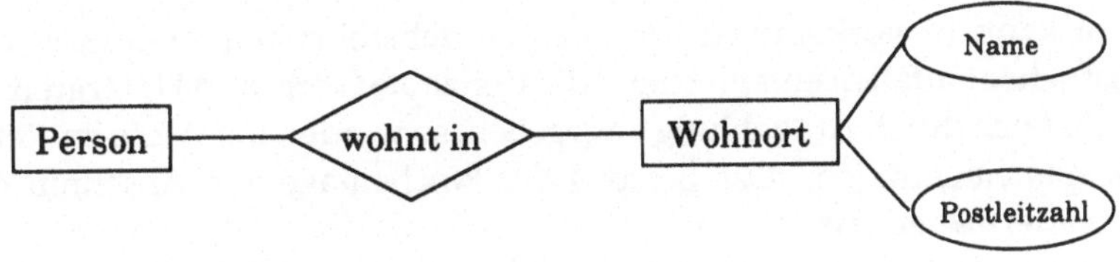

Abbildung 5.5: *Wohnort* als Entitätstyp

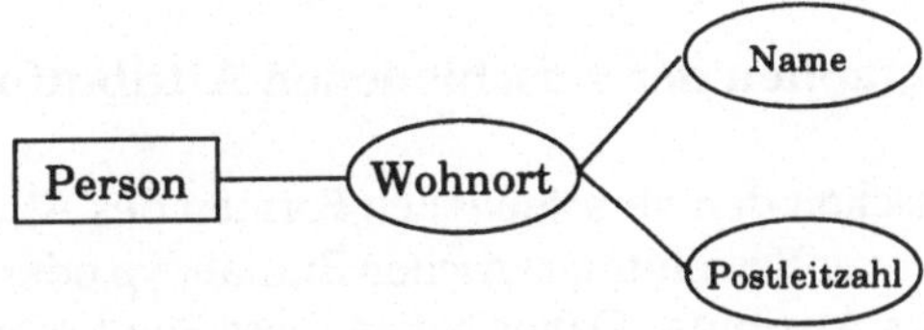

Abbildung 5.6: *Wohnort* als zusammengesetztes Attribut

Konkretum, *Beziehung* und *Vorgang*. Die Eintrittspunkte für das Attribut sind also die Konzepte *Eigenschaft*, *Beziehung*, *Vorgang* und *Konkretum*.

5.5.3 Eingliederung in die Typenhierarchie

Sofern in der Typenhierarchie kein dem neu generierten Konzept entsprechender Typ existiert, muß ihn der Benutzer definieren. Dazu muß er den Supertyp dieses Typs bestimmen. Dieser Supertyp ist einer der oben bestimmten Eintrittspunkte oder ein Subtyp davon.

Die Differentia wird aus dem ER-Modell abgeleitet, der Benutzer muß hier nicht mehr eingreifen. Die Differentia besteht allgemein aus dem Konzept, das das ER-Konstrukt repräsentiert und zu dem das Attribut gehört, und den Konzepten, die den Wertebereich darstellen. Bevor die Definitionsgraphen für die verschiedenen Formen des Attributs erstellt werden, muß noch geklärt werden, wie der Wertebereich kompiliert werden kann.

5.5.4 Kompilation des Wertebereichs

Wie oben dargelegt, kann der Wertebereich durch eine Typangabe über die Art der Werte und eine Ober- und Untergrenze des Bereichs angegeben werden. Dies wird in einem begrifflichen Graphen folgendermaßen dargestellt:

```
datum($ X),
   kleiner(datum(Untergrenze),datum($ X)),   datum(Untergrenze),
   groesser(datum(Obergrenze),datum($ X)),   datum(Obergrenze).
```

Im vorliegenden Fall wird *Datum* durch den entsprechenden Typ (z.B. String, Zahl usw.) ersetzt, der Subtyp von *Datum* ist.

Außerdem kann es vorkommen, daß der Wertebereich keine Grenzen hat, also „offen" ist. Hier entfallen entsprechend die Konzepte Ober- und Untergrenze. Wird der Wertebereich durch Aufzählung angegeben, so werden die Werte im Referenten des Konzepts eingetragen. Das Beispiel der Wochentage von Abschnitt 4.3 sieht dann folgendermaßen aus:

```
string(X: $ [montag, dienstag, ..., samstag, sonntag]).
```

5.5.5 Definitionsgraphen der verschiedenen Attributformen

Der Unterschied zwischen den verschiedenen Formen des Attributs besteht in der unterschiedlichen Art der Beziehung zwischen Entitätstyp oder Beziehungstyp und dem Wertebereich des Attributs. Daher haben diese Sonderformen dieselben Eintrittspunkte wie die Grundform des Attributs. Die Besonderheiten der Sonderformen werden durch Erweiterungen der Differentia dargestellt.

Einfaches Attribut

Ein einfaches Attribut ordnet einer oder mehreren Entitäten oder Beziehungen einen Wert aus dem Wertebereich zu. Es liegt eine n:1-Beziehung zwischen Entitätstyp bzw. Beziehungstyp und Wertebereich vor. Das kann durch die Verwendung von Kardinalitätsverhältnissen dargestellt werden:

```
einfaches_attribut($ X) type
     konkretum($ Y),
     link(beziehung($ X @ 0 to n),konkretum($ Y @ 1 to 1)),
     beziehung($ X).
```

Die Typen *Konkretum* und *Beziehung* werden hier nur stellvertretend für die Eintrittspunkte von Entitätstyp bzw. Beziehungstyp und von Attribut verwendet und sind im konkreten Einzelfall durch den jeweils entsprechenden Typ zu ersetzen.

Identifizierendes Attribut

Die eindeutige Unterscheidung verschiedener Entitäten eines Entitätstyps durch das identifizierende Attribut kann erfolgen, weil das identifizierende Attribut jeder Entität genau einen Wert aus dem Wertebereich zuordnet und umgekehrt jedem Wert genau eine Entität zuordnet. Es liegt also eine 1:1-Beziehung zwischen dem Entitätstyp und dem Wertebereich des identifizierenden Attributs vor. Dies wird wiederum durch die Verwendung von Kardinalitätsverhältnissen dargestellt:

```
schluessel_attribut($ X) type
     konkretum($ Y),
     link(beziehung($ X @ 0 to 1),konkretum($ Y @ 1 to 1)),
     beziehung($ X).
```

Mehrwertiges Attribut

Ein mehrwertiges Attribut ordnet einer Entität oder einer Beziehung mehrere Werte zu und kann umgekehrt einen Wert mehreren Entitäten bzw. Beziehungen zuordnen. Zwischen einem mehrwertigen Attribut und einem Entitätstyp respektive Beziehungstyp besteht eine m:n-Beziehung. Die Darstellung erfolgt durch Kardinalitätsverhältnisse:

```
mehrwert_attribut(X) type
    konkretum($ Y),
    link(beziehung($ X @ 0 to n),konkretum($ Y @ 1 to m)),
    beziehung($ X).
```

Zusammengesetztes Attribut

Das zusammengesetzte Attribut stellt eine Beziehung zwischen einem Entitätstyp oder Beziehungstyp und anderen Attributen her, die auch ihrerseits zusammengesetzt sein können. Die Beziehung zwischen dem Entitätstyp oder Beziehungstyp und dem zusammengesetzten Attribut richtet sich danach, ob es ein einfaches, Schlüssel- oder mehrwertiges Attribut ist (n:1, 1:1 bzw. m:n). Zwischen den Wertebereichen besteht eine n:1-Beziehung.

Die Werte eines zusammengesetzten Attributs sind Wertetupel, die aus den Werten der zusammensetzenden Attribute bestehen. Der Typ für dieses Konzept wird als Subtyp von *Datum* eingetragen.

```
einfaches_zusammengesetztes_attribut(X) type
    konkretum($ Y),   link(beziehung($ X),konkretum($ Y @ 1 to 1)),
    beziehung($ X),     beziehung($ A),    beziehung($ B),
    teil(beziehung($ A), beziehung($ X)),
    teil(beziehung($ B), beziehung($ X)).
```

5.5.6 Eingliederung in den Arbeitsgraphen

Die Eingliederung von Konzepten, für die es im Arbeitsgraphen entsprechende Konzepte gibt, unterbleibt. Das gilt für extrahierte Attribute und für gleiche Wertebereiche. Konzepte, die neu definierte Attribute repräsentieren, werden dem Arbeitsgraphen hinzugefügt.

5.5.7 Beispiel

Es liegt eine ganze Reihe von einfachen Attributen vor. Stellvertretend seien hier die Attribute *Bezeichnung*, *BestellNr* und *Kondition* herausgegriffen. Es handelt sich bei allen drei Attributen um abstrakte Typen. Daher sind die zu erzeugenden Typen Subtypen von *Abstraktum*. Die Typen *Vorgang* und *Eigenschaft* scheiden als Kandidaten aus, wodurch *Beziehung* als Eintrittspunkt bestimmt ist. Da es keine

Subtypen von *Beziehung* gibt, die Supertypen dieser Typen sein könnten, werden die neu erzeugten Typen als Subtypen von *Beziehung* eingetragen.

Die Definitionsgraphen werden nach dem obigen Muster gebildet, wobei anzumerken ist, daß die Attribute *Bestellnummer* und *Einkaufspreis* nach oben offen sind (nach unten ist Null die Grenze) und daher das Konzept für die Obergrenze entfällt. Das Attribut *Bezeichnung* hat keine Grenzen für seinen Wertebereich:

```
bezeichnung(X) type
     konkretum($ Y),
     link(beziehung($ X @ 0 to n),konkretum($ Y @ 1 to 1)),
     beziehung($ X),
     link(beziehung($ X),string($ Z @ 0 to n)),   string($ Z).


bestellNr(X) type
     vorgang($ Y),   link(beziehung($ X @ 0 to 1),vorgang($ Y @ 1 to 1)),
     beziehung($ X),
     link(beziehung($ X),zahl($ Z @ 0 to n)),   zahl($ Z),
         kleiner(zahl(UG:0),zahl($ Z)),   zahl(UG:0).


kondition(X) type
     vorgang($ Y),   link(beziehung($ X 0 to n),vorgang($ Y @ 1 to 1)),
     beziehung($ X),
         link(beziehung($ X),liefermenge($ A1)),
             liefermenge($ A1),   zahl($ Z),
                 link(liefermenge($ A1),zahl($ Z @ 1 to n)),
                     kleiner(zahl(UG:0),zahl($ Z)),   zahl(UG:0),
         link(beziehung($ X),rabattmenge($ A2)),   rabattmenge($ A2),
         link(rabattmenge($ A2),zahl($ Z @ 0 to n)).
```

In gleicher Weise werden die anderen Attribute in die Typenhierarchie eingegliedert. Für die drei Entitätstypen gibt es je ein identifizierendes Attribut, nämlich *LieferantenNr*, *ArtikelNr* und *KundenNr*. Der Eintrittspunkt ist wiederum das Konzept *Beziehung*. Die Definitionsgraphen, die sich daraus ergeben, sind die folgenden:

```
lieferantenNr(X) type
     lieferant($ Y),
     link(beziehung($ X @ 0 to 1),lieferant($ Y @ 1 to 1)),
     beziehung($ X),
     link(beziehung($ X),zahl($ Z @ 0 to 1)),   zahl($ Z),
         kleiner(zahl(UG:0),zahl($ Z)),   zahl(UG:0).


artikelNr(X) type
     artikel($ Y),   link(beziehung($ X @ 0 to 1),artikel($ Y @ 1 to 1)),
     beziehung($ X),
     link(beziehung($ X),zahl($ Z @ 0 to 1)),   zahl($ Z),
         kleiner(zahl(UG:0),zahl($ Z)),   zahl(UG:0).

kundenNr(X) type
     kunde($ Y),   link(beziehung($ X @ 0 to 1),kunde($ Y @ 1 to 1)),
     beziehung($ X),
     link(beziehung($ X),zahl($ Z @ 0 to 1)),   zahl($ Z),
         kleiner(zahl(UG:0),zahl($ Z)),   zahl(UG:0).
```

Das zusammengesetzte Attribut *Kondition* wird als Subtyp von *Beziehung* eingetragen. Es handelt sich um ein einfaches zusammengesetztes Attribut, d.h. zwischen dem Beziehungstyp *Lieferung* und dem Wertebereich des Attributs (Tupel) besteht eine n:1-Beziehung. Der entsprechende Definitionsgraph lautet:

```
kondition(X) type
     lieferung($ Y),  link(beziehung($ X 0 to n),lieferung($ Y @ 1 to 1)),
     beziehung($ X),
     teil(liefermenge(A1),beziehung($ X)),
     teil(rabattmenge(A2),beziehung($ X)),
         liefermenge(A1),  link(liefermenge(A1),zahl($ Z @ 0 to n)),
         zahl($ Z), kleiner(zahl(UG:0),zahl($ Z)),  zahl(UG:0),
         rabattmenge(A2),  link(rabattmenge(A2),zahl($ Z @ 0 to n)).
```

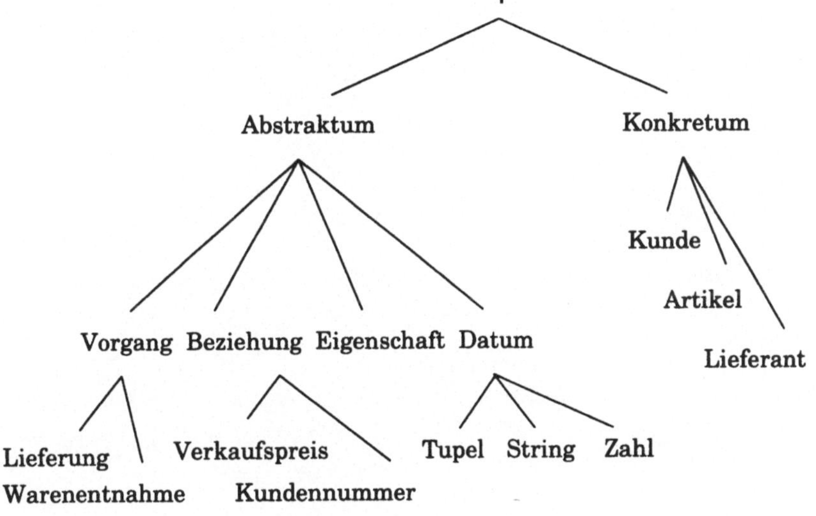

Abbildung 5.7: Typenhierarchie

5.6   Schwacher Entitätstyp

Der Unterschied zwischen einem Entitätstyp und einem schwachen Entitätstyp besteht in der mangelnden Unterscheidbarkeit der einzelnen Entitäten, da im letzteren Fall ein systemweit eindeutig identifizierendes Attribut fehlt. Da sonst keine semantischen Unterschiede zu gewöhnlichen Entitätstypen existieren, hat der schwache Entitätstyp dieselben Eintrittspunkte wie der normale Entitätstyp.

Im Definitionsgraphen eines schwachen Entitätstyps findet sich allerdings kein Typ, der ein identifizierendes Attribut repräsentiert. Die übrige Eingliederung in die Typenhierarchie und in den Arbeitsgraphen erfolgt entsprechend der Kompilation eines Entitätstyps.

Kapitel 6

Extraktion eines ER-Modells

6.1 Extraktionsvorgang

6.1.1 Voraussetzungen

Ausgangspunkt für die Extraktion ist eine begriffliche Struktur (Typenhierarchie und Arbeitsgraph), in der mehrere mit verschiedenen Systemanalysemethoden gebildete Modelle in kompilierter Form vorliegen.

Zur Extraktion werden in den vorliegenden begrifflichen Graphen verschiedene ER-Fragmente isoliert. ER-Fragmente sind Teile eines ER-Modells (z.B. Attribute, Entitätstypen oder Beziehungstypen). Diese Fragmente ergeben zusammen oft ein lückenhaftes ER-Modell, das in einer ER-Umgebung durch den Benutzer um die fehlenden ER-Konstrukte ergänzt wird.

Ein vollständiges und konsistentes ER-Modell ist nur dann extrahierbar, wenn sich in den begrifflichen Graphen ein kompiliertes Modell einer Systemanalysemethode befindet, die dieselbe Sichtweise wie das ER-Modell – nämlich die Datensichtweise – verfolgt und alle Möglichkeiten des ER-Modells unterstützt (Kardinalitätsverhältnisse, identifizierende Attribute, Beziehungstypen usw.).

6.1.2 Ablauf der Extraktion

Die Extraktion eines ER-Konstrukts erfolgt nach dem folgenden Schema:

1. Auswahl von Anwärtern in der Typenhierarchie für ein bestimmtes ER-Konstrukt.

2. Bewertung der Kandidaten hinsichtlich der Eignung für Extraktion eines ER-Konstrukts.

3. Auswahl von ER-Konstrukten aus dieser Gruppe durch den Benutzer und somit Erzeugung eines ER-Konstrukts.

4. Eintragen des neuen ER-Konstrukts in das ER-Modell gemäß den Beziehungen und Zusammenhängen des Arbeitsgraphen.

Die Extraktion erfolgt für alle Arten von ER-Konstrukten und ist abgeschlossen, wenn im Arbeitsgraphen keine weiteren Kandidaten für ein ER-Konstrukt isoliert werden können. Wichtig ist, daß der Benutzer während der Extraktion keine Veränderungen am Arbeitsgraphen und der Typenhierarchie vornehmen, sondern nur entscheiden kann, ob aus einem Kandidaten ein ER-Konstrukt extrahiert wird oder nicht. Änderungen kann er erst nach einer abgeschlossenen Extraktion am ER-Modell vornehmen. Der Benutzer könnte sonst Änderungen in begrifflichen Strukturen durchführen, die Auswirkungen auf andere Systemanalysemethoden haben.

> **Beispiel 6.1-1:**   Ein Konzept wird dem Benutzer als Anwärter für einen Entitätstyp vorgeschlagen, da es aus der Kompilation eines Entitätstyps (früher) entstanden ist. Der Benutzer meint nun, dieser Entitätstyp ist hinfällig und löscht dieses Konzept aus dem Arbeitsgraphen. Angenommen, im Rahmen einer anderen Extraktion wurde aus diesem Konzept ein Konstrukt (jener Systemanalysemethode) extrahiert, dann hat der Benutzer diesem Konstrukt seine Entsprechung im Arbeitsgraphen entzogen.

6.1.3 Kandidatenauswahl

Damit ein Konzept als ein Kandidat betrachtet werden kann, muß es der Bedeutung des ER-Konstrukts entsprechen. Dazu werden die Typen in der Typenhierarchie gesucht, die den ER-Konstrukten entsprechen. Wir sprechen daher auch hier von Eintrittspunkten in die Typenhierarchie.

Aus den Konzepten, die vom Typ des Eintrittspunkts oder dessen Subtypen sind, können die entsprechenden ER-Konstrukte extrahiert werden. Unter der Voraussetzung, daß bei der Beschreibung der Kompilation alle möglichen Eintrittspunkte für die ER-Konstrukte erfaßt wurden, sind diese Eintrittspunkte identisch mit denen für die Extraktion.

Die Typen der Typenhierarchie, die außerhalb dieser Bereiche liegen, können dagegen kein ER-Konstrukt repräsentieren. Aus diesen Typen kann kein ER-Konstrukt extrahiert werden. Daher sind die Eintrittspunkte für Kompilation und Extraktion identisch.

Anhand der Eintrittspunkte werden nun Kandidaten für die jeweiligen ER-Konstrukte ausgewählt. Die Kandidaten können hinsichtlich ihrer Eignung zur Extraktion in drei Gruppen eingeteilt werden:

1. Kandidaten, die aus der Kompilation eines entsprechenden ER-Konstrukts entstanden sind,

2. Kandidaten, die in geeigneter Weise zu Konzepten in Verbindung stehen, aus denen bereits ER-Konstrukte extrahiert wurden, und

3. Kandidaten, die nur Subtypen der Eintrittspunkte sind.

Die Kandidaten der ersten Gruppe sind mit ER-Konstrukten identisch, da sie aus solchen kompiliert wurden. Diese Gruppe wird daher dem Benutzer auch nicht zur Auswahl vorgegeben. Diese Konzepte brauchen nicht extrahiert zu werden, da sie bereits im ER-Modell definiert sind.

Die Kandidaten der zweiten Gruppe sind Konzepte, die im Arbeitsgraphen zu anderen Konzepten, die entweder Kandidaten der ersten Gruppe sind, oder aus denen ER-Konstrukte extrahiert wurden, in (geeigneter) Beziehung stehen.

> **Beispiel 6.1-2:** Aus zwei Konzepten des Arbeitsgraphen wurden zwei Entitätstypen extrahiert. Diese zwei Konzepte werden durch ein drittes, einen Subtyp von *Vorgang* und einer *agnt-* bzw. *obj*-Relation in Verbindung gesetzt. *Vorgang* ist ein Eintrittspunkt für den Beziehungstyp (siehe Abschnitt 6.3.1). Also ist dieses Konzept ein Anwärter dafür. Da dieser Anwärter zwei Konzepte in Beziehung setzt, aus denen Entitätstypen extrahiert wurden, erscheint er besonders geeignet für einen Beziehungstyp.

Die Kandidaten der letzten Gruppe sind nur Subtypen der Eintrittspunkte. Während der Benutzer die Kandidaten der ersten Gruppe überhaupt nicht sieht und bei den Kandidaten der zweiten Gruppe der Hinweis für eine Extraktion sehr deutlich ist, ist der Benutzer in die Entscheidung, ob aus einem Kandidaten der dritten Gruppe ein ER-Konstrukt extrahiert wird, am stärksten eingebunden. Denn hier ist am wenigsten Zusatzinformation vorhanden, anhand derer der Benutzer eine Entscheidung treffen kann. Eine Entscheidungshilfe ist der Definitionsgraph des Anwärters, der einen Hinweis über die Konzepte gibt, mit denen der Anwärter in Beziehung stehen kann.

> **Beispiel 6.1-3:** Ein Subtyp von *Beziehung* wird als Kandidat für einen Beziehungstyp ausgewählt. Der Definitionsgraph zeigt, daß dieser Typ einen Subtyp von *Konkretum* und einen Subtyp von *Datum* in Beziehung setzt. Daraus ergibt sich der Hinweis, daß hier ein Anwärter für ein Attribut, nicht aber für einen Beziehungstyp vorliegt.

Konzepte, aus denen bereits ER-Konstrukte extrahiert wurden, werden nicht mehr als Anwärter betrachtet, und es werden aus ihnen keine ER-Konstrukte mehr extrahiert.

6.1.4 Eingliederung in das ER-Modell

Die extrahierten ER-Konstrukte werden unter Zuhilfenahme von struktureller Information aus dem Arbeitsgraphen in das ER-Modell eingetragen. Dabei wird im Arbeitsgraphen überprüft, ob das Konzept, aus dem das neue ER-Konstrukt extrahiert wurde, mit anderen Konzepten, aus denen ebenfalls ER-Konstrukte extrahiert

wurden, bzw. die durch Kardinalitätsverhältnisse aus ER-Konstrukten entstanden
sind, in Verbindung steht. In einem solchen Fall wird auch im ER-Modell eine
entsprechende Verbindung hergestellt.

6.2 Entitätstyp

6.2.1 Kandidatenauswahl

Die Eintrittspunkte für die Kandidatenauswahl sind dieselben wie bei der Kompilation:

- *Konkretum*

- *Vorgang*

- *Beziehung*

Die Subtypen dieser Typen, die in der Typenhierarchie aufgefunden werden, werden
dem Benutzer als Kandidaten vorgeschlagen. Der Vorschlag unterteilt sich in zwei
Gruppen von Kandidaten:

- der Kandidat steht mit einem Konzept in Verbindung, das mit einem Beziehungstyp korrespondiert, oder

- er steht mit einem Konzept in Beziehung, das mit einem Attribut korrespondiert.

Durch eine Beziehung zu einem derartigen Konzept im Arbeitsgraphen ergibt sich
ein stärkerer Hinweis auf einen Entitätstyp als bei den Kandidaten der zweiten
Gruppe, für die lediglich die Information vorliegt, daß aus ihnen ein Entitätstyp
extrahierbar ist.

Vorerst kann nicht entschieden werden, ob die extrahierten Entitätstypen normale
oder schwache Entitätstypen sind. Kann für einen dieser Entitätstypen ein systemweit eindeutiges identifizierendes Attribut extrahiert werden, so wird ein normaler
Entitätstyp angenommen. Andernfalls muß der Benutzer nach der Extraktion in
der ER-Umgebung entscheiden, ob er dem Entitätstyp ein identifizierendes Attribut verleiht und somit als normalen Entitätstyp definiert oder nicht.

6.2.2 Eingliederung in das ER-Modell

Zur Eingliederung in das ER-Modell wird überprüft, ob das Konzept, aus dem
der Entitätstyp extrahiert wurde, zu anderen Konzepten, die mit anderen ER-Konstrukten – insbesondere Attributen und Beziehungstypen – korrespondieren,
eine Verbindung hat. Ist dies der Fall, wird der Entitätstyp entsprechend in das
ER-Modell eingetragen.

Bei einer ersten Extraktion ist dies nicht notwendig, da das ER-Modell gerade erst entsteht und noch leer ist. In diesem Fall und falls keine Beziehungen zu korrespondierenden Konzepten bestehen, werden die Entitätstypen dem ER-Modell hinzugefügt, ohne eine Verbindung zu anderen ER-Konstrukten zu besitzen. Die Verbindungen werden entweder im weiteren Verlauf der Extraktion gebildet oder nach der Extraktion durch den Benutzer ergänzt.

6.2.3 Beispiel

Anwärter für Entitätstypen sind die Subtypen von *Konkretum*, *Vorgang* und *Beziehung*. Aus diesen Anwärtern werden die Subtypen von *Konkretum* ausgewählt: *Person*, *Lieferant*, *Kunde* und *Artikel*. Es können dabei keine verschiedenen Gruppen gebildet werden, da es keine mit ER-Konstrukten korrespondierenden Konzepte gibt.

Zwischen den Konzepten *Person* und *Lieferant* bzw. *Kunde* wird eine Hierarchie festgestellt und ebenfalls extrahiert. Da das ER-Modell noch keine ER-Konstrukte beinhaltet, werden die Entitätstypen einfach neu eingetragen.

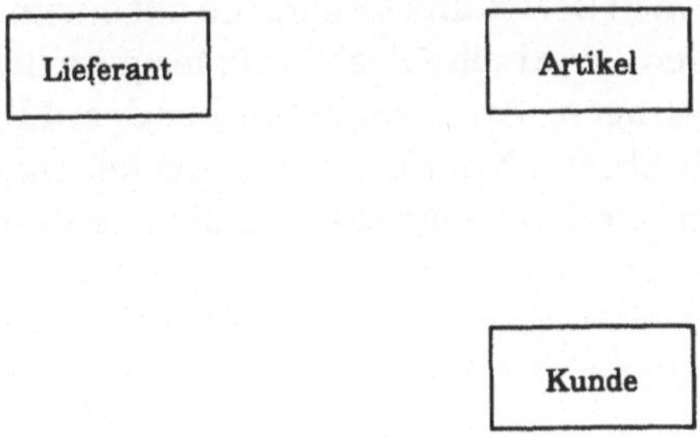

Lieferant   Artikel

Kunde

Abbildung 6.1: Drei Entitätstypen

6.3 Beziehungstyp

6.3.1 Kandidatenauswahl

Die Kandidaten zur Extraktion eines Beziehungstyps sind Subtypen der Eintrittspunkte des Beziehungstyps. Diese wurden bereits für die Kompilation ermittelt und sind folgende:

- *Beziehung*

- *Vorgang*

Dem Benutzer werden wiederum zwei Gruppen von Anwärtern mit unterschiedlicher Qualifikation zur Extraktion eines Beziehungstyps vorgeschlagen

1. der Kandidat steht mit einem Konzept in Verbindung, das mit einem Entitätstyp korrespondiert, oder

2. der Kandidat steht mit einem Konzept in Verbindung, das mit einem Attribut
   korrespondiert.

Diese Beziehung eignet sich für die Extraktion eines Beziehungstyps über Kandidaten der zweiten Gruppe, für die nur die generelle Aussage gilt, daß aus ihnen ein
Beziehungstyp extrahierbar ist.

6.3.2 Eingliederung in das ER-Modell

Die extrahierten Beziehungstypen erhalten den Bezeichner der Konzepte, aus denen sie extrahiert wurden. Sie werden in das ER-Modell eingefügt, indem im Arbeitsgraphen überprüft wird, ob die zu den Beziehungstypen korrespondierenden
Konzepte mit Konzepten in Beziehung stehen, die mit einem Entitätstyp oder einem
Attribut korrespondieren. Wird eine Beziehung festgestellt, wird der Beziehungstyp entsprechend eingetragen. Andernfalls wird er dem ER-Modell beigefügt und
der Benutzer muß nach Abschluß der Extraktion die fehlenden ER-Konstrukte (wie
Entitäten oder Attribute) und die fehlenden Kardinalitätsverhältnisse ergänzen.

6.3.3 Beispiel

Die Eintrittspunkte für den Beziehungstyp sind die Konzepte *Vorgang* und *Bezie-*
hung. In der Typenhierarchie können folgende Kandidaten isoliert werden: *Liefe-*
rung und *Warenentnahme* als Subtypen von *Vorgang* und *Kundennummer, Verkaufs-*
preis usw. als Subtypen von *Beziehung.*

Bei einer Untersuchung des Arbeitsgraphen erhält man die Hinweise, daß die Konzepte *Lieferung* und *Warenentnahme* mit je zwei Konzepten in Verbindung stehen,
aus denen Entitätstypen extrahiert wurden, und die Konzepte *Kundennummer* usw.
mit je einem Konzept in Verbindung stehen, aus dem ein Entitätstyp oder ein Beziehungstyp extrahiert wurde.

Da die Definitionsgraphen der Typen *Kundennummer* usw. ergeben, daß diese Typen
Subtypen von *Konkretum* und *Datum* in Beziehung setzen, werden aus ihnen keine
Beziehungstypen extrahiert. Dagegen werden aus den Konzepten *Lieferung* und
Warenentnahme zwei Beziehungstypen mit diesen Bezeichnern extrahiert. Die Kardinalitätsverhältnisse sind im Arbeitsgraphen angegeben und können daher auch
extrahiert werden. Aus den Beziehungen der Kandidaten im Arbeitsgraphen kann
das ER-Modell erweitert werden:

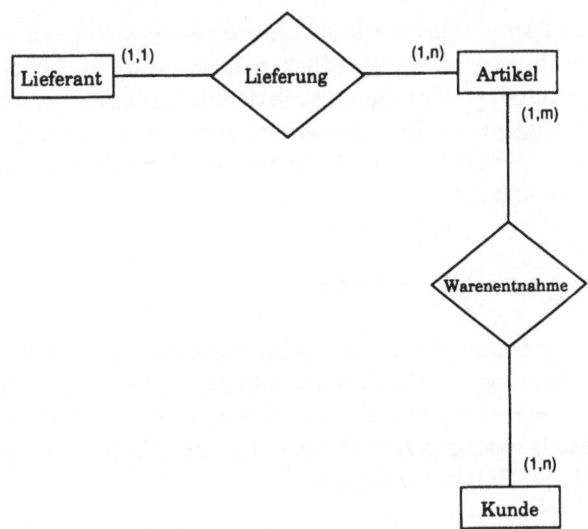

Abbildung 6.2: Drei Entitätstypen, über Beziehungstypen verbunden

6.4 Attribut

6.4.1 Kandidatenauswahl

Die Eintrittspunkte für das Attribut sind (Herleitung siehe Abschnitt 5):

- *Eigenschaft*

- *Beziehung*

- *Konkretum*

- *Vorgang*

Dem Benutzer werden zwei Gruppen von Anwärtern mit unterschiedlicher Qualifikation zur Extraktion eines Attributs vorgeschlagen:

1. Der Kandidat steht mit einem Konzept in Verbindung, das mit einem Entitätstyp korrespondiert, oder

2. Der Kandidat steht mit einem Konzept in Verbindung, das mit einem Beziehungstyp korrespondiert.

Auch hier gilt, daß die Kandidaten der ersten Gruppe für eine Extraktion eines Attributs geeigneter erscheinen als die der zweiten Gruppe. Die Entscheidung muß aber der Benutzer treffen, diese Qualifizierung ist nur ein Hinweis.

Die verschiedenen Formen des Attributs unterscheiden sich nicht in ihren Eintrittspunkten, sondern in einer unterschiedlichen Zuordnung zwischen dem Wertebereich und dem Entitätstyp. Um die verschiedenen Formen zu extrahieren, müssen
also diese Zuordnungsvorschriften isoliert werden können. Gelingt das nicht, kann
nur ein allgemeines Attribut extrahiert werden, das dann nach der Extraktion durch
den Benutzer näher spezifiziert werden muß.

6.4.2 Eingliederung in das ER-Modell

Die extrahierten Attribute, die die Bezeichner der Konzepte erhalten, werden in
das ER-Modell eingetragen. Werden im Arbeitsgraphen Beziehungen zu bereits
extrahierten ER-Konstrukten festgestellt, werden die Attribute entsprechend eingetragen, andernfalls wird das Attribut dem ER-Modell hinzugefügt und fehlende
Teile werden nach der Extraktion ergänzt.

6.4.3 Beispiel

Die Eintrittspunkte für ein Attribut sind die Typen *Eigenschaft, Beziehung, Vorgang*
und *Konkretum*. Aus einigen Konzepten, die Subtypen der Eintrittspunkte sind,
sind bereits ER-Konstrukte extrahiert worden, weshalb sie für die Extraktion eines
Attributs nicht mehr in Frage kommen.

Daher werden die Konzepte vom Typ *Beziehung* als Kandidaten vorgeschlagen (*Eigenschaft* hat keine Subtypen und die Subtypen von *Vorgang* und *Konkretum* sind
bereits zur Extraktion herangezogen worden).

Alle Kandidaten stehen hier mit Konzepten, die mit ER-Konstrukten korrespondieren, in Beziehung. Es werden daher alle Kandidaten akzeptiert und in Attribute
transformiert. Die Wertebereiche können ebenfalls den Definitionsgraphen entnommen werden. Der Extraktionsvorgang ist damit abgeschlossen, da im Arbeitsgraphen keine weiteren Kandidaten gefunden werden können. Das vollständig
extrahierte ER-Modell ist in Abbildung 6.3 dargestellt.

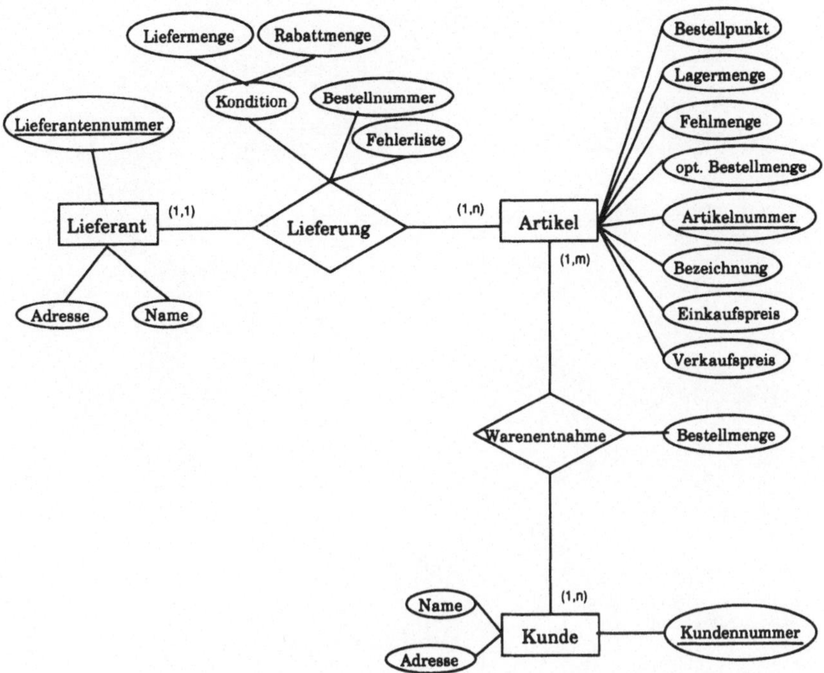

Abbildung 6.3: Vollständig extrahiertes ER-Modell

Kapitel 7

Implementation der Überführungsregeln in Prolog

7.1 Programmaufbau

Nachstehend werden Regeln in einer Prolog-ähnlichen Notation präsentiert, die eine Implementation der Überlegungen zur Überführung eines ER-Modells in begriffliche Graphen darstellen. Diese Regeln werden von Metainterpretern interpretiert und realisieren sowohl die Verwaltung eines ER-Modells als auch die Kompilation und Extraktion. Die Implementation mit Metainterpretern ermöglicht es, mit relativ wenig Aufwand eine neue Systemanalysemethode in die universelle Repräsentation einzugliedern.

Es gibt zwei Arten von Regeln und dazugehörigen Metainterpretern:

- Regeln zur Verwaltung des ER-Modells und

- Regeln zur Überführung (Kompilation und Extraktion) des ER-Modells.

7.2 Verwaltung des ER-Modells

Die Regeln zur Verwaltung des ER-Modells bestehen aus dem ER-Konstrukt und Bedingungen, die für die Konsistenz des ER-Modells erfüllt sein müssen. Das soll anhand der Regel für Entitätstypen erläutert werden:

```
ent(E,AL,KL) ::
    atom(E),
    forall(A,AL,(att(A,D), true)),
    length(KL,N),
    (N > 0),
    forall(K,KL,(katt(K,D), true)),
    true.
```

Der Entitätstyp wird als Faktum mit dem Funktor *ent* und drei Argumenten dargestellt. Das erste Argument muß ein Atom sein, das zweite ist eine Liste von Attributen und das dritte eine nicht-leere Liste von identifizierenden Attributen. Das Prädikat *forall/4* hat folgende Bedeutung: *„Für jedes Element (1. Argument) einer Liste (2. Argument) gilt das 3. Argument"*. Die *true* -Prädikate sind Endemarken für die Metainterpreter.

Zusätzlich zu dieser Regel existiert noch ein Faktum, das die Argumente des ER-Konstrukts näher bezeichnet:

```
konstrukt(ent(E,AL,KL),  E,  'Entitaetstyp',
          [E-'Bezeichner',AL-'Attributsliste',
           KL-'Schluesselattributsliste']).
```

Mit diesen Regeln wird die Verwaltung des ER-Modells gesteuert. Es gibt drei verschiedene Metainterpreter, die diese Regeln interpretieren:

1. Metainterpreter zur Eingabe von Systemanalysemethoden-Konstrukten,

2. Metainterpreter zum Löschen von Systemanalysemethoden-Konstrukten und

3. Metainterpreter zum Ändern von Systemanalysemethoden-Konstrukten.

7.3 Überführung des ER-Modells

Die Regeln zur Überführung des ER-Modells sind Fakten, die aus vier Argumenten bestehen. Das erste Argument enthält das Fragment des ER-Modells, das zweite deklariert das ER-Konstrukt und das zugehörige Konzept, das dritte die Eintrittspunkte und im vierten Argument steht der Graph, der dem ER-Fragment entspricht.

7.4 Regeln

```
/* Deklaration von Konstrukten */

konstrukt(ent(E,AL,KL),  E,  'Entitaetstyp ',
          [E-'Bezeichner',AL-'Attributsliste',
           KL-'Schluessel"-attributsliste']).

konstrukt(rlt(R,EL,AL),  R,  'Beziehungstyp ',
          [R-'Bezeichner',EL-'Entitaetstypenliste',
           AL-'Attributsliste']).

konstrukt(sent(S,AL),    S,  'schwacher Entitaetstyp ',
          [E-'Bezeichner',AL-'Attributsliste']).

konstrukt(satt(E,T,W),    E,  'einfaches Attribut',
          [E-'Bezeichner',T-'Wertetyp',W-'Wertebereich']).
```

```
konstrukt(katt(K,T,W),      K,'Schluesselattribut',
          [K-'Bezeichner',T-'Wertetyp',W-'Wertebereich']).

konstrukt(matt(M,T,W),      M,'mehrwertiges Attribut',
          [M-'Bezeichner',T-'Wertetyp',W-'Wertebereich']).

konstrukt(domain(T,W),      _,'Wertebereich',
          [T-'Wertetyp',W-'Werteliste']).




/* Konsistenzregeln */

/* Entitaetstyp */

ent(E,AL,KL) ::
    atom(E),
    forall(A,AL,(att(A,T,W), true)),
    forall(K,KL,(katt(K,D,W), true)),
    length(KL,N),
    (N > 0),
    true.

/* Beziehungstyp */

rlt(R,EL,AL) ::
    atom(R),
    member((E,Min,Max),EL),
    ent(E,AL,KL),
    forall(A,AL,(att(A,T,W), true)),
    true.

/* schwacher Entitaetstyp */

sent(E,AL) ::
    atom(E),
    rlt(R,EL),
    member((E,Min,Max),EL),
    forall(A,AL,(att(A,T,W), true)),
    true.


/* einfaches Attribut */

satt(S,D,W) ::
    atom(S),
    domain(D,W),
    true.

/* Schluesselattribut */

katt(K,D,W) ::
    atom(K),
    domain(D,W),
```

```prolog
    true.

/* mehrwertiges Attribut */

matt(M,D,W) ::
    atom(M),
    domain(D,W),
    true.

/* Domain - als Wertemenge */

domain(D,WL) ::
    atom(D),
    forall(W,WL,(atomnum(W), true)),
    true.

/* Domain - als Wertebereich

do_be(D,[U,O]) ::
    atom(D),
    atomnum(U),
    atomnum(O),
    true.
*/

/* programm */

er_konstrukt(K,AL) <- ent(K,AL,KL), true.
er_konstrukt(K,AL) <- sent(K,AL), true.
er_konstrukt(K,AL) <- rlt(K,EL,AL), true.

entity(E) <- ent(E,AL,KL), true.
entity(E) <- sent(E,AL), true.

att(A,D,W) <- satt(A,D,W), true.
att(A,D,W) <- katt(A,D,W), true.
att(A,D,W) <- matt(A,D,W), true.


/* Interpretationstheorie  */

it((ent(E,_,_), true),
   (Ent =.. ([E, M: $ H]),
    ident(E,Ent),
    eintritt(Ent,[konkretum(X),
                  vorgang(X), beziehung(X)]),
    true),
   (Ent, true)).

it((satt(A,_,_), true),
   (Eig =.. ([A, M: $ H]),
    ident(A,Eig),
    eintritt(Eig,[eigenschaft(Y), beziehung(Y),
                  vorgang(Y), konkretum(Y)]),
    true),
```

```
        (Eig, true)).

it((matt(A,_,_), true),
   (Eig =.. ([A, M: $ H]),
    ident(A,Eig),
    eintritt(Eig,[eigenschaft(Y), beziehung(Y),
                  vorgang(Y), konkretum(Y)]),
    true),
   (Eig, true)).

it((katt(A,_,_), true),
   (Eig =.. ([A, M: $ H]),
    ident(A,Eig),
    eintritt(Eig,[eigenschaft(Y), beziehung(Y),
                  vorgang(Y), konkretum(Y)]),
    true),
   (Eig, true)).

it((sent(E,_), true),
   (WeakEnt =.. ([E, M: $ H]),
    ident(E,WeakEnt),
    eintritt(WeakEnt,[konkretum(X), vorgang(X),
                      beziehung(X)]),
    true),
   (WeakEnt, true)).

it((rlt(R,_,_), true),
   (Rel =.. ([R, M: $ H]),
    ident(R,Rel),
    eintritt(Rel,[beziehung(X), vorgang(X)]),
    true),
   (Rel, true)).

it((ent(E,AL,KL), member(A,AL), satt(A,D,W), true),
   (Ent =.. ([E, M: $ H @ 1 to 1]), Eig =.. ([A, N: $ I]),
    ident(E,Ent), ident(A,Eig),
    eintritt(Ent,[konkretum(X), vorgang(X),
                  beziehung(X)]),
    eintritt(Eig,[eigenschaft(Y), beziehung(Y),
                  vorgang(Y), konkretum(Y)]),
    true),
   (Ent, link(Ent,Eig), Eig, true)).

it((ent(E,AL,KL), member(A,AL), matt(A,D,W), true),
   (Ent =.. ([E, M: $ H @ 1 to m]), Eig =.. ([A, N: $ I]),
    ident(E,Ent), ident(A,Eig),
    eintritt(Ent,[konkretum(X), vorgang(X),
                  beziehung(X)]),
    eintritt(Eig,[eigenschaft(Y), beziehung(Y),
                  vorgang(Y), konkretum(Y)]),
    true),
   (Ent, link(Ent,Eig), Eig, true)).

it((ent(E,AL,KL), member(A,KL), katt(A,D,W), true),
   (Ent =.. ([E, M: $ H @ 1 to 1]), Eig =.. ([A, N: $ I]),
    ident(E,Ent), ident(A,Eig),
```

```prolog
          eintritt(Ent,[konkretum(X), vorgang(X),
                        beziehung(X)]),
        eintritt(Eig,[eigenschaft(Y), beziehung(Y),
                      vorgang(Y), konkretum(Y)]),
        true),
      (Ent, link(Ent,Eig), Eig, true)).

it((sent(E,AL), member(A,AL), satt(A,D,W), true),
   (WeakEnt =.. ([E, M: $ H @ 1 to 1]), Eig =.. ([A, N: $ I]),
    ident(E,WeakEnt), ident(A,Eig),
      eintritt(WeakEnt,[konkretum(X), vorgang(X),
                        beziehung(X)]),
      eintritt(Eig,[eigenschaft(Y), beziehung(Y),
                    vorgang(Y), konkretum(Y)]),
    true),
   (WeakEnt, link(WeakEnt,Eig), Eig, true)).

it((sent(E,AL), member(A,AL), matt(A,D,W), true),
   (WeakEnt =.. ([E, M: $ H @ 1 to m]), Eig =.. ([A, N: $ I]),
    ident(E,WeakEnt), ident(A,Eig),
      eintritt(WeakEnt,[konkretum(X), vorgang(X),
                        beziehung(X)]),
      eintritt(Eig,[eigenschaft(Y), beziehung(Y),
                    vorgang(Y), konkretum(Y)]),
    true),
   (WeakEnt, link(WeakEnt,Eig), Eig, true)).

it((rlt(R,EL,_), member((E,Min,Max),EL), ent(E,_,_), true),
   (Rel =.. ([R, M: $ H @ Min to Max]), Ent =..([E,N: $ I]),
    ident(R, Rel), ident(E,Ent),
      eintritt(Rel,[beziehung(X), vorgang(X)]),
      eintritt(Ent,[konkretum(Y), vorgang(Y),
                    beziehung(Y)]),
    true),
   (Rel, link(Rel, Ent), Ent, true)).

it((rlt(R,EL,_), member((E,Min,Max),EL), sent(E,_,_), true),
   (Rel =.. ([R,M: $ H]), WeakEnt =..([E, N: $ I @ Min to Max]),
    ident(R, Rel), ident(E,WeakEnt),
      eintritt(Rel,[beziehung(X), vorgang(X)]),
      eintritt(Ent,[konkretum(Y), vorgang(Y),
                    beziehung(Y)]),
    true),
   (Rel, link(Rel, WeakEnt), WeakEnt, true)).

it((rlt(R,EL,AL), member(A,AL), satt(A,D,W), true),
   (Rel =.. ([R,M: $ H @ 1 to 1]), Eig =.. ([A, N: $ I]),
    ident(R,Rel), ident(A,Eig),
      eintritt(Rel,[beziehung(X), vorgang(X)]),
      eintritt(Eig,[eigenschaft(Y), beziehung(Y),
                    vorgang(Y), konkretum(Y)]),
    true),
   (Rel, link(Rel,Eig), Eig, true)).

it((rlt(R,EL,AL), member(A,AL), matt(A,D,W), true),
   (Rel =.. ([R,M: $ H @ 1 to 1]), Eig =.. ([A, N: $ I]),
```

```
         ident(R,Rel), ident(A,Eig),
         eintritt(Rel,[beziehung(X), vorgang(X)]),
         eintritt(Eig,[eigenschaft(Y), beziehung(Y),
                       vorgang(Y), konkretum(Y)]),
         true),
        (Rel, link(Rel,Eig), Eig, true)).

it((satt(A,D,W), domain(D,[O,U]), true),
   (Eig =.. ([A, N: $ I]), Dom =.. ([D, M: $ Z @ 0 to n]),
    Ob =..([D,J: O]), Un =.. ([D,K: U]),
    ident(A,Eig), ident(D,Dom),
    ident(O,Ob), ident(U,Un),
    eintritt(Eig,[eigenschaft(Y), beziehung(Y),
                  vorgang(Y), konkretum(Y)]),
    eintritt(Dom,[datum(Z)]),
    eintritt(Ob,[datum(V)]),
    eintritt(Un,[datum(W)]),
    true),
   (Eig, link(Eig,Dom), Dom,
    kleiner(Un,Dom), Un,
    groesser(Ob,Dom), Ob, true)).

it((satt(A,D,W), domain(D,W), true),
   (Eig =.. ([A, N: $ I]), Dom =.. ([D, M: $ W @ 0 to n]),
    ident(A,Eig), ident(D,Dom),
    eintritt(Eig,[eigenschaft(Y), beziehung(Y),
                  vorgang(Y), konkretum(Y)]),
    eintritt(Dom,[datum(W)]),
    true),
   (Eig, link(Eig,Dom), Dom, true)).

it((matt(A,D,W), domain(D,[O,U]), true),
   (Eig =.. ([A, N: $ I]), Dom =.. ([D, M: $ Z @ 0 to n]),
    Ob =..([D,J: O]), Un =.. ([D,K: U]),
    ident(A,Eig), ident(D,Dom),
    ident(O,Ob), ident(U,Un),
    eintritt(Eig,[eigenschaft(Y), beziehung(Y),
                  vorgang(Y), konkretum(Y)]),
    eintritt(Dom,[datum(Z)]),
    eintritt(Ob,[datum(V)]),
    eintritt(Un,[datum(W)]),
    true),
   (Eig, link(Eig,Dom), Dom,
    kleiner(Un,Dom), Un,
    groesser(Ob,Dom), Ob, true)).

it((matt(A,D,W), domain(D,W), true),
   (Eig =.. ([A, N: $ I]), Dom =.. ([D, M: $ W @ 0 to n]),
    ident(A,Eig), ident(D,Dom),
    eintritt(Eig,[eigenschaft(Y), beziehung(Y),
                  vorgang(Y), konkretum(Y)]),
    eintritt(Dom,[datum(V)]),
    true),
   (Eig, link(Eig,Dom), Dom, true)).

it((katt(A,D,W), domain(D,[O,U]), true),
```

```
     (Eig =.. ([A, N: $ I]), Dom =.. ([D, M: $ Z @ 0 to 1]),
      Ob =..([D,J: O]), Un =.. ([D,K: U]),
      ident(A,Eig), ident(D,Dom),
      ident(O,Ob), ident(U,Un),
      eintritt(Eig,[eigenschaft(Y), beziehung(Y),
                    vorgang(Y), konkretum(Y)]),
      eintritt(Dom,[datum(Z)]),
      eintritt(Ob,[datum(V)]),
      eintritt(Un,[datum(W)]),
      true),
     (Eig, link(Eig,Dom), Dom,
      kleiner(Un,Dom), Un,
      groesser(Ob,Dom), Ob, true)).

it((katt(A,D,W), domain(D,[W]), true),
     (Eig =.. ([A, N: $ I]), Dom =.. ([D, M: $ W @ 0 to 1]),
      ident(A,Eig), ident(D,Dom),
      eintritt(Eig,[eigenschaft(Y), beziehung(Y),
                    vorgang(Y), konkretum(Y)]),
      eintritt(Dom,[datum($ W)]),
      true),
     (Eig, link(Eig,Dom), Dom, true)).
```

Im folgenden soll anhand eines beispielhaften Auszugs aus einem ER-Modell die Übersetzung in einen begrifflichen Arbeitsgraphen demonstriert werden.

```
/* Beispielmodell einer Lagerverwaltung */


ent(lieferant, [], [lieferantennummer]).
katt(lieferantennummer, integer, [0,n]).

ent(artikel, [bezeichnung,inhalt], [artikelnummer]).
satt(bezeichnung, string, [n,m]).
satt(inhalt,      string, [n,m]).
katt(artikelnummer, integer, [0,1000000]).

rlt(lieferung, [(lieferant,1,n), (artikel, 1,1)], [bestellnummer]).
katt(bestellnummer, integer, [0,n]).

ent(kunde, [], [kundennummer]).
katt(kundennummer, integer, [0,n]).

rlt(warenentnahme, [(kunde,1,n), (artikel,1,m)], [bestellmenge]).
katt(bestellmenge, integer, [1,n]).

domain(integer,[0,n]).
domain(integer,[1,n]).
domain(integer,[0,1000000]).
domain(string, [n,m]).
```

Nach der Kompilierung ist folgender Arbeitsgraph bzw. die korrespondierenden
Identitätsachsen entstanden.

```
ag(lieferant(#1:  $_3250))
ag(artikel(#2:  $_3189))
ag(kunde(#3:  $_3124))
ag(bezeichnung(#4:  $_4106))
ag(inhalt(#5:  $_4039))
ag(lieferantennummer(#6:  $_5577))
ag(artikelnummer(#7:  $_5510))
ag(bestellnummer(#8:  $_5443))
ag(kundennummer(#9:  $_5376))
ag(bestellmenge(#10:  $_5309))
ag(lieferung(#11:  $_11863))
ag(warenentnahme(#12:  $_11790))
ag(link(artikel(#2:  $_14463@1 to 1),bezeichnung(#4:  $_4106))
ag(link(artikel(#2:  $_14319@1 to 1),inhalt(#5:  $_4039)))
ag(link(lieferant(#1:  $_18718@1 to 1),lieferantennummer(#6:  $_5577)))
ag(link(artikel(#2:  $_14319@1 to 1),artikelnummer(#7:  $_5510)))
ag(link(kunde(#3:  $_18438@1 to 1),kundennummer(#9:  $_5376)))
ag(link(lieferung(#11:  $_24173@1 to n),lieferant(#1:  $_18718@1 to 1)))
ag(lieferung(#13:  $_24009@1 to 1))
ag(link(lieferung(#13:  $_24009@1 to 1),artikel(#2:  $_14319@1 to 1)))
ag(link(warenentnahme(#12:  $_23841@1 to n),kunde(#3:  $_18438@1 to 1))
ag(link(warenentnahme(#14:  $_23677@1 to m),artikel(#2:  $_14319@1 to 1)))
ag(string(#15:  $_32167@0 to n))
ag(link(bezeichnung(#4:  $_4106),string(#15:  $_32167@0 to n)))
ag(kleiner(string(#17:m),string(#15:  $_32167@0 to n)))
ag(string(#17:m))
ag(groesser(string(#16:n),string(#15:  $_32167@0 to n)))
ag(string(#16:n))
ag(link(inhalt(#5:  $_4039),string(#15:  $_31964@0 to n)))
ag(bezeichnung(#4:  $_4106))
ag(link(bezeichnung(#4:  $_4106),string(#15:  $[n,m]@0 to n)))
ag(integer(#18:  $_50118@0 to 1))
ag(kleiner(integer(#20:n),integer(#18:  $_50118@0 to 1)))
ag(integer(#20:n))
ag(groesser(integer(#19:0),integer(#18:  $_50118@0 to 1)))
ag(integer(#19:0))
ag(kleiner(integer(#20:n),integer(#18:  $_49915@0 to 1)))
ag(integer(#20:n))
ag(groesser(integer(#21:1),integer(#18:  $_49915@0 to 1)))
ag(integer(#21:1))
ag(groesser(integer(#19:0),integer(#18:  $_49103@0 to 1)))
ag(kleiner(integer(#22:1000000),integer(#18:  $_48494@0 to 1)))
ag(integer(#22:1000000))


Identitaetsachsen dieser Kompilierung:

ia(lieferant-lieferant(#1:  $_18718@1 to 1))
ia(artikel-artikel(#2:  $_14319@1 to 1))
ia(kunde-kunde(#3:  $_18438@1 to 1))
ia(bezeichnung-bezeichnung(#4:  $_4106))
ia(inhalt-inhalt(#5:  $_4039))
ia(lieferantennummer-lieferantennummer(#6:  $_5577))
```

```
ia(artikelnummer-artikelnummer(#7: $_5510))
ia(bestellnummer-bestellnummer(#8: $_5443))
ia(kundennummer-kundennummer(#9: $_5376))
ia(bestellmenge-bestellmenge(#10: $_5309))
ia(lieferung-lieferung(#11: $_24173@1 to n))
ia(warenentnahme-warenentnahme(#12: $_23841@1 to n))
ia(lieferung-lieferung(#13: $_24009@1 to 1))
ia(warenentnahme-warenentnahme(#14: $_23677@1 to m))
ia(string-string(#15: $[n,m]@0 to n))
ia(n-string(#16:n))
ia(m-string(#17:m))
ia(integer-integer(#18: $_47276@0 to 1))
ia(0-integer(#19:0))
ia(n-integer(#20:n))
ia(1-integer(#21:1))
ia(1000000-integer(#22:1000000))
```

Teil III

Überführung von NIAM–Modellen in begriffliche Graphen

Kapitel 8

Konstruktionselemente von NIAM

Dieses Kapitel gibt eine kurze Beschreibung der verschiedenen Konstrukte der Systemanalysemethode NIAM. Die Überführung des Modells in den Arbeitsgraphen zeigt das Kapitel 9. Die umgekehrte Funktion, also die Extraktion eines NIAM–Modells aus einem begrifflichen Graphen, wird im Kapitel 10 behandelt, und im letzten Kapitel werden Prolog-Notationen zur Implementation der Kompilation und Extraktion erklärt und aufgelistet. Zur Illustration der einzelnen Vorgänge wird systematisch ein Lagerinformationssystem aufgebaut.

Im folgenden werden Annahmen und Voraussetzungen festgehalten, auf denen dieser Teil aufbaut. Im Unterkapitel 8.1 werden alle verwendeten NIAM–Konstrukte und deren graphische Notationen definiert. Diese Definitionen sind notwendig, da für die spätere Konversion eine exakte semantische Abgrenzung der Konstrukte Voraussetzung ist.

8.1 NIAM–Modell

Ein Informationssystem besteht aus Menschen und Maschinen, die Informationen erzeugen und/oder benutzen und die durch Kommunikationsbeziehungen miteinander verbunden sind [Han86]. In einem rechnergestützten Informationssystem wird durch Abstraktion ein Modell (ein Abbild) der Realität erzeugt. Der Abbildungsprozeß durchläuft die Phasen der Selektion, der eindeutigen Benennung sowie schlußendlich der Klassifikation von Objekten und liefert als Ergebnis das konzeptionelle Modell.

Allgemein kann man sagen: Information umfaßt eine Nachricht zusammen mit ihrer Bedeutung für den Empfänger. Diese Bedeutung kann darin bestehen, daß ein Mensch der Nachricht einen Sinn gibt, oder die Bedeutung kann indirekt aus der Art der Weiterverarbeitung der Nachricht geschlossen werden [Dud86]. Dieses Problem der Bedeutung kommt speziell bei der NIAM–Methode (Nijssens Information Analysis Method [Nij78, Nij80]) zum Tragen, da ihre Informationsbasis im wesentlichen aus elementaren Sätzen besteht, die eine spezielle Form eines natürlichsprachlichen

Satzes darstellen.

Ein natürlichsprachlicher Satz könnte etwa lauten:

„Bäck & Co liefert Semmeln"

Dem Leser fehlt hier eine Menge an (Zusatz-) Information. Trotzdem wird der Satz perfekt verstanden, wenn der Kontext, in dem dieser Satz steht, bekannt ist.

Dieses kleine Beispiel zeigt das wesentliche Problem auf: Die Notwendigkeit, die Semantik der NIAM–Konstrukte formal und exakt zu beschreiben. Denn nur wenn die beiden Algorithmen der *Konversion* und *Extraktion* determiniert sind, erhält man bei gleicher Eingabe auch wieder das gleiche Ergebnis.

8.1.1 Lexikalischer Objekttyp (LOT)

Ein Elementarsatz wie in obigem Beispiel besteht aus einem Prädikat („liefern") und elementaren Objekten („Bäck & Co", „Semmel"). Die NIAM–Methode unterscheidet zwei Typen von elementaren Objekten: lexikalische und nichtlexikalische Objekte. Diese sollen im folgenden beschrieben werden.

Definitionen für lexikalische Objekte finden sich sowohl bei Nijssen [VvB82, S.544] als auch bei Sowa [Sow89, S.12f]. Hier handelt es sich um einen kongruenten Begriff der beiden Methoden.

Als Tenor dieser Definitionen kann man herausheben: *Ein* **Objekt** *ist ein Ding der Realwelt, das von anderen Dingen eindeutig unterschieden werden kann.* Der Informatik-Duden [Dud86] definiert **Objekte** als *„allgemeine Größen, die durch einen Bezeichner benannt werden."*

Ein lexikalisches Objekt ist eine Ausprägung eines Objekts (vgl. Attribut bei ER-Modell). Der **lexikalische Objekttyp** ist eine Klasse zusammengehöriger lexikalischer Objekte.

Dem lexikalischen Objekt kommt im Rahmen des NIAM–Modells die Aufgabe zu, die nichtlexikalischen Objekte (siehe folgender Abschnitt), die in einem nichtlexikalischen Objekttyp zusammengefaßt sind, zu unterscheiden.

Definition: *Ein* **lexikalisches Objekt** *ordnet den nichtlexikalischen Objekten eines nichtlexikalischen Objekttyps Werte aus einem Wertebereich zu. Der* **Wertebereich** *bestimmt die Menge von Werten, die ein Attribut annehmen kann. Er wird entweder durch Aufzählung oder durch eine Typangabe und durch eine Unter- und Obergrenze beschrieben (vgl. 4.3.1).*

Sofern die Werte vom Typ *Zahl* sind, kann die Aufzählung der Werte unterbleiben und durch Angaben von Grenzen erfolgen (sofern alle Zahlen des Typs – z.B. „Integer" – Elemente der Menge bilden). Für alle anderen Werttypen muß der Wertebereich durch Aufzählen der Werte beschrieben werden.

Abbildung 8.1: Graphische Notation des lexikalischen Objekttyps

Beispiel 8.1-1: Der lexikalische Objekttyp *Artikelnummer* umfaßt alle Zahlen, die als Artikelnummer zugelassen sind (siehe Abbildung 8.1). Hier kann der Wertebereich durch die Angabe von Grenzen beschrieben werden:

Wertebereich: Typ = Zahl, Untergrenze = 1, Obergrenze = 100.000 (Für das Beispiel der Lagerverwaltung wird ein Lager mit maximal 100.000 verschiedenen Artikeln definiert)

Die einzelnen Objekte (Nummern) sind eindeutig definiert und bilden zusammen den obengenannten Objekttyp.

Der lexikalische Objekttyp *Lieferantenname* muß durch Aufzählen der möglichen Werte beschrieben werden:

Wertebereich: Typ = String, (Bäck & Co., . . .).

8.1.2 Nichtlexikalischer Objekttyp (NOLOT)

Definitionen für nichtlexikalische Objekte finden sich sowohl bei G. Nijssen [VvB82, S.544] als auch bei J. Sowa [Sow89, S.12f]. Es handelt sich ebenfalls um einen kongruenten Begriff der beiden Methoden.

Definition: **Nichtlexikalische Objekte** *stellen reale oder abstrakte Dinge eines Objektsystems dar (im Gegensatz zu deren Ausprägungen).*

Der **nichtlexikalische Objekttyp** bezeichnet die Klasse der zusammengehörigen, nichtlexikalischen Objekte.

Abbildung 8.2: Graphische Notation des nichtlexikalischen Objekttyps

Beispiel 8.1-2: Der nichtlexikalische Objekttyp *Artikel* faßt alle Objekte zusammen, die die Voraussetzungen für diesen Typ erfüllen. Diese Voraussetzungen können z.B. das Vorhandensein einer *Artikelnummer*, *Bezeichnung*, usw. sein.

Per definitionem ist es jedoch unmöglich, ein nichtlexikalisches Objekt zu nennen (es ist nur symbolisierbar, [VvB82]). Ein nichtlexikalischer Objekttyp ist nur durch seine Bestimmungsstücke, wie z.B. *Artikelnummer* und *Bezeichnung*, bestimmt (identifiziert). Die eindeutige Identifizierung des nichtlexikalischen Objekttyps ist unerläßlich und wird durch verschiedene Arten von Constraints (Beschränkungen, Nebenbedingungen) erreicht (siehe 8.1.7).

8.1.3 Rolle

Die bisherigen Ausführungen sind auf die verschiedenen Objekte und Objekttypen des NIAM–Modells eingegangen. Das wesentliche Bindeglied zwischen diesen Objekten stellt die Rolle dar. Sie beschreibt die Beziehung der Objekte zueinander in Form von Prädikaten, wobei die Beziehung in der einen Richtung passiv und in der anderen aktiv sein kann.

Definition: *Eine Rolle ist eine Beziehung zwischen zwei Objekttypen, von denen mindestens einer ein nichtlexikalischer Objekttyp sein muß.*

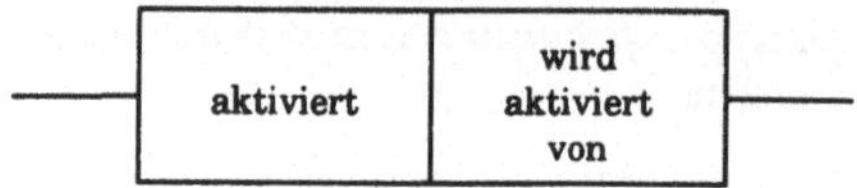

Abbildung 8.3: Graphische Notation der Rolle

Beispiel 8.1-3: Für den Vorgang der Warenentnahme wird definiert, daß diese eine Nachbestellung auslöst. Hinsichtlich dieser Annahme werden im NIAM–Modell die beiden nichtlexikalischen Objekttypen *Warenentnahme* und *Nachbestellung* durch die Rolle *aktiviert/wird_aktiviert_von* in Beziehung gebracht (siehe Abbildung 8.3). In diesem Beispiel übernimmt die Warenentnahme die aktive Rolle und die Nachbestellung entsprechend die passive Rolle.

8.1.4 Ideetyp

Die oben gezeigte Klassifikation von Objekten gilt sinngemäß auch für Satztypen. Ein Satz ist die Zusammensetzung zweier Objekttypen durch eine Rolle. Der Ideetyp stellt dabei einen bestimmten Satztyp dar.

Definition: *Die Verbindung zwischen nichtlexikalischen Objekten durch eine Rolle wird als Idee oder als Instanz eines Ideetyps bezeichnet [VvB82].*

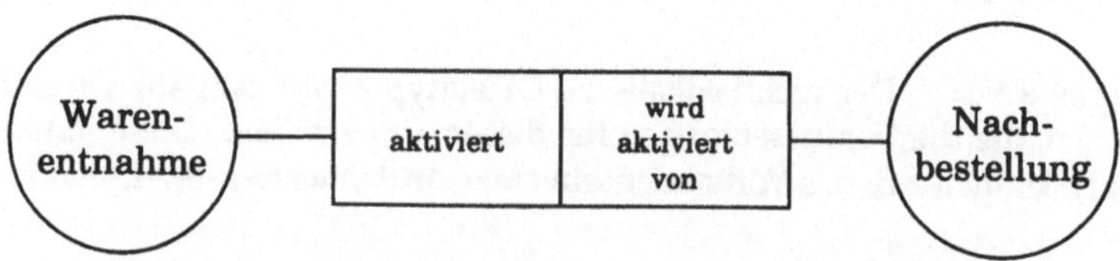

Abbildung 8.4: Graphische Notation eines Ideetyps

Das Beispiel in Abschnitt 8.1.3 entspricht einem Ideetyp. Abbildung 8.4 zeigt die entsprechende grafische Repräsentation.

8.1.5 Brückentyp

Der Brückentyp stellt den zweiten der beiden möglichen Satztypen dar. Er ist das Basiskonstrukt für die Identifikation eines nichtlexikalischen Objekttyps.

Definition: *Die Verbindung zwischen einem lexikalischen Objekt und einem nichtlexikalischen Objekt durch eine Rolle wird als Brücke oder als Instanz eines Brückentyps bezeichnet [VvB82].*

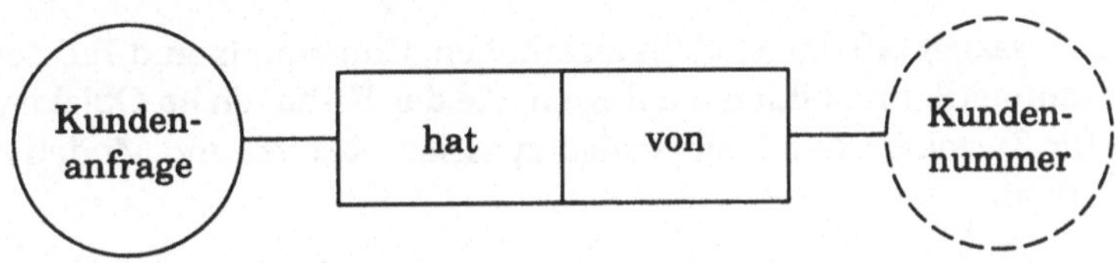

Abbildung 8.5: Graphische Notation des Brückentyps

Beispiel 8.1-4: Für den Vorgang einer Kundenanfrage wird definiert, daß diese eindeutig durch eine Kundennummer identifiziert ist. Hinsichtlich dieser Annahme werden im NIAM–Modell der lexikalische Objekttyp *Kundennummer* und der nichtlexikalische Objekttyp *Kundenanfrage* durch die Rolle *hat/von* in Beziehung gebracht (siehe Abbildung 8.5).

8.1.6 Subtyp

Ein Subtyp stellt eine Spezialisierung eines nichtlexikalischen Objekttyps dar, oder umgekehrt, ein Supertyp ist ein allgemeinerer Typ als der Subtyp. Erst diese Subtypenbildung erlaubt eine hierarchische Gliederung der einzelnen Objekte zu einer Typenhierarchie.

Definition: *Nur nichtlexikalische Objekttypen können Sub– oder Supertypen besitzen. Jeder Subtyp ist wiederum ein nichtlexikalischer Objekttyp. Ist ein Supertyp eindeutig beschrieben, so gilt das auch für seine Subtypen.*

Beispiel 8.1-5: Für einen Subtyp *Einkaufspreis* wäre der entsprechende Supertyp z.B. *Preis* (siehe Abbildung 8.6).

8.1.7 Constraints

Constraints (Neben- oder Randbedingungen) sind unumgänglich notwendige Konstrukte dieser Methode, um nichtlexikalische Objekte zu identifizieren (siehe 8.1.1)

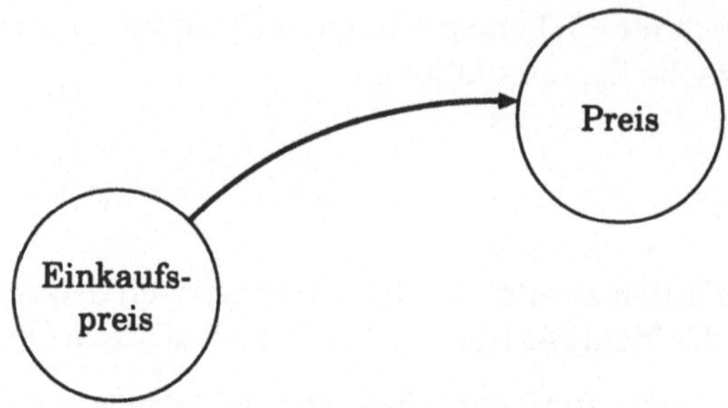

Abbildung 8.6: Graphische Notation des Subtyps

und um die Aussagekraft des Modells zu erhöhen. Constraints sind Teil der konzeptionellen Grammatik und bilden die Regeln, die das Verhalten im Objektsystem beschreiben. Ihr Zweck ist, den Unterschied zwischen Realität und Modell möglichst gering zu halten.

Bei den im folgenden erläuterten Constraints wird zu Beginn jedes Abschnitts versucht, soweit möglich, eine kurze Übersetzung ins Deutsche zu geben. Da jedoch die englische Bezeichnung wesentlich präziser und kürzer ist, wird immer nur auf diese Bezeichnung zurückgegriffen.

Disjoint-Constraint

Ein Disjoint-Constraint (ausschließende Nebenbedingung) ist eine Nebenbedingung, die die Beziehung zwischen zwei Subtypen näher beschreibt.

Definition: *Wird ein Disjoint-Constraint für zwei Subtypen eines nichtlexikalischen Objekttyps definiert, so schließen die Ausprägungen dieser Subtypen einander aus [VvB82].*

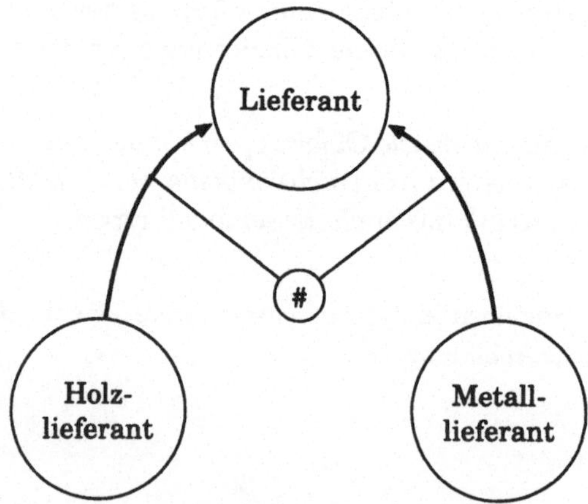

Abbildung 8.7: Graphische Notation des Disjoint-Constraints

Beispiel 8.1-6:   Für einen nichtlexikalischen Objekttyp *Lieferant* gibt es z.B. zwei Subtypen, nämlich die beiden nichtlexikalischen Objekttypen *Holzlieferant* und *Metallieferant*. Besteht nun zwischen den beiden Subtypen ein Disjoint-Constraint, so kann ein Lieferant entweder Holz oder Metall liefern, nie jedoch beides. Aus der Sicht des Analysten kann ein Lieferant entweder Holzliefe-rant oder Metallieferant sein, dementsprechend muß er bei der Modellierung zwischen den Subtypen ein Disjoint-Constraint setzen (siehe Abbildung 8.7).

Total-Role-Constraint

Bisher war die Beziehung zwischen zwei Objekten durch eine Rolle bestimmt, wo-bei diese Beziehung nicht Ausschließlichkeitscharakter hat (Kann-Beziehung), d.h. nicht für jedes Objekt eines Objekttyps muß diese Beziehung gelten. Die Total-Role-Constraint (gesamt, für alle) ist eine Nebenbedingung, die die Gültigkeit der Beziehung für die gesamte Ausprägungsmenge (für alle Objekte) des Objekttyps festlegt.

Definition: *Wird für einen Objekttyp ein Total-Role-Constraint definiert, gilt, daß jedes Objekt dieses Typs in der bestimmten Rolle agiert.*

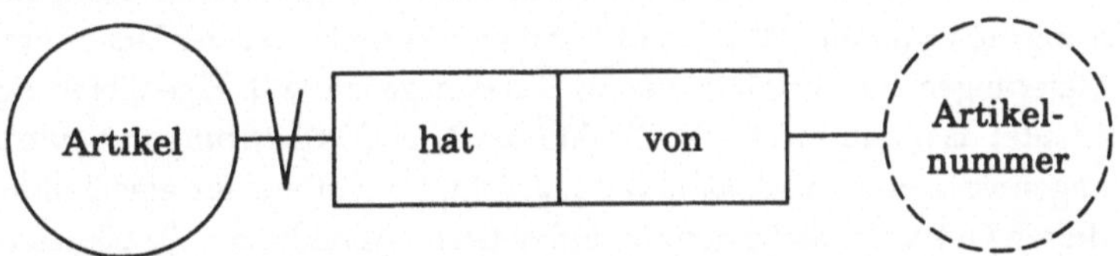

Abbildung 8.8: Graphische Notation des Total-Role-Constraints

Beispiel 8.1-7:   Der nichtlexikalische Objekttyp *Artikel* ist durch eine Rolle *hat/von* mit einem lexikalischen Objekttyp *Artikelnummer* verbunden. Wird nun ein Total-Role-Constraint zwischen dem NOLOT und der Rolle definiert, so hat dies zur Folge, daß jeder Artikel eine Artikelnummer besitzen muß, bzw. es keinen Artikel geben kann, solange keine Artikelnummer existiert (siehe Abbildung 8.8).

Subset-Constraint

Haben zwei Objekttypen bzw. deren Objekte zwei unterschiedliche Beziehungen zueinander, gibt das Subset-Constraint (Untermenge) als Nebenbedingung die Möglichkeit, die Objekte des Objekttyps in der einen Rolle als Untermenge der Objekte des selben Objekttyps in der zweiten Rolle zu definieren.

Definition: *Wird ein Subset-Constraint zwischen zwei Rollen definiert, so gilt, daß die Objekte eines oder beider Objekttypen eines Satzes (Ideetyp oder Brücken-typ) eine Teilmenge der Objekte eines oder beider Objekttypen eines zweiten Satzes*

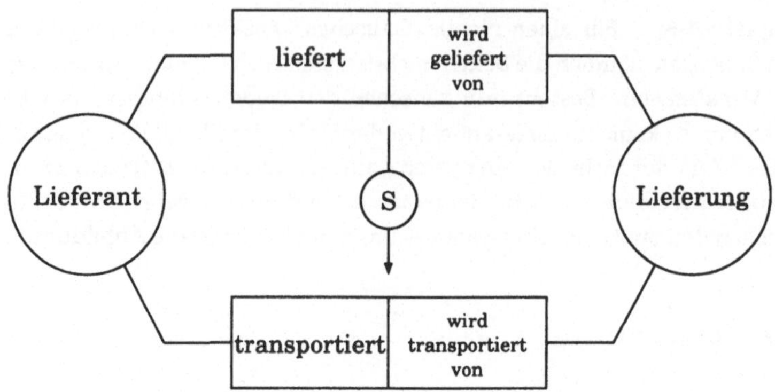

Abbildung 8.9: Graphische Notation des Subset-Constraints

(Ideetyp oder Brückentyp) sind, wobei die Objekttypen für beide Sätze die selben sein müssen [VvB82].

Beispiel 8.1-8:   Zwischen den beiden nichtlexikalischen Objekttypen *Lieferant* und *Lieferung* werden zwei Beziehungen definiert. Einerseits *liefert* der Lieferant seine Lieferung bei einem Kunden ab, andererseits *transportiert* der Lieferant die Lieferung zum Kunden. Wenn man nun davon ausgeht, daß der Lieferant nicht nur Lieferungen transportiert, die an Kunden gehen (z.B. Eigenlieferungen), so bedeutet das, daß nicht alle Objekte des NOLOTs *Lieferung* in beiden Beziehungen vorkommen. Anders ausgedrückt, besteht nur für eine Teilmenge von diesen Objekten die Beziehung *liefern* (siehe Abbildung 8.7). Genau diese Nebenbedingung beschreibt das Subset-Constraint.

Equality-Constraint

Spielt ein Objekttyp zwei unterschiedliche Rollen, so kann durch ein Equality-Constraint (Gleichheit) zwischen diesen Rollen die Beschränkung eingeführt werden, daß alle Objekte des Objekttyps, die in der einen Rolle vorkommen, auch in der anderen Rolle vorkommen müssen, und umgekehrt.

Definition: *Wird ein Equality-Constraint zwischen zwei Rollen definiert, so gilt, daß die Menge der Objekte in der einen Rolle gleich sein muß der Menge der Objekte in der anderen Rolle [VvB82].*

Beispiel 8.1-9:   Zwischen den beiden nichtlexikalischen Objekttypen *Zeitpunkt* und *Lieferkondition* werden zwei Beziehungen definiert. Einerseits beginnt die Lieferkondition zu einem bestimmten Zeitpunkt, andererseits endet sie auch zu einem bestimmten Zeitpunkt. Durch ein Equality-Constraint wird festgelegt, daß alle Lieferkonditionen, die einen Beginnzeitpunkt haben, auch einen Endzeitpunkt haben müssen und umgekehrt, daß alle Lieferkonditionen, die einen Endzeitpunkt haben, auch einen Beginnzeitpunkt haben müssen (siehe Abbildung 8.10).

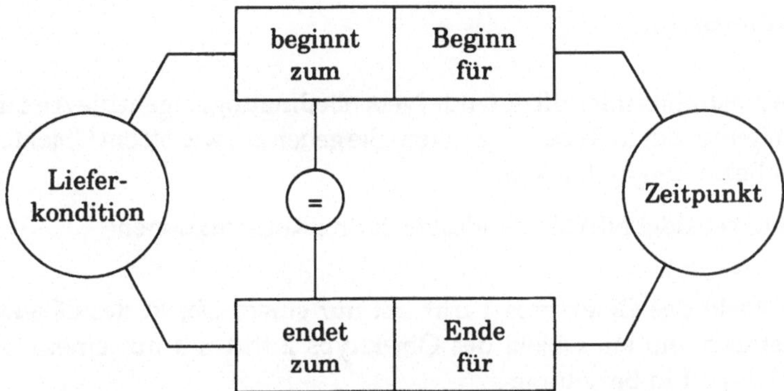

Abbildung 8.10: Graphische Notation des Equality-Constraints

Uniqueness-Constraint

Die Nebenbedingung des Uniqueness-Constraint (eindeutig bestimmende Neben-bedingung) ermöglicht die eindeutige Identifikation eines nichtlexikalischen Objek-tes durch zwei andere Objekte (lexikalische oder nichtlexikalische).

Definition: *Wird ein Uniqueness-Constraint definiert, so gilt, daß zwei verschie-dene Objekttypen, mit zwei unterschiedlichen Beziehungen zu einem gemeinsamen nichtlexikalischen Objekttyp, dieses NOLOT eindeutig identifizieren.*

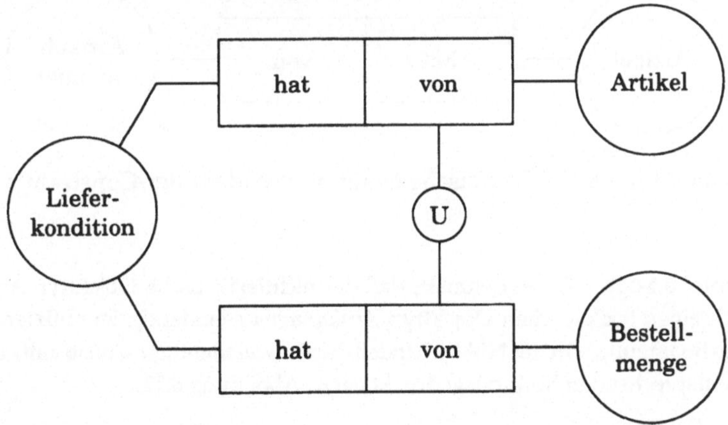

Abbildung 8.11: Graphische Notation des Uniqueness-Constraints

Beispiel 8.1-10: Für den nichtlexikalischen Objekttyp *Lieferkondition* ist defi-niert, daß er nur dann eindeutig identifiziert ist, wenn der NOLOT *Artikel* und der NOLOT *Bestellmenge* bekannt sind (siehe Abbildung 8.11).

Identifier-Constraint

Identifier-Constraints (identifizierende Nebenbedingung) regeln die Anzahl der Objekte, die miteinander in Beziehung treten. Sie geben an, wie oft ein Objekt mit einem anderen in Beziehung treten kann.

Hierbei unterscheidet NIAM grundsätzlich drei Konstruktionen:

1. Ein Objekt des Objekttyps 1 tritt mit nur einem Objekt des Objekttyps 2 in Beziehung und ein Objekt des Objekttyps 2 tritt mit nur einem Objekt des Objekttyps 1 in Beziehung.

2. Ein Objekt des Objekttyps 1 tritt mit nur einem Objekt des Objekttyps 2 in Beziehung und ein Objekt des Objekttyps 2 kann mit mehreren Objekten des Objekttyps 1 in Beziehung treten.

3. Ein Objekt des Objekttyps 1 kann mit mehreren Objekten des Objekttyps 2 in Beziehung treten und ein Objekt des Objekttyps 2 kann mit mehreren Objekten des Objekttyps 1 in Beziehung treten.

Diese Nebenbedingung zählt zu den wichtigsten in der NIAM–Methode, denn sie ermöglicht es unter anderem, ein nichtlexikalisches Objekt eindeutig durch ein lexikalisches Objekt zu identifizieren (siehe Abschnitt 8.1.1).

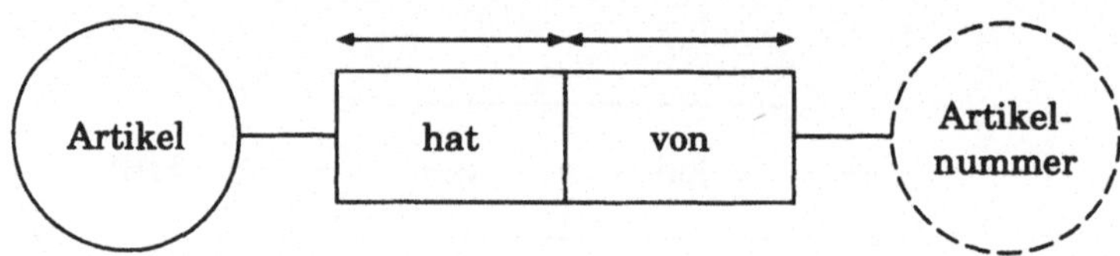

Abbildung 8.12: Graphische Notation des Identifier-Constraints

Beispiel 8.1-11:   Es sei definiert, daß der nichtlexikalische Objekttyp *Artikel* durch einen lexikalischen Objekttyp *Artikelnummer* eindeutig identifiziert ist. Diese Bedingung wird im NIAM–Modell durch zwei Identifier-Constraints über der entsprechenden Rolle ausgedrückt (siehe Abbildung 8.12).

8.2   Verwendete Typenhierarchie

Die Typenhierarchie bildet ein Grundgerüst für die begrifflichen Definitionen und besteht daher aus sehr allgemeinen Typen. Ergänzt wird dieses Grundgerüst im Zuge der Kompilation durch speziellere Typen. Die Abbildung 8.13 zeigt diese allgemeine Typenhierarchie.

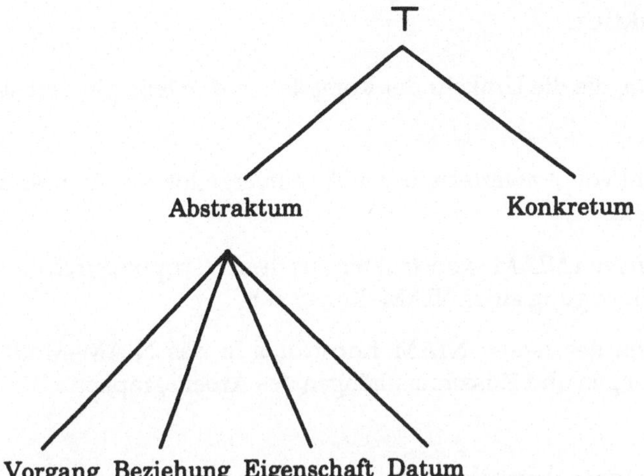

Abbildung 8.13: Eine allgemeine Typenhierarchie

8.3 Ablauf der Konversion

Die Konversion eines NIAM–Modells in einen begrifflichen Graphen gliedert sich ablaufbedingt in zwei Abschnitte, die sich durch ihre Richtung unterscheiden:

- Die Kompilation eines NIAM–Modells in einen Arbeitsgraphen und

- die Extraktion eines NIAM–Modells aus einem Arbeitsgraphen.

8.3.1 Kompilation

Die Kompilation durchläuft folgende Phasen:

1. Isolieren der verschiedenen NIAM–Konstrukte im NIAM–Modell.

2. Erzeugen der den NIAM–Konstrukten entsprechenden Typen (Konzepte, die den gleichen Bezeichner haben).

3. Eintragen dieser Typen in die Typenhierarchie, sofern diese nicht schon eingetragen sind. Die Eintragung erfolgt entweder durch den Benutzer oder automatisch und setzt sich aus der Auswahl des Supertyps und der Formulierung der Differentia zusammen.

4. Eintragen dieser Typen in den Arbeitsgraphen, um so die Beziehungen und Zusammenhänge des NIAM–Modells in begrifflichen Graphen wiederzugeben.

8.3.2 Extraktion

Die Extraktion, die die Umkehr der Kompilation darstellt, gliedert sich in folgende
Phasen:

1. Auswahl von Anwärtern in der Typenhierarchie für ein bestimmtes NIAM–
   Konstrukt.

2. Auswahl von NIAM–Konstrukten aus dieser Gruppe durch den Benutzer und
   somit Erzeugung eines NIAM–Konstrukts.

3. Eintragen des neuen NIAM–Konstrukts in das NIAM–Modell gemäß den
   Beziehungen und Zusammenhängen des Arbeitsgraphen.

8.4 Interpretationstheorie

Die Interpretationstheorie bildet die Grundlage für die Kompilation und die Extraktion, wobei die Theorie durch die Konversionstabelle implementiert wird. Die
Konversionstabelle beschreibt für jedes NIAM–Konstrukt, wie es zu einem Konzept
bzw. zu einem begrifflichen Graphen kompiliert wird und welche Aktionen dabei
durchgeführt werden müssen, um die Konsistenz des NIAM–Modells und des daraus resultierenden begrifflichen Graphen zu gewährleisten. Weiters beschreibt diese
Tabelle auch die Extraktion von NIAM–Konstrukten. In den folgenden Abschnitten
werden die Einträge für die NIAM–Konstrukte angeführt. Die Herleitung dieser
Einträge wird in den nächsten beiden Kapiteln behandelt.

8.4.1 Lexikalischer Objekttyp

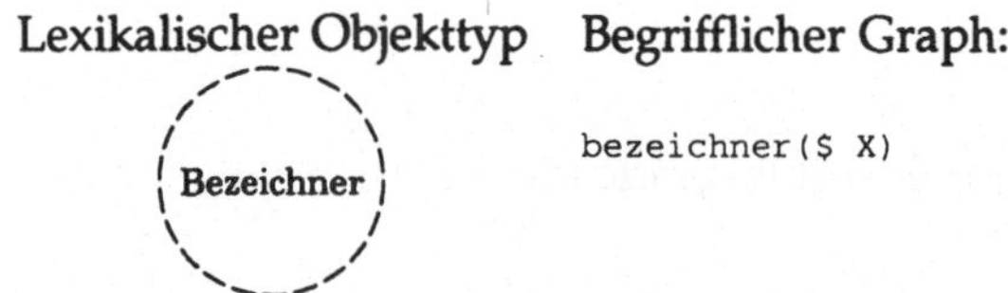

Kompilation: Es wird ein Konzept mit dem Bezeichner des lexikalischen Objekttyps erzeugt. Der Referent des Konzepts ist eine generische Menge ($ X), wodurch
zum Ausdruck kommt, daß ein Objekttyp eine Menge von ähnlichen Objekten darstellt. Existiert noch kein entsprechender Typ in der Typenhierarchie, wird dieser als
Subtyp von *Datum* eingetragen. Die Differentia besteht aus den nichtlexikalischen
Objekttypen, die durch den lexikalischen Objekttyp beschrieben werden, und dem
Wertebereich. Der Eintrag in den Arbeitsgraphen erfolgt nur dann, wenn noch kein
identisches Konzept enthalten ist.

Extraktion: Anwärter für die Extraktion sind Konzepte, die Subtypen von *Datum*
sind. Es werden lexikalische Objekttypen mit dem Bezeichner der ausgewählten
Anwärter generiert und in das NIAM–Modell eingetragen.

8.4.2 Nichtlexikalischer Objekttyp

Nichtlexikalischer Objekttyp   Begrifflicher Graph:

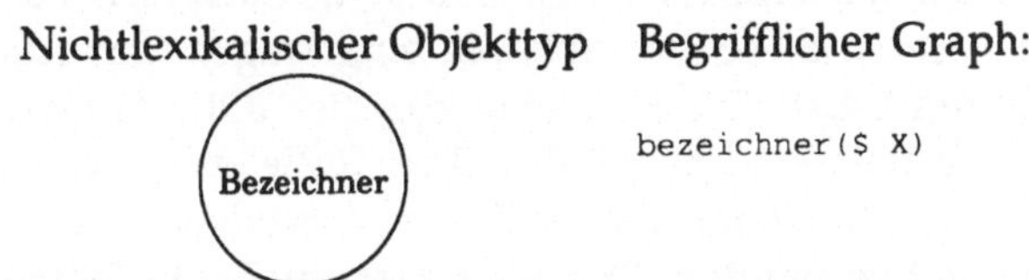

```
bezeichner($ X)
```

Kompilation: Es wird ein Konzept mit dem Bezeichner des nichtlexikalischen Objekttyps erzeugt. Existiert noch kein entsprechender Typ in der Typenhierarchie, wird dieser als Subtyp von *Vorgang*, *Eigenschaft* oder *Konkretum* eingetragen. Die Differentia besteht aus den identifizierenden lexikalischen Objekten. Der Eintrag in den Arbeitsgraphen erfolgt nur dann, wenn noch kein identisches Konzept enthalten ist.

Extraktion: Anwärter für die Extraktion sind Konzepte, die Subtypen von *Vorgang*, *Eigenschaft* oder *Konkretum* sind. Es werden nichtlexikalische Objekttypen mit dem Bezeichner der ausgewählten Anwärter generiert und in das NIAM–Modell eingetragen.

8.4.3 Satztyp

Rolle   Begrifflicher Graph:

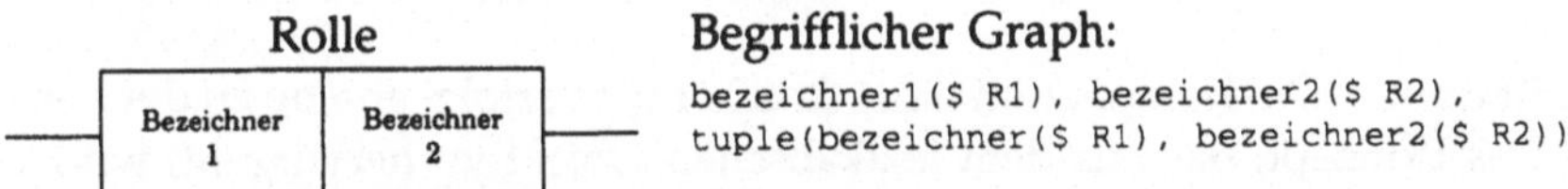

```
bezeichner1($ R1), bezeichner2($ R2),
tuple(bezeichner($ R1), bezeichner2($ R2))
```

Kompilation: Pro Rolle wird ein Konzept mit dem Bezeichner der Rolle erzeugt. Existiert noch kein entsprechender Typ in der Typenhierarchie, wird dieser als Subtyp von *Vorgang* oder *Beziehung* eingetragen. Die Differentia besteht aus dem Objekttyp, der in der Rolle auftritt. Das Konzept der Rolle wird durch die begriffliche Relation *link* mit dem Konzept, das den Objekttyp repräsentiert, verbunden. Um festzulegen, daß die beiden Rollen einen Satztyp bilden, werden die beiden Rollen des Satztyps durch die begriffliche Relation *tuple* miteinander verbunden.

Extraktion: Anwärter für die Extraktion sind Konzepte, die Subtypen von *Vorgang* oder *Beziehung* sind. Es werden Rollen mit dem Bezeichner der ausgewählten Anwärter generiert und in das NIAM–Modell eingetragen.

8.4.4 Ideetyp

Ideetyp   Begrifflicher Graph:

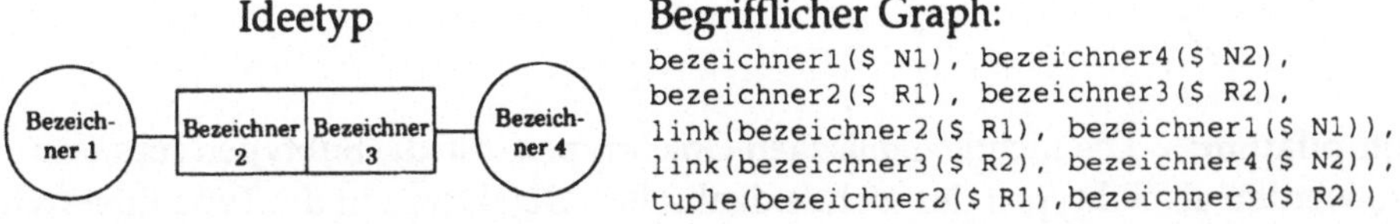

```
bezeichner1($ N1), bezeichner4($ N2),
bezeichner2($ R1), bezeichner3($ R2),
link(bezeichner2($ R1), bezeichner1($ N1)),
link(bezeichner3($ R2), bezeichner4($ N2)),
tuple(bezeichner2($ R1),bezeichner3($ R2))
```

Kompilation: Beim Ideetyp werden vier Konzepte mit den Bezeichnern der einzelnen NIAM–Konstrukte erzeugt. Existieren keine entsprechenden Typen in der Typenhierarchie, werden diese als Subtypen eingetragen (zur Auswahl der Subtypen siehe 8.4.2 und 8.4.3). Die Konzepte, die die NOLOTs repräsentieren, sind über die begriffliche Relation *link* mit den ihrer Rolle entsprechenden Konzepten verbunden. Die beiden Konzepte, die die Rollen darstellen, werden durch die Relation *tuple* miteinander verbunden. Der daraus resultierende Teilgraph wird in den Arbeitsgraphen aufgenommen, wenn noch kein derartiger Graph enthalten ist.

Extraktion: Anwärter für die Extraktion sind Konzepte, die Subtypen der den Konstrukten entsprechenden Konzepte sind (siehe 8.4.2 und 8.4.3), sowie begriffliche Graphen, die dem Konstrukt Ideetyp entsprechen. Es werden die Konstrukte „nichtlexikalischer Objekttyp", „Rolle" und „Ideetyp" generiert und in das NIAM–Modell eingetragen.

8.4.5 Brückentyp

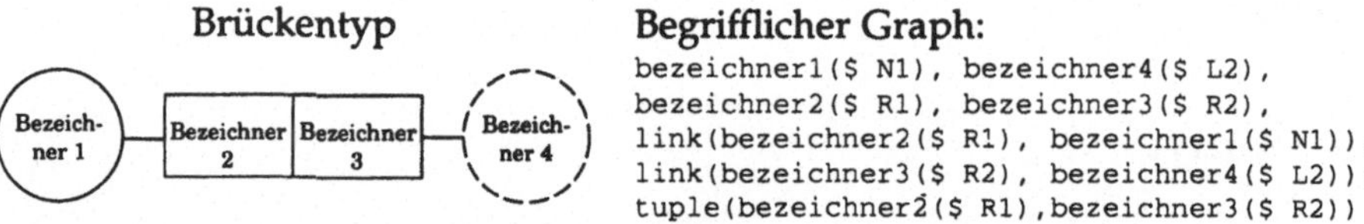

Begrifflicher Graph:
```
bezeichner1($ N1), bezeichner4($ L2),
bezeichner2($ R1), bezeichner3($ R2),
link(bezeichner2($ R1), bezeichner1($ N1)),
link(bezeichner3($ R2), bezeichner4($ L2)),
tuple(bezeichner2($ R1),bezeichner3($ R2))
```

Kompilation: Die Kompilation eines Brückentyps erfolgt analog zu der des Ideetyps. Das Konzept, das aus dem lexikalischen Objekttyp hervorgeht, wird unter *Datum* in die Typenhierarchie eingetragen.

Extraktion: Anwärter für die Extraktion sind Teilgraphen, die die vorher beschriebene Struktur aufweisen. Es muß jedoch festgestellt werden, ob ein Anwärter für einen Brückentyp und nicht für einen Ideetyp vorliegt. Dies kann aus den Begriffsdefinitionen für die Konzepte, die zu Objekttypen extrahiert werden sollen, abgeleitet werden. Ist eines dieser Konzepte ein Subtyp von *Datum*, während das andere unter *Vorgang, Eigenschaft* oder *Konkretum* eingetragen ist, wird ein Brückentyp angenommen.

8.4.6 Subtyp

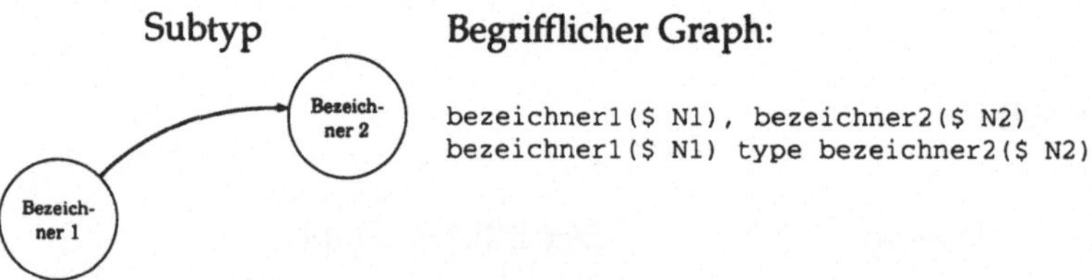

Begrifflicher Graph:
```
bezeichner1($ N1), bezeichner2($ N2)
bezeichner1($ N1) type bezeichner2($ N2)
```

Kompilation: Die nichtlexikalischen Objekttypen, die die Subtypen repräsentieren, werden als Subtypen des nichtlexikalischen Objekttyps in die Typenhierarchie eingetragen, der den Supertyp repräsentiert. Im Arbeitsgraph werden die entsprechenden Konzepte eingetragen, insofern im Arbeitsgraphen noch kein identisches Konzept enthalten ist. Weiters werden die entsprechenden Konzepte als Supertyp und Subtyp eingetragen.

Extraktion: Ein Subtyp wird extrahiert, wenn mehrere Kandidaten für den nichtlexikalischen Objekttyp vorliegen und zu diesen Kandidaten ein weiterer Kandidat existiert, der ein Supertyp dieser Kandidaten ist. Es werden nichtlexikalische Objekttypen mit dem Bezeichner der ausgewählten Kandidaten generiert und in das NIAM–Modell eingetragen.

8.4.7 Constraints

Disjoint-Constraint

Disjoint-Constraint

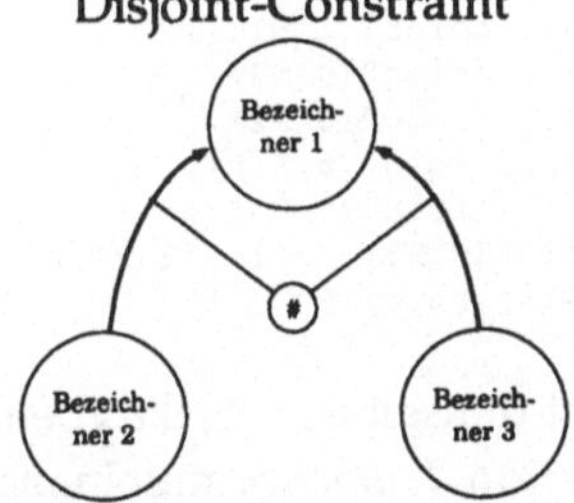

Begrifflicher Graph:

```
bezeichner1($ N1), bezeichner2($ N2),
bezeichner3($ N3),
teilmenge(bezeichner2($ N2), bezeichner1($ N1)),
teilmenge(bezeichner3($ N3), bezeichner1($ N1)),
disj(bezeichner2($ N2), bezeichner3($ N3))
```

Kompilation: Zwei Konzepte, die dem NIAM–Konstrukt Subtyp genügen (siehe 8.4.6), werden im entsprechenden Arbeitsgraphen zusätzlich mit der begrifflichen Relation *disj* verbunden, die ausdrückt, daß die Konzeptausprägungen disjunkte Mengen darstellen. Der Eintrag in den Arbeitsgraphen erfolgt nur dann, wenn noch kein identischer Graph enthalten ist.

Extraktion: Ein Disjoint-Constraint wird aus dem Arbeitsgraphen extrahiert, wenn mehrere Kandidaten für den nichtlexikalischen Objekttyp vorliegen und zu diesen Kandidaten ein weiterer existiert, der ein Supertyp dieser Kandidaten ist. Außerdem müssen zwei der Subtypen durch die begriffliche Relation *disj* verbunden sein. Es wird ein Disjoint-Constraint generiert und in das NIAM–Modell eingetragen.

Total-Role-Constraint

Total-Role-Constraint

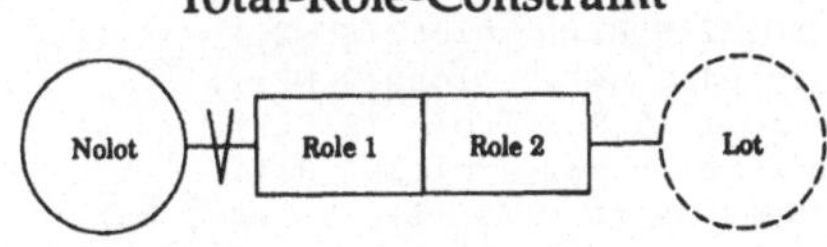

Begrifflicher Graph:
```
nolot($ N), lot($ L),
role1($ R1), role2($ R2),
link(role1($ R1 @ 1 to n), nolot($ N)),
link(role2($ R2), lot($ L)),
tuple(role1($ R1 @ 1 to n), role2($ R2))
```

Kompilation: Die Konzepte für den lexikalischen Objekttyp bzw. nichtlexikalischen Objekttyp und die Rolle, für die das Total-Role-Constraint definiert wurde, werden durch die begriffliche Relation *link* miteinander verbunden. Die Angabe der Kardinalität „*1 to n*" in dieser Relation bewirkt, daß jedes Objekt mindestens einmal in der Rolle auftreten muß. Anders formuliert bedeutet das, daß alle Objekte in der Rolle auftreten.

Extraktion: Ein Total-Role-Constraint wird extrahiert, wenn zwischen den Kandidaten, die dem Idee- oder Brückentyp genügen, die oben beschriebenen „1 to n"–Kardinalitäten in den zugeordneten begrifflichen Relationen bestehen. Es wird ein Total-Role-Constraint generiert und in das NIAM–Modell eingetragen.

Subset-Constraint

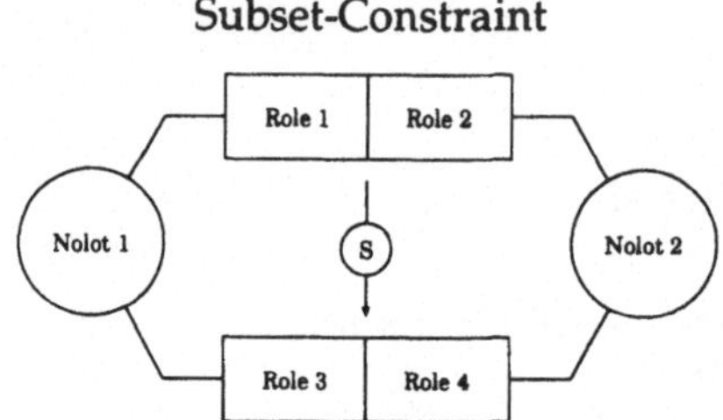

Begrifflicher Graph:
```
nolot1($ N1), nolot2($ N2),
role1($ R1), role2($ R2),
role3($ R3), role3($ R3),
link(role1($ R1), nolot1($ N1)),
link(role3($ R3), nolot1($ N1)),
link(role2($ R2), nolot2($ N2)),
link(role4($ R4), nolot2($ N2)),
tuple(role1($ R1), role2($ R2)),
tuple(role3($ R3), role3($ R3)),
subset(tuple(role3($ R3), role4($ R4)),
tuple(role1($ R1), role2($ R2)))
```

Kompilation: Die Konzepte für zwei Rollen, die mit denselben Objekttypen in Beziehung stehen, werden durch die begriffliche Relation *Teilmenge* miteinander verbunden. Die 1:n-Beziehung zwischen der Superset-Rolle und der Subset-Rolle wird als Kardinalitätsverhältnis in die Referenten der begrifflichen Relation eingetragen. Der Eintrag in den Arbeitsgraphen erfolgt nur dann, wenn noch kein identischer Graph enthalten ist.

Extraktion: Ein Subset-Constraint wird extrahiert, wenn zwischen den Kandidaten, die dem Ideetyp genügen, eine 1:n-Beziehung als Kardinalitätsverhältnis in der zugeordneten begrifflichen Relation *Teilmenge* besteht. Es wird ein Subset-Constraint generiert und in das NIAM–Modell eingetragen.

Equality-Constraint

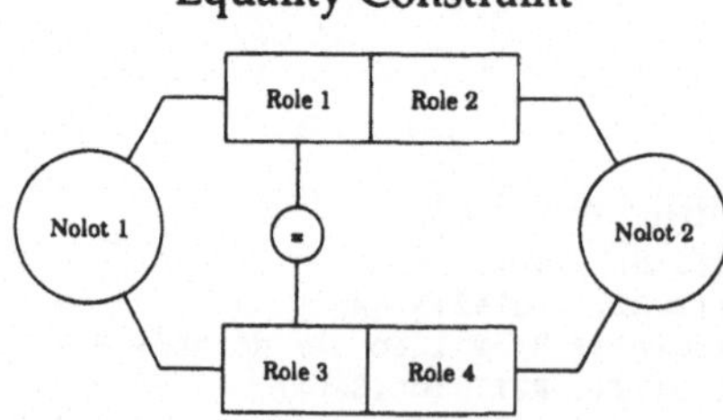

Begrifflicher Graph:
```
nolot1($ N1), nolot2($ N2),
role1($ R1), role2($ R2),
role3($ R3), role3($ R3),
link(role1($ R1), nolot1($ N1)),
link(role3($ R3), nolot1($ N1)),
link(role2($ R2), nolot2($ N2)),
link(role4($ R4), nolot2($ N2)),
tuple(role1($ R1), role2($ R2)),
tuple(role3($ R3), role3($ R3)),
gleichemenge(role1($ R1), role3($ R3))
```

Kompilation: Die Konzepte für die zwei Rollen in einem Equality-Constraint werden durch die begriffliche Relation *gleichemenge* miteinander verbunden. Dadurch wird zum Ausdruck gebracht, daß die Mengen der Objekte, die in den Rollen auftreten, gleich sein müssen. Der Eintrag in den Arbeitsgraphen erfolgt nur dann, wenn noch kein identischer Graph enthalten ist.

Extraktion: Ein Equality-Constraint wird extrahiert, wenn zwischen zwei Konzepten, die Kandidaten für Rollen eines Objekttyps darstellen, die begriffliche Relation *gleichemenge* besteht. Es wird ein Equality-Constraint generiert und in das NIAM–Modell eingetragen.

Uniqueness-Constraint

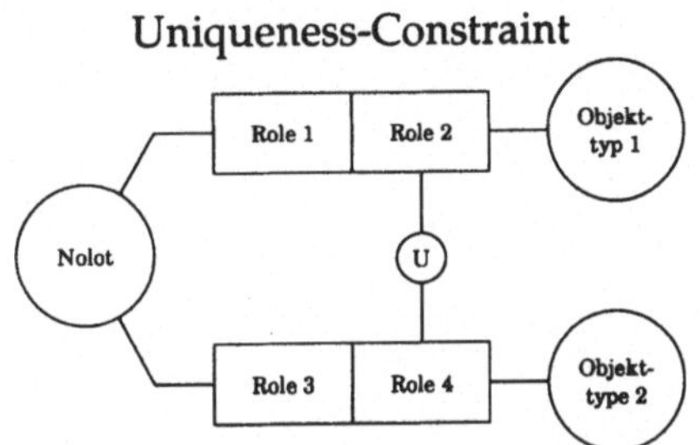

Begrifflicher Graph:

```
nolot($ N), objekttyp1($ O1),
objekttyp2($ O2),
role1($ R1), role2($ R2),
role3($ R3), role3($ R3),
link(role1($ R1), nolot($ N)),
link(role3($ R3), nolot($ N)),
link(role2($ R2), objekttyp1($ O1)),
link(role4($ R4), objekttyp2($ O2)),
tuple(role1($ R1), role2($ R2)),
tuple(role3($ R3), role3($ R3)),
unique(nolot($N),role2($R2),role4($R4))
```

Kompilation: Bei der Kompilation des Uniqueness-Constraint werden die beiden Konzepte, die den Rollen entsprechen, die einen nichtlexikalischen Objekttyp eindeutig identifizieren, und das Konzept für den identifizierten Objekttyp durch die triadische Relation *unique* verbunden. Die Bedingungen, die für die Identifikation eines Konzepts durch andere Konzepte gelten müssen, sind in der Relationsdefinition von *unique* enthalten. Der Eintrag des derart erzeugten Teilgraphen in den Arbeitsgraphen erfolgt nur dann, wenn noch kein identischer Graph enthalten ist.

Extraktion: Ein Uniqueness-Constraint wird extrahiert, wenn die oben beschriebene Struktur von begrifflichen Graphen vorliegt und die entsprechenden drei Konzepte mit der *unique*–Relation verbunden sind. Es wird ein Uniqueness-Constraint generiert und in das NIAM–Modell eingetragen.

Identifier-Constraint

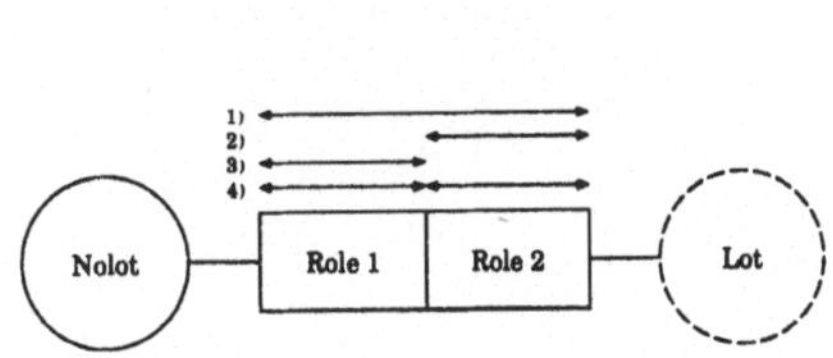

Begrifflicher Graph:

```
nolot($ N), lot($ L),
role1($ R1}, role2($ R2),
link(role1($ R1), nolot($ N)),
link(role2($ R2), lot($ L)),
tuple(role1($ R1), role2($ R2)),
[1] R1 = X @ 0 - n, R2 = Y @ 0 - n,
[2] R1 = X @ 0 - n, R2 = Y @ 0 - 1,
[3] R1 = X @ 0 - 1, R2 = Y @ 0 - n,
[4] R1 = X @ 0 - 1, R2 = Y @ 0 - 1
```

Kompilation: Die durch ein Identifier-Constraint eingeführten Beschränkungen werden in begrifflichen Graphen durch die entsprechende Quantifikation der *link*–Relationen, die die Rollenkonzepte mit den Objekttypenkonzepten verbinden, und der *tuple*–Relation ausgedrückt. Die verschiedenen Typen von Identifier-Constraints werden dabei durch die vier oben angeführten Quantifikationen ausgedrückt.

Extraktion: Ein Identifier-Constraint wird extrahiert, wenn zwischen den Kandidaten, die dem Idee- oder Brückentyp genügen, die entsprechenden Quantifikationen der Relationen vorliegen. Es wird dann ein Identifier-Constraint generiert und in das NIAM–Modell eingetragen.

Kapitel 9

Kompilation eines NIAM–Modells in begriffliche Graphen

9.1 Kompilationsalgorithmus

9.1.1 Überblick

Einleitend wird in diesem Kapitel untersucht, welche Voraussetzungen ein zu kompilierendes NIAM–Modell erfüllen muß. Anschließend wird ein Überblick über den allgemeinen Ablauf der Kompilation gegeben. Anschließend wird untersucht, ob ein NIAM–Konstrukt in ein Konzept oder in einen begrifflichen Graphen kompiliert werden soll. Der Problematik der Bezeichnerwahl für die Konzepte und der Eingliederung neugenerierter Konzepte in die Typenhierarchie und in den Arbeitsgraphen sind ebenfalls Abschnitte gewidmet. Abschließend wird ein NIAM–Modell formuliert, das die Grundlage für die Beispiele zur Kompilation darstellen soll.

9.1.2 Voraussetzungen

Ausgangspunkt der Kompilation ist ein in einer Prolog-Repräsentation vorliegendes NIAM–Modell. Es muß inhaltlich und formal konsistent sein.

Inhaltlich konsistent bedeutet, daß das NIAM–Modell den Tatsachen entspricht, die es abbilden soll (z.B. daß nicht Objekttypen durch Rollen in Beziehung gesetzt werden, die in der Realität aber nicht in Beziehung stehen, oder die richtige Auswahl der Kardinalitätsverhältnisse, usw.). Hier spielen auch sämtliche semantischen Abgrenzungsprobleme (vor allem die Unterscheidung von lexikalischen und nicht-lexikalischen Objekttypen) eine wichtige Rolle. Die Überprüfung der inhaltlichen Konsistenz des NIAM–Modells kann nur der Systemanalytiker selbst durchführen.

Formal konsistent bedeutet, daß das NIAM–Modell den Bildungsgesetzen für NI-AM entspricht (z.B. daß jeder Objekttyp durch eine Rolle mit anderen Objekttypen verbunden ist und nicht im Leeren hängt oder, daß eine Rolle nicht im Leeren endet, usw.). Eine formale Überprüfung des Modells läßt sich aufgrund der recht einfachen Verknüpfungsregeln für die einzelnen Modell-Konstrukte maschinell realisieren.

9.1.3 Ablauf der Kompilation

Die Kompilation erfolgt in fünf Schritten, wobei der Benutzer bis auf eine Ausnahme nicht eingreifen muß.

1. Im NIAM–Modell wird ein NIAM–Konstrukt isoliert.

2. Gemäß dem entsprechenden Eintrag in der Konversionstabelle wird ein Konzept erzeugt, das den Bezeichner des NIAM–Konstrukts enthält.

3. In der Typenhierarchie wird eine Definition des erzeugten Konzepts gesucht.

4. Wird keine Definition gefunden, muß das Konzept definiert werden. Hier muß der Benutzer (Systemanalytiker) den Supertyp des Konzepts bestimmen. Die Differentia wird aus dem NIAM–Konstrukt abgeleitet.

5. Das Konzept wird in den Arbeitsgraphen eingefügt.

Diese Prozedur erfolgt für jedes NIAM–Konstrukt. Die Kompilation ist abgeschlossen, wenn alle NIAM–Konstrukte kompiliert wurden.

Kompilation eines NIAM–Konstrukts

Im Rahmen der Kompilation wird ein dem NIAM–Konstrukt entsprechendes Konzept oder ein begrifflicher Graph generiert.

Allgemein kann man den nichtlexikalischen Objekttyp als Summe von verschiedenen Wahrnehmungen betrachten. Ebenso wie im NIAM–Modell können diese Wahrnehmungen auch in den begrifflichen Graphen dargestellt werden. Hier dient der begriffliche Graph, der die Wahrnehmung repräsentiert, als Definitionsgraph für einen Typ, der der Summe der Wahrnehmungen – dem nichtlexikalischen Objekttyp – entspricht.

In gleicher Weise kann für die Rolle ein Typ generiert werden, der durch einen Definitionsgraphen definiert wird, in dem die die Rolle betreffenden Wahrnehmungen in Konzepte gefaßt sind.

Ein lexikalisches Objekt ordnet einem nichtlexikalischen Objekt Werte zu und stellt so Eigenschaften bzw. Merkmale dar. Im Gegensatz zum nichtlexikalischen Objekt existiert hier nur eine Wahrnehmung, nämlich die der Eigenschaft oder des Merkmals. Aus diesem Grund wird das lexikalische Objekt als Konzept dargestellt.

Die beiden Satztypen (Idee- und Brückentyp) sind zwei komplexere Kombinationen der obigen Grundelemente und bilden daher einen begrifflichen Graphen, der sich aus den obigen Grundkonzepten zusammensetzt.

Die verschiedenen Constraints wiederum bilden teilweise eigene begriffliche Graphen oder ergänzen in bestehenden Konzepten die Referenten.

Problematik der Bezeichnerwahl

Nach der Isolierung des gewählten NIAM–Konstrukts und der Zuordnung eines generischen Konzepts muß dieses nun in die Begriffswelt der begrifflichen Graphen übergeführt werden. Dabei ist die Zuweisung eines Bezeichners von besonderer Bedeutung. Woher kann dieser Bezeichner abgeleitet werden? Hier bestehen zwei Möglichkeiten:

- der Benutzer vergibt einen Bezeichner, oder

- es wird der Bezeichner des NIAM–Konstrukts verwendet.

Aus dem Blickwinkel des möglichst automatischen Ablaufs der Kompilation ist sicherlich der zweite Punkt zu favorisieren. Besonders im Hinblick darauf, daß das Konzept in seiner Bedeutung dem NIAM–Konstrukt entsprechen soll, ist es naheliegend, denselben Bezeichner zu verwenden.

Mit der Verwendung dieser Möglichkeit könnte sich jedoch auch ein Problem ergeben: Wenn nämlich der Bezeichner und die Bedeutung eines NIAM–Konstrukts einander nicht entsprechen, bereitet das zwar keine Probleme im NIAM–Modell (da die Semantik eines Konstrukts in diesem Modell nicht expliziert wird), wohl aber in den begrifflichen Graphen, weil im Rahmen der Definition des Konzepts das Auseinanderfallen von Bezeichner und Bedeutung aufscheint.

> **Beispiel 9.1-1:** Ein Unternehmen X ist ident mit der Person X. Der Benutzer definiert dafür einen nichtlexikalischen Objekttyp *Lieferant*. Für das NIAM–Modell ist es unerheblich, ob mit *Lieferant* die Person X oder das Unternehmen X gemeint ist. Problematisch wird es erst, wenn ein Konzept *Lieferant* in den begrifflichen Graphen definiert wird, das das Mißverhältnis zwischen Bezeichner und Definitionsgraphen (Bedeutung) expliziert.

Dieses Problem tritt bei verschiedenen NIAM–Konstrukten in unterschiedlichem Ausmaß auf. Es ergeben sich mit der Reihenfolge lexikalischer Objekttyp, nichtlexikalischer Objekttyp und Rolle zunehmend Schwierigkeiten. Die Vergabe von Bezeichnern fällt umso leichter, je besser der Teil der Realwelt, den das NIAM–Konstrukt beschreibt, erfaßt werden kann. Umgekehrt, je höher die Abstraktion, desto schwieriger ist die Vergabe des Bezeichners.

Der Bezeichner eines nichtlexikalischen Objekttyps beschreibt die Objekte, die in ihm zusammengefaßt sind. Handelt es sich dabei um einen konkreten Gegenstand, fällt die Auswahl des Bezeichners leicht, da er sich nach diesen Gegenständen richtet.

Der Bezeichner des lexikalischen Objekttyps beschreibt die Bedeutung der Wertemenge für den nichtlexikalischen Objekttyp.

Beispiel 9.1-2:   Ein lexikalischer Objekttyp *Artikelnummer* gibt an, daß die Zahlen mögliche Artikelnummern des Objekttyps sind.

Die Auswahl des Bezeichners richtet sich hier nach der Bedeutung der Wertemenge für das NIAM–Konstrukt. Bei der Auswahl eines Objekttyps steht die Wertemenge fest, sodaß die Bezeichnerwahl nicht weiter schwer fällt.

Besonders schwierig gestaltet sich die Bezeichnerwahl bei der Rolle. Der Bezeichner einer Rolle beschreibt die Beziehung zwischen Objekttypen. Häufig ist es der Fall, daß mit Sicherheit eine Beziehung besteht, aber es nicht sicher ist, welcher Art diese Beziehung ist.

Eingliederung in die Typenhierarchie

Nach der Wahl des richtigen Bezeichners folgt als nächster Schritt der Kompilation die Eingliederung des neugenerierten Konzepts in die Typenhierarchie. Die Eingliederung kann entfallen, wenn dieser Typ bereits in der Typenhierarchie existiert.

Für jedes NIAM–Konstrukt gibt es einen Eintrittspunkt in die Typenhierarchie. Ein Eintrittspunkt ist ein Typ in der Typenhierarchie, der dem NIAM–Konstrukt in der Bedeutung entspricht. Entspricht ein Typ *Lieferant* einem nichtlexikalischen Objekttyp *Lieferant*, so ist der Typ der Eintrittspunkt für den nichtlexikalischen Objekttyp. Findet sich in der Typenhierarchie kein entsprechender Typ, muß ein neuer generiert und definiert werden. Der Supertyp dieses neu erzeugten Typs ist der Eintrittspunkt in die Typenhierarchie. Gibt es z.B. in der Typenhierarchie einen Typ *Person*, aber keinen Typ *Lieferant*, so wird ein Typ *Lieferant* erzeugt und als Subtyp von *Person* definiert. Der Eintrittspunkt ist *Person*.

Es gibt für jedes NIAM–Konstrukt Bereiche in der Typenhierarchie, die niemals als Eintrittspunkte für das Konzept dienen können (so wird z.B. ein lexikalischer Objekttyp nie Subtyp von einer Rolle sein). Man kann also in Umkehrung für jedes NIAM–Konstrukt einen Bereich in der Typenhierarchie finden, in dem die Eintrittspunkte dieser NIAM–Konstrukte liegen. Die Supertypen dieser Bereiche werden ebenfalls Eintrittspunkte genannt. Die Isolierung dieser Eintrittspunkte ist in der Folge wichtiger Bestandteil bei der Entwicklung der Konversionstabellen.

Eingliederung in den Arbeitsgraphen

Im letzten Schritt der Kompilation erfolgt die Einfügung des erzeugten Konzepts in den Arbeitsgraphen. Während die Eingliederung in die Typenhierarchie die Einführung der NIAM–Konstrukte in die Begriffswelt der begrifflichen Graphen darstellt, wird mit der Modellierung des Arbeitsgraphen der Ausschnitt der Realwelt eingefangen, der durch das NIAM–Modell beschrieben wird.

Für die Eingliederung eines Konzepts in den Arbeitsgraphen gibt es zwei Möglichkeiten:

- ein (identisches) Konzept existiert bereits im Arbeitsgraphen,

- das Konzept wird mit den bereits vorhandenen Konzepten verbunden.

Eine identische Entsprechung eines Konzepts existiert dann, wenn das NIAM–Konstrukt, das in das einzugliedernde Konzept kompiliert wurde, aus diesem Konzept im Arbeitsgraphen extrahiert wurde. In diesem Fall ist kein neuerlicher Eintrag notwendig. Enthält der Arbeitsgraph keine Entsprechung für das Konzept, wird es den vorhandenen Konzepten hinzugefügt.

9.2 Beispiel eines NIAM–Modells

Zur Illustration des Kompilationsvorganges werden anhand des zu Beginn erwähnten Beispiels die einzelnen Schritte veranschaulicht. Es soll dabei die gleiche Beispielangabe wie in Abschnitt 5.2 verwendet werden und die einzelnen Kompilationsschritte gezeigt werden.

9.2.1 NIAM–Modell

Das entsprechende NIAM–Modell wird in den Abbildungen 9.5 bis 9.9 dargestellt.

	Wertebereich (Typ,(Untergrenze,Obergrenze)) oder (Typ,(Wertemenge))
Artikelnummer	Zahl,(1,100.000)
Bezeichnung	String,(-,-)
Stueckzahl	Zahl,(0,-)
Uhrzeit	Zahl,(0,24)
Kalenderdatum	String,(-,-)
oeS.Betrag	Zahl,(0,-)
Kundennummer	Zahl,(1,-)
Anf.pos.nummer	Zahl,(1,-)
Bestellnummer	Zahl,(0,-)
Lieferantenname	String,(-,-)
Best.pos.nummer	Zahl,(1,-)
Listennummer	Zahl,(1,-)
Leitungsname	String,(-,-)

9.2.2 Typenhierarchie und Arbeitsgraph

Als Typenhierarchie wird die in Kapitel 8.2 beschriebene verwendet. Zu Beginn der Kompilation ist der Arbeitsgraph leer.

9.3　Lexikalischer Objekttyp

9.3.1　Überblick

Der Anfang dieses Abschnitts ist der Isolierung der Eintrittspunkte für den lexikalischen Objekttyp gewidmet. Anschließend wird die Eingliederung der neugenerierten Konzepte in die Typenhierarchie und in den Arbeitsgraphen beschrieben. Abschließend illustriert ein Beispiel den Vorgang.

9.3.2　Eintrittspunkt

Die Erscheinungsform des lexikalischen Objekttyps läßt sich auf eine abstrakte Existenz reduzieren. Nicht ein physisches Objekt, sondern eine bestimmte abstrakte Größe, die das Objekt in einer spezifischen Eigenart beschreibt (z.B. Bezeichnung, Nummer, usw.), bildet diesen Objekttyp.

Die Entsprechung für diese Erscheinungsform in der Typenhierarchie ist der Typ *Abstraktum*. Er definiert Konzepte, für die es keine Wahrnehmung gibt. Wie die Abbildung 8.13 zeigt, gliedert sich der Typ *Abstraktum* in vier weitere Subtypen auf. Es ist nun zu prüfen, ob alle diese Subtypen das lexikalische Objekt repräsentieren können.

Wie bereits oben erwähnt, werden unter einem lexikalischen Objekttyp alle Dinge zusammengefaßt, die eine individuelle Eigenheit beschreiben. Die beiden Subtypen *Vorgang* und *Beziehung* scheiden unter diesem Gesichtspunkt als Kandidaten aus. Weit diffiziler wird die Abgrenzung zwischen *Eigenschaft* und *Datum*. Da lexikalische Objekte nicht die Eigenschaft selbst repräsentieren (z.B. die Eigenschaft *Farbe*), sondern nur deren Ausprägung, also den Wert (z.B. die Farbbezeichnung *Rot*), erscheint als einziger geeigneter Eintrittspunkt der Typ *Datum*.

9.3.3　Eingliederung in die Typenhierarchie

Nach der Erzeugung eines Konzepts mit dem Bezeichner des lexikalischen Objekttyps muß der Benutzer eingreifen und den entsprechenden Typ in die Typenhierarchie eintragen. Dazu muß er den Genustyp suchen (vgl. Abschnitt 3.2.2). Gibt es einen solchen Typ nicht, so wird der Typ als Subtyp des Eintrittspunkts eingetragen. Hat der Benutzer diesen Typ gefunden, gibt er die Definition des Typs in Form von Genus und Differentia an.

Das Genus ist das als Supertyp ausgewählte Konzept. Die Differentia, die den Unterschied zwischen Super- und Subtyp erklärt, besteht hier aus dem Konzept, das das lexikalische Objekt repräsentiert und den Konzepten, die den Wertebereich darstellen.

9.3.4 Kompilation des Wertebereichs

Wie schon vorangehend beschrieben, wird der Wertebereich durch die Typangabe (über Art und Werte) und durch eine Ober- und Untergrenze des Bereichs definiert. Dieser begriffliche Graph läßt sich wie folgt in Prolog-ähnlicher Notation darstellen:

```
datum($ X),
kleiner(datum(Untergrenze),datum($ X)), datum(Untergrenze),
groesser(daum(Obergrenze),datum($ X)), datum(Obergrenze).
```

Dieser Graph zeigt die allgemeine Form. Im konkreten Fall wird *Datum* durch den entsprechenden Typ (z.B. *String*) ersetzt, der Subtyp von *Datum* ist. Häufig kann es auch sein, daß der Wertebereich keine Unter- und/oder Obergrenze hat. In diesem Fall entfallen die entsprechenden Konzepte *Untergrenze* und/oder *Obergrenze* und die entsprechenden Relationen *kleiner* und/oder *größer*.

Wird ein Wertebereich durch Aufzählung von Werten beschrieben, so werden die Werte im Referenten des Konzepts eingetragen. Als Beispiel wird die Wertemenge des lexikalischen Objekttyps *Bezeichnung* gezeigt:

```
string($ X = [semmel, brot, kipferl, ...]).
```

9.3.5 Eingliederung in den Arbeitsgraphen

Ist der lexikalische Objekttyp, für den das Konzept einzugliedern ist, bei einer Extraktion aus einem Konzept hervorgegangen (hier muß allerdings ein nicht leerer Arbeitsgraph vorhanden sein), so sind das einzugliedernde und das im Arbeitsgraphen vorhandene Konzept identisch und die Eingliederung kann entfallen.

Da der lexikalische Objekttyp definitionsgemäß eine Menge von lexikalischen Objekten ist, erhält das Konzept im Referenten eine generische Menge. Ist der lexikalische Objekttyp erst im NIAM–Modell durch Definition des Benutzers entstanden, oder ist der Arbeitsgraph leer, so wird das Konzept dem Arbeitsgraphen hinzugefügt. Verbindungen zu anderen Konzepten werden durch begriffliche Relationen hergestellt.

9.3.6 Beispiel

Aus dem zu Beginn dieses Kapitels genannten Beispiel werden nun sämtliche lexikalischen Objekttypen herausgegriffen und eingegliedert. Eintrittspunkt ist jeweils der Typ *Datum*, wobei hier noch zwei Subtypen von *Datum* existieren, nämlich der Typ *String* (für alle Zeichenketten, wie z.B. Namen) und der Typ *Zahl* (als Typ aller Zahlen). Die genannten lexikalischen Objekttypen sind Subtypen eines dieser Typen. Die Definitionsgraphen haben als Genus den Typ *String* oder *Zahl* und als Differentia die Konzepte, die die nichtlexikalischen Objekttypen repräsentieren und die Rollen, die diese Objekttypen in Beziehung setzen. Somit ergibt sich ein Zustand, in dem noch nicht definierte Konzepte zur Definition eines anderen Konzepts benötigt werden. Daher wird der Definitionsgraph der lexikalischen Objekttypen vorerst nur bedingt und erst bei der Definition der notwendigen nichtlexikalischen Objekte und Rollen endgültig übernommen (zur Definition der Rolle und des nichtlexikalischen Objektes siehe Kapitel 9.4 bzw. 9.5).

Nachfolgend wird ein Auszug aus den Definitionsgraphen gezeigt. Eine detaillierte Auflistung aller Graphen befindet sich in Kapitel 11.5.2.

Auszug aus den Definitionsgraphen:

```
artikelnummer(X) type
   zahl(X), hat(Y), artikel(Z),
      link(hat(Y), zahl(X @ 0 to 1)),
      link(hat(Y), artikel(Z @ 1 to 1)),
      kleiner(zahl(Untergrenze), zahl(X)), zahl(Untergrenze=1),
      groesser(zahl(Obergrenze), zahl(X)), zahl(Obergrenze=100.000).

bezeichnung(X) type
   string(X), hat(Y), artikel(Z),
      link(hat(Y), string(X @ 0 to n)),
      link(hat(Y), artikel(Z @ 1 to 1)).
            .
            .
            .

   usw.
```

Da der Arbeitsgraph zu Beginn der Kompilation leer ist, werden die Konzepte eingefügt.

```
            artikelnummer(X1),
            bezeichnung(X2),
            stueckzahl(X3),
            uhrzeit(X4),
            kalenderdatum(X5),
            schillingbetrag(X6),
            kundennummer(X7),
            anfragepositionsnummer(X8),
            bestellpositionsnummer(X9),
            bestellnummer(X10),
            name(X11),
            leitungsname(X12),
            listennummer(X13).
```

Neben der Eingliederung in den Arbeitsgraphen erfolgt auch eine Eintragung in die Typenhierarchie, die in der Abbildung 9.1 gezeigt wird.

9.4   Nichtlexikalischer Objekttyp

9.4.1   Überblick

Bei der Herleitung der Eintrittspunkte für den nichtlexikalischen Objekttyp ist der Vorgang ähnlich wie für den lexikalischen Objekttyp. Das gleiche gilt für die Ein-

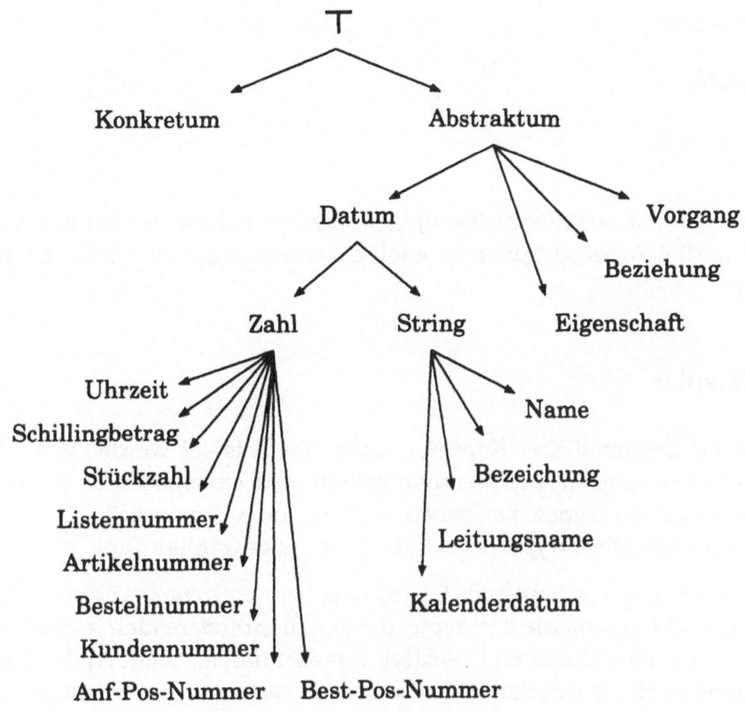

Abbildung 9.1: Typenhierarchie

gliederung der neugenerierten Konzepte in die Typenhierarchie und in den Arbeitsgraphen. Abschließend folgt wieder ein Beispiel.

9.4.2 Eintrittspunkt

Ein nichtlexikalisches Objekt kann ein Objekt mit physischer Existenz (z.B. Artikel,
Lieferant, Bestelliste usw.), oder ein Objekt mit begrifflicher Existenz sein (z.B. Lieferkondition, Kundenanfrage, usw.). Die Entsprechung für diese Erscheinungsform
in der Typenhierarchie sind die Typen *Abstraktum* und *Konkretum*.

Der Typ *Konkretum* definiert körperliche Konzepte und entspricht somit Objekten
mit einer physischen Existenz. Der Typ *Abstraktum* definiert dagegen Konzepte ohne
körperliche Existenz und entspricht den Objekten mit einer abstrakten Existenz.
Ebenso wie beim lexikalischen Objekttyp muß auch hier untersucht werden, ob alle
Subtypen von *Abstraktum* das nichtlexikalische Objekt repräsentieren können.

Die Typen *Datum* und *Beziehung* genügen nicht der Definition des nichtlexikalischen
Objekttyps und kommen somit als Eintrittspunkte nicht in Frage. Anders bei den
Typen *Vorgang* und *Eigenschaft*, sie entsprechen der Definition und sind daher als
mögliche Eintrittspunkte zu wählen.

Zusammenfassend werden folgende Typen als Eintrittspunkte isoliert:

- *Konkretum*

- *Vorgang*

- *Eigenschaft*

Die Vorgangsweise zur Eingliederung der erzeugten Konzepte in die Typenhierarchie und in den Arbeitsgraphen ist analog der Vorgangsweise beim lexikalischen
Objekttyp.

9.4.3 Beispiel

Aus dem zu Beginn dieses Kapitels genannten Beispiel werden nun sämtliche
nichtlexikalische Objekttypen herausgegriffen und eingegliedert. Eintrittspunkt
ist jeweils einer der Typen *Konkretum*, *Vorgang* oder *Eigenschaft*. Die genannten
nichtlexikalischen Objekttypen sind Subtypen des gewählten Typs.

Die Definitionsgraphen haben als Genus den Typ *Konkretum*, *Vorgang* oder *Eigenschaft* und als Differentia die Konzepte, die den identifizierenden lexikalischen Objekttyp bzw. nichtlexikalischen Objekttyp repräsentieren. Somit ergibt sich ein Zustand, in dem noch nicht definierte Konzepte zur Definition eines anderen Konzepts
benötigt werden. Daher wird der Definitionsgraph der lexikalischen Objekttypen
vorerst nur bedingt und erst bei der Definition der notwendigen lexikalischen Objekte bzw. nichtlexikalischen Objekte endgültig übernommen (zur Definition des
lexikalischen Objekts siehe Kapitel 9.3).

Aus Gründen der Übersichtlichkeit werden auch in diesem Kapitel nur einige Typendefinitionen aufgelistet. Die detaillierte Liste zu diesen Definitionen befindet
sich im Kapitel 11.5.2.

Auszug aus den Definitionsgraphen:

```
artikel(X) type
   konkretum(X), von(Y1), artikelnummer(Z1),
      link(von(Y1), konkretum(X @ 1 to 1)),
      link(von(Y1), artikelnummer(Z1 @ 0 to 1)).

nachbestellung(X) type
   vorgang(X), von(Y1), artikel(Z1),
   wird_aktiviert(Y2), warenentnahme(Z2),
      link(von(Y1), vorgang(X @ 0 to 1)),
      link(von(Y1), artikel(Z1 @ 0 to n)),
      obj(wird_aktiviert(Y2), vorgang(X @ 0 to n)),
      agnt(wird_aktiviert(Y2), warenentnahme(Z2 @ 0 to 1)).
         .

         .

         .
   usw.
```

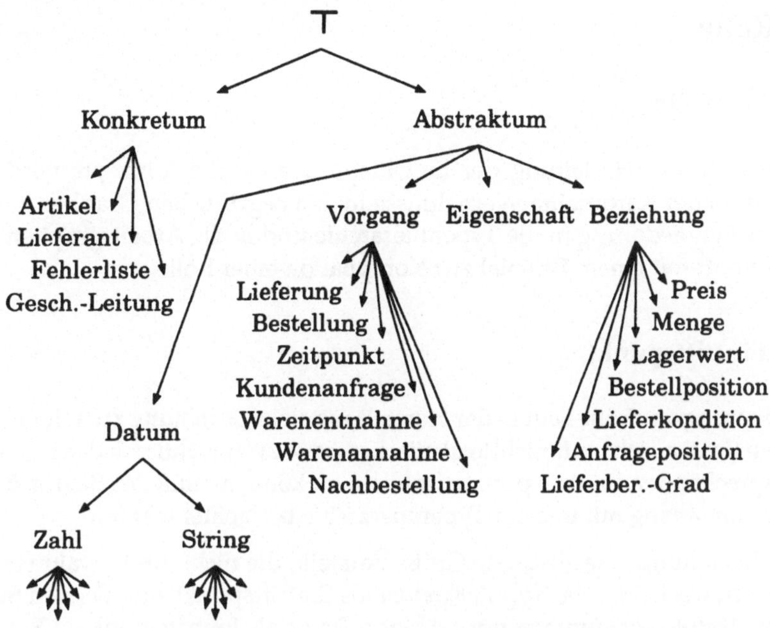

Abbildung 9.2: Typenhierarchie

Da der Arbeitsgraph zu Beginn der Kompilation leer ist, werden die Konzepte eingefügt. Der resultierende Arbeitsgraph hat dann folgendes Aussehen:

```
artikel(X1),
menge(X2),
zeitpunkt(X3),
preis(X4),
kundenanfrage(X5),
anfrageposition(X6),
warenentnahme(X7),
nachbestellung(X8),
bestellung(X9),
lieferant(X10),
bestelliste(X11),
bestellposition(X12),
lieferung(X13),
lieferkondition(X14),
warenannahme(X15),
fehlerliste(X16),
gesch_leitung(X17),
lagerwert(X18),
lieferber_grad(X19).
```

Neben der Eingliederung in den Arbeitsgraphen erfolgt auch eine Eintragung in die Typenhierarchie, die in der Abbildung 9.2 gezeigt wird.

9.5 Rolle

9.5.1 Überblick

Zusätzlich zu der Herleitung der Eintrittspunkte für die Konzepte wird die Repräsentation der Kardinalitätsverhältnisse in den begrifflichen Graphen behandelt.
Nach der Eingliederung in die Typenhierarchie und in die Arbeitsgraphen schließt
der Abschnitt mit einem Beispiel zur Kompilation einer Rolle.

9.5.2 Eintrittspunkt

Die Bedeutung der Rolle liegt in der Herstellung einer Beziehung zwischen zwei Objekttypen (lexikalische mit nichtlexikalischen bzw. zwei nichtlexikalische). Um nun
die entsprechenden Eintrittspunkte isolieren zu können, muß der Begriff *Beziehung*
im Zusammenhang mit unserer Typenhierarchie betrachtet werden.

Da eine Beziehung eine abstrakte Größe darstellt, die nicht direkt wahrgenommen
werden kann, scheidet der Typ *Konkretum* als Eintrittspunkt aus. Bei den Subtypen
des Typs *Abstraktum* kommen nur folgende Typen als Eintrittspunkt in Frage:

- *Beziehung*: für alle statischen Beziehungen (z.B. „Artikel hat Artikelnummer")

- *Vorgang*: für alle dynamischen Beziehungen (z.B. „Lieferant liefert Artikel")

9.5.3 Kardinalitätsverhältnisse

Bisher hat die Rolle innerhalb des NIAM–Modells ein völlig eigenständiges Konstrukt gebildet. Diese Betrachtung war für die Definition ebenso ausreichend wie für
die anschließend erläuterte Konversion (siehe 8.1.3 und 8.4.3). Bei der Kompilation
der Rolle ist dieses NIAM–Konstrukt aber notwendigerweise mit den beiden Constraints „*Total-Role*" und „*Identifier*" zu betrachten. Beide Constraints bestimmen
die Struktur der Beziehung, die die Rolle repräsentiert. Die Tatsache des Bestehens
der Beziehung wird ergänzt durch Angaben über die Beziehungsart in Form der Kardinalitätsverhältnisse. Die beiden Constraints bilden hierbei für das NIAM–Modell
die beschreibenden Konstrukte der Kardinalitätsverhältnisse. Aus dem kausalen
Zusammenhang der Konstrukte muß, abweichend von der bisherigen Gliederung,
die Erklärung der beiden Constraints in dieses Unterkapitel vorgezogen werden.
Zur Erklärung der Kardinalitätsverhältnisse soll aus Gründen der Anschaulichkeit
das folgende Beispiel dienen.

> **Beispiel 9.5-1:**   Zwischen den beiden nichtlexikalischen Objekttypen *Bestel-*
> *lung* und *Lieferant* besteht die Rolle *erhält/geht_an*.

Das Total-Role-Constraint bedeutet, daß jede Bestellung an einen Lieferanten geht
(Existenzabhängigkeit, d.h. eine Bestellung existiert nur dann, wenn sie an den

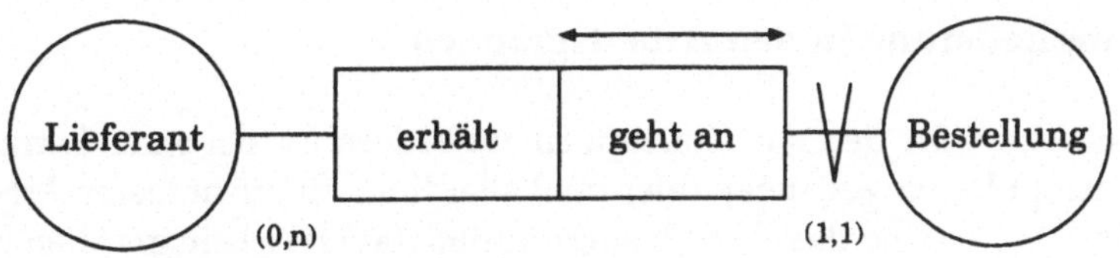

Abbildung 9.3: Kardinalitätsverhältnisse

Lieferanten geht – oder anders: gibt es keinen Lieferanten, so gibt es auch keine Bestellung). Von Seiten des Lieferanten (ohne Total-Role-Constraint) gibt es diese Existenzabhängigkeit nicht (es kann auch Lieferanten geben, für die keine Bestellung existiert).

Das Identifier-Constraint bestimmt, daß eine Bestellung nur an einen bestimmten Lieferanten geht, bzw. ein Lieferant mehrere Bestellungen erhalten kann. In der Abbildung 9.3 sind die Kardinalitätsverhältnisse zur Erläuterung in Klammern angegeben.

Das obige Beispiel sieht in begrifflichen Graphen so aus:

```
bestellung(X), obj(geht_an(Y), bestellung(X @ 1 to 1)),
geht_an(Y),
agnt(geht_an(Y), lieferant(Z @ 0 to n)), lieferant(Z).

bzw.

bestellung(X), obj(erhaelt(Y), bestellung(X @ 1 to 1)),
erhaelt(Y),
agnt(erhaelt(Y), lieferant(Z @ 0 to n)), lieferant(Z).
```

9.5.4 Eingliederung in die Typenhierarchie

Vor der Eingliederung wird wieder überprüft, ob nicht schon eine Typendefinition des Konzepts existiert. Ist dies der Fall, so entfällt die Eingliederung. Gibt es noch keine Typendefinition, so muß der Benutzer den Supertyp des Konzepts in der Typenhierarchie bestimmen. Dabei kann der Supertyp entweder einer der beiden Eintrittspunkte sein oder ein Subtyp von diesen. Auch hier gilt wieder, daß der Supertyp das Genus des neu zu definierenden Typs und somit Teil der Typendefinition ist. Die Differentia leitet sich aus den nichtlexikalischen Objekttypen (bzw. lexikalischen Objekttypen) ab, die in Beziehung gesetzt werden.

Im Definitionsgraphen werden der Genustyp und die Typen, die für die Objekttypen (lexikalische und nichtlexikalische) stehen, durch begriffliche Relationen verbunden. Beim Typ *Vorgang* gibt es einen aktiven und einen passiven Teil. Dementsprechend werden hier die Relationen *agnt* und *obj* verwendet. Beim Typ *beziehung* kann keine derartige Aussage getroffen werden. Diese Typen werden durch die Relation *link* verbunden.

9.5.5   Eingliederung in den Arbeitsgraphen

Ist der Rollentyp, für den das Konzept einzugliedern ist, bei einer Extraktion aus
einem Konzept hervorgegangen (hier muß allerdings ein nicht leerer Arbeitsgraph
vorhanden sein), so sind das einzugliedernde und das im Arbeitsgraphen vorhandene Konzept identisch, und die Eingliederung kann entfallen. Da auch der Rollentyp
definitionsgemäß eine Menge von Rollen ist, wird in das Konzept im Referenten
eine generische Menge eingetragen. Ist der Rollentyp erst im NIAM–Modell durch
Definition des Benutzers entstanden, oder ist der Arbeitsgraph leer, so wird das
Konzept dem Arbeitsgraphen hinzugefügt. Verbindungen zu anderen Konzepten
werden ebenfalls durch begriffliche Relationen hergestellt.

9.5.6   Beispiel

Die Rollen, die im NIAM–Lagermodell zwischen den einzelnen Objekttypen eingetragen sind, sollen kompiliert werden. Im Rahmen der Kompilation kommen
als mögliche Eintrittspunkte die Typen *Beziehung* und *Vorgang* in Frage. Da diese
beiden Typen keine Subtypen besitzen, werden die generierten Konzepte somit als
Subtyp von *Beziehung* oder *Vorgang* eingetragen.

Die Definitionsgraphen bestehen aus dem Genus *Beziehung* oder *Vorgang* und der
Differentia, die sich aus den zwei Konzepten für die Objekttypen zusammensetzt.
Besonders bei statischen Beziehungen (wie z.B. *hat*) müssen Konzepte öfter als einmal definiert werden. Die Ursache dafür liegt in der Bedeutung der einzelnen
Beziehungen (bedeutet die Beziehung *hat* in „*Menge hat* STUECKZAHL" das gleiche wie in „Artikel *hat* Einkaufspreis"?). Mangels einer eindeutigen Kongruenz
dieser Beziehungen wird jede einzelne definiert und durch die Relation *or* mit den
anderen verbunden.

Wie schon in den beiden vorherigen Unterkapiteln, werden auch hier nur einige
Beispiele zur Definition gegeben. Eine Zusammenfassung aller Definitionsgraphen
befindet sich im Kapitel 11.5.2.

```
hat(X) type
    beziehung(X), menge(NOLOT), stueckzahl(LOT),
        link(beziehung(X), menge(NOLOT @ 1 to 1)),
        link(beziehung(X), stueckzahl(LOT @ 0 to 1)).


hat(X) type
    beziehung(X), artikel(NOLOT1), einkaufspreis(NOLOT2),
        link(beziehung(X), artikel(NOLOT1 @ 1 to 1)),
        link(beziehung(X), einkaufspreis(NOLOT2 @ 0 to n)).


zum(X) type
    beziehung(X), kundenanfrage(NOLOT1), zeitpunkt(NOLOT2),
        link(beziehung(X), kundenanfrage(NOLOT1 @ 1 to 1)),
        link(beziehung(X), zeitpunkt(NOLOT2 @ 0 to n)).

hat(X) type
```

```
beziehung(X), kundenanfrage(NOLOT1), anfrageposition(NOLOT2),
   link(beziehung(X), kundenanfrage(NOLOT1 @ 1 to n)),
   link(beziehung(X), anfrageposition(NOLOT2 @ 0 to n)).

loest_aus(X) type
   vorgang(X), anfrageposition(NOLOT1), warenentnahme(NOLOT2),
      obj(vorgang(X), anfrageposition(NOLOT1 @ 0 to 1)),
      agnt(vorgang(X), warenentnahme(NOLOT2 @ 0 to n)).

      .
      .
      .
   usw.
```

Die Konzepte, die die lexikalischen und die nichtlexikalischen Objekttypen repräsentieren, werden nun im Arbeitsgraphen durch die Konzepte der Rollen verbunden. Für jede Rolle ergibt dies dann einen entsprechenden Graphen wie z.B.:

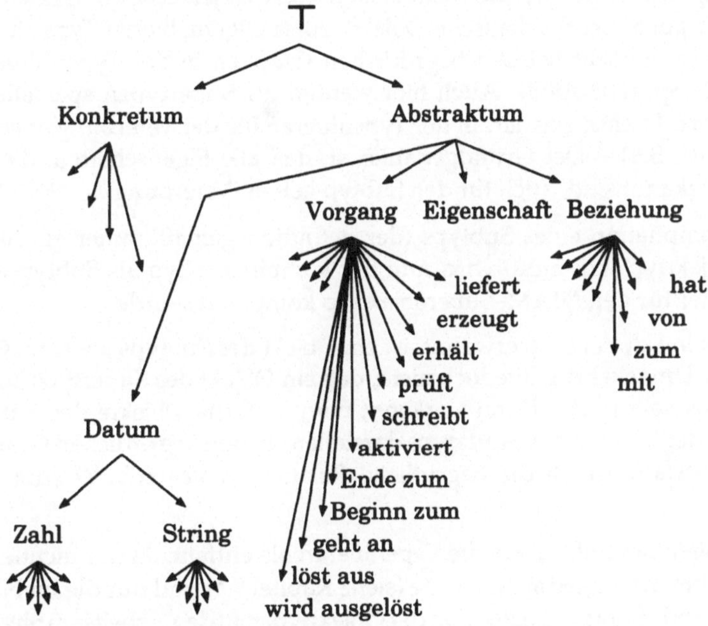

Abbildung 9.4: Typenhierarchie

```
menge(NOLOT), hat(ROLE), stueckzahl(LOT),
   link(hat(ROLE), menge(NOLOT @ 1 to 1)),
   link(hat(ROLE), stueckzahl(LOT @ 0 to 1)),

      .
      .
      .
   usw.
```

Neben der Eingliederung in den Arbeitsgraphen erfolgt auch eine Eintragung in die Typenhierarchie, die in der Abbildung 9.4 gezeigt wird.

9.6 Ideetyp und Brückentyp

Für diese beide Satztypen des NIAM–Modells gilt, daß es sich um Konstrukte handelt, die aus den drei Elementar-Konstrukten (lexikalischer bzw. nichtlexikalischer Objekttyp und Rolle) zusammengesetzt sind. Für die Kompilation bedeutet dies, daß diese Satztypen in ihre Einzelkonstrukte zerlegt werden und jedes für sich nach den zuvor genannten Regeln kompiliert wird.

9.7 Subtyp

9.7.1 Kompilation

Der Subtyp definiert, daß die nichtlexikalischen Objekte eines spezielleren Typs gleichzeitig auch nichtlexikalische Objekte eines allgemeineren Typs sind. In derselben Weise herrscht bei den begrifflichen Graphen in der Typenhierarchie das Prinzip der Spezialisation. Auch hier werden für Supertypen speziellere Subtypen definiert. Ebenso existiert in der Typenhierarchie der Vererbungsmechanismus nach [Sow84, S.81]. Der Grundgedanke ist, daß alle Eigenschaften, die über den Supertyp bekannt sind, auch für den Subtyp gelten (Vererbung).

Bei der Kompilation eines Subtyps (der definitionsgemäß immer ein nichtlexikalischer Objekttyp sein muß) wird nun der kompilierte Typ als Subtyp jenes Typs definiert, der für den NIAM–Superobjekttyp kompiliert wurde.

Wie bereits in Kapitel 8.4.6 erwähnt, ist ein Objekt des Subtyps auch ein Objekt des Supertyps. Umgekehrt gilt jedoch nicht, daß ein Objekt des Supertyps auch Objekt des Subtyps sein muß. Daraus erkennt man, daß die Objekte des Subtyps eine Teilmenge der Objekte des Supertyps darstellen. In den begrifflichen Graphen wird dieser Tatbestand durch die begriffliche Relation *teilmenge(X, Y)* zum Ausdruck gebracht.

Das Eintragen des Subtyps in die Typenhierarchie entfällt, da der nichtlexikalische Objekttyp bereits eingetragen wurde (siehe Kapitel 9.4) und nur die im NIAM–Modell bestehende Subtyp–Beziehung der Objekttypen in den Arbeitsgraphen Eingang finden muß.

9.7.2 Beispiel

In dem Beispiel der Lagerverwaltung haben sich im NIAM–Modell bei der Systemanalyse mehrere Subtypen ergeben, die nun durch die Relation *teilmenge* im Arbeitsgraphen mit ihren Supertypen verbunden werden. Die nichtlexikalischen Objekttypen *opt. Bestellmenge* und *Rabattmenge* sind bereits Subtypen eines Subtyps. Dieser Konstruktion wird durch die gleiche Relation Rechnung getragen. In diesem Fall ist der Supertyp eben selbst schon ein Subtyp. Der folgende Ausschnitt aus dem resultierenden Arbeitsgraphen zeigt diese Zusammenhänge:

```
menge(NOLOT1), bestand(NOLOT2), losgroesse(NOLOT3),
anfragemenge(NOLOT4), fehlmenge(NOLOT5),
entnahmemenge(NOLOT6), liefermenge(NOLOT7),
opt_best_menge(NOLOT8), rabattmenge(NOLOT9),
     teilmenge(bestand(NOLOT2), menge(NOLOT1)),
     teilmenge(losgroesse(NOLOT3), menge(NOLOT1)),
     teilmenge(anfragemenge(NOLOT4), menge(NOLOT1)),
     teilmenge(entnahmemenge(NOLOT5), menge(NOLOT1)),
     teilmenge(fehlmenge(NOLOT6), menge(NOLOT1)),
     teilmenge(liefermenge(NOLOT7), menge(NOLOT1)),
     teilmenge(opt_bestellmenge(NOLOT8), menge(NOLOT7)),
     teilmenge(rabattmenge(NOLOT9), menge(NOLOT7)),

preis(NOLOT10), einkaufspreis(NOLOT11), verkaufspreis(NOLOT12),
     teilmenge(einkaufspreis(NOLOT11), preis(NOLOT10)),
     teilmenge(verkaufspreis(NOLOT12), preis(NOLOT10)).
```

9.8 Constraints

9.8.1 Überblick

Mit Ausnahme der beiden Constraints „*Total-Role*" und „*Identifier*", die schon im Kapitel 9.5.3 behandelt wurden, wird hier für die restlichen Constraints ebenfalls die Eingliederung in den Arbeitsgraphen beschrieben. Das Suchen eines Eintrittspunkts entfällt, da keine Konzepte generiert werden, sondern die vorhandenen Konzepte entsprechend den Constraints durch zusätzliche begriffliche Relationen verknüpft werden. Aus dem gleichen Grund ist auch keine Eingliederung in die Typenhierarchie notwendig.

9.8.2 Kompilation des Disjoint-Constraints

Das Disjoint-Constraint definiert, daß ein und dasselbe nichtlexikalische Objekt nicht in zwei Subtypen auftreten darf. In den begrifflichen Graphen wird dieser Tatbestand durch die begriffliche Relation *disj(X, Y)* zwischen den Konzepten, die die Objekttypen repräsentieren, zum Ausdruck gebracht.

Beispiel 9.8-1:   In dem Beispiel der Lagerverwaltung treten im NIAM–Modell keine Disjoint-Constraints auf. Zur Illustrierung möge eine Zusatzangabe dieses Constraint notwendig machen (diese Erweiterung findet jedoch nur in diesem Beispiel statt und beeinflußt daher das Gesamtbeispiel nicht).

Zusatzangabe:
Bei den Preisen sei bestimmt, daß ein bestimmter Wert (z.B. 99,–) entweder nur Einkaufs- oder nur Verkaufspreis sein darf. Es würde damit nicht möglich sein, einen Artikel um den Einkaufspreis weiterzuverkaufen.

Diese zusätzliche Bedingung wird durch die Relation *disj(X, Y)*, die die Konzepte der beiden nichtlexikalischen Objekttypen (Subtypen) verbindet, im Arbeitsgraphen realisiert.

```
preis(NOLOT10), einkaufspreis(NOLOT11), verkaufspreis(NOLOT12),
    teilmenge(einkaufspreis(NOLOT11), preis(NOLOT10)),
    teilmenge(verkaufspreis(NOLOT12), preis(NOLOT10)),
    disj(einkaufspreis(NOLOT11), verkaufspreis(NOLOT12)).
```

9.8.3   Kompilation des Subset-Constraints

Das Subset-Constraint definiert, daß die Objekte eines nichtlexikalischen Objekttyps, der in zwei Beziehungen zu einem anderen Objekttyp steht, innerhalb der
einen Beziehung eine Teilmenge der Objekte bilden, die in der anderen Beziehung
auftreten.

In den begrifflichen Graphen wird dieser Tatbestand durch die begriffliche Relation
teilmenge(X, Y), wie schon beim Subtyp, zum Ausdruck gebracht (siehe dazu auch
Kapitel 2.2.3).

> **Beispiel 9.8-2:**   In dem Beispiel der Lagerverwaltung treten im NIAM–Modell
> keine Subset-Constraints auf. Zur Illustrierung möge eine Zusatzangabe dieses
> Constraint notwendig machen (diese Erweiterung findet jedoch nur in diesem
> Beispiel statt und beeinflußt daher das Gesamtbeispiel nicht).
>
> Zusatzangabe:
> Bei der Lieferkondition soll der Fall berücksichtigt werden, daß die Konditi-
> on zwar zu einem bestimmten Zeitpunkt beginnt, aber dann für immer gilt
> (d.h. es gibt keinen Endzeitpunkt). Unter dieser Voraussetzung müssen die
> Konditionen mit Endzeit eine Teilmenge der Konditionen mit Beginnzeit sein.
>
> Das im Modell definierte Equality-Constraint fällt für dieses Beispiel natürlich
> weg. Diese zusätzliche Bedingung wird durch die Relation *teilmenge(X, Y)*, die
> die beiden Rollen verbindet, im Arbeitsgraphen realisiert.

```
lieferkondition(NOLOT1), zeitpunkt(NOLOT2),
beginn_zum(ROLE1), ende_zum(ROLE2),
    link(beginn_zum(ROLE1), lieferkondition(NOLOT1 @ 1 to 1)),
    link(beginn_zum(ROLE1), zeitpunkt(NOLOT2 @ 0 to n)),
    teilmenge(beginn_zum(ROLE2), ende_zum(ROLE2)),
    link(ende_zum(ROLE2), lieferkondition(NOLOT1 @ 1 to 1)),
    link(ende_zum(ROLE2), zeitpunkt(NOLOT2 @ 0 to n)).
```

9.8.4   Kompilation des Equality-Constraints

Das Equality-Constraint definiert, daß die Anzahl der Objekte eines nichtlexikalischen Objekttyps, der in zwei Beziehungen zu einem anderen Objekttyp steht,
innerhalb der einen Beziehung gleich groß ist, wie die Anzahl der Objekte, die in
der anderen Beziehung auftreten.

In den begrifflichen Graphen wird dieser Tatbestand durch die begrifflichen Relationen *teilmenge(X, Y)* und *teilmenge(Y, X)* zum Ausdruck gebracht (siehe dazu auch
Kapitel 2.2.3). Voraussetzung dafür ist, daß eine Menge X auch dann eine Teilmenge
von Y ist, wenn X = Y. Es handelt sich dabei um eine unechte Teilmenge, die durch
die Relation *teilmenge(Y,X)* erfüllt werden muß.

Beispiel 9.8-3:   In dem Beispiel der Lagerverwaltung findet man im NIAM–Modell ein Equality-Constraint, das hier durch die begriffliche Relation *teilmenge* in dem Arbeitsgraphen abgebildet wird.

```
lieferkondition(NOLOT1), zeitpunkt(NOLOT2),
beginn_zum(ROLE1), ende_zum(ROLE2),
     link(beginn_zum(ROLE1), lieferkondition(NOLOT1 @ 1 to 1)),
     link(beginn_zum(ROLE1), zeitpunkt(NOLOT2 @ 0 to n)),
     teilmenge(ende_zum(ROLE2), beginn_zum(ROLE1)),
     teilmenge(beginn_zum(ROLE1), ende_zum(ROLE2)),
     link(ende_zum(ROLE2), lieferkondition(NOLOT1 @ 1 to 1)),
     link(ende_zum(ROLE2), zeitpunkt(NOLOT2 @ 0 to n)).
```

9.8.5 Kompilation des Uniqueness-Constraints

Das Uniqueness-Constraint definiert, daß die Erfordernisse eines Equality-Constraints erfüllt sein müssen, und daß ein zu identifizierendes nichtlexikalisches Objekt nur dann existiert, wenn beide identifizierenden Objekte vorhanden sind. In den begrifflichen Graphen wird dieser Tatbestand durch die begriffliche Relation *unique(X, Y, Z)* zwischen den Konzepten, die den Objekttypen entsprechen, zum Ausdruck gebracht.

Beispiel 9.8-4:   In dem Beispiel der Lagerverwaltung sind im NIAM–Modell einige Uniqueness-Constraints definiert. Sie bilden die Grundlage für die folgenden Graphen, die einen Auszug aus den im Kapitel 11.5 aufgelisteten Arbeitsgraphen zeigen.

```
uhrzeit(LOT1), kalenderdatum(LOT2), zeitpunkt(NOLOT),
von(ROLE1), von(ROLE2),
     link(von(ROLE1), uhrzeit(LOT1 @ 0 to n)),
      link(von(ROLE1), zeitpunkt(NOLOT @ 1 to 1)),
      link(von(ROLE2), zeitpunkt(NOLOT @ 1 to 1)),
      link(von(ROLE2), kalenderdatum(LOT2 @ 0 to n)),
teilmenge(von(ROLE1), von(ROLE2)),
teilmenge(von(ROLE2), von(ROLE1)),
unique(zeitpunkt(NOLOT), uhrzeit(LOT1), kalenderdatum(LOT2)).

warenentnahme(NOLOT1), artikel(NOLOT2), nachbestellung(NOLOT),
wird_aktiviert(ROLE1), von(ROLE2),
     agnt(ROLE1, warenentnahme(NOLOT1 @ 0 to 1)),
     obj(wird_aktiviert(ROLE1), nachbestellung(NOLOT @ 0 to n)),
     link(von(ROLE2), nachbestellung(NOLOT @ 0 to 1)),
     link(von(ROLE2), artikel(NOLOT2 @ 0 to n)),
teilmenge(wird_aktiviert(ROLE1), von(ROLE2)),
teilmenge(von(ROLE2), wird_aktiviert(ROLE1)),
unique(nachbestellung(NOLOT),warenentnahme(NOLOT1),artikel(NOLOT2)).
                 .
                 .
                 .
  usw.
```

9.9 Graphische Darstellung des Beispielmodells

Eine Auflistung des gesamten Arbeitsgraphen und der zugehörigen Typendefinitionen zu dem Beispiel der Lagerverwaltung findet sich im Kapitel 11.5. Die folgenden Abbildungen (9.5 bis 9.9) zeigen die graphische Darstellung des NIAM–Modells für das Beispiel der Lagerverwaltung.

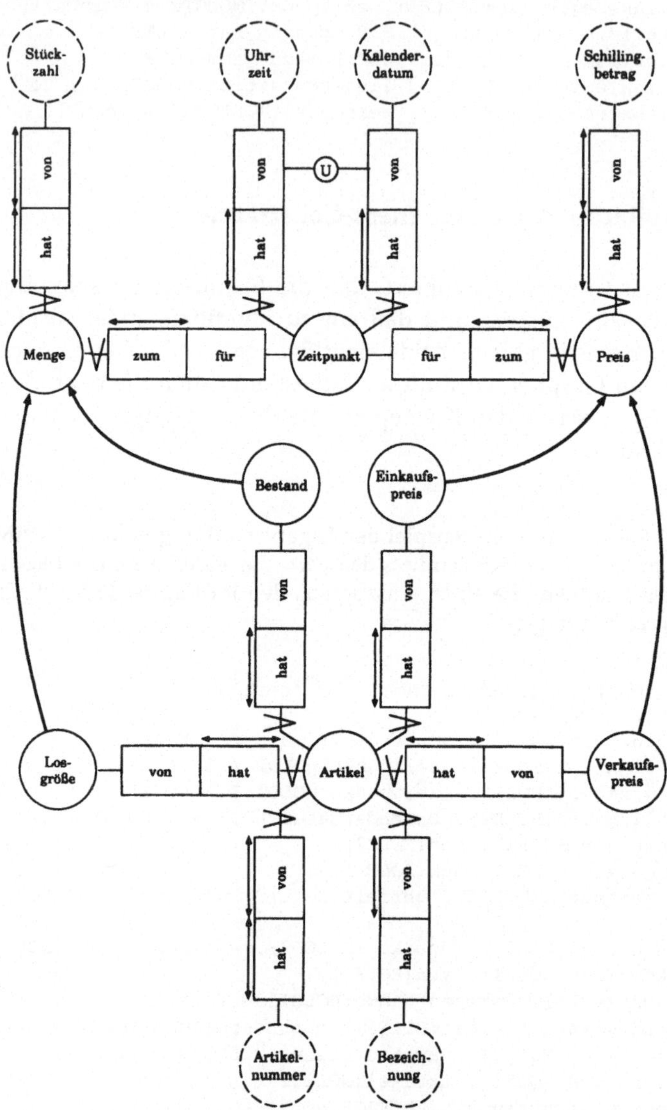

Abbildung 9.5: Lagermodell Teil 1

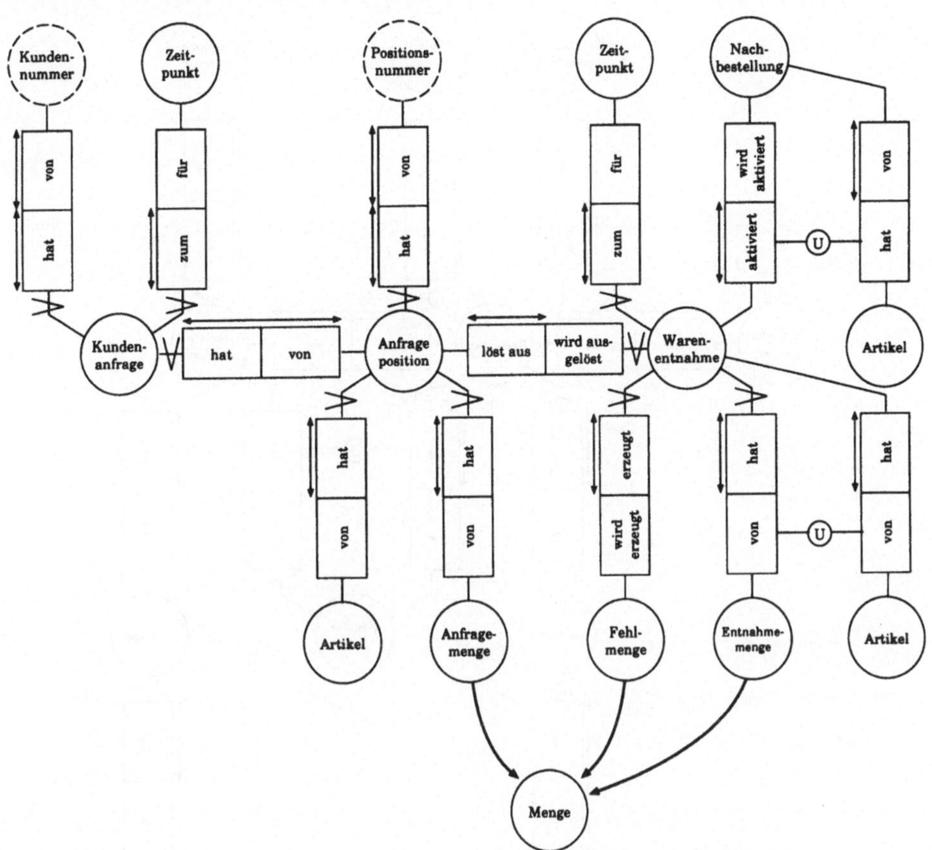

Abbildung 9.6: Lagermodell Teil 2

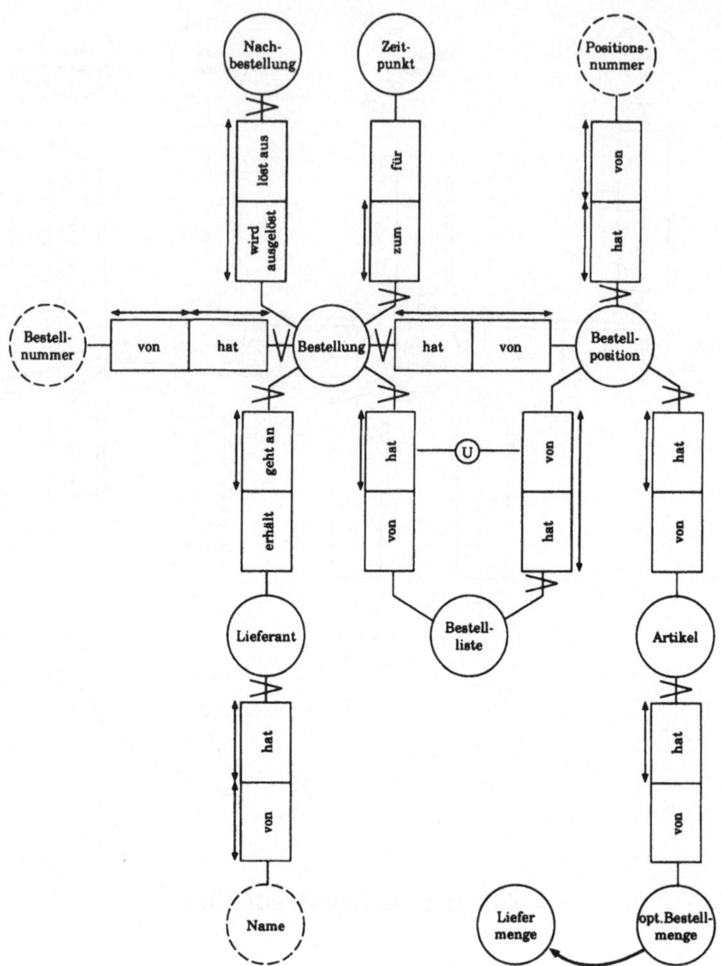

Abbildung 9.7: Lagermodell Teil 3

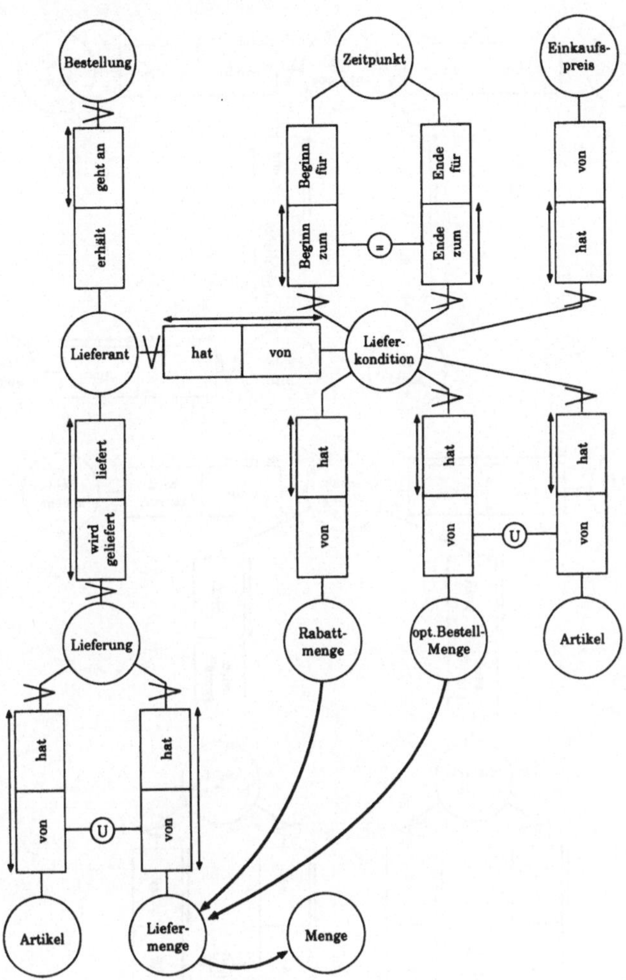

Abbildung 9.8: Lagermodell Teil 4

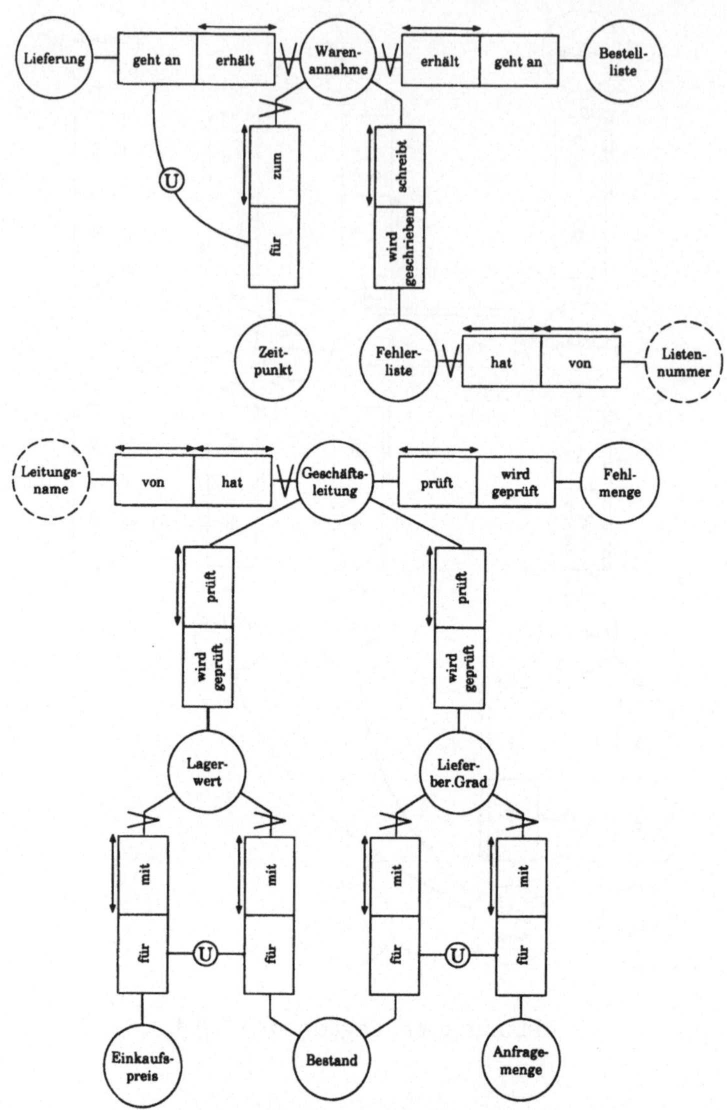

Abbildung 9.9: Lagermodell Teil 5

Kapitel 10

Extraktion eines NIAM–Modells aus begrifflichen Graphen

10.1 Extraktionsvorgang

10.1.1 Voraussetzungen

Um aus einer Typenhierarchie und einem Arbeitsgraphen Konstrukte extrahieren zu können, ist es notwendig, daß diese Repräsentation bereits Modellausschnitte oder ganze Modelle einer oder auch mehrerer verschiedener Systemanalysemethoden enthält, die einen Realweltausschnitt in kompilierter Form darstellen. Aus dem Arbeitsgraphen lassen sich entsprechend den unterschiedlichen Extraktionsregeln verschiedene NIAM–Konstrukte isolieren. Diese Konstrukte sind Teile eines NIAM–Modells (z.B. Rollen, lexikalische Objekttypen, Ideetyp usw.). Diese Fragmente ergeben aber mitunter nur ein lückenhaftes NIAM–Modell, in dem noch etwaige Beziehungen und Constraints beigefügt werden müssen. Diese Ergänzungen werden dann in einer NIAM–Umgebung durch den Benutzer manuell hinzugefügt.

Ein vollständiges und konsistentes NIAM–Modell ist nur dann extrahierbar, wenn sich im Arbeitsgraphen ein kompiliertes Modell einer Systemanalysemethode befindet, die dieselbe Sichtweise wie das NIAM–Modell – nämlich die Datensichtweise – verfolgt und alle Möglichkeiten des NIAM–Modells unterstützt (Kardinalitätsverhältnisse, Constraints, Rollen usw.). Selbstverständlich ist ein konsistentes NIAM–Modell auch ableitbar, wenn schon ein NIAM–Modell in den Arbeitsgraphen kompiliert wurde.

10.1.2 Ablauf der Extraktion

Die Extraktion eines NIAM–Modells erfolgt nach dem folgenden Schema:

1. Auswahl von Anwärtern in der Typenhierarchie für ein bestimmtes NIAM–Konstrukt.

2. Bewertung der Kandidaten hinsichtlich der Eignung für die Extraktion eines NIAM–Konstrukts.

3. Auswahl von NIAM–Konstrukten aus dieser Gruppe durch den Benutzer und somit Erzeugung eines NIAM–Konstrukts.

4. Eintragen des neuen NIAM–Konstrukts in das NIAM–Modell gemäß den Beziehungen und Zusammenhängen des Arbeitsgraphen.

Bei der Extraktion werden alle Arten von NIAM–Konstrukten berücksichtigt. Das gilt auch für Konstrukte, die ohne Verbindung zu dem NIAM–Modell isoliert sind (z.B. ein lexikalischer Objekttyp, der mit keiner Rolle verbunden ist). Solche Konstrukte müssen durch den Benutzer nachträglich in das Modell integriert werden. Die Extraktion ist abgeschlossen, wenn im Arbeitsgraphen keine Kandidaten mehr für ein NIAM–Konstrukt isoliert werden können. Während der Extraktion darf der Benutzer am NIAM–Modell keine Veränderungen am Arbeitsgraphen vornehmen, sondern nur entscheiden, ob aus einem Kandidaten ein NIAM–Konstrukt extrahiert wird oder nicht. Änderungen kann er erst nach einer abgeschlossenen Extraktion am NIAM–Modell vornehmen. Der Benutzer könnte sonst unwiderrufliche Änderungen im Arbeitsgraphen anbringen, die Auswirkungen auf andere Systemanalysemethoden haben.

> **Beispiel 10.1-1:**   Ein Konzept wird dem Benutzer als Anwärter für einen nichtlexikalischen Objekttyp vorgeschlagen, da es aus der Kompilation eines nichtlexikalischen Objekttyps (früher) entstanden ist. Der Benutzer meint nun, dieser nichtlexikalische Objekttyp ist hinfällig, und löscht das Konzept aus dem Arbeitsgraphen. Angenommen, im Rahmen einer anderen Extraktion wurde aus diesem Konzept ein Konstrukt (jener Systemanalysemethode) extrahiert, so hat der Benutzer diesem Konstrukt seine Entsprechung im Arbeitsgraphen entzogen.

Grundsätzlich sind alle Änderungen (außer der Ergänzung von Typenhierarchie und Arbeitsgraphen) wegen ihres möglicherweise weitreichenden Einflusses vor allem für andere Extraktionen als äußerst kritisch zu bewerten.

10.1.3 Kandidatenauswahl

Damit ein Konzept ein Kandidat für ein NIAM–Konstrukt wird, muß es der Bedeutung des NIAM–Konstrukts entsprechen. Prinzipiell ergibt sich dadurch die gleiche Problemstellung wie bei der Kompilation. Zuerst werden die Typen in der Typenhierarchie gesucht, die den NIAM–Konstrukten entsprechen. Wir sprechen daher bei den Typen auch hier von Eintrittspunkten in die Typenhierarchie. Aus den Konzepten, die vom Typ des Eintrittspunktes oder dessen Subtypen sind, können die entsprechenden NIAM–Konstrukte extrahiert werden. Unter der Voraussetzung, daß bei der Beschreibung der Kompilation alle möglichen Eintrittspunkte für die NIAM–Konstrukte erfaßt wurden, sind diese Eintrittspunkte identisch mit denen für die Extraktion, denn die Eintrittspunkte sind Typen, deren Subtypen einem NIAM–Konstrukt entsprechen können. Die Typen der Typenhierarchie, die außerhalb dieser Bereiche liegen, können dagegen kein NIAM–Konstrukt repräsentieren. Aus diesen Typen kann deshalb kein NIAM–Konstrukt extrahiert werden. Daher sind die Eintrittspunkte für Kompilation und Extraktion ident. Anhand der Eintrittspunkte können nun die Kandidaten für die jeweiligen NIAM–Konstrukte bestimmt werden. Hinsichtlich ihrer Eignung zur Extraktion können die Kandidaten in drei Gruppen eingeteilt werden. Gereiht nach ihrer Aussagekraft bzw. Vollständigkeit für das NIAM–Modell ergeben sich:

1. Kandidaten, die aus der Kompilation eines entsprechenden NIAM–Konstrukts entstanden sind,

2. Kandidaten, die in geeigneter Weise zu Konzepten in Verbindung stehen, aus denen bereits NIAM–Konstrukte extrahiert wurden, und

3. Kandidaten, die nur Subtypen der Eintrittspunkte sind.

Bei der ersten Gruppe handelt es sich um Kandidaten, die mit NIAM–Konstrukten ident sind, da sie aus solchen kompiliert wurden. Das gleiche Ergebnis erzielt man auch aus Kandidaten, die von anderen Systemanalysemethoden stammen, aber alle Merkmale des NIAM–Konstrukts aufweisen. Diese Gruppe wird daher dem Benutzer auch nicht zur Auswahl vorgegeben, da alle Bestimmungsstücke für die Erzeugung eines NIAM–Konstrukts bereits gegeben sind.

Die Kandidaten der zweiten Gruppe sind Konzepte, die im Arbeitsgraphen zu anderen Konzepten, welche entweder Kandidaten der ersten Gruppe sind, oder aus denen NIAM–Konstrukte extrahiert wurden, in (geeigneter) Beziehung stehen.

> **Beispiel 10.1-2:** Aus zwei Konzepten des Arbeitsgraphen wurden zwei nicht-lexikalische Objekttypen extrahiert. Diese zwei Konzepte werden durch ein drittes, einen Subtyp von *Vorgang* und von einer *agnt*- bzw. *obj*-Relation in Verbindung gesetzt. *Vorgang* ist ein Eintrittspunkt für den Rollentyp (siehe 9.5). Also ist dieses Konzept ein Anwärter für dieses Konstrukt. Da dieser Anwärter zwei Konzepte in Beziehung setzt, aus denen nichtlexikalische Objekttypen extrahiert wurden, erscheint er besonders geeignet für einen Rollentyp.

Die Kandidaten der letzten Gruppe sind nur Subtypen der Eintrittspunkte. Während der Benutzer die Kandidaten der ersten Gruppe überhaupt nicht sieht, und bei den Kandidaten der zweiten Gruppe der Hinweis für eine Extraktion sehr deutlich ist, ist der Benutzer bei der Entscheidung, ob aus einem Kandidaten der dritten Gruppe ein NIAM–Konstrukt extrahiert wird, am stärksten eingebunden. Denn hier ist am wenigsten Zusatzinformation vorhanden, anhand derer der Benutzer eine Entscheidung treffen kann. Eine Entscheidungshilfe ist der Definitionsgraph des Anwärters, der einen Hinweis über die Konzepte gibt, mit denen der Anwärter in Beziehung stehen kann.

Beispiel 10.1-3: Ein Subtyp von *Vorgang* wird als Kandidat für einen Rollentyp ausgewählt. Der Definitionsgraph zeigt, daß dieser Typ mit einem Subtyp von *Vorgang* und einem Subtyp von *Beziehung* in Beziehung gesetzt werden kann. Daraus ergibt sich der Hinweis, daß hier ein Anwärter für einen nichtlexikalischen Objekttyp, nicht aber für einen Rollentyp vorliegt.

Konzepte, aus denen bereits NIAM–Konstrukte extrahiert wurden, können nicht mehr Anwärter werden, bzw. aus ihnen können keine weiteren NIAM–Konstrukte mehr extrahiert werden.

10.1.4 Eingliederung in das NIAM–Modell

Primär werden die extrahierten NIAM–Konstrukte unter Zuhilfenahme von struktureller Information aus dem Arbeitsgraphen in das NIAM–Modell eingetragen. Dabei werden die im Arbeitsgraphen bestehenden Verbindungen der Konzepte überprüft und zwischen den extrahierten NIAM–Konstrukten auf NIAM–Modell–Ebene diese Verknüpfungen entsprechend realisiert.

10.1.5 Beispiel

Wie schon im Abschnitt über die Kompilation wird auch hier anhand des Beispiels der Lagerverwaltung die Extraktion erläutert. Ausgehend von der Typenhierarchie und dem Arbeitsgraphen, die das Ergebnis des Beispiels zur Kompilation waren, wird angenommen, daß die Graphen aus der Kompilation einer anderen Systemanalysemethode stammen (andernfalls wäre nichts zu extrahieren, da alle Konzepte mit einem NIAM–Konstrukt korrespondieren). Zu Beginn der Extraktion sei außerdem ein leeres NIAM–Modell vorausgesetzt. Die Extraktion wird nun für die verschiedenen NIAM–Konstrukte im einzelnen getrennt beschrieben.

10.2 Lexikalischer Objekttyp

10.2.1 Kandidatenauswahl

Der Eintrittspunkt für die Kandidatenauswahl beim lexikalischen Objekttyp ist derselbe wie bei der Kompilation, nämlich *Datum*. Die Subtypen dieses Typs, die in der Typenhierarchie aufgefunden werden, werden dem Benutzer als Kandidaten vorgeschlagen. Dieser Vorschlag gliedert die Kandidaten in zwei unterschiedliche Gruppen. Einerseits gibt es Kandidaten, die durch begriffliche Relationen in Beziehung zu anderen Konzepten (solche, die die Rollen repräsentieren) stehen, andererseits gibt es Kandidaten, für die lediglich die Information vorliegt, daß aus ihnen lexikalische Objekttypen extrahierbar sind.

10.2.2 Eingliederung in das NIAM–Modell

Für die Eingliederung eines Konstrukts in das NIAM–Modell wird geprüft, ob das Konzept, aus dem der lexikalische Objekttyp extrahiert wurde, zu anderen Konzepten, die mit anderen NIAM–Konstrukten – insbesondere Rollen – korrespondieren, eine Verbindung hat. Entsprechend den Verbindungen wird dann der lexikalische Objekttyp in das Modell eingetragen. Am Beginn der Extraktion kann die Überprüfung wegfallen, da das NIAM–Modell leer ist. In diesem Fall wird der lexikalische Objekttyp ohne Verknüpfung in das Modell eingetragen. Die Verbindungen zu anderen Konstrukten erfolgen dann entweder im Verlauf der weiteren Extraktion oder manuell durch den Benutzer.

Beispiel 10.2-1:   Anwärter für die Extraktion sind alle Subtypen von *Datum*. Aus der Vielzahl dieser Anwärter werden die im Beispiel in Kapitel 9.3.6 in den Arbeitsgraphen eingefügten Konzepte ausgewählt. Der Arbeitsgraph, der für die Extraktion vorliegt, entspricht daher auch dem Graphen aus diesem Beispiel. Das gilt auch für alle folgenden Beispiele in diesem Kapitel.

Abbildung 10.1: Ausschnitt des NIAM–Modells

Da das NIAM–Modell noch keine NIAM–Konstrukte beinhaltet, werden die lexikalischen Objekttypen hinzugefügt. Vorläufig sind noch keine Verbindungen einzutragen. Die Abbildung 10.1 zeigt einige der extrahierten lexikalischen Objekttypen, die in das NIAM–Modell eingetragen werden.

10.3 Nichtlexikalischer Objekttyp

10.3.1 Kandidatenauswahl

Wie bereits bei der Kompilation ermittelt, bilden die Subtypen folgender Typen aus der Typenhierarchie geeignete Kandidaten für den nichtlexikalischen Objekttyp:

- *Vorgang,*

- *Eigenschaft,*

- *Konkretum.*

Auch hier werden die Subtypen dieser Typen, die in der Typenhierarchie aufgefunden werden, dem Benutzer als Kandidaten vorgeschlagen. Dieser Vorschlag gliedert die Kandidaten wiederum in die zwei unterschiedlichen Gruppen. Einerseits gibt es Kandidaten, die durch begriffliche Relationen in Beziehung zu anderen Konzepten (solchen, die die Rollen repräsentieren) stehen, und andererseits gibt es Kandidaten, für die lediglich die Information vorliegt, daß aus ihnen nichtlexikalische Objekttypen extrahierbar sind.

10.3.2   Eingliederung in das NIAM–Modell

Für die Eingliederung eines Konstrukts in das NIAM–Modell wird geprüft, ob das Konzept, aus dem der nichtlexikalische Objekttyp extrahiert wurde, zu anderen Konzepten, die mit anderen NIAM–Konstrukten – insbesondere Rollen – korrespondieren, eine Verbindung hat. Entsprechend den Verbindungen wird dann der nichtlexikalische Objekttyp in das Modell eingetragen.

> **Beispiel 10.3-1:**   Anwärter für die Extraktion sind alle Subtypen von *Vorgang*, *Eigenschaft* und *Konkretum*. Aus der Vielzahl dieser Anwärter werden die im Abschnitt 9.4.3 in den Arbeitsgraphen eingefügten Konzepte automatisch ausgewählt. Da das NIAM–Modell außer den lexikalischen Objekttypen noch keine NIAM–Konstrukte enthält (vor allem noch keine Rollen, die die Beziehungen zwischen den Objekttypen repräsentieren), werden die nichtlexikalischen Objekttypen einfach dem NIAM–Modell hinzugefügt. Vorläufig sind auch hier noch keine Verbindungen einzutragen. Die Abbildung 10.2 zeigt das um einige nichtlexikalische Objekttypen erweiterte NIAM–Modell.

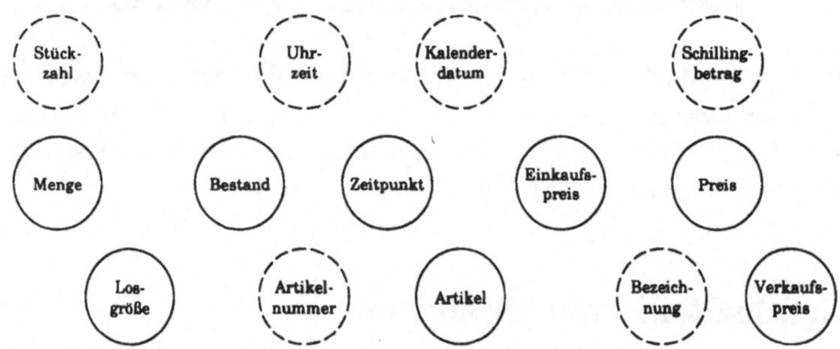

Abbildung 10.2: Ausschnitt des NIAM–Modells

10.4   Rolle

10.4.1   Kandidatenauswahl

Die Kandidaten zur Extraktion eines Rollentyps sind Subtypen der Eintrittspunkte des Rollentyps. Diese wurden bereits für die Kompilation ermittelt und sind:

- *Vorgang*

- *Beziehung*

Dem Benutzer werden hier wieder zwei Gruppen von Anwärtern mit unterschiedlicher Qualifikation zur Extraktion eines Rollentyps vorgeschlagen. Wie schon zuvor, besteht die erste Gruppe aus Anwärtern, die mit anderen Konzepten in Beziehung stehen. Beim Rollentyp gilt es jedoch zu unterscheiden in:

- Kandidaten, die mit einem Konzept in Verbindung stehen, das mit einem lexikalischen Objekttyp korrespondiert, und

- Kandidaten, die mit einem Konzept in Verbindung stehen, das mit einem nichtlexikalischen Objekttyp korrespondiert.

Diese Anwärter sind hinsichtlich ihrer Eignung für die Extraktion über einen Kandidaten zu stellen, der der zweiten Gruppe angehört, und für den wieder nur gilt, daß aus ihm nur ein isolierter Rollentyp (der erst später manuell in das Modell integriert werden kann) extrahierbar ist.

10.4.2 Eingliederung in das NIAM–Modell

Die extrahierten Rollentypen erhalten den Bezeichner der Konzepte, aus denen sie extrahiert wurden. Sie werden in das NIAM–Modell eingefügt, indem im Arbeitsgraphen überprüft wird, ob die mit den Rollentypen korrespondierenden Konzepte mit Konzepten in Beziehung stehen, die mit einem lexikalischen Objekttyp oder einem nichtlexikalischen Objekttyp korrespondieren. Wird eine Beziehung festgestellt, wird der Rollentyp entsprechend eingetragen, andernfalls wird er dem NIAM–Modell beigefügt, und der Benutzer muß nach Abschluß der Extraktion die fehlenden NIAM–Konstrukte ergänzen.

> **Beispiel 10.4-1:**   Für den Rollentyp bilden die Konzepte *Vorgang* und *Beziehung* die entsprechenden Eintrittspunkte. In der Typenhierarchie können wieder die Subtypen aus dem Beispiel von Kapitel 9.5.6 isoliert werden. Bei der Untersuchung des Arbeitsgraphen erhält man die Information, welche Rolle mit welchen Konzepten in Verbindung steht. Dementsprechend lassen sich dann im NIAM–Modell die schon zuvor extrahierten Objekttypen durch die Rollen verbinden. Eine weitere Stufe des Ausbaues des NIAM–Modells zeigt die Abbildung 10.3, in der einige der lexikalischen und nichtlexikalischen Objekttypen durch die Rollen verbunden sind.

10.5 Ideetyp und Brückentyp

Für die beiden Satztypen des NIAM–Modells gilt, daß es sich um Konstrukte handelt, die aus den drei oben genannten Elementar-Konstrukten (lexikalischer, nichtlexikalischer Objekttyp und Rolle) zusammengesetzt sind.

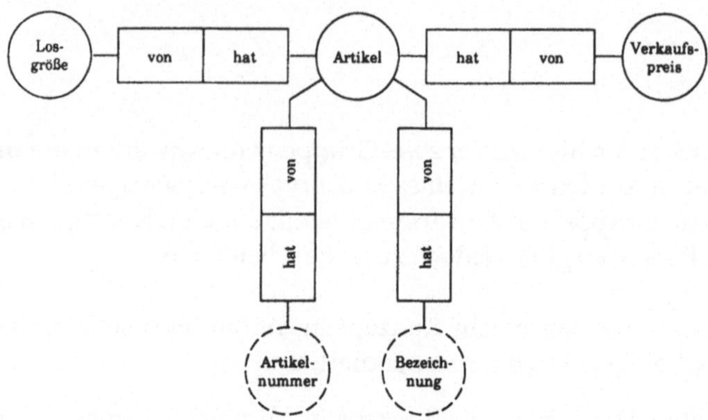

Abbildung 10.3: Ausschnitt des NIAM–Modells

Insofern ergeben sich zwei Möglichkeiten, einen Satztyp zu extrahieren:

- Der Arbeitsgraph wird nach Kombinationen von Konzepten und Relationen untersucht, die dem entsprechenden Satztyp (Idee oder Brücke) entsprechen.

- Da die Satztypen Kombinationen von Elementar-Konstrukten sind, können diese erst im NIAM–Modell kombiniert, d.h. verbunden werden.

Grundsätzlich ist der ersten Möglichkeit der Vorzug zu geben, da die Qualität der Extraktion davon abhängt, ob auch die richtigen Konstrukte miteinander in Beziehung gebracht werden und daher jene Verbindungen zuerst ausgewählt werden sollten, die dem Gesamtmodell am ehesten entsprechen.

Die zweite Möglichkeit ist jedoch vor allem dann von Bedeutung, wenn Teile des Satztyps (z.B. ein lexikalischer Objekttyp) fehlen und durch manuelles Verbinden ein Satztyp vervollständigt wird.

10.6   Subtyp

10.6.1   Kandidatenauswahl

Das Subtyp-Konstrukt ermöglicht, im NIAM–Modell eine Hierarchie, ähnlich der von begrifflichen Graphen, aufzubauen. Voraussetzung für die Extraktion einer NIAM–Hierarchie ist die Existenz eines Supertyps, der Kandidat für die Extraktion eines nichtlexikalischen Objekttyps ist, aber nicht einer der Eintrittspunkte, da diese nur sehr allgemeine Typen sind.

Weitere Hinweise für die Existenz einer NIAM–Hierarchie sind Konzepte, die dem NIAM–Konstrukt Disjoint-Constraint entsprechen. Werden zwei nichtlexikalische Objekttypen durch dieses Konstrukt verknüpft, deutet dies auf einen gemeinsamen Supertyp und damit auf eine Hierarchie hin.

Extrahiert der Benutzer einen Supertyp nicht, muß er damit rechnen, daß Information für das NIAM–Modell verloren geht. Diese muß unter Umständen nach der Extraktion ergänzt werden.

10.6.2 Eingliederung in das NIAM–Modell

Bei der Extraktion von Subtypen muß man zwei Ausgangssituationen unterscheiden:

- Die notwendigen nichtlexikalischen Objekttypen sowohl des Super- als auch des Subtyps sind bereits extrahiert worden und im NIAM–Modell eingegliedert.

- Keiner der notwendigen oder nur einer der nichtlexikalischen Objekttypen wurde extrahiert.

Im ersten Fall muß im Arbeitsgraphen untersucht werden, ob zwischen zwei nichtlexikalischen Objekttypen bzw. zwischen den Konzepten, die die Objekttypen repräsentieren, eine Subtyp-Beziehung besteht. Wird diese Beziehung erkannt, muß im NIAM–Modell das entsprechende Subtyp-Konstrukt eingetragen werden.

Im zweiten Fall wird zwar im Arbeitsgraphen eine Subtyp-Beziehung entdeckt, aber die Konzepte, die die notwendigen nichtlexikalischen Objekttypen repräsentieren, fehlen ganz oder teilweise. Hier ist zu überprüfen, ob es sich überhaupt um diese Art des Constraints handelt. Möglicherweise bildet die begriffliche Relation im Arbeitsgraphen ein Subset-, Equality- oder Uniqueness-Constraint (vgl. diesbezüglich die entsprechenden nachfolgenden Abschnitte). Scheiden die anderen möglichen Constraints aus, so werden die fehlenden NIAM–Konstrukte nach der Extraktion manuell ergänzt.

> **Beispiel 10.6-1:**   Zu den bisher extrahierten Konstrukten wird nun die Subtyp–Supertyp–Beziehung in das Modell eingetragen. Die Abbildung 10.4 zeigt wiederum einen Ausschnitt des Modells mit einigen extrahierten Subtypen.

10.7 Constraints

Für alle Constraints gilt, daß keine Eintrittspunkte gefunden werden müssen, da die Information im Arbeitsgraphen nicht in den Konzepten, sondern in den begrifflichen Relationen enthalten ist (siehe dazu auch Abschnitt 9.8).

10.7.1 Disjoint-Constraint

Eingliederung in das NIAM–Modell

Für das Disjoint-Constraint muß bereits das zugehörige Subtyp–Konstrukt im NIAM–Modell eingetragen sein. Wird für die bereits extrahierten Konzepte, die

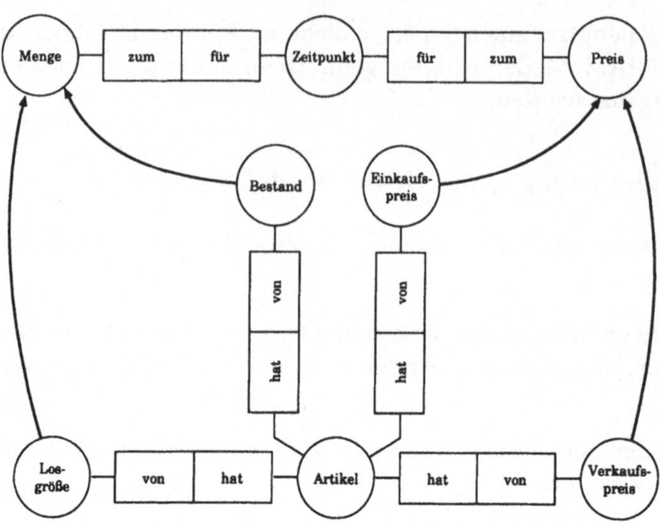

Abbildung 10.4: Ausschnitt des NIAM–Modells

den Subtyp repräsentieren, im Arbeitsgraphen eine begriffliche Relation *disj* gefunden, so kann das Disjoint-Constraint in das Modell eingetragen werden.

Wie schon zuvor erläutert, muß bei Fehlen von Konzepten und damit auch von NIAM–Konstrukten geprüft werden, ob die vorhandene Information ausreicht, dieses Constraint zu extrahieren. Bei einer Entscheidung für die Extraktion müssen die fehlenden Konstrukte nach der Extraktion manuell eingetragen werden.

Beispiel 10.7-1:   Da im Beispiel der Lagerverwaltung kein Constraint dieser Art vorkommt, gilt zur Illustration die Zusatzangabe des Beispiels aus Abschnitt 9.8.2. Der Modellausschnitt für dieses Konstrukt wird in der Abbildung 10.5 gezeigt.

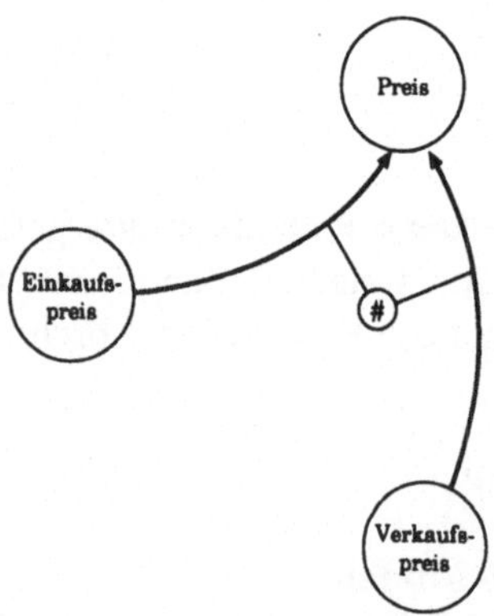

Abbildung 10.5: Ausschnitt des NIAM–Modells

10.7.2   Total-Role- und Identifier-Constraint

Die beiden Constraints werden hier gemeinsam behandelt, da beide das Kardinalitätsverhältnis des Rollentyps beschreiben und daher bei der Extraktion auch gleich zu behandeln sind.

Eingliederung in das NIAM–Modell

Bei der Extraktion der Rollentypen fallen grundsätzlich bereits beide Constraints als Kardinalitätsverhältnisse in den begrifflichen Relationen an, die die Konzepte der Rollentypen mit den Konzepten der Objekttypen verbinden. Bei der Beschreibung der Rollentypen wurde jedoch aus Gliederungsgründen noch nicht auf die Kardinalitätsverhältnisse eingegangen. Für die Eingliederung gilt somit das gleiche wie bei den Rollentypen mit der Ergänzung, daß entsprechend den Kardinalitätsverhältnissen der begrifflichen Relationen die Constraints eingetragen werden.

Beispiel 10.7-2:

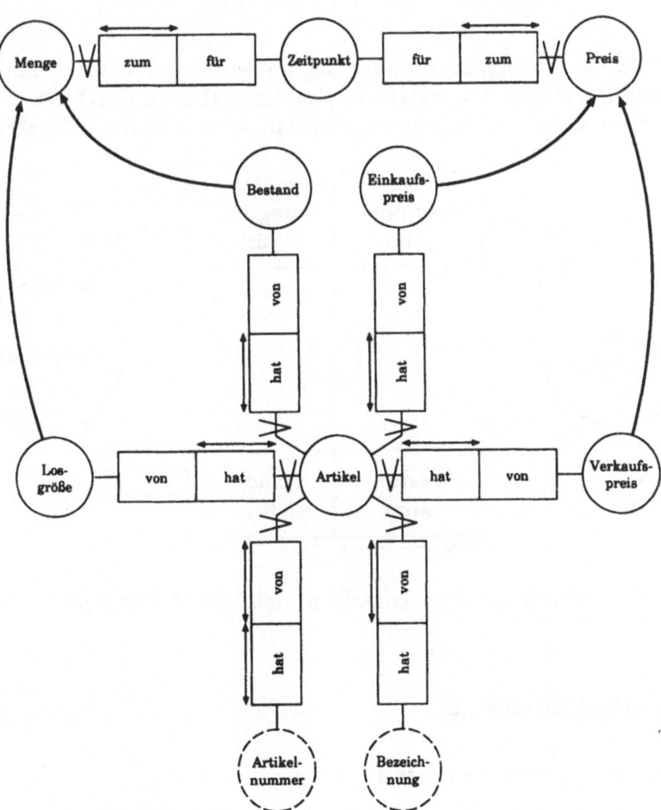

Abbildung 10.6: Ausschnitt des NIAM–Modells

Zu den bisher extrahierten Rollen werden nun die beiden Constraints in das Modell eingetragen. Die Abbildung 10.6 zeigt wiederum einen Ausschnitt des NIAM–Modells mit einigen extrahierten Total-Role- und Identifier-Constraints.

10.7.3   Subset-Constraint

Eingliederung in das NIAM–Modell

Für das Subset-Constraint müssen entweder alle notwendigen NIAM–Konstrukte bereits extrahiert sein (zwei Ideetypen mit einem gemeinsamen nichtlexikalischen Objekttyp) oder der Arbeitsgraph muß die entsprechenden Konzepte und Relationen besitzen, die die notwendigen Konstrukte repräsentieren. Neben den Relationen *link* bzw. *agnt/obj* ist vor allem die spezifische Relation *subset* notwendig, um ein Subset-Constraint zu extrahieren.

Beim Fehlen von Konzepten und damit auch von NIAM–Konstrukten muß wiederum geprüft werden, ob die vorhandene Information ausreicht, dieses Constraint zu extrahieren. Bei einer Entscheidung für die Extraktion müssen die fehlenden Konstrukte nach der Extraktion manuell eingetragen werden.

Beispiel 10.7-3:   Da im Beispiel der Lagerverwaltung kein Constraint dieser Art vorkommt, gilt zur Illustration die Zusatzangabe aus Abschnitt 9.8.3. Der Modellausschnitt für dieses Konstrukt wird in der Abbildung 10.7 gezeigt.

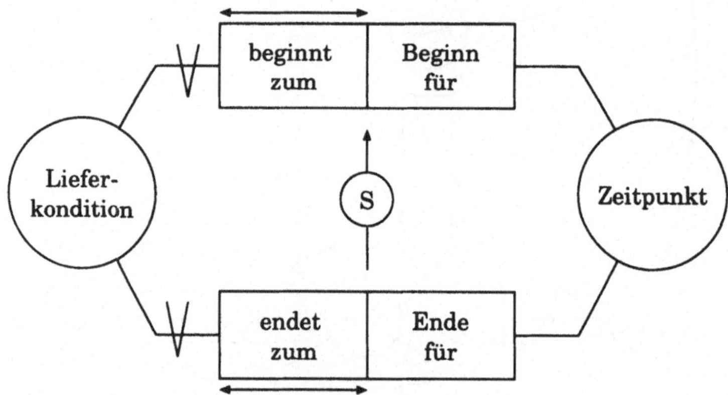

Abbildung 10.7: Ausschnitt des NIAM–Modells

10.7.4   Equality-Constraint

Eingliederung in das NIAM–Modell

Für das Equality-Constraint, das mehrere NIAM–Konstrukte voraussetzt (zwei Satztypen mit einem gemeinsamen nichtlexikalischen Objekttyp), müssen entweder alle notwendigen NIAM–Konstrukte bereits extrahiert sein, oder der Arbeitsgraph muß die entsprechenden Konzepte und Relationen besitzen, die die notwendigen Konstrukte repräsentieren. Hier ist es vor allem die Relation *gleichemenge*, die dieses Constraint identifiziert.

Fehlen NIAM–Konstrukte bzw. deren Repräsentationen im Arbeitsgraphen, muß geprüft werden, ob die vorhandene Information zur Extraktion ausreicht. Für den Fall der Extraktion müssen die fehlenden Konstrukte danach manuell in das Modell eingetragen werden.

> **Beispiel 10.7-4:**   Zu den bisher extrahierten NIAM–Konstrukten wird das Equality-Constraint in das Modell eingetragen. Die Abbildung 10.8 zeigt einen Ausschnitt des NIAM–Modells mit dem eingetragenen Constraint.

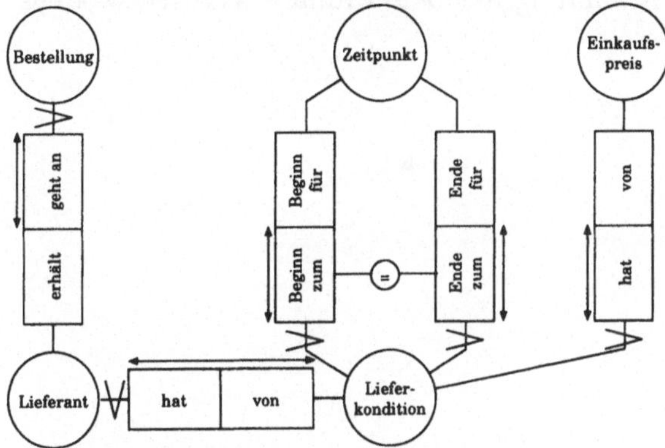

Abbildung 10.8: Ausschnitt des NIAM–Modells

10.7.5 Uniqueness-Constraint

Eingliederung in das NIAM–Modell

Für das Uniqueness-Constraint gilt prinzipiell das im vorigen Abschnitt Erläuterte. Für die Extraktion müssen entweder alle notwendigen NIAM–Konstrukte bereits extrahiert sein (zwei Satztypen mit einem gemeinsamen nichtlexikalischen Objekttyp), oder der Arbeitsgraph muß die entsprechenden Konzepte und Relationen besitzen, die die notwendigen Konstrukte repräsentieren. Die Unterscheidung zum Equality-Constraint ergibt sich lediglich aus der begrifflichen Relation *unique*, die die Objekttypen verbindet.

> **Beispiel 10.7-5:**   Zu den bisher extrahierten NIAM–Konstrukten werden die erkannten Uniqueness-Constraints in das Modell eingetragen. Die Abbildung 10.9 zeigt einen Ausschnitt des NIAM–Modells mit einem extrahierten Uniqueness-Constraint.

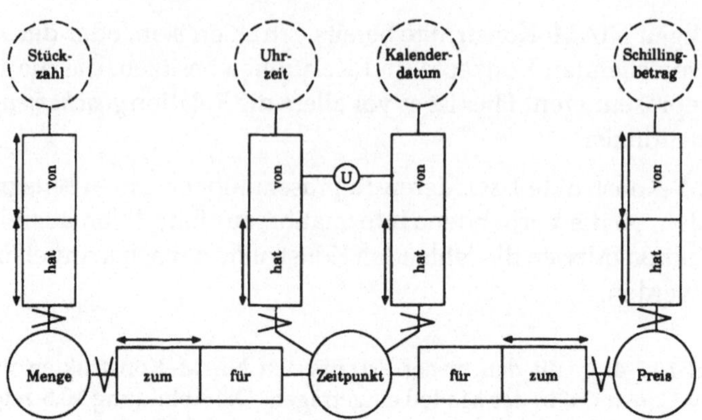

Abbildung 10.9: Ausschnitt des NIAM–Modells

Kapitel 11

Implementation der Überführungsregeln in Prolog

11.1 Programmaufbau

Nachstehend werden Regeln in einer Prolog-ähnlichen Notation präsentiert, die eine Implementation der Überlegungen zur Überführung eines NIAM–Modells darstellen. Diese Regeln werden von SAMBS–Metainterpretern interpretiert, und realisieren sowohl die Verwaltung eines NIAM–Modells als auch die Kompilation und Extraktion.

Es gibt zwei Arten von Regeln und dazugehörige Metainterpreter:

- Regeln zur Verwaltung des NIAM–Modells und

- Regeln zur Überführung des NIAM–Modells (Kompilation und Extraktion).

11.2 Verwaltung des NIAM–Modells

Die Regeln zur Verwaltung des NIAM–Modells bestehen aus dem NIAM–Konstrukt und Bedingungen, die für die Konsistenz des NIAM–Modells erfüllt sein müssen. Das soll anhand der Regel für den Ideetyp erläutert werden:

```
nolot(N) ::
    atom(N),
    true.

role(R, AO) ::
    atom(R),
    atom(AO),
    true.

ityp(N1, R1, R2, N2) ::
```

```
nolot(N1),
role(R1,_),
role(R2,_),
nolot(N2),
true.
```

Der Ideetyp wird als Faktum mit dem Funktor *ityp* und vier Argumenten dargestellt. Für das erste und das vierte Argument gilt, daß es ein nichtlexikalischer
Objekttyp sein muß. Für die Argumente zwei und drei ist bestimmt, daß es Rollen
sein müssen. Für die Rolle und den nichtlexikalischen Objekttyp seinerseits wird
festgelegt, daß das bzw. die Argumente Prolog–Atome sein müssen. Das Atom beim
nichtlexikalischen Objekttyp sowie das erste Atom bei der Rolle entsprechen dem
Bezeichner des jeweiligen Konstrukts. Das zweite Atom der Rolle dient zur Unterscheidung in eine aktive oder passive Rolle. Das Atom *true* in jeder Regel ist jeweils
eine Endmarke für den Metainterpreter und hat keine deklarative Bedeutung.

Zusätzlich zu dieser Regel existiert noch ein Faktum, das die Argumente des NIAM–
Konstrukts näher bezeichnet:

```
konstrukt( ityp(N1,R1,R2,N2), N1-R1-R2-N2, 'Idee-Typ',
           [N1-'Nolot1', R1-'Rolle1',
            R2-'Rolle2', N2-'Nolot2']).
```

Mit den Regeln wird die Verwaltung des NIAM–Modells gesteuert. Es gibt drei
verschiedene Metainterpreter, die diese Regeln interpretieren:

1. Metainterpreter zur Eingabe von Systemanalysemethodenkonstrukten,

2. Metainterpreter zum Löschen von Systemanalysemethodenkonstrukten und

3. Metainterpreter zum Ändern von Systemanalysemethodenkonstrukten.

11.3 Überführung des NIAM–Modells

Die Regeln zur Überführung des NIAM–Modells sind in einer Konversionstabelle
abgelegt, die der Interpretationstheorie entspricht. Die Konversionstabelle wird
durch Prolog–Fakten dargestellt, die drei Argumente haben. Die Bedeutung der
Argumente ist die folgende:

- Das erste Argument beinhaltet das Fragment des NIAM–Modells,

- das zweite deklariert das NIAM–Konstrukt und das zugehörige Konzept sowie die Eintrittspunkte, und

- im dritten Argument steht der Graph, der dem NIAM–Fragment entspricht.

11.4 Regeln

```
/* Deklaration der Konstrukte */

konstrukt( lot(L), L, 'Lexikalischer-Objekttyp',
           [L-'Bezeichner']).

konstrukt( nolot(N), N, 'Nichtlexikalischer-Objekttyp',
           [N-'Bezeichner']).

konstrukt( role(R,AO), R, 'Rolle',
           [R-'Bezeichner', AO-'Agent/Objekt']).

konstrukt( ityp(N1,R1,R2,N2), N1-R1-R2-N2, 'Idee-Typ',
           [N1-'Nolot1', R1-'Rolle1',
            R2-'Rolle2', N2-'Nolot2']).

konstrukt( btyp(N,R1,R2,L), N-R1-R2-L, 'Brücken-Typ',
           [N-'Nolot', R1-'Rolle1', R2-'Rolle2', L-'Lot']).

konstrukt( styp(N1,N2), N1-N2, 'Subtyp',
           [N1-'Nolot1(Supertyp)', N2-'Nolot2(Subtyp)']).

konstrukt( disj(N1,N2), N1-N2, 'Disjoint-Constraint',
           [N1-'Nolot1(Subtyp)', N2-'Nolot2(Subtyp)']).

konstrukt( trole(N,R,O), N-R-O, 'Totalrole-Constraint',
           [N-'Nolot', R-'Rolle', O-'Objekt-Typ']).

konstrukt( sset(N1,R1,R2,N2), N1-R1-R2-N2,
           'Subset-Constraint',
           [N1-'Nolot1', R1-'Rolle1',
            R2-'Rolle2', N2-'Nolot2']).

konstrukt( equ(N,R1,R2), N-R1-R2, 'Equality-Constraint',
           [N-'Nolot', R1-'Rolle1', R2-'Rolle2']).

konstrukt( uniq(N,R1,R2,O1,O2), N-R1-R2-O1-O2,
           'Uniqueness-Constraint',
           [N-'Nolot', R1-'Rolle1', R2-'Rolle2',
            O1-'Objekt-Typ1', O2-'Objekt-Typ2']).

konstrukt( id(O1,R,O2), O1-R-O2, 'Identifier-Constraint',
           [O1-'Objekt-Typ1', O2-'Objekt-Typ2']).



/* Lexikalischer Objekttyp */

lot(L) ::
     atom(L),
     true.

/* Nicht lexikalischer Objekttyp */

nolot(N) ::
```

```prolog
        atom(N),
        true.
/* Rolle */

role(R,AO) ::
        atom(R),
        atom(AO),
        true.

/* Ideetyp */

ityp(N1,R1,R2,N2) ::
        nolot(N1),
        role(R1,_),
        role(R2,_),
        nolot(N2),
        true.

/* Brueckentyp */

btyp(N,R1,R2,L) ::
        nolot(N),
        role(R1,_),
        role(R2,_),
        lot(L),
        true.

/* Subtyp */

styp(N1,N2) ::
        nolot(N1),
        nolot(N2),
        true.

/* Disjoint Constraint */

disj(N1,N2) ::
        styp(X,N1),
        styp(X,N2),
        true.

/* Total Role Constraint */

trole(N,R,O) ::
        nolot_ot(N,R,_,O),
        true.

/* Subset Constraint */

sset(N1,R1,R2,N2) ::
        nolot_nolot(N1,R1,_,N2),
        nolot_nolot(N1,R2,_,N2),
        true.

/* Equality Constraint */
```

```
equ(N1,R1,R2) ::
     nolot_ot(N1,R1,_,_),
     nolot_ot(N1,R2,_,_),
     true.

/* Uniqueness Constraint */

uniq(N,R1,R2,O1,O2) ::
     nolot_ot(N,_,R1,O1),
     nolot_ot(N,_,R2,O2),
     equ(N,R1,R2),
     true.

/* Identifier Constraint */

id(O1,R,O2) ::
     nolot_ot(O1,R,_,O2),
     true.


/* Konversionstabelle*/


it((lot(L), true),
   (Lot =.. [L, X: $ H],
    ident(L, Lot),
    eintritt(Lot, [datum(X)]),
    true),
   (Lot, true)).

it((nolot(N), true),
   (Nolot =.. [N, X: $ H],
    ident(N, Nolot),
    eintritt(Nolot, [vorgang(X), eigenschaft(X), konkretum(X)]),
    true),
   (Nolot, true)).

it((role(R,_), true),
   (Role =.. [R, X: $ H],
    ident(R, Role),
    eintritt(Role, [vorgang(X), beziehung(X)]),
    true),
   (Role, true)).

it((ityp(N1,R,_,N2), role(R,agnt), true),
   (Nolot1 =.. [N1, X: $ H],
    Nolot2 =.. [N2, Y: $ I],
    Role =.. [R, Z: $ J],
    ident(N1, Nolot1), ident(N2, Nolot2),
    ident(R, Role),
    eintritt(Nolot1, [vorgang(X), eigenschaft(X), konkretum(X)]),
    eintritt(Nolot2, [vorgang(Y), eigenschaft(Y), konkretum(Y)]),
    eintritt(Role, [beziehung(Z), vorgang(Z)]),
    true),
   (Nolot1, agnt(Nolot1, Role @ 0 to n), Role,
    obj(Nolot2, Role @ 0 to n), Nolot2, true)).
```

```
it((ityp(N1,R,_,N2), role(R,obj), true),
   (Nolot1 =.. [N1, X: $ H],
    Nolot2 =.. [N2, Y: $ I],
    Role =.. [R, Z: $ J],
    ident(N1, Nolot1), ident(N2, Nolot2),
    ident(R, Role),
    eintritt(Nolot1, [vorgang(X), eigenschaft(X), konkretum(X)]),
    eintritt(Nolot2, [vorgang(Y), eigenschaft(Y), konkretum(Y)]),
    eintritt(Role, [beziehung(Z), vorgang(Z)]),
    true),
   (Nolot1, obj(Nolot1, Role @ 0 to n), Role,
    agnt(Nolot2, Role @ 0 to n), Nolot2, true)).

it((ityp(N1,R,_,N2), true),
   (Nolot1 =.. [N1, X: $ H],
    Nolot2 =.. [N2, Y: $ I],
    Role =.. [R, Z: $ J],
    ident(N1, Nolot1), ident(N2, Nolot2),
    ident(R, Role),
    eintritt(Nolot1, [vorgang(X), eigenschaft(X), konkretum(X)]),
    eintritt(Nolot2, [vorgang(Y), eigenschaft(Y), konkretum(Y)]),
    eintritt(Role, [beziehung(Z), vorgang(Z)]),
    true),
   (Nolot1, link(Nolot1, Role @ 0 to n), Role,
    link(Nolot2, Role @ 0 to n), Nolot2, true)).

it((btype(N,R,_,L), true),
   (Nolot =.. [N, X: $ H],
    Lot =.. [L, Y: $ I],
    Role =.. [R, Z: $ J],
    ident(N, Nolot), ident(L, Lot),
    ident(R, Role),
    eintritt(Nolot, [vorgang(X), eigenschaft(X), konkretum(X)]),
    eintritt(Lot, [datum(Y)]),
    eintritt(Role, [beziehung(Z), vorgang(Z)]),
    true),
   (Nolot, link(Nolot, Role @ 0 to n), Role,
    link(Lot, Role @ 0 to n), Lot, true)).

it((styp(N1,N2), true),
   (Nolot1 =.. [N1, X: $ H],
    Nolot2 =.. [N2, Y: $ I],
    ident(N1, Nolot1), ident(N2, Nolot2),
    eintritt(Nolot2, [vorgang(Y), eigenschaft(Y), konkretum(Y)]),
    eintritt(Nolot1, [vorgang(X), eigenschaft(X), konkretum(X), Nolot2]),
    true),
   (Nolot1, Nolot2, true)).


/* Identifier-Constraint */

/* idea-type   [<--->|        ] */


it((ityp(N1,R,_,N2), id(N1,R,N2), role(R,agnt), true),
```

```prolog
   (Nolot1 =.. [N1, X: $ H],
    Nolot2 =.. [N2, Y: $ I],
    Role =.. [R, Z: $ J],
    ident(N1, Nolot1), ident(N2, Nolot2),
    ident(R, Role),
    eintritt(Nolot1, [vorgang(X), eigenschaft(X), konkretum(X)]),
    eintritt(Nolot2, [vorgang(Y), eigenschaft(Y), konkretum(Y)]),
    eintritt(Role, [beziehung(Z), vorgang(Z)]),
    true),
   (Nolot1, agnt(Nolot1, Role @ 0 to 1), Role,
    obj(Nolot2, Role @ 0 to n), Nolot2, true)).

it((ityp(N1,R,_,N2), id(N1,R,N2), role(R,obj), true),
   (Nolot1 =.. [N1, X: $ H],
    Nolot2 =.. [N2, Y: $ I],
    Role =.. [R, Z: $ J],
    ident(N1, Nolot1), ident(N2, Nolot2),
    ident(R, Role),
    eintritt(Nolot1, [vorgang(X), eigenschaft(X), konkretum(X)]),
    eintritt(Nolot2, [vorgang(Y), eigenschaft(Y), konkretum(Y)]),
    eintritt(Role, [beziehung(Z), vorgang(Z)]),
    true),
   (Nolot1, obj(Nolot1, Role @ 0 to 1), Role,
    agnt(Nolot2, Role @ 0 to n), Nolot2, true)).

it((ityp(N1,R,_,N2), id(N1,R,N2), true),
   (Nolot1 =.. [N1, X: $ H],
    Nolot2 =.. [N2, Y: $ I],
    Role =.. [R, Z: $ J],
    ident(N1, Nolot1), ident(N2, Nolot2),
    ident(R, Role),
    eintritt(Nolot1, [vorgang(X), eigenschaft(X), konkretum(X)]),
    eintritt(Nolot2, [vorgang(Y), eigenschaft(Y), konkretum(Y)]),
    eintritt(Role, [beziehung(Z), vorgang(Z)]),
    true),
   (Nolot1, link(Nolot1, Role @ 0 to 1), Role,
    link(Nolot2, Role @ 0 to n), Nolot2, true)).


/* [        |<--->] */


it((ityp(N1,_,R,N2), id(N1,R,N2), role(R,agnt), true),
   (Nolot1 =.. [N1, X: $ H],
    Nolot2 =.. [N2, Y: $ I],
    Role =.. [R, Z: $ J],
    ident(N1, Nolot1), ident(N2, Nolot2),    ident(R, Role),
    eintritt(Nolot1, [vorgang(X), eigenschaft(X), konkretum(X)]),
    eintritt(Nolot2, [vorgang(Y), eigenschaft(Y), konkretum(Y)]),
    eintritt(Role, [beziehung(Z), vorgang(Z)]),
    true),
   (Nolot1, agnt(Nolot1, Role @ 0 to 1), Role,
    obj(Nolot2, Role @ 0 to n), Nolot2, true)).

it((ityp(N1,_,R,N2), id(N1,R,N2), role(obj), true),
   (Nolot1 =.. [N1, X: $ H],
```

```prolog
      Nolot2 =.. [N2, Y: $ I],
      Role =.. [R, Z: $ J],
      ident(N1, Nolot1), ident(N2, Nolot2),
      ident(R, Role),
      eintritt(Nolot1, [vorgang(X), eigenschaft(X), konkretum(X)]),
      eintritt(Nolot2, [vorgang(Y), eigenschaft(Y), konkretum(Y)]),
      eintritt(Role, [beziehung(Z), vorgang(Z)]),
      true),
    (Nolot1, obj(Nolot1, Role @ 0 to 1), Role,
     agnt(Nolot2, Role @ 0 to n), Nolot2, true)).


/* [<--->|<--->] */


it((ityp(N1,R1,R2,N2), id(N1,R1,N2), id(N1,R2,N2),
     role(R1,agnt), true),
    (Nolot1 =.. [N1, X: $ H],
     Nolot2 =.. [N2, Y: $ I],
     Role1 =.. [R1, Z: $ J],
     Role2 =.. [R2, W: $ K],
     ident(N1, Nolot1), ident(N2, Nolot2),
     ident(R1, Role1), ident(R2, Role2),  ·
     eintritt(Nolot1, [vorgang(X), eigenschaft(X), konkretum(X)]),
     eintritt(Nolot2, [vorgang(Y), eigenschaft(Y), konkretum(Y)]),
     eintritt(Role1, [beziehung(Z), vorgang(Z)]),
     eintritt(Role2, [beziehung(W), vorgang(W)]),
     true),
    (Nolot1, agnt(Nolot1, Role1 @ 0 to 1), Role1, Role2,
     obj(Nolot2, Role2 @ 0 to 1), Nolot2, true)).

it((ityp(N1,R1,R2,N2), id(N1,R1,N2), id(N1,R2,N2),
     role(R1,obj), true),
    (Nolot1 =.. [N1, X: $ H],
     Nolot2 =.. [N2, Y: $ I],
     Role1 =.. [R1, Z: $ J],
     Role2 =.. [R2, W: $ K],
     ident(N1, Nolot1), ident(N2, Nolot2),
     ident(R1, Role1), ident(R2, Role2),
     eintritt(Nolot1, [vorgang(X), eigenschaft(X), konkretum(X)]),
     eintritt(Nolot2, [vorgang(Y), eigenschaft(Y), konkretum(Y)]),
     eintritt(Role1, [beziehung(Z), vorgang(Z)]),
     eintritt(Role2, [beziehung(W), vorgang(W)]),
     true),
    (Nolot1, obj(Nolot1, Role1 @ 0 to 1), Role1, Role2,
     agnt(Nolot2, Role2 @ 0 to 1), Nolot2, true)).

it((ityp(N1,R1,R2,N2), id(N1,R1,N2), id(N1,R2,N2), true),
    (Nolot1 =.. [N1, X: $ H],
     Nolot2 =.. [N2, Y: $ I],
     Role1 =.. [R1, Z: $ J],
     Role2 =.. [R2, W: $ K],
     ident(N1, Nolot1), ident(N2, Nolot2),
     ident(R1, Role1), ident(R2, Role2),
     eintritt(Nolot1, [vorgang(X), eigenschaft(X), konkretum(X)]),
     eintritt(Nolot2, [vorgang(Y), eigenschaft(Y), konkretum(Y)]),
```

```
            eintritt(Role1, [beziehung(Z), vorgang(Z)]),
            eintritt(Role2, [beziehung(W), vorgang(W)]),
            true),
          (Nolot1, link(Nolot1, Role1 @ 0 to 1), Role1, Role2,
           link(Nolot2, Role2 @ 0 to 1), Nolot2, true)).


/* bridge-type  [<--->|      ] */


it((btype(N,R,_,L), id(N,R,L), true),
   (Nolot =.. [N, X: $ H],
    Lot =.. [L, Y: $ I],
    Role =.. [R, Z: $ J],
    ident(N, Nolot), ident(L, Lot),
    ident(R, Role),
    eintritt(Nolot, [vorgang(X), eigenschaft(X), konkretum(X)]),
    eintritt(Lot, [datum(Y)]),
    eintritt(Role, [beziehung(Z), vorgang(Z)]),
    true),
   (Nolot, link(Nolot, Role @ 0 to 1), Role,
    link(Lot, Role @ 0 to n), Lot, true)).


/* [      |<--->] */


it((btyp(N,_,R,L), id(N,R,L), true),
   (Nolot =.. [N, X: $ H],
    Lot =.. [L, Y: $ I],
    Role =.. [R, Z: $ J],
    ident(N, Nolot), ident(L, Lot),
    ident(R, Role),
    eintritt(Nolot, [vorgang(X), eigenschaft(X), konkretum(X)]),
    eintritt(Lot, [datum(Y)]),
    eintritt(Role, [beziehung(Z), vorgang(Z)]),
    true),
   (Nolot, link(Nolot, Role @ 0 to 1), Role,
    link(Lot, Role @ 0 to n), Lot, true)).

/* [<--->|<--->] */


it((btyp(N,R1,R2,L), id(N,R1,L), id(N,R2,L), true),
   (Nolot =.. [N, X: $ H],
    Lot =.. [L, Y: $ I],
    Role1 =.. [R1, Z1: $ J1],
    Role2 =.. [R2, Z2: $ J2],
    ident(N, Nolot), ident(L, Lot),
    ident(R1, Role1), ident(R2, Role2),
    eintritt(Nolot, [vorgang(X), eigenschaft(X), konkretum(X)]),
    eintritt(Lot, [datum(Y)]),
    eintritt(Role1, [beziehung(Z1), vorgang(Z1)]),
    eintritt(Role2, [beziehung(Z2), vorgang(Z2)]),
    true),
   (Nolot, link(Nolot, Role1 @ 0 to 1), Role1, Role2,
```

```prolog
        Lot, link(Lot, Role2 @ 0 to 1), true)).


/* Totalrole-Constraint */


it((ityp(N1,R,_,N2), role(R,agnt), trole(N1,R,N2), true),
   (Nolot1 =.. [N1, X: $ H],
    Nolot2 =.. [N2, Y: $ I],
    Role =.. [R, Z: $ J],
    ident(N1, Nolot1), ident(N2, Nolot2), ident(R, Role),
    eintritt(Nolot1, [vorgang(X), eigenschaft(X), konkretum(X)]),
    eintritt(Nolot2, [vorgang(Y), eigenschaft(Y), konkretum(Y)]),
    eintritt(Role, [beziehung(Z), vorgang(Z)]),
    true),
   (Nolot1, agnt(Nolot1, Role @ 1 to n), Role,
    obj(Nolot2, Role @ 0 to n), Nolot2, true)).

it((ityp(N1,R,_,N2), role(R,obj), trole(N1,R,N2), true),
   (Nolot1 =.. [N1, X: $ H],
    Nolot2 =.. [N2, Y: $ I],
    Role =.. [R, Z: $ J],
    ident(N1, Nolot1), ident(N2, Nolot2), ident(R, Role),
    eintritt(Nolot1, [vorgang(X), eigenschaft(X), konkretum(X)]),
    eintritt(Nolot2, [vorgang(Y), eigenschaft(Y), konkretum(Y)]),
    eintritt(Role, [beziehung(Z), vorgang(Z)]),
    true),
   (Nolot1, obj(Nolot1, Role @ 1 to n), Role,
    agnt(Nolot2, Role @ 0 to n), Nolot2, true)).

it((ityp(N1,R,_,N2), role(R,_), trole(N1,R,N2), true),
   (Nolot1 =.. [N1, X: $ H],
    Nolot2 =.. [N2, Y: $ I],
    Role =.. [R, Z: $ J],
    ident(N1, Nolot1), ident(N2, Nolot2), ident(R, Role),
    eintritt(Nolot1, [vorgang(X), eigenschaft(X), konkretum(X)]),
    eintritt(Nolot2, [vorgang(Y), eigenschaft(Y), konkretum(Y)]),
    eintritt(Role, [beziehung(Z), vorgang(Z)]),
    true),
   (Nolot1, link(Nolot1, Role @ 1 to n), Role,
    link(Nolot2, Role @ 0 to n), Nolot2, true)).

it((btype(N,R,_,L), role(R,_), trole(N,R,L), true),
   (Nolot =.. [N, X: $ H],
    Lot =.. [L, Y: $ I],
    Role =.. [R, Z: $ J],
    ident(N, Nolot), ident(L, Lot), ident(R, Role),
    eintritt(Nolot, [vorgang(X), eigenschaft(X), konkretum(X)]),
    eintritt(Lot, [datum(Y)]),
    eintritt(Role, [beziehung(Z), vorgang(Z)]),
    true),
   (Nolot, link(Nolot, Role @ 1 to n), Role,
    link(Lot, Role @ 0 to n), Lot, true)).

it((btype(N,_,R,L), role(R,_), trole(N,R,L), true),
   (Nolot =.. [N, X: $ H],
```

```
        Lot =.. [L, Y: $ I],
        Role =.. [R, Z: $ J],
        ident(N, Nolot), ident(L, Lot), ident(R, Role),
        eintritt(Nolot, [vorgang(X), eigenschaft(X), konkretum(X)]),
        eintritt(Lot, [datum(Y)]),
        eintritt(Role, [beziehung(Z), vorgang(Z)]),
        true),
       (Nolot, link(Nolot, Role @ 0 to n), Role,
        link(Lot, Role @ 1 to n), Lot, true)).


/* Identifier-Constraint & Total Role Constraint */


it((ityp(N1,R,_,N2), role(R,agnt), trole(N1,R,N2),
    id(N1,R,N2), true),
   (Nolot1 =.. [N1, X: $ H],
    Nolot2 =.. [N2, Y: $ I],
    Role =.. [R, Z: $ J],
    ident(N1, Nolot1), ident(N2, Nolot2), ident(R, Role),
    eintritt(Nolot1, [vorgang(X), eigenschaft(X), konkretum(X)]),
    eintritt(Nolot2, [vorgang(Y), eigenschaft(Y), konkretum(Y)]),
    eintritt(Role, [beziehung(Z), vorgang(Z)]),
    true),
   (Nolot1, agnt(Nolot1, Role @ 1 to 1), Role,
    obj(Nolot2, Role @ 0 to n), Nolot2, true)).

it((ityp(N1,R,_,N2), role(R,obj), trole(N1,R,N2),
    id(N1,R,N2), true),
   (Nolot1 =.. [N1, X: $ H],
    Nolot2 =.. [N2, Y: $ I],
    Role =.. [R, Z: $ J],
    ident(N1, Nolot1), ident(N2, Nolot2), ident(R, Role),
    eintritt(Nolot1, [vorgang(X), eigenschaft(X), konkretum(X)]),
    eintritt(Nolot2, [vorgang(Y), eigenschaft(Y), konkretum(Y)]),
    eintritt(Role, [beziehung(Z), vorgang(Z)]),
    true),
   (Nolot1, obj(Nolot1, Role @ 1 to 1), Role,
    agnt(Nolot2, Role @ 0 to n), Nolot2, true)).

it((ityp(N1,R,_,N2), role(R,_), trole(N1,R,N2),
    id(N1,R,N2), true),
   (Nolot1 =.. [N1, X: $ H],
    Nolot2 =.. [N2, Y: $ I],
    Role =.. [R, Z: $ J],
    ident(N1, Nolot1), ident(N2, Nolot2), ident(R, Role),
    eintritt(Nolot1, [vorgang(X), eigenschaft(X), konkretum(X)]),
    eintritt(Nolot2, [vorgang(Y), eigenschaft(Y), konkretum(Y)]),
    eintritt(Role, [beziehung(Z), vorgang(Z)]),
    true),
   (Nolot1, link(Nolot1, Role @ 1 to 1), Role,
    link(Nolot2, Role @ 0 to n), Nolot2, true)).

it((btype(N,R,_,L), role(R,_), trole(N,R,L),
    id(N,R,L), true),
   (Nolot =.. [N, X: $ H],
```

```prolog
         Lot =.. [L, Y: $ I],
         Role =.. [R, Z: $ J],
         ident(N, Nolot), ident(L, Lot), ident(R, Role),
         eintritt(Nolot, [vorgang(X), eigenschaft(X), konkretum(X)]),
         eintritt(Lot, [datum(Y)]),
         eintritt(Role, [beziehung(Z), vorgang(Z)]),
         true),
        (Nolot, link(Nolot, Role @ 1 to 1), Role,
         link(Lot, Role @ 0 to n), Lot, true)).

it((btype(N,_,R,L), role(R,_), trole(N,R,L),
     id(N,R,L), true),
    (Nolot =.. [N, X: $ H],
     Lot =.. [L, Y: $ I],
     Role =.. [R, Z: $ J],
     ident(N, Nolot), ident(L, Lot), ident(R, Role),
     eintritt(Nolot, [vorgang(X), eigenschaft(X), konkretum(X)]),
     eintritt(Lot, [datum(Y)]),
     eintritt(Role, [beziehung(Z), vorgang(Z)]),
     true),
    (Nolot, link(Nolot, Role @ 0 to 1), Role,
     link(Lot, Role @ 1 to n), Lot, true)).


/* Equality-Constraint */


it((equ(N,R1,R2), true),
    (Nolot =.. [N, X: $ H],
     Role1 =.. [R1, Z: $ J],
     Role2 =.. [R2, W: $ K],
     ident(N, Nolot), ident(R1, Role1), ident(R2, Role2),
     eintritt(Nolot, [vorgang(X), eigenschaft(X), konkretum(X)]),
     eintritt(Role1, [beziehung(Z), vorgang(Z)]),
     eintritt(Role2, [beziehung(W), vorgang(W)]),
     true),
    (Nolot, link(Nolot, Role1 @ Min1 to Max1), Role1,
     Role2, link(Nolot, Role2 @ Min1 to Max2), true)).


/* Uniqueness-Constraint */


it((uniq(N,R1,R2,O1,O2), true),
    (Nolot =.. [N, X: $ H],
     Ot1 =.. [O1, Y1: $ I1],
     Ot2 =.. [O2, Y2: $ I2],
     Role1 =.. [R1, Z: $ J],
     Role2 =.. [R2, W: $ K],
     ident(N, Nolot), ident(O1, Ot1), ident(O2, Ot2),
     ident(R1, Role1), ident(R2, Role2),
     eintritt(Nolot, [vorgang(X), eigenschaft(X), konkretum(X)]),
     eintritt(O1,[vorgang(Y1), eigenschaft(Y1), konkretum(Y1), datum(Y1)]),
     eintritt(O2,[vorgang(Y2), eigenschaft(Y2), konkretum(Y2), datum(Y2)]),
     eintritt(Role1, [beziehung(Z), vorgang(Z)]),
     eintritt(Role2, [beziehung(W), vorgang(W)]),
```

```
      true),
    (Nolot, link(Nolot, Role1 @ Min1 to Max1), Role1,
     Role2, link(Nolot, Role2 @ Min1 to Max2),
     unique(Nolot, Ot1, Ot2), true)).

/* Disjoint-Constraint */

it((disj(N1,N2), true),
   (Nolot1 =.. [N1, X: $ H],
    Nolot2 =.. [N2, X: $ I],
    ident(N1, Nolot1), ident(N2, Nolot2),
    ident(N, Nolot),
    eintritt(Nolot1, [vorgang(X), eigenschaft(X), konkretum(X)]),
    eintritt(Nolot2, [vorgang(X), eigenschaft(X), konkretum(X)]),
    true),
   (not(Nolot1, Nolot2), Nolot, true)).


/* Subset-Constraint */


it((sset(N1,R1,R2,N2), true),
   (Nolot1 =.. [N1, X: $ H],
    Nolot2 =.. [N2, Y: $ I],
    Role1 =.. [R1, Z: $ J],    Role2 =.. [R2, W: $ K],
    ident(N1, Nolot1), ident(N2, Nolot2),
    ident(R1, Role1), ident(R2, Role2),
    eintritt(Nolot1, [vorgang(X), eigenschaft(X), konkretum(X)]),
    eintritt(Nolot2, [vorgang(Y), eigenschaft(Y), konkretum(Y)]),
    eintritt(Role1, [beziehung(Z), vorgang(Z)]),
    eintritt(Role2, [beziehung(W), vorgang(W)]),
    true),
   (Nolot1, Role1, link(Nolot1, Role1), Role2,
    link(Nolot1, Role2), teilmenge(Role1, Role2), true)).


/* Programm */

nolot_nolot(N1,R1,R2,N2) <- ityp(N1,R1,R2,N2), true.

nolot_nolot(N1,R1,R2,N2) <- ityp(N2,R2,R1,N1), true.

nolot_ot(N,R1,R2,O) <- ityp(N,R1,R2,O), true.

nolot_ot(N,R1,R2,O) <- ityp(O,R1,R2,N), true.

nolot_ot(N,R1,R2,O) <- btyp(N,R1,R2,O), true.
```

11.5 Arbeitsgraph des NIAM–Modells für eine Lagerverwaltung

Im folgenden wird das Ergebnis einer automatischen Überführung eines kleinen
Teilbeispiels in einen begrifflichen Arbeitsgraphen demonstriert.

11.5.1 Methodenmodell

```
nolot(lieferant).
nolot(bestellung).
nolot(lieferung).
nolot(artikel).
nolot(liefermenge).

ityp(lieferant,erhaelt,geht_an,bestellung).
ityp(lieferung,wird_geliefert,liefert,lieferant).
ityp(artikel,von,hat,lieferung).
ityp(liefermenge,von,hat,lieferung).

role(erhaelt,a).
role(geht_an,o).
role(wird_geliefert,o).
role(liefert,a).
role(von,a).
role(hat,o).
```

11.5.2 Arbeitsgraph

```
ag(lieferant(#12: $_6042))
ag(bestellung(#13: $_5985))
ag(lieferung(#14: $_5928))
ag(artikel(#15: $_5871))
ag(liefermenge(#16: $_5814))
ag(erhaelt(#17: $_10630))
ag(geht_an(#18: $_10576))
ag(wird_geliefert(#19: $_10522))
ag(liefert(#20: $_10468))
ag(von(#21: $_10414))
ag(hat(#22: $_10360))
ag(lieferant(#12: $_6042))
ag(link(lieferant(#12: $_6042),erhaelt(#17: $_10630)@0 to n))
ag(erhaelt(#17: $_10630))
ag(link(bestellung(#13: $_5985),erhaelt(#17: $_10630)@0 to n))
ag(bestellung(#13: $_5985))
ag(lieferung(#14: $_5928))
ag(link(lieferung(#14: $_5928),wird_geliefert(#19: $_10522)@0 to n))
ag(wird_geliefert(#19: $_10522))
ag(link(lieferant(#12: $_6042),wird_geliefert(#19: $_10522)@0 to n))
ag(lieferant(#12: $_6042))
```

```
ag(artikel(#15: $_5871))
ag(link(artikel(#15: $_5871),von(#21: $_10414)@0 to n))
ag(von(#21: $_10414))
ag(link(lieferung(#14: $_5928),von(#21: $_10414)@0 to n))
ag(lieferung(#14: $_5928))
ag(liefermenge(#16: $_5814))
ag(link(liefermenge(#16: $_5814),von(#21: $_10414)@0 to n))
ag(von(#21: $_10414))
ag(link(lieferung(#14: $_5928),von(#21: $_10414)@0 to n))
ag(lieferung(#14: $_5928))


Identitaetsachsen dieser Kompilierung:

ia(lieferant-lieferant(#12: $_6042))
ia(bestellung-bestellung(#13: $_5985))
ia(lieferung-lieferung(#14: $_5928))
ia(artikel-artikel(#15: $_5871))
ia(liefermenge-liefermenge(#16: $_5814))
ia(erhaelt-erhaelt(#17: $_10630))
ia(geht_an-geht_an(#18: $_10576))
ia(wird_geliefert-wird_geliefert(#19: $_10522))
ia(liefert-liefert(#20: $_10468))
ia(von-von(#21: $_10414))
ia(hat-hat(#22: $_10360))
```

Teil IV

Überführung von Datenflußdiagrammen in begriffliche Graphen

Kapitel 12

Datenflußdiagramm

12.1 Das Datenflußdiagramm als Instrument der Systemanalyse

De Marco benutzt Datenflußdiagramme in seinem Konzept der strukturierten Systemanalyse. Er stellt das Datenflußdiagramm als ein Werkzeug im Prozeß der strukturierten Analyse neben anderen vor [DeM78, S. 16 f]:

- Data Flow Diagrams,

- Data Dictionary,

- Structured English,

- Decision Tables,

- Decision Trees.

Im zeitlichen Ablauf des Analyseprozesses wird das Datenflußdiagramm zu Beginn der Analyse eingesetzt, wobei eine enge Bindung vor allem zum *„Data Dictionary"* besteht. Das Diagramm dient dem Zweck, Systeme in der folgenden Art und Weise abzubilden [DeM78, S. 48ff]:

- graphisch,

- in kleine Einheiten unterteilt,

- mehrdimensional,

- mit der Betonung auf den Informationsfluß und

- ohne Betonung von Steuerung und Kontrolle (Das Datenflußdiagramm kann nicht darstellen, wie Abläufe gesteuert werden oder wer sie steuert und kontrolliert).

Die folgenden Kapitel behandeln die Methode der „*Datenflußdiagramme*" unabhängig von anderen Beschreibungsmitteln (wie zum Beispiel dem „*Data Dictionary*"). Dabei ist einschränkend festzustellen, daß ein Datenflußdiagramm allein immer nur ein unvollständiges Abbild des modellierten Systems liefern kann.

12.2 Konstruktionselemente von Datenflußdiagrammen

Das Datenflußdiagramm ist ein einfach zu handhabendes, flexibles Werkzeug der Systemanalyse. Es kommt mit nur vier Konstruktionselementen aus. Um das zu analysierende System zu beschreiben, werden sogar nur drei Konstruktionselemente benötigt. Das vierte Konstrukt stellt die Schnittstellen des Systems mit seiner Umgebung dar. Ein weiterer Grund für die einfache Handhabung der Methode ist ihre „*großzügige*" Notation. Die Konstruktionselemente werden semantisch nicht exakt definiert. Ihre Handhabung wird vor allem durch Beispiele erläutert.

Das Datenflußdiagramm ist ein Werkzeug, mit dem die Vorgänge in einem System dargestellt und vor allem in kleine und daher überschaubare Einheiten zerlegt werden können [DeM78, S. 47]. Die leichte Handhabbarkeit macht das Diagramm zu einem Werkzeug des Entwurfs und der dauernden schrittweisen Verbesserung des Ergebnisses. „*If you find yourself producing a final result on the same sheet of paper you started with, you are not letting your mind work in iterative mode. You ought to be able to point to several generations of improvements*" [DeM78, S. 69]. Mit dem Datenflußdiagramm soll und kann auch nicht beim ersten Versuch „*das*" Abbild des Systems erstellt werden. Durch Datenflußdiagramme wird die Methode des schrittweisen Annäherns an die endgültige Lösung approximiert.

Aus diesen Eigenschaften der Methode resultieren zwei für diese Arbeit wichtige Überlegungen:

- Durch die Kombination des Datenflußdiagramms mit anderen Systemanalysemethoden besteht die Möglichkeit, den Prozeß des Erarbeitens eines Flußdiagramms zu unterstützen. Gerade weil die Methode nicht beim ersten Versuch zum optimalen Ergebnis führt, kann jeder neue Versuch mit der Information über das System aus anderen Methoden verglichen und verknüpft werden.

- Dieses Vergleichen und Verknüpfen von Datenflußdiagrammen mit anderen Systemanalysemethoden nach Möglichkeit zu automatisieren, ist ein Ziel dieser Arbeit. Automatisch be- und verarbeitet können nur eindeutig definierte Einheiten werden. Je unklarer die Notation der Methode definiert wird, desto schwieriger ist die programmgesteuerte Konversion in eine andere Methode bzw. in die begriffliche Notation. Das bedeutet, daß der Benutzer einen größeren Teil der bei der Verknüpfung des Datenflußdiagramms mit anderen Methoden anfallenden Aufgaben selbst erledigen muß.

Das Hauptproblem beim Festlegen der Notation ist der Ausgleich zwischen diesen beiden Überlegungen. Die Notation muß sowohl Flexibilität und einfache Handhabbarkeit des Diagramms sicherstellen, als auch gleichzeitig exakt genug sein, um eine weitgehend automatische Verarbeitung zu ermöglichen. Denn ohne Flexibilität kann das Datenflußdiagramm nicht erfolgreich in der oben geschilderten Weise verwendet werden.

Die in der Literatur verwendeten Notationen sind auf ein möglichst gutes Arbeiten mit dem Datenflußdiagramm ausgerichtet [DeM78, GS79, War84, Pet88]. Es wird zwar das Datenflußdiagramm in verschiedene Systemanalysekonzepte eingebunden, woraus sich dann auch Unterschiede in der Notation ergeben, aber dieses Einbinden wird nicht automatisiert. Die in der Folge vorgeschlagene Notation ist ein Kompromiß. Sie ist gezwungenermaßen weniger flexibel als die in der Literatur dargestellten Notationen.

Die Grundlage soll die von Tom De Marco in seinem 1978 veröffentlichten Buch *„Structured Analysis and System Specification"* verwendete Beschreibung des Datenflußdiagramms bilden. Obwohl gerade De Marco mit unexakten Begriffen arbeitet, sind diesem Buch die grundlegenden Konzeptionen und die Bezeichnungen entnommen [DeM78, S. 47ff]. Auf der Suche nach möglichst exakten Notationen wurden vor allem bei Lawrence Peters *„Advanced Structured Analysis and Design"* Anleihen genommen [Pet88, S. 69 ff].

In den folgenden Abschnitten werden die einzelnen Konstrukte des Datenflußdiagramms beschrieben. Dabei werden für jedes Konstrukt folgende Angaben gemacht:

- Der Name, der im weiteren verwendet werden soll, und andere in der Literatur verwendete Namen,

- eine Erklärung des Konstrukts,

- die graphische Darstellung, die im folgenden verwendet werden soll,

- Regeln für die für das jeweilige Konstrukt zugelassenen Bezeichner. Mit Bezeichner ist der Name gemeint, der einen einzelnen Vertreter eines Konstrukts von allen anderen Vertretern desselben Konstrukts unterscheidbar macht. Hier treten im besonderen die oben genannten Probleme im Zusammenhang mit exakten Definitionen auf.

  Die Überleitung von Strukturinformation aus der Systemanalysemethode in Arbeitsgraph oder Typenhierarchieeintragungen hängt entscheidend von der Unterscheidbarkeit der Konstruktbezeichnungen ab.

- Die Repräsentation des Konstrukts durch Prolog-ähnliche Fakten,

- Regeln betreffend die Korrektheit des Konstrukts (Konsistenzregeln) und die Darstellung dieser Regeln in SAMBS (vgl. Abschnitt 3.4). SAMBS ist eine durch Metainterpreter in Prolog abarbeitbare Sprache zur Beschreibung von Systemanalysemethoden.

Abbildung 12.1: Graphische Notation für einen Prozeß mit dem Bezeichner *Lager verwalten* in einem Datenflußdiagramm

12.2.1 Prozeß

Ein Prozeß (engl.: Process, Transformation [Pet88, S. 76], Activity [War84, S. 62 f]) im Datenflußdiagramm (im folgenden ist mit „*Prozeß*" immer nur „*Prozeß*" im Sinne des Datenflußdiagramms gemeint) ist ein Vorgang, der entweder in ihn fließende Daten zu neuen Daten kombiniert oder Daten verändert.

- Im ersten Fall spricht man von physischer Transformation, z.B.: Die Daten über Herstellungskosten eines Produkts und die Daten über seinen Marktpreis werden im Prozeß „*Verkaufspreis festsetzen*" zum Verkaufspreis für das Produkt kombiniert.

- Im zweiten Fall handelt es sich um logische Transformation, z.B.: Die Datenflüsse „*Entwurf einer Diplomarbeit*" und „*deutsche Rechtschreibung*" werden im Prozeß „*Schriftstück auf Rechtschreibfehler überprüfen*" zum Datenfluß „*korrigierte Diplomarbeit*" [Pet88, S. 78].

Innerhalb des Prozesses dürfen Daten weder erzeugt noch vernichtet werden. Es muß in jeden Prozeß mindestens ein Datenfluß münden und mindestens einer aus ihm hervorgehen.

Prozesse senden keine Daten aus, sondern ziehen sie zu sich hin. Das bedeutet, daß ein bestimmter Prozeß dann aktiviert wird, wenn die Daten, die er produziert, von einem anderen Teil des Systems angefordert werden. Daten anfordern können Personen, die außerhalb des Systems stehen (sie werden dann als Quellen und Senken dargestellt), oder andere Prozesse.

Bezeichner von Prozessen

Ein Prozeßbezeichner identifiziert eindeutig einen Prozeß und darf in einem Datenflußgraphen nur einmal verwendet werden. Die Bezeichnung des Prozesses beschreibt einen Vorgang. Bei der Bezeichnung *Lieferung* wird deutlich, daß unter ein und demselben Wort mehrere Dinge verstanden werden. Unter *Lieferung* kann ein Vorgang verstanden werden. Mit *Lieferung* kann aber genauso gut eine Menge von Gegenständen gemeint sein. Um solche Unklarheiten zu vermeiden, sollte die

Bezeichnung jedes Prozesses aus einem Tätigkeitswort, gegebenenfalls in Kombination mit einem Hauptwort, bestehen. Im Zuge der Integration des Datenflußdiagramms mit anderen Systemanalysemethoden werden allerdings auch Prozesse auftreten, die durch Hauptworte allein bezeichnet sind. Eigenschaftsworte sind aber in keinem Fall zugelassen ([Pet88, S. 78], [GS79, S. 29]). Beispiele für gültige Bezeichner sind: *„Waren liefern"*, *„Rechnung erstellen"*, *„Listen vergleichen"* oder *„abrechnen"*.

Auf eine zusätzliche Bezeichnung jedes Prozesses mittels Dezimalklassifikation soll verzichtet werden[1]. Statt dessen wird zu jedem Prozeß sein Elternprozeß angegeben, wodurch die gleiche Information vorliegt.

SAMBS–Repräsentation von Prozessen

In der SAMBS-Repräsentation kann jeder Prozeß durch ein Prolog–Faktum der folgenden Art dargestellt werden:

```
pro(Bezeichner, Bezeichner_des_Elternprozesses).
```

Die entsprechende Konstruktdefinition in SAMBS lautet:

```
konstrukt(pro(Bez, EPro), Bez, 'Prozess',
          [Bez-'Bezeichner', EPro-'Bezeichnung des Elternprozesses']).
```

- Das erste Argument dieser Klausel ist ein Term, der die methodenspezifische Repräsentation in Prolog angibt.

- Das zweite Argument enthält jene Variablen der methodenspezifischen Repräsentation, die das angegebene Konstrukt eindeutig identifizieren.

- Im dritten Argument steht ein Atom, das den Namen des Konstrukttyps angibt.

- Das vierte Argument ist eine Liste von Tupeln, die allen verwendeten Variablen Klartextbezeichnungen zuordnen.

Konsistenzregeln für Prozesse

Ein Prozeß ist gültig,

- wenn kein anderer Prozeß mit dem gleichen Bezeichner, aber einem anderen Elternprozeß existiert[2],

---

[1]Durch die Verwendung einer Dezimalklassifikation kann die Einordnung eines Prozesses in eine bestimmte Diagrammebene eindeutig getroffen werden. Der Prozeß 2.3.1 ist z.B. direkter Teil des Prozesses 2.3, der wiederum direkter Teil des Prozesses 2 ist.

[2]Existiert schon ein Prozeß mit demselben Bezeichner und demselben Elternprozeß, entsteht kein Problem, denn es wird nur derselbe Prozeß ein zweites Mal definiert. Es entsteht dadurch aber kein neuer Prozeß.

- wenn der Bezeichner ein für Prozesse gültiger Bezeichner ist,

- wenn es einen gültigen Elternprozeß gibt[3] und

- wenn der Prozeß mindestens einen Zu- und Abfluß hat.

In SAMBS wird diese Regel folgendermaßen ausgedrückt:

```
pro(Bez, EPro) ::
        bezeichner_pro(Bez),
        elternprozess(Bez),
        true.
```

Soll das Datenflußdiagramm verwendet werden, ohne es in mehrere Ebenen aufzuteilen, entfällt die Definition für `elternprozess(Bez)`. Der Bezeichner eines Prozesses ist gültig,

- wenn es keinen Datenfluß,

- wenn es keinen Datenspeicher und

- wenn es keine Quelle und Senke gibt, die denselben Bezeichner bereits benutzen, und

- wenn es sich um ein Prolog–Atom handelt.

```
bezeichner_pro(Bez) <-
    atom(Bez),
    \+ c(df(Bez,_,_)),
    true.
```

Der Prozeß hat einen gültigen Zu- und Abfluß,

- wenn ein Datenfluß in den Prozeß mündet,

- wenn ein Datenfluß aus dem Prozeß herausführt und

- wenn die Bezeichner der beiden Datenflüsse nicht ident sind.[4]

```
zu_abfluss_pro(Bez) <-
        df(Df1, _, Bez),
        df(Df2, Bez, _),
        Df1 \== Df2,
        true.
```

---

[3]Siehe Abschnitt 12.3.

[4]Wenn die Bezeichner gleich wären, würden die Daten durch den Prozeß fließen, ohne verändert zu werden. Dies läuft der Definition eines Prozesses zuwider.

Der Zu- und Abfluß eines Prozesses ist noch in einem zweiten Fall gültig, dann nämlich, wenn der Prozeß in einer tieferen Ebene in Teilprozesse aufgespaltet ist. In diesem Fall hat der Prozeß keinen Zu- oder Abfluß.[5] Wenn dies zutrifft, muß mindestens ein Prozeß existieren, der als Elternprozeß den in Frage stehenden Prozeß hat.

```
zu_abfluss_pro(Bez) <-
      pro(_, Bez),
      true.
```

12.2.2 Datenspeicher

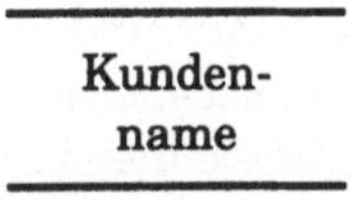

Kunden-
name

Abbildung 12.2: Graphische Notation für den Datenspeicher mit dem Bezeichner *Kundenname* in einem Datenflußdiagramm

Man kann sich Datenspeicher (Data store [Pet88, S. 79], file [DeM78, S. 57]) als Behälter zur vorübergehenden Aufbewahrung von Information innerhalb eines Systems vorstellen. Das heißt aber nicht, daß Datenspeicher bei der späteren Implementierung einer Softwarelösung unbedingt zu Speichern werden müssen. Ein Speicher im Sinne des Datenflußdiagramms kann auch ein Karteikasten sein. Über die Art und Weise der Speicherung wird im Datenflußdiagramm ebenso wenig ausgesagt wie über die Dauer der Speicherung.

Datenspeicher können Daten nicht verändern, löschen oder erzeugen. Daten dürfen nicht direkt — das heißt, ohne durch einen Prozeß zu laufen — von einem Datenspeicher in den nächsten fließen. Der Inhalt der beiden Speicher wäre in diesem Fall der selbe und es gäbe also keinen Grund, zwei statt eines Datenspeichers zu verwenden.

Daten dürfen auch nicht von Quellen und Senken direkt in Datenspeicher fließen, denn das würde bedeuten, daß der Speicher zwischen dem System und der Quelle oder Senke plaziert ist. Er wäre damit nicht unmittelbar Teil des Systems und daher auch nicht Teil der Darstellung des Systems durch ein Datenflußdiagramm [Pet88, S. 79]. Der direkte Fluß von Daten aus einem Speicher zu einer Quelle und Senke ist aus den gleichen Gründen nicht zugelassen.

Daten können also nur auf dem Weg über einen Prozeß in einen Datenspeicher hinein oder aus einem Datenspeicher heraus fließen. Wie der Prozeß muß auch jeder Datenspeicher mindestens einen Zu- und einen Abfluß haben.

---

[5]Die Gründe hierfür werden im Abschnitt 12.3 über die Aufteilung von Datenflußdiagrammen in Ebenen erläutert.

Bezeichner von Datenspeichern

Die Bezeichnung von Datenspeichern ist der Bezeichnung von Datenflüssen sehr ähnlich. Der Bezeichner beschreibt die Daten, die gespeichert werden (z.B. *Kundenname*). Der Bezeichner kann aber auch das Medium beschreiben, in dem gespeichert wird (z. B. *Kundenkartei*).

Hier soll die Einschränkung gelten, daß für jeden Datenfluß, der in einen Datenspeicher mündet oder aus ihm hervorgeht, derselbe Bezeichner wie für den Datenspeicher verwendet werden muß. Diese Regel ist notwendig, um eine gemeinsame automatische Bearbeitung von Datenspeichern mit den in sie mündenden und aus ihnen hervorgehenden Datenflüssen zu erreichen. Die beiden Konstrukte sollen in der Folge gemeinsam behandelt werden, da der Übergang zwischen Datenfluß und Datenspeicher fließend ist.

Der Bezeichner für einen Datenspeicher und die mit ihm zusammenhängenden Datenflüsse könnte zum Beispiel *Kundenname* heißen. In diesem Fall beschreibt der Bezeichner das Datum. Der Bezeichner könnte aber auch *Fehlliste* sein, also ein Stück Papier, das Daten enthält. Dieses Stück Papier dient in diesem Beispiel sowohl zur Übermittlung als auch zum Speichern von Daten. Es wird deutlich, daß der Übergang zwischen Datenfluß und Datenspeicher oft nicht eindeutig zu bestimmen ist.

Die Forderung, daß direkt verbundene Datenspeicher und Datenflüsse gleich bezeichnet werden müssen, bedeutet eine Einbuße an Flexibilität für das Datenflußdiagramm. Üblich ist, für einen Datenfluß, der in einen Datenspeicher mündet oder aus ihm hervorgeht, auch denselben Bezeichner wie für den Datenspeicher zuzulassen. Eine unterschiedliche Bezeichnung von Datenspeicher und Datenfluß kann auftreten, wenn

1. sich ein Bezeichner nach dem Namen des Datums richtet, der andere Bezeichner aber nach dem Namen des Mediums, in dem Daten gespeichert oder transportiert werden,

2. der Datenfluß nur einen Teil der gespeicherten Daten enthält (z.B.: Der Speicher heißt *Kundenkartei* und der von ihm wegführende Datenfluß heißt *Kundenname*).

Der erste Fall wird durch die Regel, nach der Datenfluß und Datenspeicher immer das *Datum* bezeichnen müssen, ausgeschlossen. Der zweite Fall ist eigentlich das Resultat einer unexakten Benennung des Speichers oder des Flusses, denn die Bezeichnung *Kundenkartei* ist nicht sehr aussagekräftig. Es wird nicht genau spezifiziert, welche Daten gespeichert werden. Ist der Inhalt der Kundenkartei nur der Name des Kunden oder auch sein Geburtsdatum oder auch seine Adresse?

Mehrere Datenspeicher mit derselben Bezeichnung sind nicht zugelassen. Es besteht keine Notwendigkeit, statt eines zwei Speicher zu verwenden. Jeder Datenspeicher wird durch ein Hauptwort, vorzugsweise ohne zusätzliches Eigenschaftswort, bezeichnet [Pet88, S. 79].

SAMBS–**Repräsentation von Datenspeichern**

Jeder Datenspeicher wird folgendermaßen repräsentiert:

```
ds(Bezeichner).
```

Das Konstrukt *Datenspeicher* ist in SAMBS wie folgt definiert:

```
konstrukt(ds(Bez), Bez, 'Datenspeicher', [Bez-'Bezeichner']).
```

Konsistenzregeln für Datenspeicher

Ein Datenspeicher soll akzeptiert werden,

- wenn der Bezeichner ein für Datenflüsse und Datenspeicher zugelassener Bezeichner ist,

- wenn es mindestens einen Datenfluß gibt, der in diesen Datenspeicher fließt und dieser Datenfluß denselben Bezeichner wie der Datenspeicher trägt,

- wenn es keinen Datenfluß gibt, der in diesen Datenspeicher mündet, und der einen anderen Bezeichner als den des Datenspeichers verwendet,

- wenn es mindestens einen Datenfluß gibt, der aus diesem Datenspeicher hervorgeht, und dieser Datenfluß denselben Bezeichner wie der Datenspeicher benutzt und

- wenn es keinen Datenfluß gibt, der aus dem Datenspeicher hervorgeht, und der einen anderen Bezeichner als den des Datenspeichers verwendet.

In SAMBS wird dieser Sachverhalt durch die folgende Konsistenzregel dargestellt:

```
ds(Bez, Q, Z) ::
        atom(Bez),
        q_z(Q),
        q_z(Z),
        Z \== Q,
        true.
```

12.2.3   Quelle und Senke

Das Konstrukt der Quelle und Senke (Sources, Sinks [DeM78, S. 51], Terminator [Pet88, S. 75], External Entities [GS79, S. 25]) wird verwendet, um die Schnittstellen des zu analysierenden Systems mit seiner Umgebung darzustellen. Quellen speisen das System mit Daten, Senken beziehen Daten aus dem System. Der Begriff „*Quelle und Senke*" bezeichnet *ein* Konstrukt. Eine Quelle und Senke kann sowohl nur eine Quelle, als auch nur eine Senke, als auch eine Quelle und eine Senke sein.

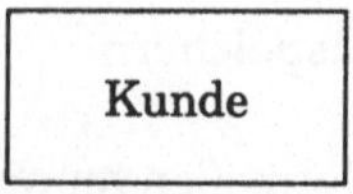

Kunde

Abbildung 12.3: Graphische Notation für eine Quelle bzw. Senke mit der Bezeichnung *Kunde* in einem Datenflußdiagramm

Quellen und Senken stehen außerhalb des modellierten Systems. Flußdiagramme können daher auch ohne Quellen und Senken erstellt werden [War84, S. 60ff]. Um die Integration mehrerer Systemanalysemethoden zu erleichtern und um Anknüpfungspunkte mit möglichst vielen anderen Methoden zu ermöglichen, sollen auch die Quellen und Senken explizit dargestellt werden.

Direkte Datenflüsse zwischen mehreren Quellen und Senken werden im Datenflußdiagramm nicht dargestellt. Sie liegen außerhalb des zu betrachtenden Systems. *Kunde* und *Lieferant* könnten Quellen und Senken für ein System *„Handelsbetrieb"* sein. Wenn der Kunde direkt mit dem Lieferanten in Kontakt tritt — vielleicht sogar, um den Händler zu umgehen — ist der Datenaustausch zwischen ihnen nicht Gegenstand des zu analysierenden Systems *„Handelsbetrieb"*.

Datenflüsse zwischen Quellen und Senken und Datenspeichern sind ebenfalls nicht zugelassen. Die Daten würden nicht im System gespeichert, sondern bevor sie ins System gelangen. Dies darzustellen, ist aber nicht Aufgabe des Datenflußdiagramms [Pet88, S. 79].

SAMBS–**Repräsentation von Quellen und Senken**

Jede Quelle und Senke wird durch ein Prolog–Faktum der Art

```
qu_se(Bez).
```

dargestellt. Das Konstrukt *„Quelle und Senke"* ist in SAMBS wie folgt definiert:

```
konstrukt(qu_se(Bez), Bez, 'Quelle und Senke', [Bez-'Bezeichner']).
```

Konsistenzregeln für Quellen und Senken

Eine Quelle und Senke ist gültig,

- wenn der Bezeichner als Bezeichner für Quellen und Senken zugelassen ist und

- wenn ein Zu- oder Abfluß vorhanden ist.

Dies kann in SAMBS folgendermaßen ausgedrückt werden:

```
qu_se(Bez) ::
      atom(Bez),
      true.
```

Der Bezeichner einer Quelle und Senke bezeichnet eine Person oder Personengruppe, z.B.: Kunde, Lieferant, Abteilungsleiter, Management. Der Bezeichner einer Quelle und Senke ist gültig, wenn er ein Prolog–Atom ist.

12.2.4 Datenfluß

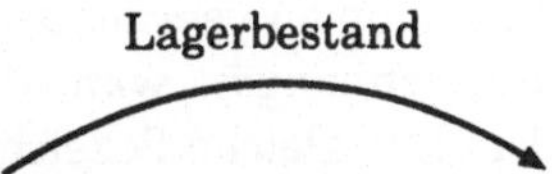

Abbildung 12.4: Graphische Notation für einen Datenfluß mit der Bezeichnung *Lagerbestand* in einem Datenflußdiagramm

Datenflüsse (Dataflows, Flows [War84, S. 62]) sind als Leitungen vorstellbar, durch die gleich formatierte Information in eine Richtung fließt. Als Leitungen können sie keine Information erzeugen, vernichten oder verändern [Pet88, S. 71]. Die Existenz eines Datenflusses bedeutet, daß zwischen seinem Ausgangspunkt und seinem Endpunkt Information fließen kann. Ähnlich einer Wasserleitung kann auch ein Datenfluß vorübergehend leer sein.

Die Daten werden vom jeweiligen Endpunkt des Datenflusses „angesogen". Wie bei einer Wasserleitung, durch die Wasser nur dann fließt, wenn der Hahn an ihrem Ende geöffnet ist, fließen Daten im Datenfluß auch nur, wenn sie von seinem Ende her angesogen werden. Daraus folgt, daß ein Prozeß am Ende eines Datenflusses den Prozeß am Ausgangspunkt desselben Datenflusses auslöst. Ein Datenfluß, dessen Ziel und Quelle ident sind, ist nicht sinnvoll und daher auch nicht zugelassen [DeM78, S. 52ff].

Bezeichner eines Datenflusses

Der Bezeichner eines Datenflusses ist der Name des Datums oder der Name des Mediums, in dem das *Datum* fließt. Datenflüsse von und zu Datenspeichern müssen die gleichen Bezeichner wie diese Datenspeicher führen.

Mehrere Datenflüsse dürfen den gleichen Namen haben, wenn sie eine gemeinsame Quelle oder ein gemeinsames Ziel haben. Hinter dieser Regel steht das Problem der Identität mehrerer Elemente eines Diagramms, die mit dem gleichen Begriff bezeichnet sind. Es stellt sich daher die Frage: Wann sind Elemente eines Datenflußdiagramms mit demselben Bezeichner ident und wann nicht?

In aller Regel ist es ausgeschlossen, einen in einem bestimmten Datenflußdiagramm schon einmal verwendeten Bezeichner ein zweites Mal zu verwenden. Davon gibt es jedoch zwei Ausnahmen:

- **Vertreter von unterschiedlichen Konstrukten benutzen den gleichen Bezeichner:** Es handelt sich um Vertreter verschiedener Konstrukte, daher sind sie nicht ident. Dieser Fall ist nur zwischen Datenspeichern und Datenflüssen denkbar. Die für die Bezeichnung von Prozessen und Quellen und Senken geltenden Regeln verhindern eine mehrmalige Verwendung ihrer Bezeichner.

- **Vertreter des gleichen Konstrukts, die den gleichen Bezeichner verwenden:**
  Dieser Fall ist nur für Datenflüsse erlaubt. Der Bezeichner eines Datenflusses beschreibt ein *Datum* oder das *Medium*, in dem Daten fließen. Es muß erlaubt sein, daß die gleiche Information an verschiedenen Stellen des Systems fließt. Die Frage in diesem Zusammenhang ist, wann die Information wirklich gleich und wann nur ähnlich ist. Der gleiche Bezeichner soll nur dann verwendet werden, wenn die Daten wirklich gleich sind. Um das sicherzustellen, dürfen nur Datenflüsse, die entweder die gleichen Quellen oder die gleichen Ziele haben, verwendet werden. In den folgenden Fällen erscheint die Annahme sinnvoll, daß es sich wirklich um die gleichen Daten handelt:

  - Die gleiche Information wird von einem Prozeß, einer Quelle und Senke oder von einem Datenspeicher an andere Prozesse, Quellen und Senken oder Datenspeicher weitergeleitet.

  - Die gleiche Information wird an einen Prozeß, eine Quelle und Senke oder einen Datenspeicher von anderen Prozessen, Quellen und Senken oder Datenspeichern weitergeleitet.

  In den anderen Fällen — verschiedene Quellen und verschiedene Ziele — ist die Annahme, daß die Daten nicht gleich sind, realistischer. Dieser zweite Fall soll daher ausgeschlossen werden, auch wenn die Möglichkeit theoretisch vorstellbar ist.

Jeder Datenfluß wird durch ein Hauptwort, vorzugsweise ohne zusätzliches Eigenschaftswort, bezeichnet. Es sollen keine Verben verwendet werden [Pet88, S. 77].

Als charakteristisch für die Methode kann die große Bandbreite von möglichen Datenflußbezeichnungen gesehen werden. Sie könnte z.B. von *„Geschäftsbericht"* bis zu *„Artikelnummer"* reichen.

SAMBS–**Repräsentation von Datenflüssen**

Jeder Datenfluß wird durch ein Prolog–Faktum wie folgt dargestellt:

```
df(Bezeichner, Quelle, Ziel).
```

Die entsprechende SAMBS–Konstruktdefinition *„Datenfluß"* lautet daher:

```
konstrukt(df(Bez, Q, Z), Bez-Q-Z, 'Datenfluss',
       [Bez-'Bezeichner', Q-'Quelle', Z-'Ziel']).
```

Konsistenzregeln für Datenflüsse

Ein Datenfluß ist gültig,

- wenn kein Datenfluß mit dem gleichen Bezeichner existiert, der sowohl eine andere Quelle als auch ein anderes Ziel hat,

- wenn die Quelle definiert ist,

- wenn das Ziel definiert ist und

- wenn Quelle und Ziel nicht ident sind.

```
df(Bez, Q, Z) ::
      atom(Bez),
      q_z(Q),
      q_z(Z),
      Z \== Q,
      true.
```

Ein Datenfluß hat die selben Konsistenzregeln wie ein Datenspeicher, der mit den ein- und ausfließenden Datenflüssen betrachtet wird.

12.3   Dekomposition des Datenflußdiagramms

Mit Hilfe eines Datenflußdiagramms soll die Bewegung von Information innerhalb eines Systems dargestellt werden. Dies geschieht graphisch. Schon ein System mit einigen Dutzend Prozessen läßt sich aber nicht mehr auf einem A4–Blatt darstellen. Abgesehen von diesem vor allem technischen Problem ist es für jeden Betrachter schwierig, ein Diagramm, das aus mehr als sechs oder sieben Prozessen besteht, auf einen Blick zu verstehen [DeM78, S. 82]. Daher muß ein Weg gefunden werden, wie man jedes größere Datenflußdiagramm in kleine überschaubare Einheiten zerlegen kann.

Jeder Prozeß in einem Datenflußdiagramm ist ein Vorgang, der in diesen Prozeß fließende Daten zu neuen Daten verarbeitet, die dann weitergegeben werden. Diese Definition ist der Definition eines Systems aus der Sicht des Datenflußdiagramms sehr ähnlich. Man kann also einerseits jedes System durch einen einzigen Prozeß darstellen, andererseits kann man jeden Prozeß als eigenes System sehen.

Diesen Überlegungen folgend, kann man jedes Datenflußdiagramm in mehrere Ebenen zerlegen. Die oberste Ebene bildet das Zusammenhangsdiagramm (Context Diagram). In ihm wird das gesamte zu analysierende System als ein einziger Prozeß dargestellt. Das Zusammenhangsdiagramm zeigt das System mit seinen Schnittstellen zur Umwelt und die Daten, die zwischen System und Umwelt ausgetauscht werden.

In der nächsttieferen Ebene wird das System anstatt durch einen einzigen Prozeß durch eine kleine Anzahl von Prozessen dargestellt. Dieses zweite Diagramm liefert ein immer noch sehr vereinfachtes Bild des Systems, denn es stellt jedes System, unabhängig von seiner Größe, durch nicht mehr als sieben Prozesse und die zwischen den Prozessen liegenden Datenspeicher und Datenflüsse dar.

Jeder dieser Prozesse wird jetzt einzeln weiter betrachtet. Das heißt, man stellt jeden Prozeß als ein seinerseits aus Prozessen, Datenspeichern und Datenflüssen bestehendes System in einem eigenen Diagramm dar. Diese Prozesse können dann wieder als kleine Systeme dargestellt werden und so fort. Ein weiteres Zerlegen eines Prozesses ist immer dann sinnvoll, wenn der Vorgang durch den Bezeichner des Prozesses nicht ausreichend genau beschrieben werden kann.

Jeder Prozeß einer tieferen Ebene ist Teil eines Prozesses der nächsthöheren Ebene. Der Prozeß der höheren Ebene soll der „*Elternprozeß*" des Prozesses in der tieferen Ebene genannt werden. Eine Ausnahme bildet der Prozeß des Zusammenhangsdiagramms, der keinen Elternprozeß hat.

12.3.1 Regeln zur Dekomposition

Soll ein System durch ein mehrere Ebenen umfassendes Datenflußdiagramm dargestellt werden, muß für jeden Prozeß ein Elternprozeß angegeben werden. Die Prozesse der höchsten Ebene, für die keine Elternprozesse angegeben werden können, werden hier als direkte Teile des Systems bezeichnet. Dadurch werden alle Prozesse eines Systems in eine pyramidenförmige Ordnung eingereiht.

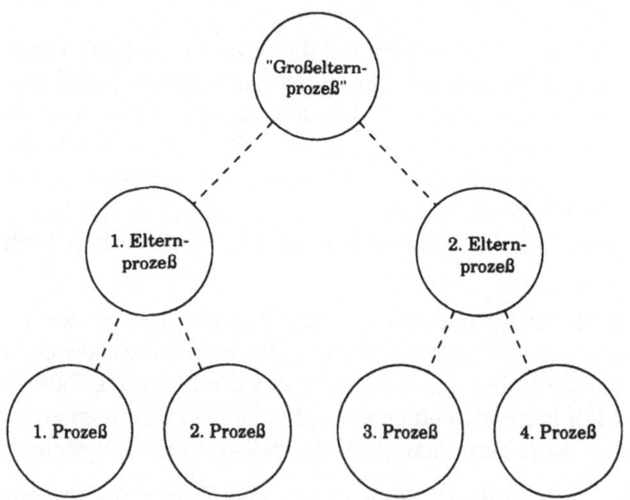

Abbildung 12.5: Prozeßpyramide

Die Richtigkeit dieser Ordnung wird jeweils bei der Eingabe eines Prozesses überprüft (gemäß den Konsistenzregeln für Prozesse). Die Angabe eines Elternprozesses wird akzeptiert, wenn dieser Elternprozeß existiert, bzw. wenn als Elternprozess „*system*" angegeben wurde. Mit „*system*" wird der Prozeß des Zusammenhangsdiagramms bezeichnet. Die entsprechenden SAMBS–Regeln lauten:

```
elternprozess(system) <-
    true.

elternprozess(EPro) <-
    pro(EPro,_),
    true.
```

Für jeden Prozeß kann also ein Elternprozeß angegeben werden. Geschieht dies nicht, wird angenommen, daß es sich um einen Prozeß handelt, der direkt Teil des Systems ist. Durch diese Regel ist der Benutzer gezwungen, das Diagramm von oben nach unten (*top–down*) zu erarbeiten und einzugeben. Dies entspricht auch der in der Literatur beschriebenen Vorgangsweise [DeM78, S. 72ff].

Datenflüsse werden nur auf der untersten Ebene angegeben. Das heißt, es werden nur Datenflüsse eingegeben, deren Quelle oder Ziel — wenn es sich hierbei um Prozesse handelt — nicht weiter unterteilt sind. Diese Regel verhindert die mehrmalige Eingabe ein und desselben Datenflusses auf mehreren Ebenen.

12.4   Beispiel für ein Datenflußdiagramm

Im vorhergehenden Abschnitt wurden die einzelnen Konstrukte des Datenflußdiagramms vorgestellt. In diesem Abschnitt soll das Zusammenspiel dieser Konstrukte anhand eines größeren Beispiels vorgeführt werden. Als Beispielsystem wird das Lagerverwaltungssystem verwendet.

Die verbale Beschreibung des Lagerverwaltungssystems findet sich in Abschnitt 5.2. Es wird gezeigt, was aus den entsprechenden Textteilen als Elemente des Datenflußdiagramms abgeleitet werden kann. Die Elemente des Diagramms werden in Form der oben beschriebenen SAMBS–Konstrukte angeführt. Zum Abschluß wird das gesamte System auch graphisch abgebildet (Abbildungen 12.6–12.7). Die graphische Darstellung ermöglicht einen einfachen Überblick über das Beispielsystem.

12.4.1   Verbale Systembeschreibung

```
qu_se(kunde).
pro(waren_entnehmen, system).
df(kundenanfrage, kunde, waren_entnehmen).

df(warenentnahmemeldung, waren_entnehmen, lager_buchhalten).
df(lagerbestand, lager_buchhalten, waren_entnehmen).

df(nachbestell_aufforderung, lager_buchhalten, bestellen).
pro(bestellen, system).

df(fehlmengenmeldung, waren_entnehmen, geschaeftsfuehrung).
qu_se(geschaeftsfuehrung).

qu_se(lieferant).
```

```
pro(waren_annehmen, system).
df(bestellung, bestellen, lieferant).
df(lieferantenname, geschaeftsfuehrung, lager_buchhalten).
df(optimale_bestellmenge, optimale_bestellmenge_berechnen,
   bestellen).
df(bestelliste, bestellen, waren_annehmen).

pro(bestelliste_mit_lieferung_vergleichen, waren_annehmen).
pro(fehlliste_mit_lieferung_vergleichen, waren_annehmen).
df(lieferung, lieferant, bestelliste_mit_lieferung_vergleichen).
df(warenzugangsmeldung, bestelliste_mit_lieferung_vergleichen,
   lager_buchhalten).
ds(fehlliste).
df(fehlliste, bestelliste_mit_lieferung_vergleichen, fehlliste).
df(fehlliste, bestelliste_mit_lieferung_vergleichen, lieferanten).
df(lieferung, lieferant, fehlliste_mit_lieferung_vergleichen).
df(fehlliste, fehlliste, fehlliste_mit_lieferung_vergleichen).
df(fehlliste, fehlliste_mit_lieferung_vergleichen, fehlliste).
df(warenzugangsmeldung, fehlliste_mit_lieferung_vergleichen,
   lager_buchhalten).

pro(optimale_bestellmenge_berechnen, system).
```

Zusätzlich zur Problembeschreibung in Abschnitt 5.2 wollen wir folgende Annahmen treffen. Die Neuberechnung einzelner Artikel kann auch unter der Woche begonnen werden (etwa nach Bekanntwerden einer Lieferantenaktion). Es sei hier angenommen, daß sich die optimale Bestellmenge X errechnet aus

- festen Bezugskosten der Bestellung – E,

- Jahresbedarf – b,

- Zins- und Lagerkosten – p und

- Einstandspreis – s,

und zwar nach der Formel [LES83, S. 317]:

$$X = \sqrt{\frac{b \cdot E \cdot 200}{p \cdot s}}$$

Die zu dieser Berechnung notwendigen Daten sind nicht aus dem System ableitbar. Es wird daher angenommen, daß die Daten von der Geschäftsführung zur Verfügung gestellt werden. Daraus resultieren die drei folgenden Datenflüsse, die alle von der die Geschäftsführung repräsentierenden Quelle und Senke „geschaeftsfuehrung" ausgehen.

```
df(bezugskosten_der_Bestellung, geschaeftsfuehrung,
   optimale_bestellmenge_berechnen).
df(jahresbedarf, geschaeftsfuehrung, optimale_bestellmenge_berechnen).
df(zinsen-und_lagerkosten, geschaeftsfuehrung,
   optimale_bestellmenge_berechnen).
```

Die Geschäftsleitung kann jederzeit den aktuellen Lagerbestand (mengen- und wertmäßig) sowie den erreichten Lieferbereitschaftsgrad und etwaig vorkommende Fehlmengen abrufen. Es wird angenommen, daß der Prozeß *„Lager buchhalten"* den mengenmäßigen Lagerbestand und den Lieferbereitschaftsgrad errechnen kann. Der Lieferbereitschaftsgrad kann nach der folgenden Formel [Esch90, S. 226 f] ermittelt werden:

$$P = \frac{alle\ Bedarfsfälle}{positiv\ erledigte\ Bedarfsfälle} \cdot 100$$

Die entsprechenden Größen werden von der Lagerbuchhaltung ermittelt und an die Geschäftsführung weitergegeben, was durch die folgenden Datenflüsse zum Ausdruck kommt:

```
df(fehlmengen, waren_entnehmen, geschaeftsfuehrung).
df(mengenmaessiger_lagerbestand, lager_buchhalten, geschaeftsfuehrung).
df(lieferbereitschaftsgrad, lager_buchhalten, geschaeftsfuehrung).
```

Die Beschreibung des Beispielsystems mit Hilfe des Datenflußdiagramms bleibt im größten Teil sehr oberflächlich. Dies hat seinen Grund im Beispielcharakter der Systembeschreibung. Um das Beispiel einfach und überschaubar zu halten, wurde nur der Prozeß *„Waren annehmen"* weiter aufgegliedert.

12.4.2 Graphische Darstellung des Beispiels

Die graphische Darstellung demonstriert sehr gut den wesentlichen Vorteil des Datenflußdiagramms — seine Anschaulichkeit. Die Abbildung 12.6 zeigt das System als einen Prozeß und seine Berührungspunkte mit der Umwelt. In der Folge werden nur noch das eigentliche System und seine Zerlegung in Teilprozesse betrachtet. Die Abbildung 12.7 zeigt den Zusammenhang zwischen drei Abstraktionsschichten.

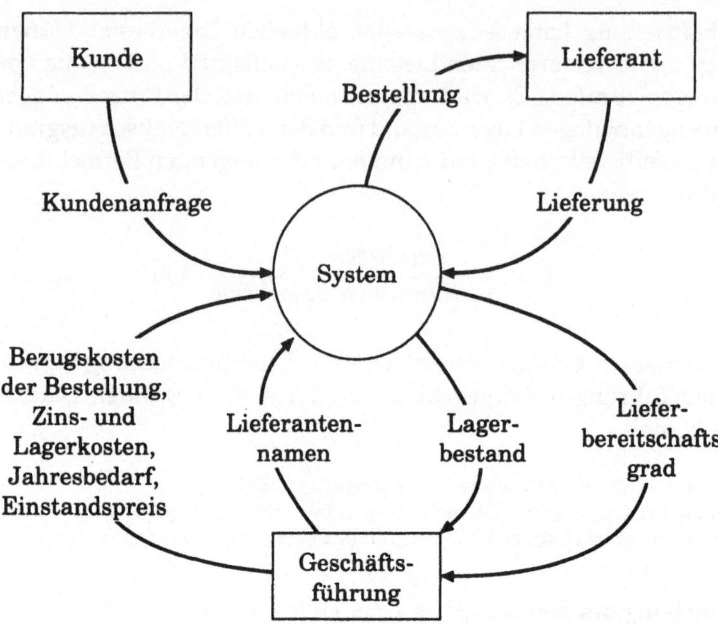

Abbildung 12.6: Zusammenhangsdiagramm des Beispielsystems

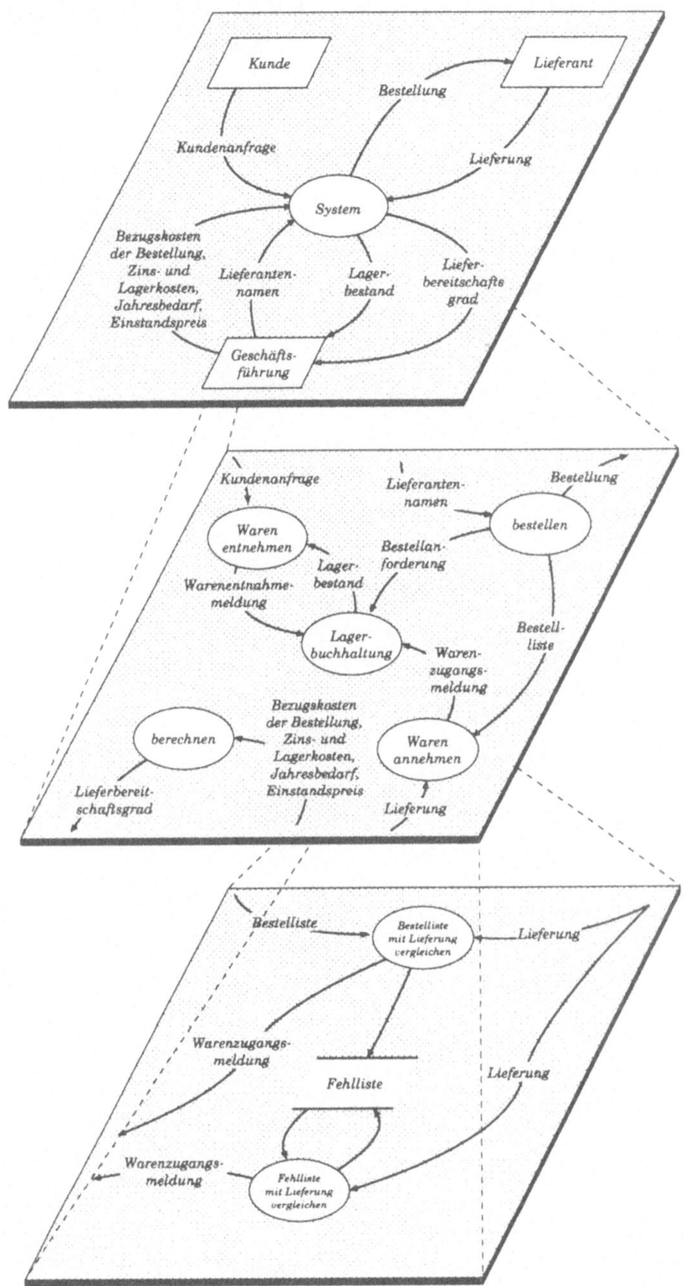

Abbildung 12.7: Gliederung des Beispielsystems in drei Ebenen

Kapitel 13

Kompilation

In den vorhergehenden Kapiteln wurden das Datenflußdiagramm als Methode der Systemanalyse und die begrifflichen Graphen als universellere Möglichkeit, Wissen abzubilden, vorgestellt. Im folgenden soll der Zusammenhang zwischen der Systemanalysemethode „*Datenflußdiagramm*" einerseits und der begrifflichen Repräsentation, dem begrifflichen Arbeitsgraphen zusammen mit der Typenhierachie andererseits, hergestellt werden.

Mit den verschiedenen Systemanalysemethoden wird das zu analysierende System abgebildet. Dabei wird das System aus ganz verschiedenen Blickwinkeln betrachtet, genauso wie ein 360°–Panorama eines Aussichtspunktes nur durch eine größere Zahl von Bildern hergestellt werden kann. Aus diesen Abbildungen soll anschließend ein einziges umfassendes Bild des Systems konstruiert werden. Um das zu erreichen, müssen die verschiedenen Bilder miteinander verknüpft werden. Am Beispiel des 360°–Panoramas läßt sich leicht erkennen, wie diese Verknüpfung zu bewerkstelligen ist. Die einzelnen Panoramabilder werden so angefertigt, daß sie einander überlappen. Durch die Überlappungen ist es dann möglich, die verschiedenen Teil–Panoramabilder in der richtigen Reihenfolge zu einem ganzen 360°–Panoramabild zusammenzusetzen. Ohne diese Überlappungen wäre eine Verknüpfung nicht möglich. Die Vorgangsweise beim Panoramabild ist der Vorgangsweise bei der Systemanalyse durchaus ähnlich. Die verschiedenen Systemanalysemethoden betrachten unterschiedliche Teile des Systems, wobei sich ebenfalls Überlappungen ergeben. Zum Beispiel könnte ein Vorgang innerhalb eines Systems sowohl im Datenflußdiagramm, als auch im ER-Modell abgebildet werden. Im Datenflußdiagramm würde der Vorgang als Prozeß dargestellt, im ER-Modell unter Umständen als Beziehungstyp. Das Datenflußdiagramm und das ER-Modell zeigen, indem sie überlappende Teile eines Systems darstellen, denselben Vorgang aus unterschiedlicher Sicht.

Begriffliche Graphen werden dazu benutzt, alle verfügbare Information über ein System miteinander zu verknüpfen und zu speichern. Dazu muß die gesamte Information, die in einem Methodenmodell enthalten ist, in die begriffliche Repräsentation übergeführt werden. Die Überführung wird Kompilation genannt. Der Weg in die andere Richtung, das heißt der Informationstransfer von der begrifflichen Repräsentation zur methodenspezifischen Darstellung, wird als Extraktion bezeichnet. Die Extraktion wird im nächsten Kapitel behandelt.

Der vordergründig einfachste Weg der Kompilation wäre, die Konstruktionen der Methode „*eins zu eins*" in begriffliche Graphen überzuleiten:

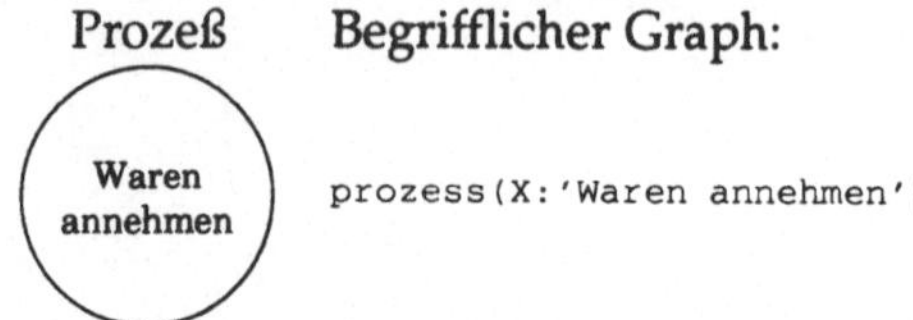

Diese Vorgangsweise erscheint auf den ersten Blick durchaus logisch, die Übertragung ist auch eindeutig. Der Anspruch, die Information aus den verschiedenen Systemanalysemethoden in begrifflichen Graphen nicht nur zu sammeln, sondern die Information auch zu verknüpfen, würde aber nicht erreicht. Ein Datenflußdiagramm bliebe die Abbildung eines Datenflußdiagamms in begrifflichen Graphen. Deshalb sollen nicht die Konstrukte der Systemanalysemethode übersetzt werden, vielmehr muß die Information aus der Systemanalysemethode in allgemeiner, nicht in methodenspezifischer Art und Weise abgebildet werden.

Es muß also eine Möglichkeit gefunden werden, mit der die gesamte Information aus dem Datenflußdiagramm in die begrifflichen Graphen und die Typenhierachie übertragen werden kann. Diese Übertragung soll möglichst automatisch ablaufen. Das heißt, es soll ein Verfahren gefunden werden, das diese Überführung weitestgehend ohne den Benutzer leisten kann.

Das Datenflußdiagramm arbeitet mit vier Konstrukten, um das System abzubilden: dem *Prozeß*, dem *Datenspeicher*, der *Quelle und Senke* und dem *Datenfluß*. Die begrifflichen Graphen arbeiten in ihrer einfachsten, hier angewandten Form mit nur zwei Konstrukten: dem *Konzept* und der *Relation*. Es muß daher jedes der vier Datenflußkonstrukte mit Hilfe der zwei Konstrukte der begrifflichen Graphen eindeutig abgebildet werden.

Die Struktur des Modells wird durch Relationen und durch entsprechende Eingliederungen der im Arbeitsgraphen befindlichen Konzepte in die Typenhierarchie dargestellt. Die Regeln für die Eingliederung in die Hierarchie sind aus den Vorschriften für die Bezeichnungen der einzelnen Methodenkonstrukte abgeleitet. Die Bezeichnungen werden durch Konzepte repräsentiert. Zum Beispiel läßt sich aus der Vorschrift für die Bezeichner von Prozessen — sie sollen einen Vorgang durch ein Verb beschreiben — ableiten, daß die Prozesse, wenn sie im Arbeitsgraphen zu Konzepten werden, in der Typenhierarchie als Subtypen von *Vorgang* einzureihen sind.

Die einzelnen Elemente des Modells werden in kleine Graphenstücke übersetzt. Das kann zur Folge haben, daß ein Element des Modells mehrere Male als Konzept in begrifflichen Graphen aufscheint. Beispielsweise wird der Bezeichner eines Prozesses als Quelle eines Datenflusses, als Ziel eines zweiten Datenflusses und schließlich noch als Bezeichner des Prozesses übertragen.

Nach der Übersetzung eines kompletten Datenflußdiagramms entsteht ein Graph, der aus vielen kleinen Graphenteilen besteht, die aber miteinander noch nicht zusammenhängen. Um diesen Zusammenhang herzustellen, werden alle gleichnamigen Konzepte vereinigt. Dadurch entsteht ein wie das ursprüngliche Modell zusammenhängender Arbeitsgraph ([Sow84, 90ff]).

Dieser Vorgang des Zusammenziehens gleichnamiger Konzepte wirft allerdings einige Probleme auf. Nicht alle gleichnamigen Konzepte sollen vereinigt werden, denn zwei Konzepte mit dem gleichen Namen können ident sein, sie müssen es aber nicht sein. Das Problem stellt sich beim Datenflußdiagramm, weil mehrere Datenflüsse mit gleichem Bezeichner auftreten dürfen und sogar Datenspeicher und Datenflüsse die gleichen Bezeichnungen verwenden dürfen. Würden alle Konzepte mit gleichem Namen vereinigt, wäre es unter Umständen unmöglich, aus dem daraus entstehenden Graphen das ursprüngliche Datenflußdiagramm zu rekonstruieren. Diese Rekonstruktion muß aber möglich sein, denn Ziel der Kompilation ist es, die gesamte Information aus dem Datenflußdiagramm in begriffliche Graphen überzuleiten. Wenn aber die gesamte Information aus dem Flußdiagramm im Graphen vorhanden ist, muß sich unter Verwendung nur dieser Information das Datenflußdiagramm jederzeit wieder herstellen lassen.

Das Problem der gleichen Bezeichnungen für nicht gleiche Vertreter von gleichen oder verschiedenen Methodenkonstrukten wurde schon im Zusammenhang mit der Bezeichnung von Datenflüssen behandelt. Wie dort ausgeführt, darf für Datenflüsse, die die gleiche Quelle oder das gleiche Ziel haben, auch der gleiche Bezeichner verwendet werden. Die zwei Datenflüsse sind deshalb nicht ident. Es wird aber angenommen, daß in diesen Fällen die Daten oder die Medien, in denen die Daten fließen, ident sind. Deshalb können auch die Konzepte, die im Arbeitsgraphen diese Daten repräsentieren, als ident betrachtet werden. Sie können daher durch ein Konzept ersetzt werden. Gleiches gilt für Datenspeicher und Datenflüsse, für die der gleiche Bezeichner benuzt wird. Diese Kombination von Datenfluß- und Datenspeicherbezeichnung wird bei allen Datenflüssen, die in direktem Kontakt mit einem Datenspeicher stehen, das heißt, die den Datenspeicher entweder zur Quelle oder zum Ziel haben, vorgenommen. Auch in diesem Fall kann davon ausgegangen werden, daß die Daten, die einmal fließen und dann gespeichert werden, ident sind.

13.1 Kompilation von Prozessen

Für die Übersetzung von Prozessen muß zwischen zwei Fällen unterschieden werden:

1. Der Prozeß ist ein Prozeß ohne Elternprozeß, also einen Prozeß auf oberster Abstraktionsebene. Dieser Prozeß wird direkt in ein Konzept in begrifflichen Graphen übersetzt:

Prozeß   Begrifflicher Graph:

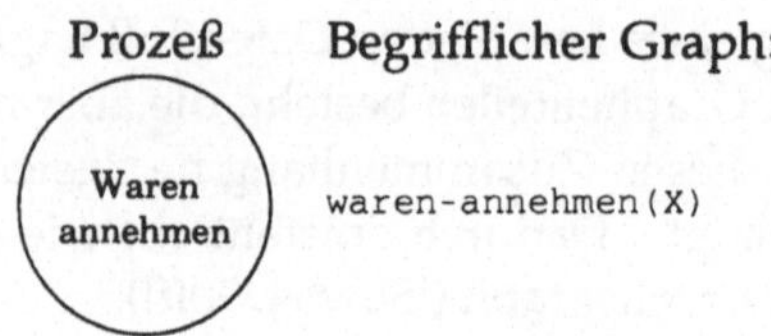


```
waren-annehmen(X)
```

2. Für alle anderen Prozesse, für die der Elternprozeß angegeben ist, wird dieser zusätzlich als Konzept eingeführt und über die Relation *teil* verbunden:

Prozeß und Subprozeß   Begrifflicher Graph:

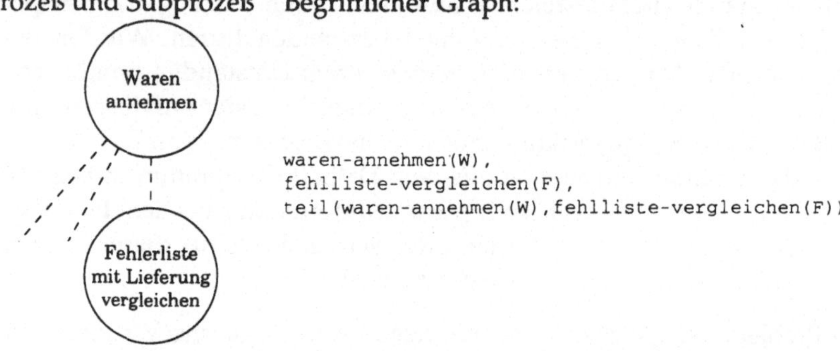


```
waren-annehmen(W),
fehlliste-vergleichen(F),
teil(waren-annehmen(W),fehlliste-vergleichen(F))
```

Die Relation *teil* wird bei der Kompilation von Datenflußdiagrammen nur zwischen Vorgängen verwendet. Etwas anderes als ein Vorgang kann daher nicht Teil eines Vorgangs sein. Diese und andere Beschränkungen finden ihren Ausdruck in der Relationsdefinition von *teil*. Alle Teilvorgänge machen zusammen den Vorgang aus. Zum Beispiel: *„Orangensaft trinken"*, *„Tee trinken"*, *„Ei essen"* und *„Brötchen essen"* sind alle Teile von *„frühstücken"*. In diesem Zusammenhang bedeutet dies, daß *„frühstücken"* aus höchstens diesen vier Vorgängen bestehen kann. Es müssen aber nicht immer alle vier Vorgänge bei jedem Frühstück ablaufen. Diese Charakteristik der Relation *teil* leitet sich aus den Regeln für die Gliederung von Datenflußdiagrammen in Ebenen ab. Es handelt sich also um eine Primitivrelation, die wissensgebietspezifisch ist (vgl. Abschnitt 2.4.3). Zum Beispiel: Der Vorgang *„Fehlliste erstellen"* ist Teil des Vorgangs *„Ware annehmen"* in dem im ersten Kapitel erarbeiteten Diagramm. Trotzdem kann, wenn eine Lieferung ordnungsmäßig erfolgt ist, der Vorgang *„Ware annehmen"* ohne den Vorgang *„Fehlliste erstellen"* ablaufen. Die Relation *teil* bedeutet demnach aus der Sicht des Teilvorgangs, daß er Teil eines größeren Vorgangs ist. Aus der Sicht des Gesamtvorgangs bedeutet die Relation, daß der Teilvorgang ein Teil des gesamten sein kann und daß der Gesamtvorgang aus keinem zusätzlichen Vorgang außer seinen Teilvorgängen bestehen darf.

13.1.1 Eingliederung von Prozessen in die Typenhierarchie

Das Konzept, das aus dem Bezeichner eines Prozesses hervorgeht, wird in der Typenhierarchie unter dem Oberbegriff *Vorgang* eingegliedert.

13.1.2   SAMBS–**Repräsentation der Konversionstabelle für Prozesse**

Für Prozesse, die direkte Teile des Systems sind, sieht die Eintragung in die Konversionstabelle folgendermaßen aus:

```
it(    (pro(Bez, system), true),
       (   Bezeichner =.. [Bez, A],
           ident(Bez, Bezeichner),
           eintritt(Bezeichner, [vorgang(A)], true)
       ),
       (Bezeichner, true)).
```

Die Eintragung für alle anderen Prozesse lautet:

```
it((pro(Bez, EPro), EPro \== system, true),
       (Bezeichner =.. [Bez, A],
       Elternprozess =.. [EPro, B],
       eintritt(Bezeichner, [vorgang(A)], true),
       eintritt(Elternprozess, [vorgang(A)], true), true),
       (Elternprozess, teil(Elternprozess, Bezeichner),
       (Bezeichner, true).
```

13.2   Quelle und Senke

Jeder Vertreter des Datenflußdiagramm–Konstrukts Quelle bzw. Senke wird jeweils in ein Konzept übersetzt. Dabei wird der Bezeichner der Quelle bzw. Senke zum Namen des Konzeptes.

Quelle bzw. Senke   Begrifflicher Graph:

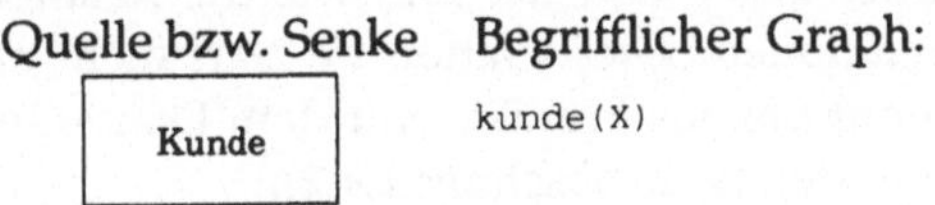

13.2.1   **Eingliederung von Quellen und Senken in die gemeinsame Typenhierarchie**

Die Eingliederung des Konzeptes in die Typenhierarchie erfolgt auf Grund der Regel zur Anwendung von Quellen und Senken im Datenflußdiagramm: Quellen und Senken bilden Personen ab, die Daten in das System einbringen oder Daten aus dem System beziehen. Daraus folgt für Konzepte, die aus Quellen und Senken entstanden sind, daß sie unter den Oberbegriff *Personen* in die Typenhierarchie einzutragen sind. *Personen* schließt einzelne Personen und Personengruppen ein.

13.2.2   SAMBS–**Repräsentation der Konversionstabelle für Quellen und Senken**

Der daraus folgende Eintrag in die Konversionstabelle für Quellen und Senken ist definiert als:

```
it(   (qu_se(Bez), true),
      (Bezeichner =.. [Bez, A],
       eintritt(Bezeichner, [person(A)], true),
      (Bezeichner, true).
```

13.3 Kompilation von Datenflüssen und Datenspeichern

Bei der Kompilation von Datenflüssen zwischen Quellen und Senken und Prozessen ergeben sich keine Schwierigkeiten, während die Kompilation von Datenflüssen im Zusammenhang mit Datenspeichern einige Einschränkungen des Datenflußdiagramms notwendig macht. Zunächst wird die Kompilation von Datenflüssen zwischen Quellen und Senken und Prozessen erläutert.

13.3.1 Kompilation von Datenflüssen

Jeder Datenfluß wird im Arbeitsgraphen durch drei Konzepte dargestellt:

- seinen Bezeichner,

- seine Quelle und

- sein Ziel.

Diese drei Konzepte werden durch die Relationen *quelle* und *ziel* miteinander verbunden. Die Relationen *quelle* und *ziel* sind wie die Relation *teil* wissensgebietsspezifische Primitivrelationen. Die Relation *ziel* darf nicht mit der gleichnamigen Grundrelation (Relation, die das Prädikat mit dem Dativ-Objekt eines Satzes verbindet) verwechselt werden (vgl. Abschnitt 2.4.2).

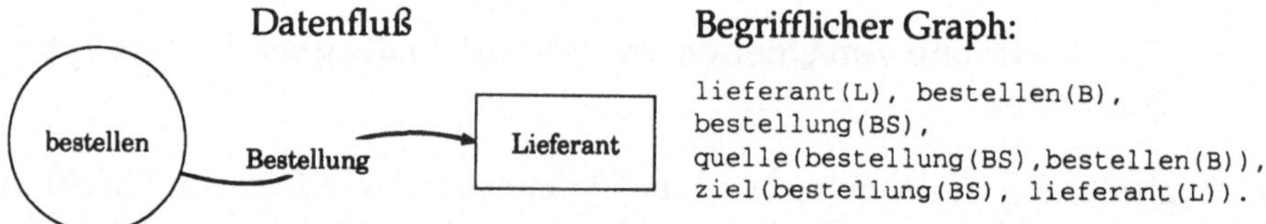

Bei dieser Übersetzung wird vorausgesetzt, daß weder Quelle noch Ziel des Datenflusses Datenspeicher sind. Diese Fälle werden in den nächsten Abschnitten behandelt.

Eingliederung von Datenflüssen in die Typenhierarchie

Das dem Datenfluß entsprechende Konzept wird in der Typenhierarchie entweder unter *Abstraktum* oder unter *Sache* eingereiht. Wenn man den Prinzipien des Datenflußdiagramms streng folgt, dürfte nur die Einordnung unter *Abstraktum* zugelassen sein, da eigentlich nur Information fließt. Sehr häufig werden aber im Datenflußdiagramm Datenflüsse nicht nach der Art der Information, sondern nach dem Träger der Information benannt (zum Beispiel: *„rosa Kopie der Fehlliste"* oder *„Waren"* ...).

Die Entscheidung, in welche der beiden Kategorien ein Konzept, das aus einem Datenfluß entstanden ist, eingeordnet werden soll, muß der Benutzer fällen.

Alle gleichnamigen Konzepte werden bei der Zusammenfügung zum Arbeitsgraphen vereinigt. Daher dürfen für Datenflüsse, deren Daten nicht ident sind, auch nicht die gleichen Bezeichner verwendet werden. Alternativ kann auch das Medium, in dem die Daten fließen, ident sein. Um die Entscheidung, welche Daten wirklich ident sind, zu erleichtern, dürfen Datenflüsse, die sowohl verschiedene Quellen als auch verschiedene Ziele haben, nicht gleich benannt werden. Erlaubt sind mehrere Datenflüsse mit gleichem Bezeichner also nur, wenn:

- von einem Prozeß oder einer Quelle und Senke die gleichen Daten an verschiedene Ziele weitergegeben werden oder

- ein Prozeß oder eine Quelle und Senke von verschiedenen Seiten die gleichen Daten erhält.

Die Konzepte Quelle bzw. Ziel werden je nachdem, ob es sich um Prozesse oder Quellen und Senken handelt, unter *Vorgang* bzw. unter *Person* eingeordnet.

SAMBS-**Repräsentation der Konversionstabelle für Datenflüsse**

Alle Datenflüsse zwischen Quellen bzw. Senken und Prozessen, also Datenflüsse, die weder als Quelle noch als Ziel einen Datenspeicher haben, werden nach folgendem Schema übersetzt:

```
it((df(Bez, Q, Z), \+ ds(Q), \+ ds(Z), true),
      (Bezeichner =.. [Bez, A],
       Quelle =.. [Q, B],
       Ziel =.. [Z, C],
       ident(Bez, Bezeichner),
       ident(Q, Quelle),
       ident(Z, Ziel),
       eintritt(Bezeichner, [abstraktum(A), sache(A)],
       eintritt(Quelle, [vorgang(B), person(B)],
       eintritt(Ziel, [vorgang(C), person(C)], true),
       (Bezeichner, quelle(Bezeichner, Quelle), Quelle,
        ziel(Bezeichner, Ziel), Ziel, true)).
```

13.3.2 Kombination aus Datenspeicher und Datenfluß

Die Kompilation von Datenflüssen, deren Quelle oder Ziel ein Datenspeicher ist, erfolgt nach anderen Regeln. Für diesen Fall sind mehrere Vorgehensweisen denkbar:

1. Aus der Sicht des Datenflußdiagramms spricht man von Datenflüssen, wenn
   Daten zwischen Prozessen, Quellen und Senken oder Speichern fließen.

   Man kann aber *Datenfluß* auch anders definieren: Ein *Datum* fließt zwischen
   Prozessen oder Quellen und Senken und kann unter Umständen auf dem
   Weg von einem Prozeß zu einem anderen Prozeß vorübergehend gespeichert
   werden. Der Übergang zwischen *fließen* und *speichern* im Datenflußdiagramm
   ist dabei nicht exakt zu definieren. Die Schlußfolgerung daraus ist, daß ein
   Datenfluß und ein mit ihm direkt in Verbindung stehender Datenspeicher
   zu einem Konzept kompiliert werden. Die Tatsache, daß das *Datum* auch
   gespeichert wird, müßte durch ein zusätzliches Konzept etwa *speichern* und
   eine Relation *objekt* ausgedrückt werden.

   ```
   ..., speichern(S), objekt(speichern(S),Datum), ...
   ```

   Dieser Teil–Graph bedeutet: Ein beliebiges *Datum* ist ein *Objekt* von *speichern*.

2. Beim Erstellen eines Datenflußdiagramms wird davon ausgegangen, daß ein
   Datum vom jeweils zeitlich nachgeordneten Prozeß angefordert wird. Der
   zeitlich vorgelagerte Prozeß wird erst durch dieses Anfordern in Gang gesetzt.
   Wenn man dieser Überlegung konsequent folgt, müßte man auf Datenspeicher
   ganz und gar verzichten. Denn nach dieser Konzeption kann ein Datum nie
   in einen Datenspeicher fließen, da ein Datenspeicher keine Daten anfordern
   kann.

3. Während der Arbeit mit Datenflußdiagrammen wird aber klar, daß es Fälle
   gibt, in denen es unumgänglich ist, das Konstrukt Datenspeicher zu verwenden, zum Beispiel: Ein Prozeß, der im Laufe eines Arbeitsgangs Daten erzeugt,
   auf die er im Laufe eines späteren Arbeitsgangs zurückgreift. Dabei kann der
   Datenspeicher zusätzlich auch noch von anderen Prozessen mit Daten be-
   schickt werden.

   Datenspeicher sind also einerseits unentbehrlich und andererseits im Datenflußdiagramm nicht ausreichend definiert, um eine klare und eindeutige Grenze zwischen Datenflüssen und Datenspeichern zu ziehen. Zum Beispiel: Ein
   Name wird auf einen Zettel geschrieben und vom Hausboten von einer in die
   andere Abteilung getragen. Unter Umständen bleibt der Zettel sogar über
   Nacht in der Tasche des Boten — ein Datenfluß oder eine Kombination aus
   Datenfluß und -speicher? Dieser Mangel an exakter Definition ist charakteristisch für das Datenflußdiagramm.

   Um eine automatische Kompilation der Information aus einem Datenflußdiagramm in den Arbeitsgraphen zu ermöglichen, müssen exakte Definitionen
   gefunden werden. Dabei ist es unumgänglich, Einschränkungen der Flexibilität des Datenflußdiagramms vorzunehmen: Ein Datenfluß, der mit einem
   Speicher in Zusammenhang steht, soll im Prinzip genauso wie ein Datenfluß
   zwischen Prozessen und Quellen und Senken kompiliert werden. Der Unterschied besteht nur in der Behandlung des Speichers. Der Datenspeicher
   wird nämlich nicht zu einem Konzept mit dem Bezeichner des Speichers, sondern es wird ein allgemeines Konzept *Speicher* eingeführt. Der Bezeichner

des Speichers kann außer acht gelassen werden, weil er dem Bezeichner des Datenflusses entspricht. Das Konzept *Speicher* wird in der Typenhierarchie unter *Sache* eingeordnet.

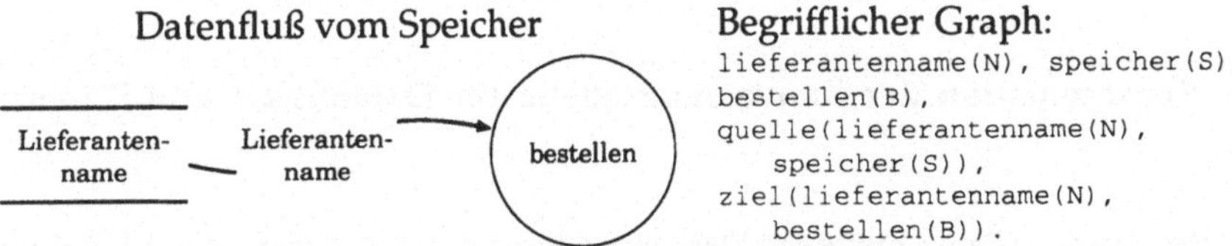

Von den drei aufgezeigten Wegen scheidet der mittlere — die Möglichkeit, Datenspeicher völlig außer acht zu lassen — aus. Diese Möglichkeit würde eine vollständige Reextraktion des Datenflußdiagramms unmöglich machen. Reextraktion bedeutet das Wiederaufbauen des Modells einer Systemanalysemethode aus der begrifflichen Repräsentation, wobei vorher das Modell schon einmal kompiliert worden ist. Die verbleibenden Wege sind beide gangbar.

1. Es kann jedes Konzept, das ein gespeichertes *Datum* darstellt, mittels einer Relation *objekt* mit einem zusätzlichen Konzept *speichern* verbunden werden.

2. Es wird ein zusätzliches Konzept *Speicher* eingeführt. Dieses Konzept dient dann sowohl als Ziel, als auch als Quelle für Datenflüsse.

In beiden Fällen müssen der Datenspeicher und alle mit ihm direkt verbundenen Datenflüsse denselben Bezeichner verwenden. Beide Vorgehensweisen ermöglichen eine vollständige Reextraktion. Beide Wege können daher mit gleich guten Ergebnissen angewandt werden. In dieser Arbeit soll die zuletzt angeführte Lösung verwendet werden. Sie bietet den pragmatischen Vorteil, daß die schon für Datenflüsse zwischen Prozessen und Quellen und Senken eingeführten Konzepte *quelle* und *ziel* für die Darstellung ausreichen.

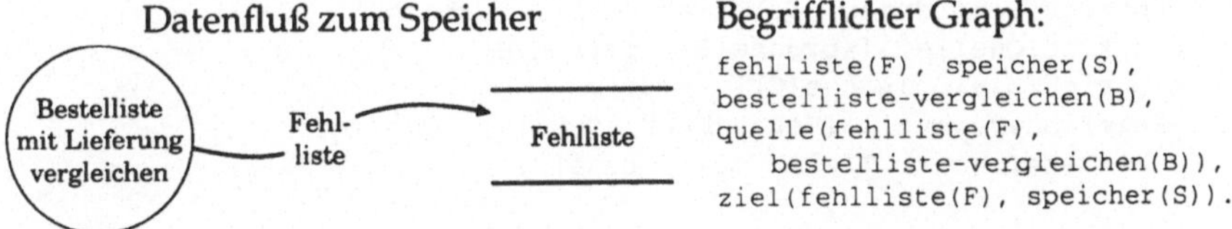

Eingliederung von Datenflüssen und Datenspeichern in die Typenhierarchie

Hier gilt, was schon bei der Eingliederung von Datenflüssen in die Typenhierarchie festgehalten wurde:

- Der Bezeichner des Datenflusses wird unter *Abstraktum* oder *Sache* eingeordnet.

- *Speicher* wird unter *Sache* eingereiht.

- Der zweite Endpunkt des Datenflusses wird, je nachdem ob es ein Prozeß oder eine Quelle und Senke ist, unter *Vorgang* bzw. unter *Person* eingeordnet.

SAMBS-**Repräsentation der Konversionstabelle für Datenflüsse und Datenspeicher**

Alle Datenflüsse, deren Quelle ein Datenspeicher ist, werden mit folgender Konversionstabelle kompiliert:

```
it((df(Bez, Q, Z), ds(Q), true),
      (Bezeichner =.. [Bez, A],
       Quelle =.. [speicher, B],
       Ziel =.. [Z, C],
       ident(Bez, Bezeichner),
       ident(Q, Quelle),
       ident(Z, Ziel),
       eintritt(Bezeichner, [abstraktum(A), sache(A)],
       eintritt(Quelle, [sache(B)],
       eintritt(Ziel, [vorgang(C), person(C)], true),
       (Bezeichner, quelle(Bezeichner, Quelle), Quelle,
       ziel(Bezeichner, Ziel), Ziel, true)).
```

Bei der Kompilation von Datenflüssen, deren Ziel ein Datenspeicher ist, wird nach folgender Tabelle vorgegangen:

```
it((df(Bez, Q, Z), ds(z), true),
      (Bezeichner =.. [Bez, A],
       Quelle =.. [Q, B],
       Ziel =.. [speicher, C],
       ident(Bez, Bezeichner),
       ident(Q, Quelle),
       ident(Z, Ziel),
       eintritt(Bezeichner, [abstraktum(A), sache(A)],
       eintritt(Quelle, [vorgang(B), person(B)],
       eintritt(Ziel, [sache(C)], true),
       (Bezeichner, quelle(Bezeichner, Quelle), Quelle,
       ziel(Bezeichner, Ziel), Ziel, true)).
```

Ein Datenfluß zwischen zwei Datenspeichern ist verboten. Die Einhaltung dieses Verbotes wird durch die Konsistenzregeln für das Datenflußdiagramm bereits überprüft. Datenspeicher werden nach folgender Konversionstabelle übersetzt:

```
it(ds(Bez), true),
      (Bezeicher =.. [speicher, A],
       ident(Bez, Bezeichner),
       eintritt(Bezeichner, [sache(A)], true),
       (Bezeichner, true)).
```

13.4 Kompilation des Beispiel–Diagramms

13.4.1 Darstellung des Beispiel–Datenflußdiagramms

Anhand eines Teiles des im vorigen Kapitel erarbeiteten Datenflußdiagramms soll
nun die Kompilation beispielhaft dargestellt werden. Das gesamte Diagramm und
der Arbeitsgraph, der bei der Kompilation entsteht, sind im Abschnitt 14.2 dokumentiert. An dieser Stelle soll das Teildiagramm, das aus der Unterteilung des
Prozesses *Waren annehmen* entstanden ist, kompiliert werden. In SAMBS beschrieben
präsentiert sich das Teildiagramm wie folgt.

Prozesse

```
pro(bestelliste_mit_lieferung_vergleichen, waren_annehmen).
pro(fehlliste_mit_lieferung_vergleichen, waren_annehmen).
```

Datenspeicher

```
ds(fehlliste).
```

Datenflüsse

```
df(lieferung, lieferant, bestelliste_mit_lieferung_vergleichen).
df(lieferung, lieferant, fehlliste_mit_lieferung_vergleichen).
df(fehlliste, bestelliste_mit_lieferung_vergleichen, fehlliste).
df(fehlliste, bestelliste_mit_lieferung_vergleichen, lieferanten).
df(fehlliste, fehlliste, fehlliste_mit_lieferung_vergleichen).
df(fehlliste, fehlliste_mit_lieferung_vergleichen, fehlliste).
df(warenzugangsmeldung,
   bestelliste_mit_lieferung_vergleichen,
   lager_buchhalten).
df(warenzugangsmeldung,
   fehlliste_mit_lieferung_vergleichen,
   lager_buchhalten).
df(bestelliste, bestellen, waren_annehmen).
```

Schnittstellen des Teildiagramms

Die Schnittstellen eines Teildiagramms sind im Gegensatz zu einem gesamten Datenflußdiagramm gleich Prozessen modelliert (vergleiche dazu Abbildung 12.7).

```
qu_se(lieferant).
pro(bestellen, system).
pro(lager_buchhalten, system).
```

13.4.2   Kompilation des Beispiel–Datenflußdiagramms

Es soll das Diagramm zusammen mit seinen Schnittstellen kompiliert werden. Aus den angegebenen Datenflußdiagramm–Elementen werden folgende Konzepte und Teil–Arbeitsgraphen:

Kompilation der Prozesse

```
teil(bestelliste_mit_lieferung_vergleichen(X),waren_annehmen(Y)).
teil(fehlliste_mit_lieferung_vergleichen(X),waren_annehmen(Y)).
bestellen(X).
lagerbuchhalten(X).
```

Die Konzepte:

- *bestelliste-mit-lieferung-vergleichen*

- *waren-annehmen*

- *fehlliste-mit-lieferung-vergleichen*

- *bestellen*

- *lager-buchhalten*

werden alle zu Subtypen von *Person*.

Kompilation des Datenspeichers

speicher(X)
Das Konzept *speicher* wird zum Subtyp von *Sache*.

Kompilation der Quelle und Senke

lieferant(X)
Das Konzept *lieferant* wird zum Subtyp von *Person*.

Kompilation der Datenflüsse

```
quelle(lieferung(X),lieferant(Y)).
ziel(lieferung(X),bestelliste_mit_lieferung_vergleichen(Y)).
ziel(lieferung(X),fehlliste_mit_lieferung_vergleichen(Y)).
quelle(fehlliste(X),bestelliste_mit_lieferung_vergleichen(Y)).
ziel(fehlliste(X),speicher(Y)).
ziel(fehlliste(X),lieferanten(Y)).
```

```
ziel(fehlliste(X),fehlliste_mit_lieferung_vergleichen(Y)).
quelle(warenzugangsmeldung(X),  lagerbuchhalten(Y)).
ziel(warenzugangsmeldung(X),bestelliste_mit_lieferung_vergleichen(Y)).
quelle(warenzugangsmeldung(X),fehlliste_mit_lieferung_vergleichen(Y)).
quelle(bestelliste(X),bestellen(Y)).
ziel(bestelliste(X),warenannehmen(Y)).
```

Die Einordnung der verschiedenen Quellen und Ziele der Datenflüsse in die Typenhierachie ist schon erfolgt. An dieser Stelle müssen also nur noch die Bezeichner der
Datenflüsse auf ihre Einreihung in die Hierachie hin untersucht werden. Das Konzept *warenzugangsmeldung* wird unter *Abstraktum* eingeordnet. Folgende Konzepte
werden unter *Sache* einordnet:

- *lieferung*

- *fehlliste*

- *bestelliste*

Kapitel 14

Extraktion

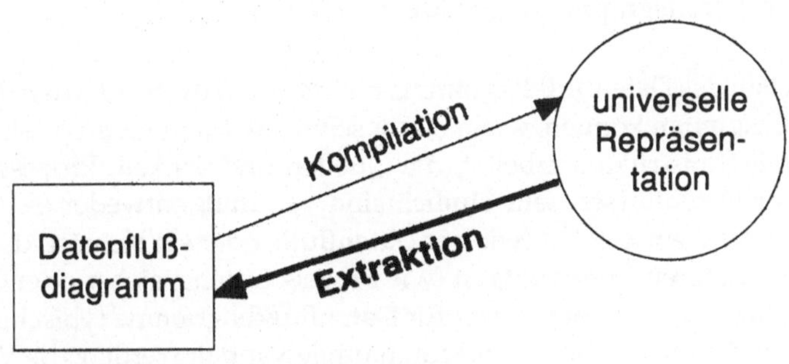

Abbildung 14.1: Die Extraktion eines Datenflußdiagramms

Im vorhergehenden Kapitel wurde die Überleitung der Information aus der Systemanalysemethode in die begriffliche Repräsentation, die Kompilation, behandelt. In diesem Kapitel soll nun das Gegenstück in Angriff genommen werden. Die in der begrifflichen Repräsentation gespeicherte Information soll zum Aufbau eines Systemanalysemodells benutzt werden. Im Vordergrund steht dabei nicht eine Erleichterung des Aufbaus eines Modells, sondern die Verknüpfung der zusätzlichen Methode mit der bereits in der begrifflichen Repräsentation vorhandenen Information.

Der Aufbau des Modells erfolgt im wesentlichen in der gleichen Weise, wie wenn er unabhängig von anderen Analysemethoden vorgenommen würde, nur mit dem Unterschied, daß überprüft wird, ob die Konzepte des Arbeitsgraphen in dem neuen Modell eine Rolle spielen oder nicht. Am Beispiel Datenflußdiagramm heißt das: Alle im Arbeitsgraphen vorhandenen Konzepte werden daraufhin überprüft, ob sie im Diagramm als Prozesse, als Quellen und Senken, als Datenspeicher, als Datenflüsse oder überhaupt nicht verwendet werden sollen.

Bei der Klärung dieser Frage soll der Benutzer durch das Programm unterstützt werden. Das Programm soll in einer Vorauswahl die Konzepte sichten und Kandidaten für die einzelnen Konstrukte der Systemanalysemehode liefern. Dabei verwendet es zweierlei Information:

1. Information aus der Typenhierarchie: alle Konzepte aus dem Arbeitsgraphen sind in die Typenhierarchie eingeordnet. Diese Einordnung ist der wichtigste Hinweis, um Kandidaten für Konstrukte von Systemanalysemethoden zu finden.

2. Information aus der Struktur des Arbeitsgraphen: Darunter ist jene Information zu verstehen, die durch Relationen ausgedrückt wird. Dieser Weg verspricht allerdings nur dann Erfolg, wenn sich im Arbeitsgraphen Strukturen finden, die mit den Strukturen der neuen Methode übereinstimmen. Es genügt aber nicht, daß zwei Methoden teilweise mit gleichen Strukturen arbeiten, sondern diese gleichen Strukturen müssen auch noch in der gleichen Weise im Arbeitsgraphen abgebildet werden.

Man wird im Fall des Datenflußdiagramms nur dann auf die Strukturen des Arbeitsgraphen zurückgreifen können, wenn zuvor schon ein Methodenmodell kompiliert wurde, das mit Konstrukten arbeitet, die Quellen und Senken, Prozessen, Datenspeichern oder Datenflüssen sehr ähnlich sind. Es muß entweder ein Konstrukt, das eine Quelle und ein Ziel hat (wie der Datenfluß), oder ein Konstrukt, das Quelle oder Ziel eines anderen Konstrukts ist (wie Prozeß, Datenspeicher oder Quelle und Senke), vorhanden sein. Neben dieser für Datenflußdiagramme typischen Struktur können auch andere begriffliche Strukturen umgewandelt werden, die Vorgänge in Teile zerlegen, wie das beim Prozeß im Datenflußdiagramm der Fall ist.

Das Suchen nach Strukturen, die von anderen Systemanalysemethoden in den Arbeitsgraphen eingebracht worden sind, ist aber nur eine Möglichkeit, den Arbeitsgraphen zu nutzen. Es wird auch sinnvoll sein, auf die Strukturen des Arbeitsgraphen zurückzugreifen, wenn diese durch die Kompilation eines Datenflußdiagramms selbst entstanden sind. Die Extraktion eines Datenflußdiagramms aus einem begrifflichen Graphen, der durch Kompilation eines Datenflußdiagramms erzeugt wurde, wird Reextraktion genannt. Das Thema Reextraktion wird am Ende dieses Kapitels behandelt.

Das Suchen in der Typenhierarchie ist bei der Reextraktion einfacher. Es liefert aber auch nur einen nicht allzu sicheren Hinweis auf die Verwendbarkeit eines Konzeptes. Wenn hingegen festgestellt wird, daß ein Konzept mit den gleichen Relationen im direkten Zusammenhang steht, die bei der Kompilation eines Konstrukts der jeweiligen Methode verwendet wurden, kann das Konzept zum sicheren Kandidaten für das Konstrukt vorgeschlagen werden. Ein Beispiel für das Datenflußdiagramm: Ein Konzept im Arbeitsgraphen ist mit der Relation *teil* verbunden. Daraus kann gefolgert werden, daß dieses Konzept im aufzubauenden Modell als Prozeß verwendet werden kann.

Es wird bewußt darauf verzichtet, jene Relationen zu benutzen, durch die andere Systemanalysemethoden ihre Strukturen im Arbeitsgraphen abbilden. Zum Beispiel werden Attribute aus dem ER-Modell häufig im Datenflußdiagramm als Datenflüsse oder Datenspeicher dargestellt. Man könnte daher jedes Konzept, von dem sich auf Grund der mit ihm verbundenen Relationen im Arbeitsgraphen feststellen läßt, daß es im ER-Modell einem Attribut entspricht, als Kandidaten für die Datenflußdiagramm–Konstrukte Datenspeicher und Datenfluß vorschlagen. Dieses Vorgehen würde aber bedeuten, daß ER-Modelle direkt in Datenflußdiagramme übersetzt werden. Der Sinn einer zentralen Informationsspeicherung in begrifflichen Graphen ginge dabei verloren. Es müßten Übersetzungsvorschriften zwischen sämtlichen verwendeten Systemanalysemethoden definiert werden.

Wie gut ein Extraktionsvorgang gelingen kann, hängt offensichtlich von der Qualität der Information ab, die in begrifflichen Graphen gespeichert ist. Je detaillierter die Information ist, desto leichter wird der Aufbau des Modells gelingen. Von entscheidender Bedeutung ist auch, durch welche Systemanalysemethoden diese Information gewonnen wurde. Je ähnlicher die bereits verwendeten Methoden der Methode sind, deren Modell aufgebaut werden soll, desto weniger Umformungen sind bei der Extraktion notwendig.

Die Ähnlichkeit bezieht sich dabei auf die Sichtweisen, die die Methoden vom System vermitteln. Das heißt, mehrere Methoden, die einen ähnlichen Teil des Systems abbilden, sind in diesem Sinne ähnlich. Wenn also schon Methoden kompiliert wurden, die der neuen Methode ähnlich sind, wird der Extraktionsprozeß vereinfacht.

14.1 Ablauf der Extraktion

14.1.1 Finden von Kandidaten

Für jedes Konzept aus dem Arbeitsgraphen ist separat zu entscheiden, ob es im Diagramm zu einem Prozeß, zu einer Quelle und Senke, zu einem Datenspeicher oder zu einem Datenfluß wird, oder ob es zum Aufbau des Diagramms gar nicht herangezogen werden soll.

Dabei können aus einem Konzept auch mehrere Vertreter eines Konstrukts oder sogar Vertreter verschiedener Konstrukte werden. Zum Beispiel könnte ein Konzept mit der Bezeichnung *Artikelnummer* gleichzeitig zu zwei verschiedenen Datenflüssen und einem Datenspeicher werden. Unter verschiedenen Datenflüssen werden hier Datenflüsse mit verschiedenen Zielen oder verschiedenen Quellen, die aber den gleichen Inhalt haben, verstanden.

Die Entscheidung, ob und wie ein Konzept verwendet wird, kann letztlich nicht automatisiert werden. Das Programm kann den Benutzer nur unterstützen, indem es Vorschläge liefert, wie ein Konzept aus dem Arbeitsgraphen verwenden kann. Wie konkret diese Vorschläge sind, hängt davon ab, wie stark die Extraktion einzelne Konzepte und Relationen des Arbeitsgraphen sich unterscheiden und einem Methodenkonstrukt eindeutig zugeordnet werden können. Im wesentlichen können drei Grade der Konkretisierung festgelegt werden:

1. **Sichere Kandidaten** für ein Konstrukt sind begriffliche Teilgraphen des Arbeitsgraphen, die ausschließlich in dieses Konstrukt gültig extrahiert werden können. Solche Kandidaten kommen für Konstrukte vor, die einen eindeutigen Eintrittspunkt in die Typenhierarchie besitzen. Eindeutig heißt, daß kein anderes Konstrukt dieser Methode diesen Eintrittspunkt besitzt. Wann immer Subtypen dieses Eintrittspunkts aufgefunden werden, können sie mit Sicherheit diesem Konstrukt zugeordnet werden.

2. **Fakultative Kandidaten** fuer ein Konstrukt sind Kandidaten, die der oben beschriebenen ausschließenden Bedingung nicht unterliegen. Für fakultative Kandidaten bestehen mehrere Überführungsregeln, die gültig zur Anwendung kommen können. So deuten etwa mehrere Interpretationstheorieeinträge mit dem gleichen C-Teil (begrifflicher Graphenteil), aber unterschiedlichen A-Teilen (Modellteil) auf die Extraktion fakultativer Kandidaten hin.

3. **Keine Konstruktkandidaten** sind begriffliche Teilgraphen des Arbeitsgraphen, die keinesfalls gültig in ein Methodenkonstrukt übersetzt werden können. Dies sind begriffliche Teilgraphen, die in keinem Interpretationstheorieeintrag vorkommen.

Ziel einer möglichst weitgehend automatischen Extraktion ist es, möglicht viele sichere Kandidaten zu ermitteln, da hier keine Benutzerentscheidung notwendig wird. Je eindeutiger Eintrittspunkte vergeben werden können, desto differenzierter ist das sich aus der Extraktion ergebende Methodenmodell.

Im folgenden werden die Konstrukte des Datenflußdiagramms auf ihre Eignung als sicherer Kandidat bei der Extraktion überprüft.

14.1.2 Extraktion von Prozessen

Aufgrund des natürlichen Zusammenhangs gibt es eine eindeutige Interpretationstheorie, die ein begriffliches Konzept *Vorgang* als Eintrittspunkt für einen Prozeß des Datenflußdiagramms definiert. Alle Subtypen des Konzepts *Vorgang* sind demnach sichere Kandidaten für die Extraktion eines Prozesses.

14.1.3 Extraktion von Quellen und Senken

Bei der Extraktion von Quellen und Senken ist die Zuordnung nicht so eindeutig. Da Quellen und Senken stets die Systemgrenzen beschreiben, diese sich jedoch ihrer Natur nach nicht vom Systeminneren unterscheiden, sind Quellen und Senken nur ungenau von anderen Konstrukten abzuheben.

14.1.4   Extraktion von Datenflüssen

Fakultative Kandidaten für Datenflüsse

Datenflüsse werden bei der Extraktion unter den Typen *Abstraktum* oder *Sache* eingetragen, *Abstraktum*, wenn es sich um ein *Datum* handelt, *Sache*, wenn es sich um den Träger von Daten handelt. Deshalb müssen potentielle Datenflüsse auch unter diesen beiden Typen gesucht werden.

Ein Konzept, das unter *Abstraktum* oder *Sache* gefunden wurde, kann zum Bezeichner für einen oder mehrere Datenflüsse werden. Im Fall von mehreren Datenflüssen müssen aber entweder die Quellen oder die Ziele ident sein.

Aus den Regeln zur Anwendung eines Datenflusses ergibt sich: Ein Prozeß, Datenspeicher oder eine Quelle und Senke kann die gleichen Daten an mehrere andere Stellen weiterleiten oder die gleiche Information von mehreren Stellen erhalten. Zum Beispiel: Die Fehlliste wird sowohl an den Lieferanten geschickt, als auch in einem Speicher aufbewahrt.

Sichere Kandidaten für Datenflüsse

Von einem sicheren Kandidaten für das Konstrukt *Datenfluß* kann gesprochen werden, wenn die Struktur

```
..., quelle(Sicherer-Kandidat, ...), ..., ziel(Sicherer-Kandidat, ...), ...
```

im Arbeitsgraphen vorhanden ist. Das Konzept ist ein sicherer Kandidat, da jeder Datenfluß sowohl eine Quelle als auch ein Ziel haben muß.

14.1.5   Extraktion von Datenspeichern

Kandidaten für Datenspeicher

Für Datenspeicher gelten die gleichen Suchprinzipien wie für Datenflüsse. Es sind also ebenfalls die Kategorien *Abstraktum* und *Sache* nach Kandidaten zu durchsuchen.

Im Unterschied zum Datenfluß darf jedes Konzept, das Kandidat für das Konstrukt *Datenspeicher* ist, nur zur Einführung *eines* Datenspeichers verwendet werden. Zwei Datenspeicher mit gleichem Bezeichner sind nicht sinnvoll.

Bei der Extraktion von Datenspeichern ist darauf zu achten, daß der Datenspeicher und alle mit ihm in Verbindung stehenden Datenflüsse den gleichen Bezeichner verwenden. Wird daher ein Konzept *Datenspeicher* aus dem Arbeitsgraphen extrahiert, so müssen auch mindestens zwei Datenflüsse in das Diagramm eingetragen werden, die genauso wie der Datenspeicher zu bezeichnen sind.

14.1.6 Sichere Kandidaten für Datenspeicher

Wenn folgende Strukturen im Arbeitsgraphen gefunden werden, sind sichere Kandidaten für das Konstrukt *Datenspeicher* vorhanden.

```
..., quelle(Sicherer-Kandidat, speicher(X)), ..., ...
```

```
..., ziel(Sicherer-Kandidat, speicher(X)), ...
```

Diese Teilgraphen bedeuten: Ein Konzept hat eine Quelle bzw. ein Ziel *Speicher*. Es muß sich daher um ein *Datum* handeln, das gespeichert wird, und es ist ein Speicher mit dem Bezeichner des Datums, das in ihn fließt, einzurichten.

14.2 Überführung eines Beispielteils eines Lagermodells von Datenflußdiagrammen in begriffliche Graphen

Im folgenden Abschnitt soll ein Teil des besprochenen Lagerhaltungsbeispiels durch eine automatische Kompilation in begriffliche Graphen übersetzt werden.

14.2.1 Methodenmodell

```
pro(waren_entnehmen, system).
pro(lager_buchhalten, system).

ds(lagerbestand,lager_buchhalten,waren_entnehmen).
df(warenentnahmemeldung, waren_entnehmen, lager_buchhalten).
df(kundenanfrage, kunde, waren_entnehmen).


qu_se(kunde).
```

14.2.2 Arbeitsgraph

```
ag(kunde(#1:_815)).
ag(waren_entnehmen(#2:_1156)).
ag(lager_buchhalten(#3:_1791)).
ag(warenentnahmemeldung(#4:_2793)).
ag(speicher(#5:_2908)).
ag(quelle(warenentnahmemeldung(#4:_2793),speicher(#5:_2908))).
ag(ziel(warenentnahmemeldung(#4:_2793),lager_buchhalten(#3:_1791))).
ag(kundenanfrage(#6:_4873)).
ag(speicher(#7:_5002)).
ag(quelle(kundenanfrage(#6:_4873),speicher(#7:_5002))).
ag(ziel(kundenanfrage(#6:_4873),waren_entnehmen(#2:_1156))).
```

```
ag(lagerbestand(#8:_7136)).

Identitaetsachsen dieser Kompilierung:

ia(kunde-kunde(#1:_815))
ia(waren_entnehmen-waren_entnehmen(#2:_1156))
ia(lager_buchhalten-lager_buchhalten(#3:_1791))
ia(warenentnahmemeldung-warenentnahmemeldung(#4:_2793))
ia(waren_entnehmen-speicher(#5:_2908))
ia(kundenanfrage-kundenanfrage(#6:_4873))
ia(kunde-speicher(#7:_5002))
ia(lagerbestand-lagerbestand(#8:_7136))
```

Teil V

Überführung von Remora–Modellen in begriffliche Graphen

Kapitel 15

Die Methode Remora

Remora ist eine Systemanalyse- und -designmethode, die die Spezifikation statischer und dynamischer Aspekte von Informationssystemen unterstützt. Die Entwicklung von Informationssystemen wird dabei in zwei Schritte unterteilt. Der erste Schritt legt die semantische Beschreibung der realen Welt im begrifflichen Schema fest. Der zweite Teil beschäftigt sich im internen Modell mit der Implementierung, wobei vor allem Datenbank–Zugriffswege und mögliche Zusammenfassungen dynamischer Komponenten Gegenstand der Betrachtung sind [RR86, S. 369].

Die Modellelemente im *begrifflichen Schema* sind entweder Abstraktionen einer statischen Struktur (Objekte), oder Modellierungen dynamischen Verhaltens (Operationen, Ereignisse). Ein wichtiges Anliegen der Remora–Methode wird darin gesehen, die Trennung von Daten- und Programmdesign durch Berücksichtigung von Zeitabhängigkeiten zu beseitigen. Deshalb besteht ein vollständiges Informationssystem in Remora aus einer Datenbank der Objekte, einer Programmbank der Operationen sowie einer weiteren Verwaltungseinheit für zeitliche Verbindungen zwischen ihnen, wie dies in Abbildung 15.1 gezeigt wird [RR86, S. 369–371].

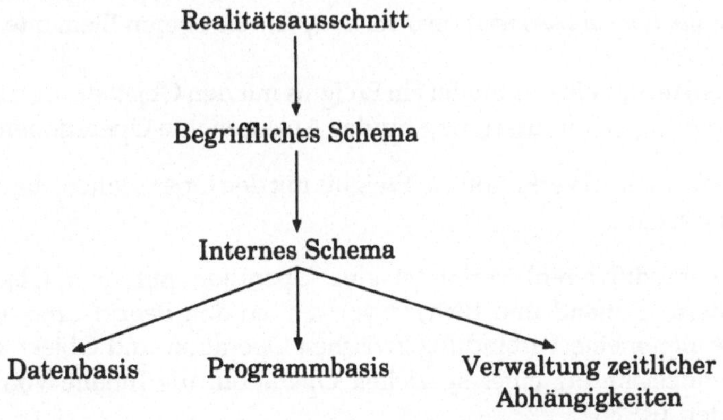

Abbildung 15.1: Design eines Informationssystems mit Remora

15.1 Konstruktionselemente der Remora–Methode

Das *statische Schema* repräsentiert den Zustand des Datenmodells zu einem bestimmten Zeitpunkt. Es besteht aus der Menge aller Objekte. Unter einem Objekt wird in der Remora–Methode eine dauerhafte konkrete oder abstrakte Einheit der Realwelt verstanden [RR86, S. 373]. Beispiele für konkrete Objekte sind *Artikel*, während *Bestellisten* Abstraktionen von Waren darstellen[1]. Beiden ist im Gegensatz zu dynamischen Komponenten gemein, daß ihre Veränderungen durch den Vergleich von *Zuständen* dokumentierbar sind.

Das *dynamische Schema* ist zeitbezogen und unterscheidet zwei weitere Phänomene der Realität:

1. *Operationen* (Operations) verändern den Zustand von Objekten und somit die statische Struktur des Modells. In Remora werden drei Typen von Operationen unterschieden:

   - *Create* (Objekt erzeugen): Beispielsweise verändert die Operation *Bestellliste_schreiben* den Zustand des Objekts *Bestelliste* von „*nicht existent*" zu „*existent*".

   - *Modify* (Objekt verändern): Im Lagerverwaltungsbeispiel verursacht die Operation *Entnahme*, daß sich der Wert des Attributes *Ist_Bestand* des Objekts *Bestand* verkleinert.

   - *Delete* (Objekt löschen): Durch das Auslösen der Operation *stand_löschen* verändert sich der Zustand des Objekts *Unterbestand* von „*existent*" zu „*nicht existent*"

2. *Ereignisse* (Events) treten zu einem bestimmten Zeitpunkt auf und stellen die Tatsache dar, daß bei bestimmten Objekten Zustandsveränderungen aufgetreten sind, die zu Operationen führen.

Beispielsweise ist die Gründung des Objekts *Kundenbestellung* Voraussetzung für das Ereignis *Kdbest_vorh*, das wiederum die Operation *Bestelliste_schreiben* auslöst. Folgende *Verbindungen* (Associations) verknüpfen die oberen Elemente:

1. *Ascertain* (ermitteln) verbindet ein Ereignis mit den Objekten, deren Zustandsveränderungen Voraussetzung für das Auslösen von Operationen sind.

2. *Trigger* (auslösen) verknüpft ein Ereignis mit den Operationen, die das Ereignis in Gang setzen.

3. *Modify* (modifizieren) verbindet eine Operation mit dem Objekt, das es verändert. Rolland und Richard verwenden den Begriff „*modify*" sowohl für die allgemeine Verbindung zwischen Operation und Objekt als auch für die Kennzeichnung einer speziellen Operation, die Inhalte von Attributen verändert [RR86].

---

[1]Die Erläuterungen beziehen sich auf das Beispiel einer Lagerverwaltung.

Die Zusammenhänge zwischen den Konstruktionselementen *Objekt*, *Operation* und *Ereignis* werden in Abbildung 15.2 dargestellt.

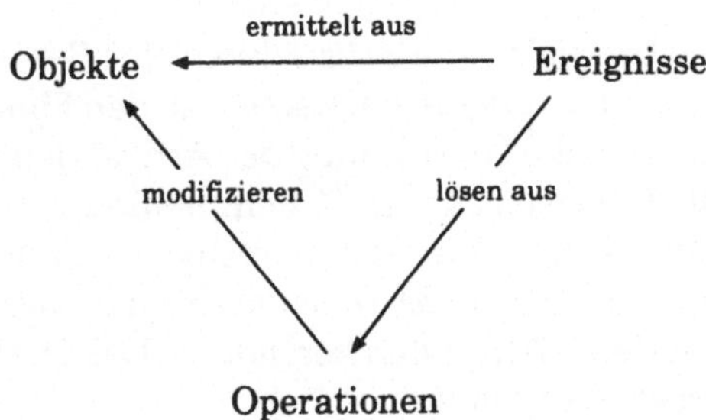

Abbildung 15.2: Abhängigkeiten zwischen Objekten, Ereignissen und Operationen

Zustandsveränderungen von Objekten werden als Ereignisse aufgefaßt, die Operationen auslösen, die wiederum Objekte modifizieren. Diese Zustandsveränderungen der Objekte können erneut Ereignisse darstellen.

Dadurch, daß der Anwender konzeptionelle Modelle entsprechend seinen Vorstellungen spezifiziert, sind Integritätsbedingungen notwendig, die sicherstellen sollen, daß es sich um syntaktisch gültige Remora–Modelle handelt. Konsistenz ist eine wichtige Voraussetzung für die Übersetzung in begriffliche Graphen. Im folgenden werden die einzelnen Konstrukte der Remora–Methode gemeinsam mit den Integritätsbedingungen, die für ihre Verwendung gelten, erläutert.

Allgemein gilt:

1. Alle Objekte, Operationen, Ereignisse eines Realitätsausschnittes sollen durch mindestens eine eigene *Datenbankrelation* abgebildet werden. Dabei wird ein Modellelement auf folgende Weise beschrieben:

$$Modellelement(Eigenschaft_1, \ldots, Eigenschaft_n)$$

2. Jede wesentliche Eigenschaft ist dabei durch ein *Attribut* darzustellen.

3. Ferner sollen die für die einzelnen Konstrukte entstandenen Datenbankrelationen mit eindeutigen Relationstypen versehen werden, die sie entweder als *C–Objekt*, *C–Operation* oder *C–Ereignis* kennzeichnen [RR86, S. 374].

15.2 C–Objekt

Ein *C–Objekt* ist dauerhaft vom Schlüsselattribut abhängig, d.h. beide besitzen dieselbe Lebensdauer. Es symbolisiert die *„größte Menge von Eigenschaften eines Objekts mit gleichem dynamischen Charakter"* [RR86, S. 375]. Es sind dies jene

Merkmale eines Objekts, die zur gleichen Zeit eine Veränderung erfahren. Die graphische Darstellung eines C–Objekts ist in Abbildung 15.3 enthalten. Die Attribute werden graphisch nicht dargestellt.

Charakterisiert werden beispielsweise *Artikel* durch eine Bezeichnung, einen Lagerbestand, einen Einkaufs- und Verkaufspreis sowie an den Einkaufspreis gebundene Konditionen. Während sich die Bezeichnung des Artikels kaum verändert, können alle anderen Attribute zu verschiedenen Zeiten manipuliert werden. Dabei muß sich etwa der *Einkaufspreis* beim Lieferanten nicht gleichzeitig mit dem *Verkaufspreis* der Firma verändern. Auch *Lieferkonditionen* und *Lagerbestand* können sich unabhängig von den anderen Attributen verändern. Das Objekt *Artikel* wird somit durch folgende C–Objekte dargestellt:

ART_BEZ(<u>ANR</u>,BEZ)	Bezeichnung
ART_BEST(<u>ANR</u>,BESTAND)	Lagerbestand
ART_VPR(<u>ANR</u>,V_PREIS)	Verkaufspreis
ART_EPR(<u>ANR</u>,E_PREIS)	Einkaufspreis
ART_KON(<u>ANR</u>,KOND)	Konditionen

Die Schlüsselattribute der C–Objekte werden durch Unterstreichung gekennzeichnet. Die Abkürzung „ANR" steht für „Artikelnummer". Vor der Ausführung von bedingten Operationen (siehe Kapitel 15.3) werden Ausprägungen von Attributen miteinander verglichen. Dazu ist es erforderlich, jedem Attribut einen Wertetyp zuzuordnen, der entweder *Zahl*, *String* oder *Kalenderdatum* sein darf. Jedes C–Objekt muß mindestens ein Schlüsselattribut haben und kann durch eine beliebige Anzahl einfacher Attribute gekennzeichnet sein.

15.3 C–Operation

Eine *C–Operation* stellt die kleinste mögliche Transformation eines C–Objekts dar [RR86]. Die *Art der Zustandsveränderung* (bei [RR86]: Type-change) des zu verändernden C–Objekts muß entweder als Erzeugung (create), Löschung (delete) oder Veränderung (modify) bestimmt sein. Bei der Modifizierung wird zusätzlich die Angabe des geänderten Attributs benötigt, sonst reicht das C–Objekt aus. Eine C–Operation darf sich nur auf ein einziges C–Objekt beziehen und wird durch genau ein C–Ereignis ausgelöst. Die Durchführung einer C–Operation kann an eine Bedingung geknüpft sein. Ist keine Bedingung angegeben, wird die Operation ausgeführt, sobald das Ereignis, das sie auslöst, aufgetreten ist. Graphisch wird eine C–Operation durch einen Pfeil repräsentiert (siehe Abbildung 15.3).

Bedingungen der Operationen sollen im folgenden im Gegensatz zur verbalen Beschreibung in der Remora–Methode formal dargestellt werden, um sie maschinell verarbeiten zu können. Bedingungen können mit Hilfe von logischen Operatoren („und", „oder", usw.) und Vergleichsoperatoren gebildet werden. Vergleichsoperatoren vergleichen jeweils ein Attribut mit einem zweiten oder einer Konstanten.

Dabei beziehen sich die Bedingungen im allgemeinen auf Folgen vorangegangener Operationen und vergleichen sie mit anderen Objektzuständen.

15.4   C–Ereignis

Ein *C–Ereignis* ordnet einer Zustandsveränderung eines C–Objekts eine oder mehrere auszulösende Operationen zu [RR86, S. 373]. Dabei gelten folgende Bedingungen:

- Das C–Objekt, das eine Zustandsveränderung erfahren hat, und das C–Ereignis müssen von ihren jeweiligen Schlüsselattributen dauerhaft abhängig sein.

- Die Art der Zustandsveränderung des oben angeführten C–Objekts muß als *„gegründet"*, *„modifiziert"* oder *„gelöscht"* qualifiziert sein. Gemeinsam mit der obigen eindeutigen Objektidentifizierung ist zum Bestätigen eines Ereignisses nur eine Form der Zustandsveränderung für jeweils ein C–Objekt erlaubt.

- Weiterhin beschreibt ein Prädikat, das sich auf den jeweiligen Anfangs- und Endzustand des C–Objekts bezieht, diese Zustandsveränderung näher. Beispielsweise würde ein Prädikat *„Zu"* eine Veränderung dahingehend kennzeichnen, daß der Zustand etwa des C–Objekts *Lagerbestand* vor der Veränderung größer ist als nach Ablauf der Operation [RR86, S. 376].

15.5   Verbindungen

Für die drei Verbindungen *modify*, *trigger* und *ascertain* gilt hinsichtlich der formalen Darstellung: Die *ascertain–Verbindung* beschreibt den Zusammenhang zwischen einer Zustandsveränderung eines Objekts und einem Ereignis [RR86, S. 373]. Dabei weist genau eine Zustandsveränderung auf ein Ereignis hin.

Im SAMBS–Modell ist diese Verbindung in der Darstellung des C–Ereignisses enthalten:

c_ev(Ereignis, C-Objekt, Art der Veränderung)

Die *modify-Verbindung* verknüpft eine Operation mit durch sie veränderten Objekten [RR86, S. 373]. Im SAMBS–Modell ist diese Verbindung in der Darstellung der C–Operation enthalten:

c_op(Operation, Ereignis, C-Objekt, Art der Veränderung, Bedingung)

Die *trigger-Verbindung* kombiniert ein Ereignis mit mehreren Operationen [RR86, S. 374]. Im SAMBS–Modell ist diese Beziehung ebenfalls in der Darstellung der C–Operation enthalten.

15.6 Zeitabhängigkeiten

Ein vollständig implementiertes Remora–Modell besteht aus Datenbasis, Programmbasis und der sogenannten IS–Maschine, die das Auslösen von Programmen und die Zustandsveränderungen von Daten kontrolliert [RR86, S. 372]. Die Zusammenhänge zwischen Operationen und Ereignissen beruhen darauf, daß jede Veränderung des Systems in einer Sequenz von Veränderungen von Datenbankzuständen resultiert. Die Zusammenhänge werden dabei folgendermaßen überprüft:

1. Eine Systemzustandsveränderung wird als Ereignis identifiziert, wenn sowohl das Objekt als auch die Art der Zustandsveränderung der Auslösebedingung eines Ereignisses entsprechen. Beispielsweise wird im Lagerverwaltungsbeispiel das Objekt *Unterbestand* mit dem Schlüssel *ANR* (Artikelnummer) mittels der Operation *Unterbestand_anlegen* gegründet. Die in der formalen Darstellung der Operation enthaltene Information bezüglich der Systemzustandsveränderung (*ANR, CREATE*) gleicht der Auslösebedingung des Ereignisses *Unterbestand_vorh.*

2. Mithilfe des Ereignisses werden die auszulösenden Operationen identifiziert. Im oben genannten Lagerverwaltungsbeispiel wird die Operation *Nachbestellung_anlegen* durch die Angaben im Ereignis *Unterbestandsevent* identifiziert.

3. Nach Überprüfung der auszulösenden Bedingungen werden die Operationen ausgelöst. Zu erfüllende Bedingungen für die Operation *Nachbest_anlegen* im Lagerverwaltungsbeispiel sind, daß entweder der Lagerbestand kleiner sein muß als die geforderte Menge oder aber kleiner sein muß als die Losgröße.

4. Wurden alle Operationen ausgeführt, dann werden die Zustandsveränderungen der betroffenen Objekte erneut kontrolliert. Wenn sie wiederum Ereignisse (siehe Punkt 1) identifizieren, dann beginnt der Vorgang von neuem.

Die Gründung des Objekts *Nachbestellung* löst im Lagerverwaltungsbeispiel kein Ereignis aus.

Sequenzen von Ereignissen und Operationen können zu „*Modulen*" zusammengeschlossen werden, die durch einen eindeutigen Namen und genau einen Eintrittspunkt gekennzeichnet sind. In der Implementationsphase können diese Module als Prozeduren verwirklicht werden. „*Wird ein Modul M1 immer nach dem Modul M0 aktiviert – d.h. der Auslöser von M1 ist Produkt der Ausführung von M0 – dann erscheint es vernünftig, beide als chronologisch abhängig anzusehen und zusammenzuschließen*" [RR86, S. 408]. Bezogen auf das obige Beispiel ergäbe sich eine solche Situation dann, wenn die aus der Operation *Nachbest_anlegen* verursachte Zustandsveränderung (*CREATE von Nachbest*) ein weiteres Ereignis identifizieren würde.

Module werden hierbei mit ihren Auslösern verknüpft. Grundsätzlich entsprechen sie der Beschreibung von Ereignissen, wobei die Zustandsveränderung des Objekts die Auslöserfunktion übernimmt. Bei Abhängigkeiten wie der obigen werden größere Module gebildet. Weiter unterscheidet man zwischen unbedingter, bedingter und nicht errechenbarer Abhängigkeit. Folgt ein Ereignis in jedem Fall auf ein zweites *(unbedingt)*, dann sollten die Module immer verknüpft werden. Folgt ein Ereignis nur manchmal einem zweiten, dann ist es notwendig, die Bedingungen auszurechnen, die Auslöser des zweiten Ereignisses sind. Ist diese Bedingung nicht errechenbar, dann sollten die Module separat behandelt werden [RR86, S. 408ff].

15.7 Graphische Symbole

Symbole, die die Remora–Konstrukte kennzeichnen, sind in Abbildung 15.3 aufgelistet:

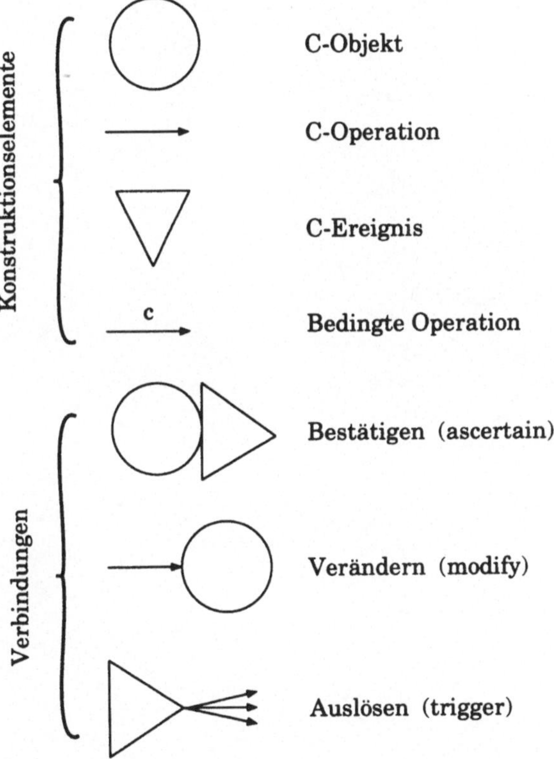

Abbildung 15.3: Konstruktionselemente und Verbindungen in Remora

Kapitel 16

Kompilation eines Remora–Modells in begriffliche Graphen

16.1 Vorgangsweise bei der Kompilation

Bei der *Kompilation* werden Remora–Konstrukte in begriffliche Graphen übersetzt. Ausgangspunkte sind dabei die vorgegebene Typenhierarchie und ein leerer Arbeitsgraph. Hierbei gilt folgende Vorgangsweise:

1. Methodenspezifische Konstrukte werden im Remora–Modell isoliert, wozu eine eindeutige Bezeichnung notwendig ist.

2. Es werden den Remora–Konstrukten entsprechende Konzepte mit jeweils gleichen Bezeichnungen in der Konversionstabelle erzeugt.

3. Wenn kein entprechender Begriff in der Typenhierarchie auffindbar ist, wird das Konzept unter dem Eintrittspunkt mit den unterscheidenden Merkmalen als Differentia eingetragen.

4. Um die Zusammenhänge des Remora–Modells in begriffliche Graphen zu übertragen, wird das Konzept in den Arbeitsgraphen eingefügt, womit sich ein System logisch wahrer Aussagen ergeben soll.

16.2 Typenhierarchie und Relationen

Um die Konversion zu ermöglichen, wurde eine Hierarchie von Begriffen definiert, die für alle Methoden von gleicher Bedeutung sein sollen. In diese allgemeine Begriffsbasis werden die Definitionen der jeweiligen Methodenkonstrukte eingeordnet. Bei der Erstellung von Anwendungsmodellen in den einzelnen Methoden wird diese Hierarchie weiter spezifiziert, indem Begriffe bei der Überführung als Subtypen der Methodenkonstrukte übertragen werden. Abbildung 16.1 zeigt die für die Remora–Methode verwendete Typenhierarchie. Die Typen *Ereignis* und *DB-Operation* (für „Datenbankoperation) sind dabei Remora–spezifische Erweiterungen.

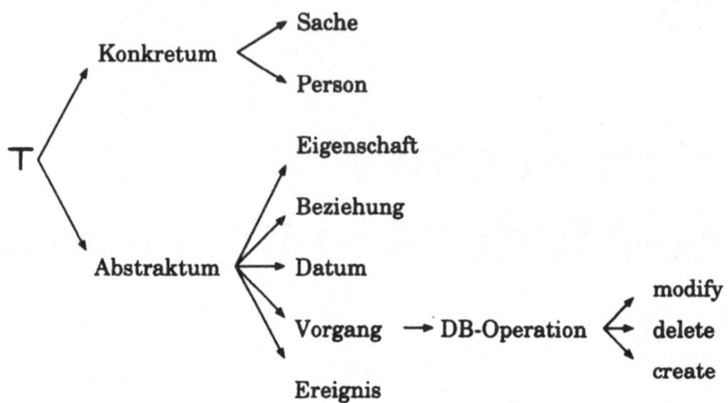

Abbildung 16.1: Verwendete Typenhierarchie

Das begriffliche Schema der Remora–Methode soll einen Realitätsausschnitt in statischer (Organisationsstruktur) und dynamischer Dimension (Organisationsverhalten) mit den jeweiligen Zeitverknüpfungen darstellen. Zur Repräsentation der dynamischen Eigenschaften sind vor allem die Typen *Vorgang* und *Ereignis* von Bedeutung.

Gegenstände oder *Objekte* sind durch dauerhafte Zustände gekennzeichnet. Laut Definition stellen sie konkrete oder abstrakte Elemente einer Organisation dar [RR86, S. 377]. In der Typenhierachie wird die weitere Unterscheidung in Personen und Sachen für konkrete Elemente getroffen. Die abstrakten Elemente werden weiter in Eigenschaften und Daten unterteilt. Dabei werden unter dem Begriff *Datum* die Ausprägungen der Eigenschaften verstanden. Vorgänge oder *Operationen* verändern den Zustand von Objekten und können in *erzeugende*, *löschende* und *modifizierende* unterteilt werden. *Ereignisse* sind Verbindungen von Zustandsveränderungen eines Objekts und ausgelösten Operationen.

Die für Remora verwendeten begrifflichen Beziehungstypen sind (ausgehend von der obersten Verbindung *link*):

`hat(K1, K2)` Dabei ist K2 eine Eigenschaft von K1, wobei K1 mehrere Eigenschaften zugeordnet werden können.

`obj(K1,K2)` K2 ist dabei Objekt einer Aktion K1.

`bedingt(K1,K2)` die Situation K1 ist Bedingung für die Ausführung der Operation K2.

`ascertain(K1,K2)` K2 ist ein Ereignis, das durch K1 (ein verändertes C–Objekt) begründet wird.

`trigger(K1, K2)` K1 ist ein Ereignis, das eine oder mehrere Operationen K2
auslösen kann.

16.3   Kompilation eines C–Objekts

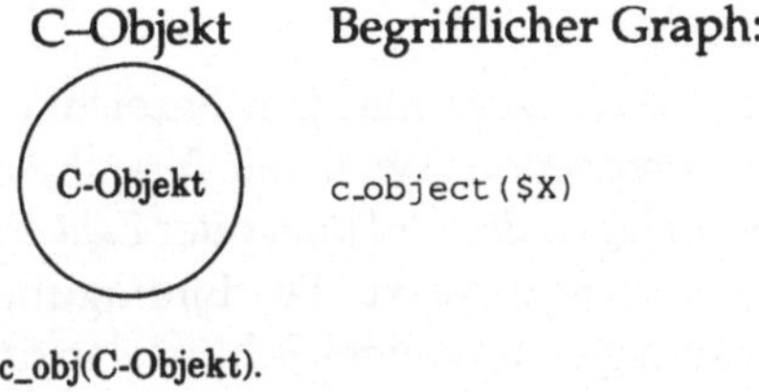

Kompilation: Es wird ein Konzept mit dem Bezeichner des C–Objekts unter
Beachtung gewisser Konsistenzregeln erzeugt. Existiert kein entsprechender Typ
in der Typenhierarchie, dann wird dieser als Subtyp von *Konkretum* oder *Beziehung*
eingetragen. Die Differentia besteht aus den normalen und Schlüsselattributen des
C–Objekts. Die Eintragung in den Arbeitsgraphen erfolgt dann, wenn noch kein
entsprechendes Objekt existiert.

Extraktion: Anwärter für die Extraktion sind Konzepte, die Subtypen von *Kon-*
kretum oder *Beziehung* in der Typenhierarchie sind.

16.4   Normales Attribut

Eigenschaften von C–Objekten sind durch Attribute beschrieben, die wiederum
Werttypen angehören.

Normales Attribut:

`c_object(... , Attribut, ...)`

Begrifflicher Graph:
```
c_object($X),
hat(c_object($X @ 0 to n),
    attribut($A @ 1 to 1),
attribut($A).
```

Kompilation: Es wird ein Konzept mit dem Bezeichner des normalen Attributes
erzeugt. Existiert kein entsprechender Begriff in der Typenhierarchie, dann wird
dieser unterhalb der Wertetypen *String*, *Kalenderdatum* oder *Zahl* eingetragen, die
wiederum dem Begriff *Datum* untergeordnet sind. Die Differentia besteht aus dem
zugeordneten Objekt. Die Eintragung in den Arbeitsgraphen erfolgt dann, wenn
noch kein gleichnamiges Attribut zum entsprechendes Objekt existiert.

Extraktion: Anwärter für die Extraktion sind Konzepte, die Subtypen von *String*,
Kalenderdatum oder *Zahl* in der Typenhierarchie sind.

16.5 Schlüsselattribut

Schlüsselattribut:

c_object(..., <u>schl_Attribut</u>, ...)

Begrifflicher Graph:
```
c_object($X),
hat(c_object($X @ 1 to 1),
     schl_attribut($SA @1 to 1)),
schl_attribut($SA).
```

Kompilation: Es wird ein Konzept mit dem Bezeichner des Schlüsselattributes erzeugt. Existiert kein entsprechender Typ in der Typenhierarchie, dann wird dieser als Subtyp des Wertetyps *String*, *Kalenderdatum* oder *Zahl* eingetragen. Die Differentia besteht aus dem zugeordneten Objekt. Die Eintragung in den Arbeitsgraphen erfolgt dann, wenn noch kein gleichnamiges Schlüsselattribut zum entsprechenden Objekt existiert. Die Tatsache, daß es sich um ein Schlüsselattribut handelt, kommt durch die Quantifizierung der *hat*-Relation zum Ausdruck. Dadurch wird die 1:1–Beziehung zwischen Objekt und Attributwert festgelegt.

Extraktion: Anwärter für die Extraktion sind Konzepte, die Subtypen von *Datum* in der Typenhierarchie sind und mit einer entsprechend quantifizierten *hat*-Relation mit einem Kandidaten für ein C–Objekt verbunden sind.

16.6 C–Ereignis *Erzeugen*

Die folgende Konversionsregel gilt nur für diejenigen Ereignisse, bei denen die Art der Zustandsveränderung „*Create*" ist.

Erzeugen eines C–Objekts

C-Objekt Ereignis

c_ev(Ereignis, C-Objekt, create).

Begrifflicher Graph:
```
ereignis(X),
ascertain(c_object(O),ereignis(X)),
c_object(O),
obj(create(C),c_object(O)),
create(C).
```

Kompilation: Es wird ein Konzept mit dem Bezeichner des Ereignisses erzeugt. Existiert kein entsprechender Typ in der Typenhierarchie, dann wird dieser als Subtyp von *Ereignis* eingetragen. Die Differentia besteht aus dem zugeordneten Objekt und der Art der Zustandsveränderung, die das Ereignis ausgelöst hat. Die Eintragung in den Arbeitsgraphen erfolgt dann, wenn noch kein entsprechendes Ereignis existiert. Die *ascertain*-Beziehung verbindet das erzeugte Objekt (Objekt von *create*) mit dem dadurch begründeten Ereignis.

Extraktion: Anwärter für die Extraktion sind Konzepte, die Subtypen von *Ereignis* sind.

16.7　C–Ereignis *Löschen*

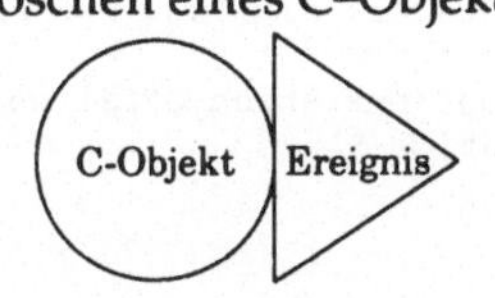

Begrifflicher Graph:

```
ereignis(X),
ascertain(c_object(O),ereignis(X)),
c_object(O),
obj(delete(D),c_object(O)),
delete(D).
```

Die Kompilation und Extraktion verläuft analog zum Ereignis, das die Gründung eines Objekts mit den ausgelösten Operationen verbindet.

16.8　C–Ereignis *Modifizieren*

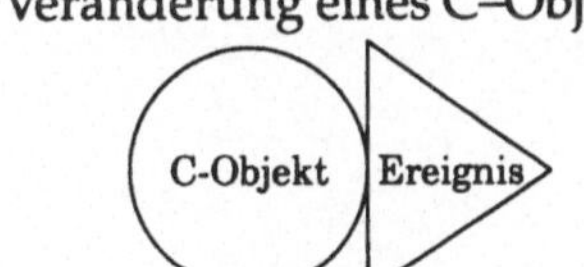

Begrifflicher Graph:

```
ereignis(X),
ascertain(c_object(O),ereignis(X)),
c_object(O),
hat(c_object(O),attribut(A)),
attribut(A),
obj(modify(M),attribut(A)),
modify(M).
```

Kompilation:　　Es wird ein Konzept mit dem Bezeichner des Ereignisses erzeugt. Existiert kein entsprechender Typ in der Typenhierarchie, dann wird dieser als Subtyp von *Ereignis* eingetragen. Die Eintragung in den Arbeitsgraphen erfolgt dann, wenn noch kein entsprechendes Ereignis existiert. Der Unterschied zu Ereignissen, die durch Erzeugung oder Löschung ausgelöst werden, liegt in der Tatsache, daß hier ein Attribut eines Objekts eine Veränderung erfährt und nicht das Objekt selbst.

Extraktion:　　Anwärter für die Extraktion sind Konzepte, die Subtypen von *Ereignis* sind und die sich auf Attribute beziehen.

16.9　C–Operationen *Erzeugen* und *Löschen*

Erzeugende Operationen verändern den Zustand von Objekten von *„nicht existent"* zu *„existent"*. Die Überführung von erzeugenden und löschenden Operationen ist fast identisch, daher werden beide gleichzeitig behandelt.

Erzeugen bzw. Löschen eines C–Objekts

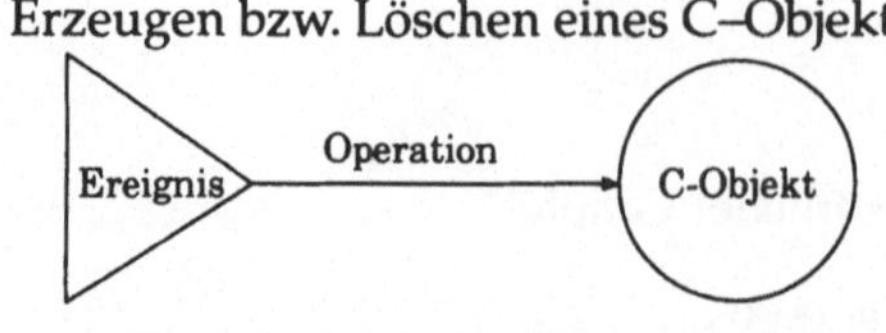

c_op(Operation, Ereignis, Objekt, create/delete,
Bedingung).

Begrifflicher Graph:

```
operation(O),
trigger(ereignis(E),operation(O)),
ereignis(E),
obj(operation(O),c_object(OB)),
c_object(OB),
bedingt(operation(O),situation(S)),
situation(S).
```

Kompilation: Es wird ein Konzept mit dem Bezeichner der Operation erzeugt. Existiert kein entsprechender Typ in der Typenhierarchie, dann wird dieser als Subtyp von *create* (bzw. *delete* bei Löschung) eingetragen. Die Differentia besteht aus dem sie auslösenden Ereignis, der Bedingung sowie aus dem zu erzeugenden Objekt. Die Eintragung in den Arbeitsgraphen erfolgt dann, wenn noch keine entsprechende Operation existiert. Die Bedingung wird als Situation übersetzt, die angibt, welche Tatbestände erfüllt sein müssen, um die Operation auszulösen. Die begriffliche Relation *bedingt* verbindet die Operation mit der Bedingung.

Extraktion: Anwärter für die Extraktion sind Konzepte, die Subtypen von *create* bzw. *delete* sind.

16.10   C–Operation *Modifizieren*

Verändern eines C–Objekts

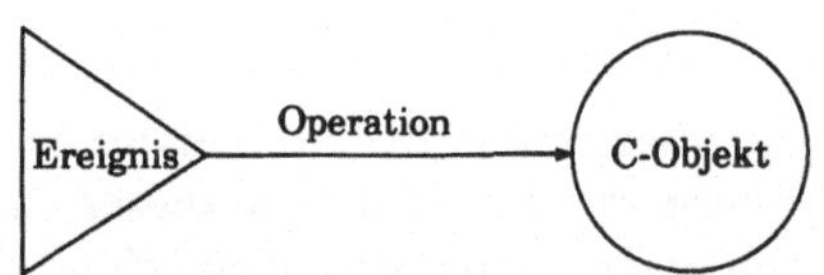

c_op(Operation, Ereignis, Objekt, mod(Attribut),
Bedingung).

Begrifflicher Graph:

```
operation(O),
trigger(ereignis(E),operation(O)),
ereignis(E),
obj(operation(O),attribut(A)),
attribut(A),
hat(c_object(OB),attribut(A)),
c_object(OB),
bedingt(operation(O),
situation(Bed)),
situation(Bed).
```

Kompilation: Es wird ein Konzept mit dem Bezeichner der Operation erzeugt. Existiert kein entsprechender Typ in der Typenhierarchie, dann wird dieser als Subtyp von *modify* eingetragen. Die Differentia besteht aus dem zu verändernden Objekt und der Art der Zustandsveränderung sowie aus dem Ereignis, das die Operation ausgelöst hat. Die Eintragung in den Arbeitsgraphen erfolgt dann, wenn noch keine entsprechende Operation existiert. Die Unterscheidung zu löschenden und erzeugenden Operationen ist erforderlich, weil ein Attribut verändert wird und nicht das Objekt.

Extraktion: Anwärter für die Extraktion sind Konzepte, die Subtypen von *modify* sind.

16.11 Kompilation des Lagerverwaltungsmodells

Gegenstand der Überführung sind jeweils die Bausteine der Methoden. Für Remora sind diesbezüglich die Konstrukte *C–Objekt* (einschließlich der Attribute), *C–Operation* und *C–Ereignis* relevant. Deren Bedeutung wurde im Kapitel 15.1 mit Hilfe natürlichsprachiger Definitionen dargestellt. Trotz einiger methodenspezifischer Unterdefinitionen bezüglich der Beziehungen der Modellkonstrukte untereinander wurden Konsistenzbedingungen für die syntaktische Gültigkeit von Remora–Modellen angegeben. Dieses Kapitel demonstriert anhand der in Kapitel 5.2 beschriebenen Lagerverwaltung die Kompilation eines Remora–Modells.

Im zu überführenden Remora–Modell treten sowohl methodenspezifische als auch anwendungsspezifische Bezeichnungen auf. Die methodenspezifische Bezeichnung der Konstrukte entspricht C–Objekt, C–Operation und C–Ereignis. Die anwendungsspezifischen Bezeichnungen werden abhängig vom jeweiligen abzubildenden Beispiel vom Anwender vergeben. Diese Bezeichnungen werden unter die Begriffe der Methodenkonstrukte in der Typenhierarchie subsumiert und sind wichtig zur Identifikation der einzelnen Elemente des Modells. Da diese ins System zu integrierenden Namen vom Benutzer vergeben werden, werden sie automatisch hinsichtlich ihrer Integrationsfähigkeit untersucht.

Dabei gilt für alle C–Objekte, C–Operationen und C–Ereignisse, daß nur Konstrukte des gleichen Typs mit denselben Attributen gleiche Namen tragen dürfen. Für Attribute sind die Regeln nicht so streng, da zwei Objekten Attribute mit gleichem Namen zugeordnet werden können. Ein C–Objekt darf nicht zwei Schlüssel- oder normale Attribute mit gleichem Namen führen.

16.11.1 Beschreibung des Remora–Modells zur Lagerverwaltung

Im folgenden soll das zum Lagerverwaltungsbeispiel gebildete Remora–Modell anhand der einzelnen Module beschrieben werden.

Modul 1: Ein Kundenanruf führt unter der Bedingung, daß der Name der bestellten Ware in der Datei *Artikel* identifiziert werden kann, zur Gründung des Objekts *Kdbest* (kurz für „Kundenbestellung"), was Auslöser für die Operation *Warenentnahme* ist. Unter der Bedingung, daß der Lagerbestand kleiner ist als die geforderte Menge, wird das Objekt *Unterbestand* gegründet, was Voraussetzung für die Gründung des Objekts *Nachbest* ist. Der Lieferantenanruf als externe und damit nicht unmittelbar zu erwartende und damit zu beurteilende Zustandsveränderung ist das vorläufige Ende des ersten Arbeitsablaufs.

Modul 2: Nach der Gründung des Objekts *Kdbest* besteht noch die andere Möglichkeit, daß der Lagerbestand für die Erfüllung der Bestellung ausreicht, woraufhin bedingungslos das Objekt *Entnahme* gegründet wird, was automatisch eine Bestandsveränderung zur Folge hat. Unter der Bedingung, daß die Bestandsveränderung ein Unterschreiten der Losgröße bewirkt, kommt es auch hier zur Gründung des Objekts *Nachbest*, woraufhin wiederum auf den Lieferantenanruf gewartet werden muß.

Modul 3: Nach dem externen Ereignis *Lieferantenanruf*, bei dem der Lieferant in einer bestehenden Datei eindeutig identifiziert werden muß, wird ein Objekt *Bestelliste* gegründet, wenn Objekte *Nachbest* mit denjenigen Artikelnummern existieren, die in einer weiteren Datei diesem Lieferanten zugeordnet werden.

Modul 4: Nach dem Eintreffen der Lieferung wird bei korrekter Identifizierung das Objekt *Zugang* gegründet und bei korrekter Lieferung das Objekt *Bestand* modifiziert. Wird dabei das Optimum immer noch unterschritten, so wird erneut eine Nachbestellung aufgegeben. Besteht für die laufende Kundenbestellung ein Objekt (d.h. der Lagerbestand unterschritt die Menge der Kundenbestellung), so wird das Objekt *Unterbestand* gelöscht oder zumindest modifiziert. Ist der Bestand dann immer noch kleiner als die Kundenbestellung, wird erneut ein Objekt *Nachbestellung* gegründet.

Modul 5: Ist eine fehlerhafte Lieferung eingetroffen, so wird das Objekt *Fehllieferung* gebildet und nach der Modifikation der *Bestelliste* eine neue Lieferung erwartet.

16.11.2 Graphische Darstellung des Beispiels

Die graphische Repräsentation des Lagerverwaltungsmodells wird in der Abbildung 16.2 gezeigt. Das dieser Graphik entsprechende SAMBS–Modell ist in Kapitel 18.3.1 angeführt. Für die Bezeichnungen der Ereignisse und Operationen wurden Kurznamen gewählt, deren Bedeutung die folgenden Tabellen zeigen:

Ereignisse:

E1	Eintreffen eines Kundenanrufs
E2	Anruf vorhanden
E3	Kundenbestellung vorhanden
E4	Unterbestand vorhanden
E5	Entnahme vorhanden
E6	Artikelbestand verändert
E7	Nachbestellung vorhanden
E8	Bestellposition vorhanden
E9	Lieferposition vorhanden
E10	Lieferung vorhanden
E11	Falschlieferung vorhanden
E12	Zugang vorhanden

Operationen:

OP1   Anruf anlegen
OP2   Kunden anlegen
OP3   Kundenbestellung anlegen
OP4   Unterbestand anlegen
OP5   Entnahme anlegen
OP6   Nachbestellung anlegen (1)
OP7   Artikelbestand anpassen (1)
OP8   Nachbestellung anlegen (2)
OP9   Bestellung anlegen
OP10   Bestellposition anlegen
OP11   Lieferposition anlegen
OP12   Lieferung anlegen
OP13   Falschlieferung anlegen
OP14   Zugang anlegen
OP15   Falschlieferung löschen (1)
OP16   Bestellposition ändern
OP17   Unterbestand anpassen
OP18   Falschlieferung löschen (2)
OP19   Artikelbestand anpassen (2)
OP20   Rechnung anlegen
OP21   Rabatt anlegen

16.11.3 Arbeitsgraph

Im allgemeinen wird angenommen, daß der Arbeitsgraph zu Beginn der Sitzung
leer ist, wenn ein neues Modell entworfen wird. Im Arbeitsgraphen werden die in
den Konversionsregeln angegebenen Teilgraphen miteinander verknüpft. Dabei ist
darauf zu achten, daß alle Konstrukte jeweils Vorgänger und Nachfolger besitzen
müssen. Nur Objekte können frei stehen. Von außen initiierte Ereignisse benötigen
keine *ascertain*–Bedingung, aber sie lösen immer Operationen aus. Operationen
müssen stets ein Ereignis als Vorgänger besitzen und auf ein Objekt zeigen.

16.11.4 Überführung der C–Objekte

Wenn C–Objekte von einem Remora–Modell in ein System begrifflicher Graphen
kompiliert werden sollen, dann sind je ein Konzept für C–Objekt und Schlüsselattribut notwendig. Daneben kann das Vorhandensein von normalen Attributen im
System der begrifflichen Graphen die Einführung beliebig vieler weiterer Konzepte
bedingen. Alle Neugründungen erhalten jeweils die Bezeichner der entsprechenden
Remora–Konstrukte.

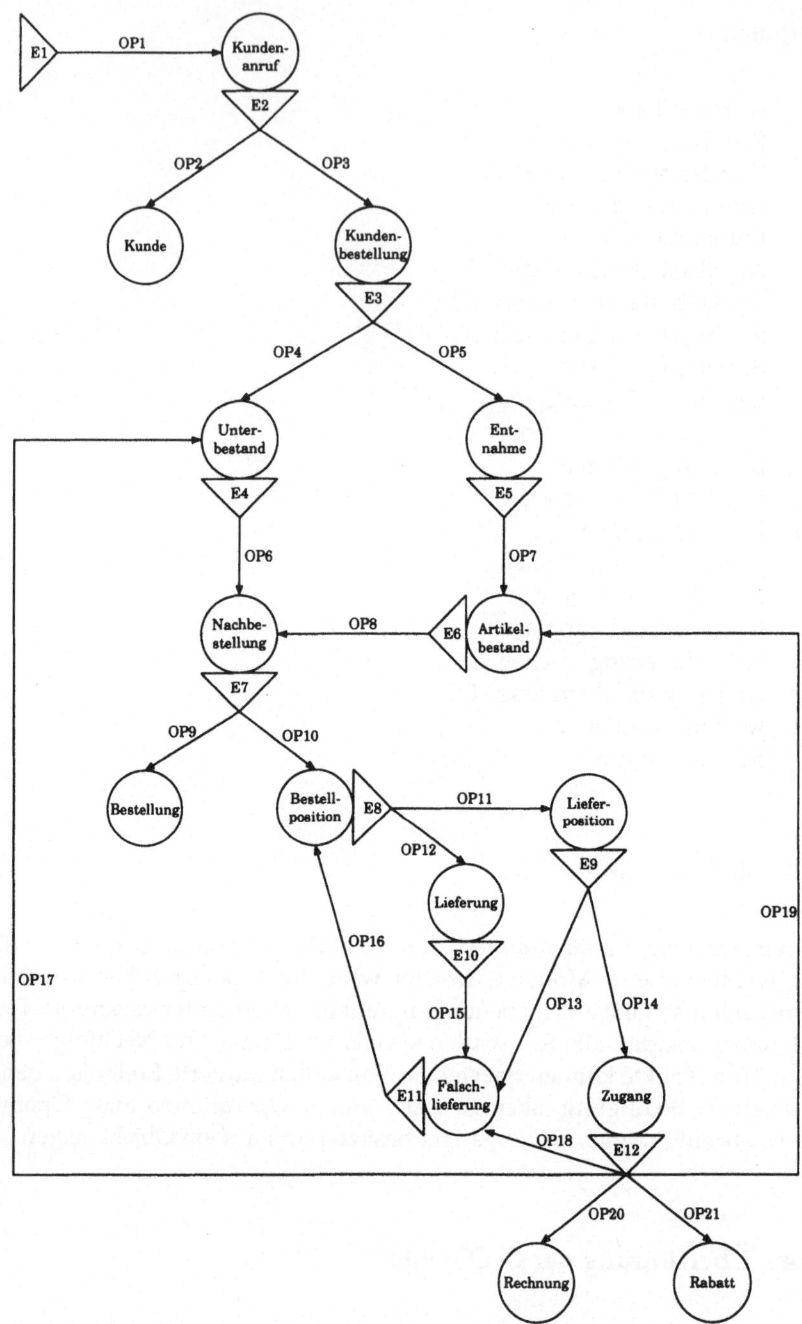

Abbildung 16.2: Graphische Repräsentation des Lagerverwaltungsbeispiels

Eingliederung in die Typenhierarchie

Die Eintrittspunkte in die Typenhierarchie für C–Objekte sind entweder *Sache*, *Person* oder *Beziehung*. Die Anwendungsbegriffe sollen dabei unter die Methodenbegriffe subsumiert werden. Beispiele für *Person* wären *Kunde* und *Lieferant*. *Sache* könnte der *Artikel* sein, während dem methodenspezifischen Begriff *Beziehung Lieferungen* bei der Anwendung des Lagerverwaltungsbeispiels zugerechnet werden können, da Objekte im Gegensatz zu den zustandsverändernden Operationen und den ablaufbezogenen Ereignissen durch dauerhafte Zustände gekennzeichnet sind. Die Eingliederung der C–Objekte ergibt die in Abbildung 16.3 gezeigte Typenhierarchie.

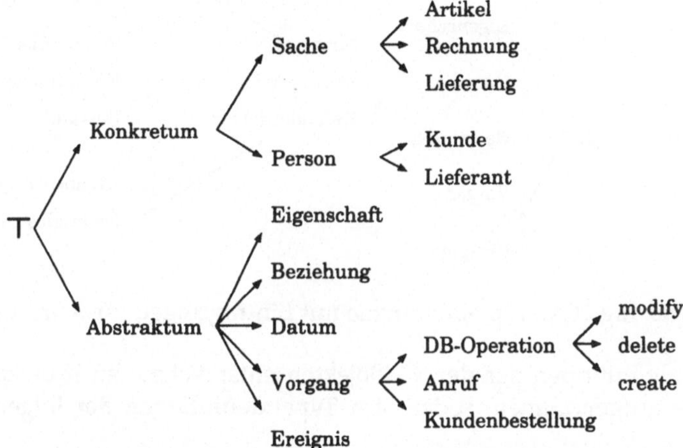

Abbildung 16.3: Typenhierarchie mit applikationsspezifischen Konzepten für C–Objekte

Eingliederung in den Arbeitsgraphen

Bei der Eingliederung in den leeren Arbeitsgraphen können Objekte mit ihren jeweiligen Attributen völlig frei stehen und sind somit keinen Verknüpfungsregeln ausgesetzt. Der Arbeitsgraph für den oben verwendeten Realitätsausschnitt lautet:

```
[Lieferant]     [Kunde]       [Lieferung]
                [Artikel]
```

16.11.5 Überführung von Attributen

Eingliederung in die Typenhierarchie

Die Eintrittspunkte von Schlüsselattributen entsprechen denen von gewöhnlichen Attributen. Sie werden direkt ihrem Wertetyp (*String*, *Zahl*, *Kalenderdatum*) zugeordnet. Jedes Attribut wird nur einmal in der Typenhierarchie verzeichnet: Soll

beispielsweise nacheinander ein Konstrukt für ein C–Objekt *Kunde* und dann eines
für *Kdbest* angelegt werden, dann wird ihr gemeinsames Schlüsselattribut *Kdnr* nur
einmal in die Typenhierarchie eingeordnet. Die Zuordnung des Objekts spielt dabei
keine Rolle, jedoch ist sie von entscheidender Bedeutung beim Definitionsgraphen.
Die Abbildung 16.4 enthält die Typenhierarchie, die sich nach Eintragung einiger
Attribute des Lagerverwaltungsbeispiels ergibt.

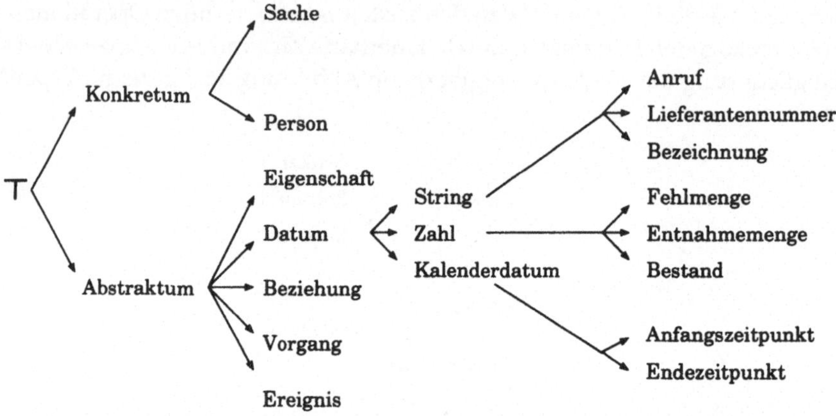

Abbildung 16.4: Typenhierarchie mit Eintragungen für Attribute

In die Typendefinitionen der den C–Objekten entsprechenden Konzepte werden
die Attribute aufgenommen, sodaß sich Typendefinitionen der folgenden Form
ergeben:

```
        C-Objekt-konzept(X) type

[Eintrittspunkt:X]  -->(hat)-->[Schluesselattribut:A1]
                    -->(hat)-->[Normales Attribut:A2]
                    ...
```

Eingliederung in den Arbeitsgraphen

Bei der Eingliederung in den Arbeitsgraphen werden die Attribute mit einer *hat-
Relation* ihren jeweiligen Objekten zugeordnet:

```
[Lieferant]-->(hat)-->[Liefnr]
             (hat)-->[Adresse]
             (hat)-->[Name]
[Kunde]-->(hat)-->[Kdnr]
          (hat)-->[Adresse]
          (hat)-->[Name]
[Lieferung]-->(hat)-->[Bestliefnr]
              (hat)-->[Lief_Men]
              (hat)-->[ANR]
[Artikel]-->(hat)-->[ANR]
            (hat)-->[Bez]
```

16.11.6 Überführung von Ereignissen

Um ein Remora–Ereignis überzuführen, sind in den begrifflichen Graphen drei Konzepte nötig. Es muß ein Ereigniskonzept mit dem Namen des Remora–Ereignisses neu gegründet werden, je ein Objektkonzept und ein Operationskonzept müssen bereits vorhanden sein.

Eingliederung in die Typenhierarchie

Das Ereigniskonzept wird unter dem Supertyp *Ereignis* in die Typenhierarchie eingeordnet. Die Differentia sind dabei das Objekt und dessen Zustandsveränderung, die das Ereignis identifizieren. Das Operationskonzept sollte unter dem Eintrittspunkt *Operation* unter einem der drei Genustypen *modify*, *create* oder *delete* aufgefunden werden. Das betroffene C–Objekt tritt unter den Typen *Sache*, *Person* oder *Beziehung* in die Typenhierarchie ein. Abbildung 16.5 stellt die durch Eintragung der Ereignisse entstandene Typenhierarchie dar.

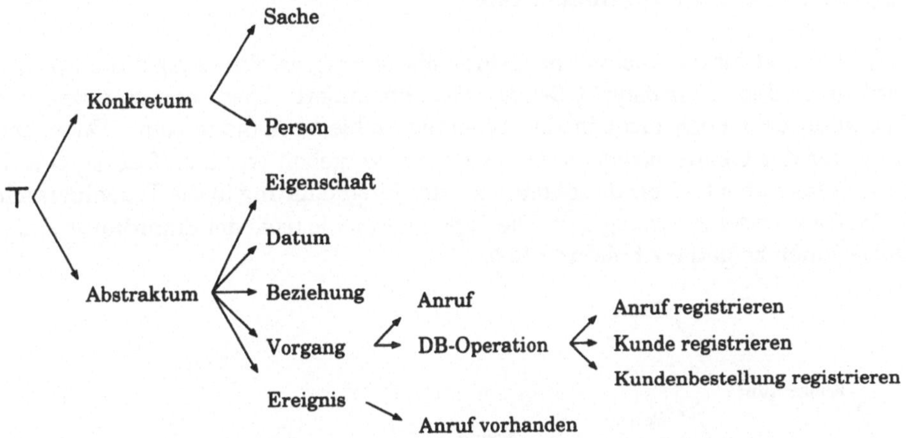

Abbildung 16.5: Einordnung von C–Ereignissen in die Typenhierarchie

Der Definitionsgraph definiert z.B. ein Ereignis „*Anruf vorhanden*" folgendermaßen:

```
          Anruf_vorh(X) type

[Ereignis:X]--->(trigger)--->[Kunde_anlegen]
          <---(ascertain)<---[Anruf]<---(obj)<---[Create]
```

Eingliederung in den Arbeitsgraphen

Der aus Ereignissen resultierende Teilgraph im Arbeitsgraphen entspricht im wesentlichen dem Definitionsgraphen und lautet:

```
[Anruf_vorh]--->(trigger)--->[Kunde_anlegen]
        <---(ascertain)<---[Anruf]<---(obj)<---[Create]
```

Die Konzepte *Kunde_anlegen*, *Anruf* und *Create* können mit den entsprechenden Konzepten, die in anderen Kompilationsschritten entstanden sind, unifiziert werden, wodurch sich ein zusammenhängender Arbeitsgraph ergibt.

16.11.7 Überführung von Operationen

In Remora–Modellen unterscheidet man drei Arten von Operationen: *modifizieren*, *löschen* und *anlegen*. Dargestellt werden Operationen durch fünf Konzepte, die in die Typenhierarchie eingeordnet werden müssen. Zu Beginn der Operation muß das Konzept, das für das auslösende Ereignis steht, bereits in der Typenhierarchie enthalten sein. Daneben müssen Begriffe für die Operation, die Bedingung, das Objekt und eventuell für das veränderte Attribut angelegt werden.

Eingliederung in die Typenhierarchie

Eintrittspunkt für das auslösende C–Ereignis ist *Ereignis*. Eine ausgelöste *Operation* wird unter dem Begriffstyp *DB–Operation* subsumiert. Diese neu zu erzeugende Operation darf noch nicht in der Typenhierarchie vorhanden sein. Dabei muß entweder der Genus *modify*, *delete* oder *create* vergeben werden. Supertypen des zu verändernden C–Objekts sollten nach der Eingliederung in die Typenhierarchie *Sache*, *Person* oder *Beziehung* sein. Die Typenhierarchie nach der Einordnung einiger Operationen zeigt die Abbildung 16.6.

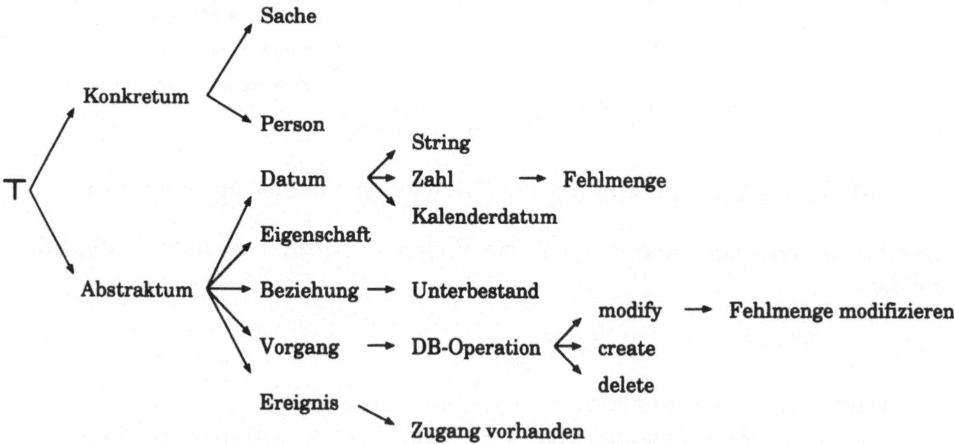

Abbildung 16.6: Einordnung von C–Operationen in die Typenhierarchie

Die Typendefinitionen, die für Operationen erzeugt werden, haben die Form, die im folgenden für das Beispiel einer Operation *„Nachbestellung anlegen"* gezeigt wird:

```
Nachbest_anlegen(X) type

[create]<---(trigger)<---[Unterbestand_vorh]
        --->(obj)-->[Nachbest]
        <---(bedingt)<--[Situation: [Bedingung]]
```

Die Bedingung ist dabei ein begrifflicher Graph, der die Voraussetzung, daß der Artikelbestand kleiner als die Losgröße für den Artikel ist, zum Ausdruck bringt.

Eingliederung in den Arbeitsgraphen

Für das Beispiel der Operation *Falschlief_del*, die ein C–Objekt vom Typ *Falschlieferung* löscht, soll der aus der Kompilation von Operationen resultierende Teilgraph des Arbeitsgraphen gezeigt werden:

```
[Lieferung]-->(ascertain)-->[Lieferung_vorh]-->trigger-->
[Falschlief_del]-->(obj)-->[Falschlieferung]
```

Kapitel 17

Extraktion eines Remora–Modells aus begrifflichen Graphen

Die Extraktion ist das logische Pendant zur Kompilation: Ein begrifflicher Graph wird so weit wie möglich in ein Remora–Modell übergeführt. Ausgangspunkte sind hierbei Typenhierarchie und Arbeitsgraph des Modells in begrifflichen Graphen. Dabei werden jeweils nur mit der Remora–Methode vergleichbare Fragmente isoliert und in einen lückenhaften Remora–Arbeitsgraphen übersetzt, der vom Benutzer entsprechend ergänzt werden muß. Da ursprünglich aus einer anderen Systemanalysemethode in die begrifflichen Graphen kompiliert wurde, repräsentiert der Ausgangsgraph deren jeweilige Sichtweise. Je ähnlicher dabei die Perspektive der zugrundeliegenden Methode derjenigen von Remora ist, desto vollständiger kann extrahiert werden. Das erhaltende Remora–Modell muß nur dann nicht vom Benutzer ergänzt werden, wenn es vorher aus Remora kompiliert wurde (Reextraktion).

Die Extraktion eines Remora–Modells aus begrifflichen Graphen soll im folgenden anhand eines Arbeitsgraphen und einer Typenhierarchie, die durch Kompilation eines ER–Modells entstanden sind, gezeigt werden.

17.1 Vorgangsweise

Extrahiert wird in drei Schritten:

1. Mittels der dem Arbeitsgraphen zugrundeliegenden Eintragungen in die Typenhierarchie wird eine Vorauswahl von mit Remora–Konstrukten vergleichbaren Konzepten und Verbindungen getroffen. Dabei sind die Eintrittspunkte der Remora–Konstrukte bei der Extraktion identisch mit denen bei der Kompilation. Gleiche Eintrittspunkte sind dabei das Richtmaß für passende Kandidaten der universellen Repräsentation.

2. Entsprechende Verbindungen der unmittelbaren Umgebung mit dem Kandidaten im Arbeitsgraphen sind wichtige Kriterien bei der Auswertung. Bei der Auswahl wird in drei Typen von Kandidaten unterschieden:

- Kandidaten, die bei einer Remora–Kompilation entstanden sind,

- Kandidaten, die mit bereits extrahierten Konstrukten in passender Verbindung stehen,

- Kandidaten, die bloße Subtypen entsprechender Eintrittspunkte in der Typenhierarchie sind.

In den behandelten Beispielen werden Kandidaten des ersten Typs nicht berücksichtigt, da kein aus einem Remora–Modell kompilierter Arbeitsgraph verwendet wurde.

3. Kombination der extrahierten Konstrukte im Remora–Modell unter Berücksichtigung der allgemeinen Konsistenzbedingungen.

17.2　Extraktion von C–Objekten

17.2.1　Auswahl aus der Typenhierarchie

In der Typenhierarchie sind alle Subtypen von *Sache*, *Person* oder *Beziehung* mögliche Kandidaten für C–Objekte. C–Objekte stehen immer mit Attributen in Verbindung, die unter den Eintrittspunkten *String*, *Kalenderdatum* und *Zahl* aufzufinden sind.

Vollständige C–Objekte der Remora–Methode setzen sich aus den beiden oberen Elementarkonstrukten zusammen. Sie können entweder gemeinsam aus dem jeweiligen Arbeitsgraphen in ein Remora–Modell extrahiert werden oder aber einzeln übergeführt und im Remora–Modell verknüpft werden. Bemerkenswert ist in diesem Zusammenhang, daß die Attribute zwar im Arbeitsgraphen explizit enthalten sind, jedoch nicht in der graphischen Repräsentation des Remora–Modells, weil in Remora nur eine lineare Repräsentation von ihnen existiert.

17.2.2　Eingliederung in das Remora–Modell

Bei der Eingliederung von Konstruktkandidaten in den Arbeitsgraphen des Remora–Modells müssen Beziehungen zu bereits extrahierten Konstrukten berücksichtigt werden. Da der Arbeitsgraph zu Beginn einer Extraktion als leer angenommen wird, existieren bei der Einführung der Objektkandidaten noch keine anderen Konstrukte.

Im Beispiel–ER–Modell aus Abschnitt 5.2 werden die drei Konzepte *Kunde*, *Lieferant* und *Artikel* mit den Eintrittspunkten *Person* oder *Sache* gebildet. Diese Begriffe sind Anwärter für C–Objekte. ER–Attribute haben die Eintrittspunkte *Eigenschaft*, *Beziehung*, *Vorgang* und *Konkretum*. Es kommen für Remora–Attribute nur solche in Frage, die unter *Eigenschaft* und *Beziehung* stehen, da Vorgänge in Remora keine Attribute besitzen können. Die verschiedenen Attributformen (ausgenommen Schlüsselattribute) werden in Remora nicht unterschieden.

Ein aus der Kompilation eines ER–Modells stammender Arbeitsgraph der Form

```
[Lieferant]-->(link)-->[Name]
```

wird daher nach Expansion der *hat*–Relation, die in Remora Objekte mit Attributen verbindet und mit Hilfe der *link*–Relation definiert ist, zu folgender C–Objekt–Definition extrahiert:

```
Lieferant(Name)
```

17.3 Extraktion von Operationen

17.3.1 Auswahl aus der Typenhierarchie

Eintrittspunkt für Operationen ist *DB–Operation*, wobei alle drei Subtypen *modify*, *delete* und *create* hierbei in Frage kommen.

17.3.2 Eingliederung in das Remora–Modell

Die Operationen werden mit den bereits vorhandenen Objekten verknüpft. Dabei sind sie den jeweiligen Objekten vorangestellt. Eine Operation darf nur mit einem Objekt verbunden sein.

Im ER-Modell sind Beziehungstypen unter *Beziehung* oder *Vorgang* auffindbar. Im Remora–Modell entspricht der Eintrittspunkt *Vorgang* dem der Operation. Unter *Beziehung* eingetragene Definitionen sind nicht automatisch ins Remora–Modell überführbar. Die Darstellung von Vorgängen des ER-Modells hat im Arbeitsgraphen folgendes Aussehen:

```
[Lieferung]-->(obj)-->[Artikel]
           -->(agnt)-->[Lieferant]
```

```
[Annehmen]-->(obj)-->[Artikel]
          -->(agnt)-->[Kunde]
```

Daraus ergibt sich bei der Extraktion das in Abbildung 17.1 dargestellte Remora–Modell.

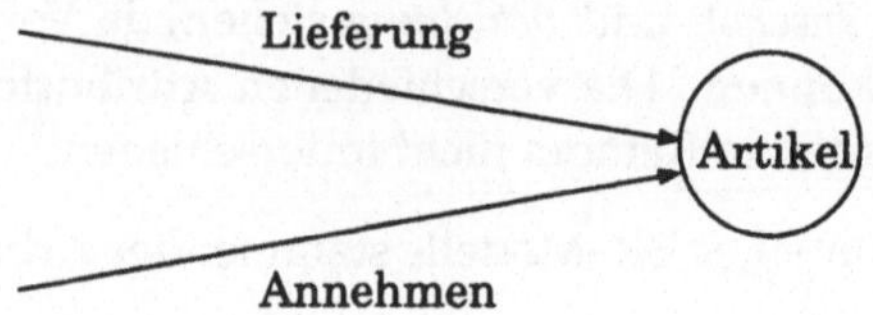

Abbildung 17.1: Extraktion von Operationen

17.4 Extraktion von Ereignissen

17.4.1 Auswahl aus der Typenhierarchie

Kandidaten für C–Ereignisse sind in der Typenhierarchie unter dem Eintrittspunkt *Ereignis* auffindbar.

17.4.2 Eingliederung in das Remora–Modell

Den C–Ereignissen müssen immer Operationen zugeordnet sein. Sofern es sich dabei nicht um externe Ereignisse handelt, müssen ihnen mit Operationen verknüpfte Objekte zugeordnet sein.

Da das ER-Modell keine Parallelen zum Konstrukt des Ereignisses aufzeigt, müßte hier der Anwender das entstandene Modell entsprechend ergänzen und die beiden Ereignisse *Ev1* und *Ev2* eintragen (siehe Abbildung 17.2).

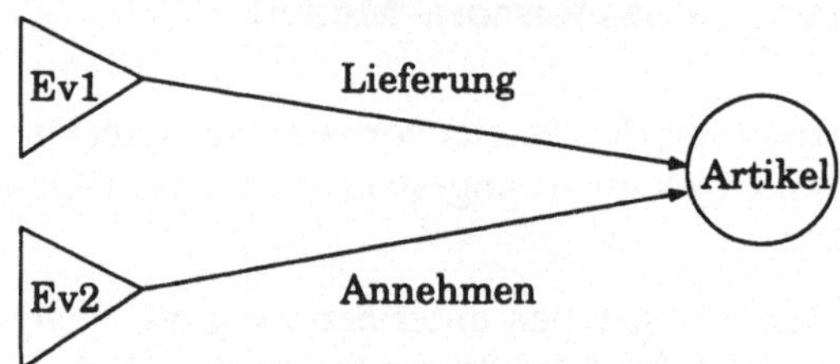

Abbildung 17.2: Extraktion von C–Ereignissen

Kapitel 18

Implementation der Überführungsregeln in Prolog

18.1 Programmaufbau

Nachstehend werden Regeln in einer Prolog-ähnlichen Notation präsentiert, die
eine Implementation der Überlegungen zur Überführung eines Remora–Modells
darstellen. Diese Regeln werden von SAMBS–Metainterpretern interpretiert und
realisieren sowohl die Verwaltung eines Remora–Modells als auch die Kompilation
und Extraktion.

Die Regeln zur Verwaltung des Remora–Modells bestehen aus dem Remora–Konstrukt und Bedingungen, die für die Konsistenz des Remora–Modells erfüllt sein
müssen. Zusätzlich zu diesen Regel existieren noch Fakten, die die Argumente der
Remora–Konstrukte näher bezeichnen.

18.2 Regeln

```
/******************************************************************
 Konstruktdefinitionen
 ******************************************************************/

konstrukt(c_obj(COBJ), COBJ, 'C-Objekt',
          [COBJ-'C-Objektname']).

konstrukt(natt(COBJ,Att,Dom), COBJ, 'Nichtschluesselattribut',
        [COBJ-'C-Objektname',
          Att-'Attributsname',
   Dom-'Wertebereich']).

konstrukt(satt(COBJ,Att,Dom), COBJ, 'Schluesselattribut',
        [COBJ-'C-Objektname',
          Att-'Attributsname',
```

```
     Dom-'Wertebereich'] ) .

konstrukt (c_op (Name,CEV,COBJ,TCART,Bed), Name, 'C-Operation',
          [Name-'C-Operationsname',
  CEV-'Ausloesendes Ereignis',
  COBJ-'Zu veraenderndes C-Objekt',
          TCART-'Art der Zustandsveraenderung',
  Bed-'Bedingung der Operation']).

konstrukt (c_ev (Name,COBJ,TCART), Name, 'C-Event',
          [Name-'C-Eventname',
  COBJ-'Ausloesendes C-Objekt',
          TCART-'Ausloesende Zustandsveraenderung']).



/******************************************************************
  Konsistenzregeln
 ******************************************************************/


c_obj (Name) ::
atom (Name),
        true.

c_op (Name,CEV,COBJ,TCART,Bed) ::
        atom (Name),
gueltige_tcart (COBJ,TCART),
gueltige_bed (Bed),
        c_ev (CEV,_,_),
        c_obj (COBJ),
        true.

c_ev (Name,COBJ,TCART) ::
        atom (Name),
gueltige_tcart (COBJ,TCART),
c_obj (COBJ),
        true.

natt (COBJ,Att,Dom) ::
        atom (Att),
c_obj (COBJ),
        gueltiges_domain (Dom),
        true.

satt (COBJ,Att,Dom) ::
        atom (Att),
c_obj (COBJ),
        gueltiges_domain (Dom),
        true.



/******************************************************************
  Prolog-Programme
```

```prolog
 **************************************************************/

gueltige_tcart(COBJ,mod(Att)) <-
   natt(COBJ,Att,_),
   true.
gueltige_tcart(COBJ,create) <-
   true.
gueltige_tcart(COBJ,delete) <-
   true.

gueltige_bed((A,B)) <-
   gueltige_bed(A),
   gueltige_bed(B),
   true.
gueltige_bed((A;B)) <-
   gueltige_bed(A),
   gueltige_bed(B),
   true.
gueltige_bed(A\==B) <-
   gueltiges_literal(A),
   gueltiges_literal(B),
   true.
gueltige_bed(A=B) <-
   gueltiges_literal(A),
   gueltiges_literal(B),
   true.
gueltige_bed(A<B) <-
   gueltiges_literal(A),
   gueltiges_literal(B),
   true.

gueltiges_literal(attr(COBJ,Att,Dom)) <-
   natt(COBJ,Att,Dom),
   true.
gueltiges_literal(attr(COBJ,Att,Dom)) <-
   satt(COBJ,Att,Dom),
   true.
gueltiges_literal(X) <-
   atomic(X),
   true.

gueltiges_domain(string) <-
   true.
gueltiges_domain(zahl) <-
   true.
gueltiges_domain(datum) <-
   true.




/*
 *************************************************************
   Konversionstabelle
 **************************************************************/
```

```
it((c_obj(Name), true) ,
(Konzept       =.. ([Name, A]),
        ident(Name, Konzept),
eintritt(Konzept, [ objekt(A) ]), true),
(Konzept, true) ).

it((satt(Name,Att,Domain), true) ,
(Att_Konzept =.. ([Att,B]),
ident(Att,   Att_Konzept),
eintritt(Att_Konzept, [ zahl(B), string(B), datum(B) ]) , true ) ,
(Att_Konzept, true) ).

it((natt(Name,Att,Domain), true) ,
(Att_Konzept =.. ([Att,B]),
ident(Att,   Att_Konzept),
eintritt(Att_Konzept, [ zahl(B), string(B), datum(B) ]) , true ) ,
(Att_Konzept, true) ).

it((c_obj(Name), satt(Name,Att,Domain), true) ,
(Konzept       =.. ([Name, A]),
        Att_Konzept =.. ([Att,B]),
ident(Name, Konzept),
ident(Att,   Att_Konzept),
eintritt(Konzept, [ objekt(A) ]),
eintritt(Att_Konzept, [ zahl(B), string(B), datum(B) ]) , true ) ,
(Konzept, hat(Konzept,Att_Konzept), Att_Konzept, true) ).

it((c_obj(Name), natt(Name,Att,Domain), true) ,
(Konzept       =.. ([Name, A]),
        Att_Konzept =.. ([Att,B]),
ident(Name, Konzept),
ident(Att,   Att_Konzept),
eintritt(Konzept, [ objekt(A) ]),
eintritt(Att_Konzept, [ zahl(B), string(B), datum(B) ]) , true ) ,
(Konzept, hat(Konzept,Att_Konzept), Att_Konzept, true) ).

it((c_ev(Name,COBJ,create),  true) ,
(COBJ_Konzept =.. ([COBJ, B]) ,
EV_Konzept    =.. ([Name, C]) ,
ident(create, create(A)),
ident(COBJ,   COBJ_Konzept) ,
ident(Name,   EV_Konzept),
eintritt(create(A),    [ operation(A) ]),
eintritt(COBJ_Konzept, [ objekt(B) ]),
eintritt(EV_Konzept,   [ ereignis(C) ]) , true ) ,
(create(A), obj(create(A),COBJ_Konzept), COBJ_Konzept,
        ascertain(COBJ_Konzept,EV_Konzept),
        EV_Konzept, true) ).

it((c_ev(Name,COBJ,delete),  true) ,
(COBJ_Konzept =.. ([COBJ, B]) ,
EV_Konzept    =.. ([Name, C]) ,
ident(delete, delete(A)),
ident(COBJ,   COBJ_Konzept) ,
ident(Name,   EV_Konzept),
eintritt(delete(A),    [ operation(A) ]),
```

```
eintritt(COBJ_Konzept, [ objekt(B) ]),
eintritt(EV_Konzept,   [ ereignis(C) ]) , true ) ,
(delete(A), obj(delete(A),COBJ_Konzept), COBJ_Konzept,
        ascertain(COBJ_Konzept,EV_Konzept),
        EV_Konzept, true) ).
        .


it((c_ev(Name,COBJ,mod(Att)),  true) ,
(TC_Konzept  = modify(A) ,
        Att_Konzept  =.. ([Att,   D]),
COBJ_Konzept =.. ([COBJ, B]) ,
EV_Konzept   =.. ([Name, C]) ,
ident(mod(Att), modify(A)),
ident(Att,        Att_Konzept) ,
ident(COBJ,       COBJ_Konzept) ,
ident(Name,       EV_Konzept),
eintritt(modify(A),      [ operation(A) ]),
        eintritt(Att_Konzept, [ zahl(D), string(D), datum(D) ]) ,
eintritt(COBJ_Konzept, [ objekt(B) ]),
eintritt(EV_Konzept,   [ ereignis(C) ]) , true ) ,
(TC_Konzept, obj(TC_Konzept,Att_Konzept), Att_Konzept,
        hat(COBJ_Konzept,Att_Konzept),
        COBJ_Konzept,ascertain(COBJ_Konzept,EV_Konzept),EV_Konzept,true)).

it((c_op(Name, CEV, COBJ, create, Bed),  true) ,
(TC_Konzept   =.. ([create,TCv]) ,
        Op_Konzept   =..  ([Name,   COPv]),
COBJ_Konzept =.. ([COBJ, COBJv]) ,
EV_Konzept   =.. ([CEV, CEVv]) ,
ident(TCART, TC_Konzept),
ident(Name,  Op_Konzept) ,
ident(COBJ,  COBJ_Konzept) ,
ident(CEV,   EV_Konzept),
eintritt(TC_Konzept,    [ operation(TCv) ]),
eintritt(Op_Konzept,    [ operation(COPv) ]),
eintritt(COBJ_Konzept, [ objekt(COBv) ]),
eintritt(EV_Konzept,    [ ereignis(CEVv) ]), true),
(TC_Konzept, obj(TC_Konzept,COBJ_Konzept), COBJ_Konzept,
      obj(Op_Konzept,COBJ_Konzept),
      Op_Konzept, trigger(EV_Konzept,Op_Konzept), EV_Konzept,
      bedingung(Op_Konzept,Bedv), true) ).

it((c_op(Name, CEV, COBJ, delete, Bed),  true) ,
(TC_Konzept   =.. ([delete,TCv]) ,
      Op_Konzept   =..  ([Name,   COPv]),
COBJ_Konzept =.. ([COBJ, COBJv]) ,
EV_Konzept   =.. ([CEV, CEVv]) ,
ident(TCART, TC_Konzept),
ident(Name,  Op_Konzept) ,
ident(COBJ,  COBJ_Konzept) ,
ident(CEV,   EV_Konzept),
eintritt(TC_Konzept,    [ operation(TCv) ]),
eintritt(Op_Konzept,    [ operation(COPv) ]),
eintritt(COBJ_Konzept, [ objekt(COBv) ]),
eintritt(EV_Konzept,    [ ereignis(CEVv) ]), true),
(TC_Konzept, obj(TC_Konzept,COBJ_Konzept), COBJ_Konzept,
```

```
        obj(Op_Konzept,COBJ_Konzept),
        Op_Konzept, trigger(EV_Konzept,Op_Konzept), EV_Konzept,
        bedingung(Op_Konzept,Bedv), true) ).


it((c_op(Name, CEV, COBJ, mod(Att), Bed),   true) ,
(TC_Konzept  =.. ([modify,TCv]) ,
        Op_Konzept  =..  ([Name,  COPv]),
COBJ_Konzept =.. ([COBJ, COBJv]) ,
EV_Konzept   =.. ([CEV, CEVv]) ,
Att_Konzept  =.. ([Att, Attv]) ,
ident(TCART,  TC_Konzept) ,
ident(Name,   Op_Konzept) ,
ident(COBJ,   COBJ_Konzept) ,
ident(CEV,    EV_Konzept),
ident(Att,    Att_Konzept),
eintritt(TC_Konzept,    [ operation(TCv) ]),
eintritt(Op_Konzept,    [ operation(COPv) ]),
eintritt(COBJ_Konzept,  [ objekt(COBv) ]),
eintritt(EV_Konzept,    [ ereignis(CEVv) ]),
eintritt(Att_Konzept,   [ zahl(Attv),  string(Attv),  datum(Attv) ]),
        true) ,
(TC_Konzept, obj(TC_Konzept,COBJ_Konzept), COBJ_Konzept,
        obj(Op_Konzept,COBJ_Konzept),
        Op_Konzept, trigger(EV_Konzept,Op_Konzept), EV_Konzept,
        bedingung(Op_Konzept,Bedv), true) ).
```

18.3   Arbeitsgraph des Remora–Modells für eine Lagerverwaltung

Im folgenden wird das Ergebnis einer automatischen Überführung eines kleinen Teilbeispiels in einen begrifflichen Arbeitsgraphen demonstriert.

18.3.1   Methodenmodell

```
/*   ARTIKELDATEN
********************/

c_obj(artikel).
satt(artikel, anr, string).
natt(artikel, bezeichnung, string).

c_obj(artvpr).
satt(artvpr, anr, string).
natt(artvpr, verkaufspreis, zahl).

c_obj(artbest).
satt(artbest, anr, string).
natt(artbest, bestand, zahl).

c_obj(artlos).
```

```
satt(artlos, anr, string).
natt(artlos, losgroesse, zahl).

c_obj(artlief).
satt(artlief, anr, string).
natt(artlief, liefnr, zahl).
natt(artlief, lief_name, string).
natt(artlief, lief_adresse, string).

c_obj(artopt).
satt(artopt, anr, string).
natt(artopt, optimum, zahl).

c_obj(artepr).
satt(artepr, anr, string).
natt(artepr, einkaufspreis, string).

c_obj(artkond1).
satt(artkond1, anr, string).
natt(artkond1, endpunkt, datum).
natt(artkond1, zeitteil1, zahl).
natt(artkond1, zeitteil2, zahl).

c_obj(artkond2).
satt(artkond2, liefnr, string).
natt(artkond2, liefteil1, zahl).
natt(artkond2, liefteil2, zahl).

/*
KUNDENVERWALTUNG
***************/

c_obj(anruf).
satt(anruf, anrufnr, string).
natt(anruf, name, string).
natt(anruf, adresse, string).
natt(anruf, ware, string).
natt(anruf, kd_menge, zahl).

c_ev(kunde_anruf, anruf, create).

c_op(kunde_anlegen, kunde_anruf, kunde, create,
     attr(anruf, name, string) \== attr(kunde, kd_name, string)).

c_op(kdbest_anlegen, kunde_anruf, kdbest, create,
     attr(anruf, ware, string) = attr(artikel, bezeichnung, string)).

c_obj(kunde).
satt(kunde, kdnr, string).
natt(kunde, kd_name, string).
natt(kunde, kd_adresse, string).

c_obj(kdbest).
satt(kdbest, kdnr, string).
natt(kdbest, anr, string).
natt(kdbest, kd_men, zahl).
```

```
/*
LAGERVERWALTUNG
***************/
c_ev(kdbest_vorhanden, kdbest, create).

c_op(entnahme_anlegen, kdbest_vorhanden, entnahme, create,
     attr(kdbest,  kd_men,zahl) < attr(artbest, bestand,zahl)).

c_op(unterbestand_anlegen, kdbest_vorhanden, unterbestand, create,
     attr(artbest,  bestand,zahl) < attr(kdbest, kd_men,zahl)).

c_obj(entnahme).
satt(entnahme, anr, string).
natt(entnahme, en_menge, zahl).

c_ev(entnahme_vorhanden, entnahme, create).

c_op(artbest_aendern, entnahme_vorhanden, artbest, mod).

c_op(nachbest_anlegen1, entnahme_vorhanden, nachbest, create,
     attr(artbest,bestand,zahl) < attr(artlos,losgroesse,zahl)).

c_obj(unterbestand).
satt(unterbestand, anr, string).
natt(unterbestand, fehlmenge, zahl).

c_ev(unterbestand_vorh, unterbestand, create).

c_obj(nachbest).
satt(nachbest, anr, string).

/*
BESTELLUNG
***********/

c_ev(nachbest_vorh, nachbest, create).

c_op(bestellung_anlegen, nachbest_vorh, bestellung, create,
     attr(nachbest, anr, string) = attr(artlief, anr, string)).

c_op(best_pos_anlegen, nachbest_vorh, best_pos, create,
     attr(nachbest, anr, string) = attr(artopt, anr, string)).

c_obj(bestellung).
satt(bestellung, bestnr, string).
natt(bestellung, lief_nr, string).

c_obj(best_pos).
satt(best_pos, bestnr, string).
natt(best_pos, anr, string).
natt(best_pos, best_men, zahl).

/*
LIEFERUNG
*************/
```

```
c_obj(lieferung).
satt(lieferung, bestliefnr, string).
natt(lieferung, lief_nr,  string).


c_obj(lief_pos).
satt(lief_pos, bestliefnr, string).
natt(lief_pos, anr, string).
natt(lief_pos, lief_men, zahl).


c_ev(lieferung_vorh, lieferung, create).


c_ev(lief_pos_vorh, lief_pos, create).


c_op(falsch_lief_anlegen, lief_pos_vorh, unterbestand, create,
      (attr(lieferung, bestliefnr, string) \==
            attr(bestellung, bestnr, string);
       attr(lief_pos, anr, string) \== attr(best_pos, anr, string) ;
       attr(lief_pos, lief_men, zahl) \== attr(best_pos, best_men, zahl))).


c_op(falsch_lief_del, lieferung_vorh, falsch_lief, delete,
      attr(falsch_lief, bestnr, string) =
            attr(lieferung, bestliefnr, string)).


c_op(zugang_anlegen, lieferung_vorh, zugang, create,
      (attr(lieferung, bestliefnr, string) =
            attr(bestellung, bestnr, string),
       attr(lief_pos, anr, string) \== attr(best_pos, anr, string),
       attr(lief_pos, lief_men, zahl) \== attr(best_pos, best_men, zahl))).

c_obj(falsch_lief).
satt(falsch_lief, bestnr, string).
natt(falsch_lief, anr, string).
natt(falsch_lief, fa_men, zahl).

c_ev(falsch_lief_vorh, falsch_lief, create).

c_op(best_pos_mod, falsch_lief_vorh, best_pos, mod(best_men),
      (attr(falsch_lief, bestnr, string) \==
            attr(bestellung, bestnr, string),
       attr(falsch_lief, anr, string) \== attr(best_pos, anr, string))).

c_obj(zugang).
satt(zugang, anr, string).
natt(zugang, zu_menge, zahl).

c_ev(zugang_vorh, zugang, create).

c_op(rechnung_anlegen, zugang_vorh, rechnung, create,
      (attr(lieferung, bestliefnr, string) \==
         attr(falsch_lief, bestnr, string),
       attr(lief_pos, anr, string) = attr(artepr, anr, string))).

c_obj(rechnung).
```

```
satt(rechnung, bestnr, string).
natt(rechnung, anr, string).
natt(rechnung, lief_men, zahl).
natt(rechnung, epr, zahl).


c_op(rabatt_anlegen, rechnung_vorh, rabatt, create,
     (attr(lief_pos, anr, string) = attr(artkond1, anr, string),
      attr(lieferung, lief_nr, string) = attr(artkond2, liefnr, string))).


c_ev(rechnung_vorh, rechnung, mod(epr)).

c_obj(rabatt).
satt(rabatt, bestnr, string).
natt(rabatt, artkond1, string).
natt(rabatt, artkond2, string).

c_op(artbest_mod, zugang_vorh, artbest, mod(bestand),
     attr(zugang,anr, string) = attr(artbest,anr, string)).

c_op(unterbstd_mod, zugang_vorh, unterbestand, mod(fehlmenge),
     attr(zugang, anr, string) = attr(unterbestand, anr, string)).

c_ev(unterbstd_geaendert, unterbestand, mod(fehlmenge)).


c_op(unterbstd_del, unterbstd_geaendert, unterbestand, delete,
     attr(unterbestand, fehlmenge, zahl) = 0).
```

18.3.2   Arbeitsgraph

```
ag(adresse(#220:_25073))
ag(anr(#200:_10244))
ag(anruf(#186:_4606))
ag(anrufnr(#202:_12547))
ag(artbest(#179:_2940))
ag(artbest_mod(#263:_120666))
ag(artepr(#183:_3850))
ag(artikel(#177:_2527))
ag(artkond1(#184:_4095))
ag(artkond2(#185:_4347))
ag(artlief(#181:_3381))
ag(artlos(#180:_3157))
ag(artopt(#182:_3612))
ag(artvpr(#178:_2730))
ag(ascertain(anruf(#186:_4606),kunde_anruf(#235:_73270)))
ag(ascertain(entnahme(#189:_5425),entnahme_vorhanden(#237:_75793)))
ag(ascertain(falsch_lief(#196:_7581),falsch_lief_vorh(#242:_82317)))
ag(ascertain(unterbestand(#190:_5712),unterbstd_geaendert(#247:_88086)))
ag(ascertain(unterbestand(#190:_5712),unterbestand_vorh(#238:_77071)))
ag(ascertain(kdbest(#188:_5145),kdbest_vorhanden(#236:_74526)))
ag(ascertain(lief_pos(#195:_7252),lief_pos_vorh(#241:_80987)))
```

```
ag(ascertain(lieferung(#194:_6930),lieferung_vorh(#240:_79668)))
ag(ascertain(nachbest(#191:_6006),nachbest_vorh(#239:_78360)))
ag(ascertain(rechnung(#198:_8260),rechnung_vorh(#245:_86009)))
ag(ascertain(zugang(#197:_7917),zugang_vorh(#243:_83658)))
ag(bedingung(artbest_mod(#263:_120666),_117677))
ag(bedingung(best_pos_anlegen(#254:_102877),_90126))
ag(bedingung(best_pos_mod(#262:_118356),_117897))
ag(bedingung(bestellung_anlegen(#253:_100950),_90296))
ag(bedingung(entnahme_anlegen(#250:_95267),_90806))
ag(bedingung(falsch_lief_anlegen(#255:_104815),_89956))
ag(bedingung(falsch_lief_del(#260:_113525),_112710))
ag(bedingung(unterbstd_del(#261:_115621),_112540))
ag(bedingung(unterbstd_mod(#264:_122847),_117471))
ag(bedingung(unterbestand_anlegen(#251:_97149),_90636))
ag(bedingung(kdbest_anlegen(#249:_93400),_90976))
ag(bedingung(kunde_anlegen(#248:_91544),_91146))
ag(bedingung(nachbest_anlegen1(#252:_99042),_90466))
ag(bedingung(rabatt_anlegen(#258:_110723),_89376))
ag(bedingung(rechnung_anlegen(#257:_108728),_89560))
ag(bedingung(zugang_anlegen(#256:_106756),_89758))
ag(best_men(#229:_30309))
ag(best_pos(#193:_6615))
ag(best_pos_anlegen(#254:_102877))
ag(best_pos_mod(#262:_118356))
ag(bestand(#208:_19343))
ag(bestellung(#192:_6307))
ag(bestellung_anlegen(#253:_100950))
ag(bestliefnr(#205:_14850))
ag(bestnr(#204:_14218))
ag(bezeichnung(#206:_18524))
ag(create(#234:_72718))
ag(delete(#259:_112857))
ag(einkaufspreis(#213:_21741))
ag(en_menge(#226:_28426))
ag(endpunkt(#214:_22196))
ag(entnahme(#189:_5425))
ag(entnahme_anlegen(#250:_95267))
ag(entnahme_vorhanden(#237:_75793))
ag(epr(#233:_33971))
ag(fa_men(#231:_32234))
ag(falsch_lief(#196:_7581))
ag(falsch_lief_anlegen(#255:_104815))
ag(falsch_lief_del(#260:_113525))
ag(falsch_lief_vorh(#242:_82317))
ag(unterbstd_del(#261:_115621))
ag(unterbstd_geaendert(#247:_88086))
ag(unterbstd_mod(#264:_122847))
ag(unterbestand(#190:_5712))
ag(unterbestand_anlegen(#251:_97149))
ag(unterbestand_vorh(#238:_77071))
ag(fehlmenge(#227:_28972))
ag(hat(anruf(#186:_4606),adresse(#220:_25073)))
ag(hat(anruf(#186:_4606),anrufnr(#202:_12547)))
ag(hat(anruf(#186:_4606),kd_menge(#222:_26088)))
ag(hat(anruf(#186:_4606),name(#219:_24576)))
ag(hat(anruf(#186:_4606),ware(#221:_25577)))
```

```
ag(hat(artbest(#179:_2940),anr(#200:_10244)))
ag(hat(artbest(#179:_2940),bestand(#208:_19343)))
ag(hat(artepr(#183:_3850),anr(#200:_10244)))
ag(hat(artepr(#183:_3850),einkaufspreis(#213:_21741)))
ag(hat(artikel(#177:_2527),anr(#200:_10244)))
ag(hat(artikel(#177:_2527),bezeichnung(#206:_18524)))
ag(hat(artkond1(#184:_4095),anr(#200:_10244)))
ag(hat(artkond1(#184:_4095),endpunkt(#214:_22196)))
ag(hat(artkond1(#184:_4095),zeitteil1(#215:_22658)))
ag(hat(artkond1(#184:_4095),zeitteil2(#216:_23127)))
ag(hat(artkond2(#185:_4347),liefnr(#201:_12176)))
ag(hat(artkond2(#185:_4347),liefteil1(#217:_23603)))
ag(hat(artkond2(#185:_4347),liefteil2(#218:_24086)))
ag(hat(artlief(#181:_3381),anr(#200:_10244)))
ag(hat(artlief(#181:_3381),lief_adresse(#211:_20852)))
ag(hat(artlief(#181:_3381),lief_name(#210:_20418)))
ag(hat(artlief(#181:_3381),liefnr(#201:_12176)))
ag(hat(artlos(#180:_3157),anr(#200:_10244)))
ag(hat(artlos(#180:_3157),losgroesse(#209:_19763)))
ag(hat(artopt(#182:_3612),anr(#200:_10244)))
ag(hat(artopt(#182:_3612),optimum(#212:_21293)))
ag(hat(artvpr(#178:_2730),anr(#200:_10244)))
ag(hat(artvpr(#178:_2730),verkaufspreis(#207:_18930)))
ag(hat(best_pos(#193:_6615),anr(#200:_10244)))
ag(hat(best_pos(#193:_6615),best_men(#229:_30309)))
ag(hat(best_pos(#193:_6615),bestnr(#204:_14218)))
ag(hat(bestellung(#192:_6307),bestnr(#204:_14218)))
ag(hat(bestellung(#192:_6307),lief_nr(#228:_29525)))
ag(hat(entnahme(#189:_5425),anr(#200:_10244)))
ag(hat(entnahme(#189:_5425),en_menge(#226:_28426)))
ag(hat(falsch_lief(#196:_7581),anr(#200:_10244)))
ag(hat(falsch_lief(#196:_7581),bestnr(#204:_14218)))
ag(hat(falsch_lief(#196:_7581),fa_men(#231:_32234)))
ag(hat(unterbestand(#190:_5712),anr(#200:_10244)))
ag(hat(unterbestand(#190:_5712),fehlmenge(#227:_28972)))
ag(hat(kdbest(#188:_5145),anr(#200:_10244)))
ag(hat(kdbest(#188:_5145),kd_men(#225:_27887)))
ag(hat(kdbest(#188:_5145),kdnr(#203:_12925)))
ag(hat(kunde(#187:_4872),kd_adresse(#224:_27131)))
ag(hat(kunde(#187:_4872),kd_name(#223:_26606)))
ag(hat(kunde(#187:_4872),kdnr(#203:_12925)))
ag(hat(lief_pos(#195:_7252),anr(#200:_10244)))
ag(hat(lief_pos(#195:_7252),bestliefnr(#205:_14850)))
ag(hat(lief_pos(#195:_7252),lief_men(#230:_31436)))
ag(hat(lieferung(#194:_6930),bestliefnr(#205:_14850)))
ag(hat(lieferung(#194:_6930),lief_nr(#228:_29525)))
ag(hat(nachbest(#191:_6006),anr(#200:_10244)))
ag(hat(rabatt(#199:_8610),artkond1(#184:_4095)))
ag(hat(rabatt(#199:_8610),artkond2(#185:_4347)))
ag(hat(rabatt(#199:_8610),bestnr(#204:_14218)))
ag(hat(rechnung(#198:_8260),anr(#200:_10244)))
ag(hat(rechnung(#198:_8260),bestnr(#204:_14218)))
ag(hat(rechnung(#198:_8260),epr(#233:_33971)))
ag(hat(rechnung(#198:_8260),lief_men(#230:_31436)))
ag(hat(zugang(#197:_7917),anr(#200:_10244)))
ag(hat(zugang(#197:_7917),zu_menge(#232:_32815)))
```

```
ag(kd_adresse(#224:_27131))
ag(kd_men(#225:_27887))
ag(kd_menge(#222:_26088))
ag(kd_name(#223:_26606))
ag(kdbest(#188:_5145))
ag(kdbest_anlegen(#249:_93400))
ag(kdbest_vorhanden(#236:_74526))
ag(kdnr(#203:_12925))
ag(kunde(#187:_4872))
ag(kunde_anlegen(#248:_91544))
ag(kunde_anruf(#235:_73270))
ag(lief_adresse(#211:_20852))
ag(lief_men(#230:_31436))
ag(lief_name(#210:_20418))
ag(lief_nr(#228:_29525))
ag(lief_pos(#195:_7252))
ag(lief_pos_vorh(#241:_80987))
ag(lieferung(#194:_6930))
ag(lieferung_vorh(#240:_79668))
ag(liefnr(#201:_12176))
ag(liefteil1(#217:_23603))
ag(liefteil2(#218:_24086))
ag(losgroesse(#209:_19763))
ag(modify(#244:_85092))
ag(modify(#246:_87211))
ag(nachbest(#191:_6006))
ag(nachbest_anlegen1(#252:_99042))
ag(nachbest_vorh(#239:_78360))
ag(name(#219:_24576))
ag(obj(artbest_mod(#263:_120666),artbest(#179:_2940)))
ag(obj(best_pos_anlegen(#254:_102877),best_pos(#193:_6615)))
ag(obj(best_pos_mod(#262:_118356),best_pos(#193:_6615)))
ag(obj(bestellung_anlegen(#253:_100950),bestellung(#192:_6307)))
ag(obj(create(#234:_72718),anruf(#186:_4606)))
ag(obj(create(#234:_72718),best_pos(#193:_6615)))
ag(obj(create(#234:_72718),bestellung(#192:_6307)))
ag(obj(create(#234:_72718),entnahme(#189:_5425)))
ag(obj(create(#234:_72718),falsch_lief(#196:_7581)))
ag(obj(create(#234:_72718),unterbestand(#190:_5712)))
ag(obj(create(#234:_72718),kdbest(#188:_5145)))
ag(obj(create(#234:_72718),kunde(#187:_4872)))
ag(obj(create(#234:_72718),lief_pos(#195:_7252)))
ag(obj(create(#234:_72718),lieferung(#194:_6930)))
ag(obj(create(#234:_72718),nachbest(#191:_6006)))
ag(obj(create(#234:_72718),rabatt(#199:_8610)))
ag(obj(create(#234:_72718),rechnung(#198:_8260)))
ag(obj(create(#234:_72718),zugang(#197:_7917)))
ag(obj(delete(#259:_112857),falsch_lief(#196:_7581)))
ag(obj(delete(#259:_112857),unterbestand(#190:_5712)))
ag(obj(entnahme_anlegen(#250:_95267),entnahme(#189:_5425)))
ag(obj(falsch_lief_anlegen(#255:_104815),unterbestand(#190:_5712)))
ag(obj(falsch_lief_del(#260:_113525),falsch_lief(#196:_7581)))
ag(obj(unterbstd_del(#261:_115621),unterbestand(#190:_5712)))
ag(obj(unterbstd_mod(#264:_122847),unterbestand(#190:_5712)))
ag(obj(unterbestand_anlegen(#251:_97149),unterbestand(#190:_5712)))
ag(obj(kdbest_anlegen(#249:_93400),kdbest(#188:_5145)))
```

```
ag(obj(kunde_anlegen(#248:_91544),kunde(#187:_4872)))
ag(obj(modify(#244:_85092),artbest(#179:_2940)))
ag(obj(modify(#244:_85092),best_pos(#193:_6615)))
ag(obj(modify(#244:_85092),epr(#233:_33971)))
ag(obj(modify(#244:_85092),unterbestand(#190:_5712)))
ag(obj(modify(#246:_87211),fehlmenge(#227:_28972)))
ag(obj(nachbest_anlegen1(#252:_99042),nachbest(#191:_6006)))
ag(obj(rabatt_anlegen(#258:_110723),rabatt(#199:_8610)))
ag(obj(rechnung_anlegen(#257:_108728),rechnung(#198:_8260)))
ag(obj(zugang_anlegen(#256:_106756),zugang(#197:_7917)))
ag(optimum(#212:_21293))
ag(rabatt(#199:_8610))
ag(rabatt_anlegen(#258:_110723))
ag(rechnung(#198:_8260))
ag(rechnung_anlegen(#257:_108728))
ag(rechnung_vorh(#245:_86009))
ag(trigger(entnahme_vorhanden(#237:_75793),
    nachbest_anlegen1(#252:_99042)))
ag(trigger(falsch_lief_vorh(#242:_82317),best_pos_mod(#262:_118356)))
ag(trigger(unterbstd_geaendert(#247:_88086),unterbstd_del(#261:_115621)))
ag(trigger(kdbest_vorhanden(#236:_74526),entnahme_anlegen(#250:_95267)))
ag(trigger(kdbest_vorhanden(#236:_74526),
    unterbestand_anlegen(#251:_97149)))
ag(trigger(kunde_anruf(#235:_73270),kdbest_anlegen(#249:_93400)))
ag(trigger(kunde_anruf(#235:_73270),kunde_anlegen(#248:_91544)))
ag(trigger(lief_pos_vorh(#241:_80987),falsch_lief_anlegen(#255:_104815)))
ag(trigger(lieferung_vorh(#240:_79668),falsch_lief_del(#260:_113525)))
ag(trigger(lieferung_vorh(#240:_79668),zugang_anlegen(#256:_106756)))
ag(trigger(nachbest_vorh(#239:_78360),best_pos_anlegen(#254:_102877)))
ag(trigger(nachbest_vorh(#239:_78360),bestellung_anlegen(#253:_100950)))
ag(trigger(rechnung_vorh(#245:_86009),rabatt_anlegen(#258:_110723)))
ag(trigger(zugang_vorh(#243:_83658),artbest_mod(#263:_120666)))
ag(trigger(zugang_vorh(#243:_83658),unterbstd_mod(#264:_122847)))
ag(trigger(zugang_vorh(#243:_83658),rechnung_anlegen(#257:_108728)))
ag(verkaufspreis(#207:_18930))
ag(ware(#221:_25577))
ag(zeitteil1(#215:_22658))
ag(zeitteil2(#216:_23127))
ag(zu_menge(#232:_32815))
ag(zugang(#197:_7917))
ag(zugang_anlegen(#256:_106756))
ag(zugang_vorh(#243:_83658))
```

Identitätsachsen dieser Kompilierung:

```
ia(_112445-delete(#259:_112857))
ia(adresse-adresse(#220:_25073))
ia(anr-anr(#200:_10244))
ia(anruf-anruf(#186:_4606))
ia(anrufnr-anrufnr(#202:_12547))
ia(artbest-artbest(#179:_2940))
ia(artbest_mod-artbest_mod(#263:_120666))
ia(artepr-artepr(#183:_3850))
ia(artikel-artikel(#177:_2527))
```

```
ia(artkond1-artkond1(#184:_4095))
ia(artkond2-artkond2(#185:_4347))
ia(artlief-artlief(#181:_3381))
ia(artlos-artlos(#180:_3157))
ia(artopt-artopt(#182:_3612))
ia(artvpr-artvpr(#178:_2730))
ia(best_men-best_men(#229:_30309))
ia(best_pos-best_pos(#193:_6615))
ia(best_pos_anlegen-best_pos_anlegen(#254:_102877))
ia(best_pos_mod-best_pos_mod(#262:_118356))
ia(bestand-bestand(#208:_19343))
ia(bestellung-bestellung(#192:_6307))
ia(bestellung_anlegen-bestellung_anlegen(#253:_100950))
ia(bestliefnr-bestliefnr(#205:_14850))
ia(bestnr-bestnr(#204:_14218))
ia(bezeichnung-bezeichnung(#206:_18524))
ia(create-create(#234:_72718))
ia(einkaufspreis-einkaufspreis(#213:_21741))
ia(en_menge-en_menge(#226:_28426))
ia(endpunkt-endpunkt(#214:_22196))
ia(entnahme-entnahme(#189:_5425))
ia(entnahme_anlegen-entnahme_anlegen(#250:_95267))
ia(entnahme_vorhanden-entnahme_vorhanden(#237:_75793))
ia(epr-epr(#233:_33971))
ia(fa_men-fa_men(#231:_32234))
ia(falsch_lief-falsch_lief(#196:_7581))
ia(falsch_lief_anlegen-falsch_lief_anlegen(#255:_104815))
ia(falsch_lief_del-falsch_lief_del(#260:_113525))
ia(falsch_lief_vorh-falsch_lief_vorh(#242:_82317))
ia(unterbstd_del-unterbstd_del(#261:_115621))
ia(unterbstd_geaendert-unterbstd_geaendert(#247:_88086))
ia(unterbstd_mod-unterbstd_mod(#264:_122847))
ia(unterbestand-unterbestand(#190:_5712))
ia(unterbestand_anlegen-unterbestand_anlegen(#251:_97149))
ia(unterbestand_vorh-unterbestand_vorh(#238:_77071))
ia(fehlmenge-fehlmenge(#227:_28972))
ia(kd_adresse-kd_adresse(#224:_27131))
ia(kd_men-kd_men(#225:_27887))
ia(kd_menge-kd_menge(#222:_26088))
ia(kd_name-kd_name(#223:_26606))
ia(kdbest-kdbest(#188:_5145))
ia(kdbest_anlegen-kdbest_anlegen(#249:_93400))
ia(kdbest_vorhanden-kdbest_vorhanden(#236:_74526))
ia(kdnr-kdnr(#203:_12925))
ia(kunde-kunde(#187:_4872))
ia(kunde_anlegen-kunde_anlegen(#248:_91544))
ia(kunde_anruf-kunde_anruf(#235:_73270))
ia(lief_adresse-lief_adresse(#211:_20852))
ia(lief_men-lief_men(#230:_31436))
ia(lief_name-lief_remame(#210:_20418))
ia(lief_nr-lief_nr(#228:_29525))
ia(lief_pos-lief_pos(#195:_7252))
ia(lief_pos_vorh-lief_pos_vorh(#241:_80987))
ia(lieferung-lieferung(#194:_6930))
ia(lieferung_vorh-lieferung_vorh(#240:_79668))
ia(liefnr-liefnr(#201:_12176))
```

```
ia(liefteil1-liefteil1(#217:_23603))
ia(liefteil2-liefteil2(#218:_24086))
ia(losgroesse-losgroesse(#209:_19763))
ia(mod(epr)-modify(#244:_85092))
ia(mod(fehlmenge)-modify(#246:_87211))
ia(nachbest-nachbest(#191:_6006))
ia(nachbest_anlegen1-nachbest_anlegen1(#252:_99042))
ia(nachbest_vorh-nachbest_vorh(#239:_78360))
ia(name-name(#219:_24576))
ia(optimum-optimum(#212:_21293))
ia(rabatt-rabatt(#199:_8610))
ia(rabatt_anlegen-rabatt_anlegen(#258:_110723))
ia(rechnung-rechnung(#198:_8260))
ia(rechnung_anlegen-rechnung_anlegen(#257:_108728))
ia(rechnung_vorh-rechnung_vorh(#245:_86009))
ia(verkaufspreis-verkaufspreis(#207:_18930))
ia(ware-ware(#221:_25577))
ia(zeitteil1-zeitteil1(#215:_22658))
ia(zeitteil2-zeitteil2(#216:_23127))
ia(zu_menge-zu_menge(#232:_32815))
ia(zugang-zugang(#197:_7917))
ia(zugang_anlegen-zugang_anlegen(#256:_106756))
ia(zugang_vorh-zugang_vorh(#243:_83658))
```

Teil VI

Überführung von SF–Modellen in begriffliche Graphen

Kapitel 19

Die Spezifikationssprache SF

Definition: **SF** *ist eine Sprache zur Spezifikation von konzeptionellen Modellen*
[Ber85].

Die Spezifikationssprache SF basiert auf einer exakten Definition der Typen der modellierten Objekte, die in Mengen und Untermengen zusammengefaßt werden, und auf der Spezifikation der Funktionen, die Zustands- bzw. Mengenveränderungen bewirken. Der ursprüngliche Name des Verfahrens war „*Set-Function Approach*" [Ber86], spätere Arbeiten (z.B. [Ber89]) verwenden nur mehr die Kurzbezeichung SF.

In den folgenden Abschnitten wird auf Struktur und Funktion der einzelnen Komponenten einer SF-Spezifikation eingegangen. Als Illustration dienen dabei Teile des Modells eines Unternehmens, das Boote vermietet (siehe Abschitt 19.1). Es folgt das vollständige Modell dieses Bootsverleihs (Abschnitt 19.2), abschließend wird auf die praktische Vorgangsweise bei der Erstellung einer SF-Spezifikation eingegangen (Abschnitt 19.3). Die weiteren Kapitel behandeln die Überführung in begriffliche Graphen.

19.1 Struktur und Funktion einer SF–Spezifikation

Eine SF-Spezifikation baut ein konzeptionelles Modell modular aus SF-Segmenten auf.

Definition: *Ein* **SF-Segment** *(Syntax: SEGMENT) ist die Spezifikation eines Objekttyps (TYPE), der zulässigen Operationen auf die beschriebenen Objekte (EVENT), einer zeitabhängigen Kontrollkomponente (RESPONDER) und der Schnittstellen zu anderen SF-Segmenten.*

Der so spezifizierte SF-Typ heißt auch **charakteristischer Typ** *des Segments. Die Menge aller Objekte von diesem Typ heißt* **charakteristische Menge** *des Segments (vgl. [Ber89, S. 21]).*

Ein SF-Segment hat folgende Struktur:[1]

- Schnittstellen*

  - übernommene Typen
  - übernommene Signale

- SF-Typ = charakteristischer Typ

  - Kopfzeile*
  - charakteristische Menge
  - sekundäre Typen
  - SF-Signale
  - SF-Funktionen

- SF-Ereignisse

  - Kopfzeile*
  - Prüfbedingungen
  - Mengenbedingungen
  - Funktionsbedingungen
  - Signalbedingungen

- SF-Transaktionen (Responder)

  - Name
  - zeitliche Bedingungen*
  - logische Bedingungen*
  - Aktion* (internes SF-Ereignis/ SF-Remind/ SF-Prompt)

Anschließend folgt eine Beschreibung der einzelnen Komponenten des obigen Schemas.

19.1.1   Schnittstellen

Unter Schnittstellen verstehen wir jene Elemente eines Segments, deren Definition innerhalb eines anderen Segments vorgenommen wurde. In SF können die Definitionen von Typen und Signalen übernommen werden.

---

[1] Bei den mit „ *" bezeichneten Komponenten handelt es sich um keine selbständigen SF-Konstrukte. Auf Grund der besonderen Rolle innerhalb einer SF-Spezifikation werden sie jedoch gesondert erläutert.

19.1.1.1 Übernommene Typen

Definition: *Ein* **übernommener Typ** *(Syntax: IMPORTED TYPE) ist ein Typ, dessen Definition aus einem anderen Segment übernommen wird (vgl. [Ber89, S. 3]).*

Die Typen *Boolean*, *Integer*, *Real* und *Text* werden als vordefiniert betrachtet und müssen nicht ausdrücklich übernommen werden. Alle übrigen Typen, die zur Beschreibung des charakteristischen Typs verwendet werden und in einem anderen Segment definiert sind, werden als übernommene Typen aufgelistet (vgl. [Ber86, S. 116]).

Eine Sonderstellung haben die zeitbezogenen Typen: Der Typ *Datum*, dessen Funktion *AktDatum* das aktuelle Datum liefert, und der entsprechende Typ *Uhrzeit* (Auflösung: 1 Minute) mit der Funktion *AktUhrzeit* erlauben Vergleichsoperationen. Zeitintervalle werden mit Hilfe der Typen *Tage* bzw. *Minuten* angegeben. Diese erlauben auch Addition und Subtraktion von Zeiträumen und Kalenderdaten. Trotz dieser Vordefinition müssen sowohl die verwendeten zeitbezogenen Typen auch als übernommene Typen angeführt werden (vgl. [Ber89, S. 3]).

Beispiel 19.1-1:   Übernommener Typ:

IMPORTED TYPE *Datum* ENDTYPE;

Damit gilt der Typ *Datum* mit einem an anderer Stelle definierten einheitlichen Format auch in der Sparte Bootsverleih.

19.1.1.2 Übernommene Signale

Definition: *Ein* **übernommenes Signal** *(Syntax: IMPORTED SIGNAL) ist eine Nachricht, die innerhalb eines Segments verarbeitet wird, jedoch in einem anderen Segment definiert wurde.*

Wird innerhalb eines Segments ein Signal (vgl. Abschnitt 19.1.2.4) verwendet, das in einem anderen Segment definiert wurde, so muß es als übernommenes Signal angeführt werden. Die Möglichkeit, auf Signale eines anderen Segments zu reagieren, macht diese zu Trägern segmentübergreifender Kommunikation. Im Unterschied zu übernommenen Typen können übernommene Signale auch verändert werden, wobei eine solche Änderung über das Segment hinaus wirksam ist (vgl. [Ber89, S. 5]).

Beispiel 19.1-2:   Übernommenes Signal:

IMPORTED SIGNAL *BootRepariert(Boot)*;

Aus einem anderen Segment, das sich mit der Reparatur von Booten beschäftigt, wird das Signal *BootRepariert* übernommen. Es wird dort für jedes einzelne Boot gesetzt, dessen Reparatur beendet ist.

19.1.2 SF-Typ

Definition: *Ein* **SF-Typ** *(Syntax: TYPE) ist die strukturelle (SET) und deskriptive (FUNCTION) Spezifikation eines Objekttyps (vgl. [Ber89, S. 2]). Wird im Zusammenhang mit einem Segment auf den darin spezifizierten SF-Typ Bezug genommen, so spricht man vom* **charakteristischen Typ** *des betreffenden Segments.*

Die Typendefinition mit Hilfe von SET und FUNCTION bildet den Kern eines SF-Segments (daher auch der ursprüngliche Name: „*Set-Function Approach to Conceptual Modeling*" [Ber86]). Eine SF-Typendefinition umfaßt fünf Teile:

- Kopfzeile

- charakteristische Menge

- sekundäre Typen

- Signale

- SF-Funktionen

19.1.2.1 Kopfzeile

Die Kopfzeile benennt den charakteristischen Typ eines Segments. Neben dem Namen des charakteristischen Typs können in der Kopfzeile auch strukturelle Eigenschaften spezifiziert sein:

Definition: *Eigenschaften übergeordneter allgemeinerer Typen werden durch das Konstrukt* **ISA** *auf speziellere Typen übertragen.*

ISA ist damit eine weitere Schnittstelle zu anderen Segmenten. Angewendet wird dieses Konstrukt, um grundlegende Eigenschaften eines in verschiedenen Segmenten verwendeten Typs einheitlich zu definieren. ENDTYPE bildet den formalen Abschluß einer Typendefinition.

Beispiel 19.1-3:   Kopfzeile einer Typendefinition:

TYPE *Boot* ISA *WasserFahrzeug* ISA *MietObjekt*;

. . .

ENDTYPE;

Damit wird ein charakteristischer Typ *Boot* benannt, dem alle Eigenschaften der in anderen SF-Segmenten definierten Typen *WasserFahrzeug* und *MietObjekt* übertragen werden.

19.1.2.2 Charakteristische Menge

Definition: *Die* **charakteristische Menge** *(Syntax: SET) eines Segments ist die Menge aller Objekte vom charakteristischen Typ (vgl. [Ber89, S. 2]).*

Da ein SF-Segment nur jeweils einen charakteristischen Typ beschreibt, existiert auch nur eine charakteristische Menge pro Segment. Diese Menge kann sich jedoch aus mehreren Untermengen zusammensetzen.

Definition: *Eine* **Untermenge der charakteristischen Menge** *(Syntax: SUB-SET) umfaßt Objekte vom charakteristischen Typ, die bestimmte (vorübergehende) Zustände oder (permanente) Eigenschaften gemeinsam haben (vgl. [Ber89, S. 2]).*

Untermengen können ihrerseits wieder Untermengen haben. Aus dieser Definition der Über- und Unterordnung von Mengen geht die Struktur des Objekttyps hervor. Ist die charakteristische Menge eines Segments ihrerseits Untermenge einer anderen, so ist der Typ der übergeordneten Menge in der Kopfzeile mit „*ISA*" festgehalten (vgl. Abschnitt 19.1.2.1).

Beispiel 19.1-4: Definition einer charakteristischen Menge:

SET *B*(SUBSETS: *R*(SUBSETS: *F, V, ÜF, PR, W*), *A*);

Zu ergänzen ist die Bedeutung der Abkürzungen:

B...Boote	*ÜF*...überfällige Boote
R...registrierte Boote	*PR*...zu prüfende Boote
F...freie Boote	*W* ...Boote in Wartung
V...vermietete Boote	*A* ...ausgeschiedene Boote

19.1.2.3 Sekundäre Typen

Definition: *Ein* **sekundärer Typ** *(Syntax: SECONDARY TYPE) ist ein Typ, der zur Beschreibung des charakteristischen Typs dient, jedoch weder vordefiniert ist noch aus einem anderen Segment übernommen werden kann (vgl. [Ber89, S. 2]).*

Bestimmte Typen erfüllen innerhalb eines Segments lediglich Hilfsfunktionen bei der Definition des charakteristischen Typs. Für diesen Zweck wäre es unökonomisch, ein eigenes SF-Segment zu deren Beschreibung zu definieren. Man begnügt sich daher damit, den Typ zu benennen. Eine Definition durch Aufzählen der Ausprägungen ist nicht zwingend (vgl. [Ber89, S. 2]).

Beispiel 19.1-5: Sekundärer Typ:

SECONDARY TYPES *StatusCode* = {"ok", "reparieren","verschrotten"};

Der sekundäre Typ *StatusCode* wird durch Aufzählen der möglichen Zustände eines Bootes definiert.

19.1.2.4 SF-Signale

Definition: *Ein* **SF-Signal** *(Syntax: SIGNAL) ist eine Nachricht, die sich auf einzelne Ausprägungen bestimmter Datentypen oder die gesamte charakteristische Menge eines SF-Segments bezieht.*

Ein SF-Signal besteht aus einem Text und (optional) einem Argument. Der Signaltext weist auf einen Zustand oder daraus zu ziehende Konsequenzen hin. Als Argument in der Definition eines Signals kann ein SF-Typ angeführt werden, wodurch spezifiziert wird, daß sich das Signal nur auf eine einzige Ausprägung bezieht. Fehlt das Argument, so bezieht sich das betreffende SF-Signal auf die gesamte charakteristische Menge jenes Segments, innerhalb dessen es definiert wurde.

> **Beispiel 19.1-6:**   SF-Signal:
>
> SIGNALS   ...
>
>   *BootRegistrieren(Boot);*
>
>   ...

Eines der Signale aus dem Segment *Bootsvermietung*: Das Signal *BootRegistrieren* bezieht sich jeweils auf ein einzelnes Boot. Es wird beim Ankauf eines Bootes gesetzt und zeigt an, daß das betroffene Boot noch zu registrieren ist.

SF-Signale sind weniger Statusanzeigen als vielmehr Mittel zur systeminternen Kommunikation. Das Setzen und Löschen von SF-Signalen erfolgt im Rahmen von SF-Ereignissen oder SF-Transaktionen (vgl. Abschnitte 19.1.3.5 und 19.1.4). SF-Signale können auch segmentübergreifend verwendet werden (vgl. Abschnitt 19.1.1.2). Ein definiertes SF-Signal gilt so lange als gelöscht (Syntax: OFF*Signaltext*) bis es ausdrücklich gesetzt wird (Syntax: ON*Signaltext*, vgl. [Ber86, S. 132]).

19.1.2.5   SF-Funktionen

Definition: *Eine* **SF-Funktion** *(Syntax: FUNCTION) ist die Spezifikation einer Eigenschaft des charakteristischen Typs oder einer Beziehung zu einem anderen SF-Typ (vgl. [Ber86, S. 113]).*

Der syntaktische Aufbau einer SF-Funktion:

$$\text{Funktionsname: } \textit{Definitionsmenge} \longrightarrow \textit{Ergebnistyp}$$

Definitionsmenge kann die charakteristische Menge oder eine ihrer Untermengen sein. Mögliche Wertetypen sind

- die vordefinierten Datentypen *Text, Integer, Real, Boolean,*

- übernommene Typen,

- sekundäre SF-Typen des betreffenden Segments oder

- Potenzmengen und kartesische Produkte der obigen Typen.

Zur Notation der unterschiedlichen Quantifikationen, die durch SF-Funktionen dargestellt werden können: Als Definitionsmenge kann die charakteristische Menge oder eine ihrer Untermengen angegeben werden. Dadurch wird jedem einzelnen

Element der betreffenden Menge ein Element vom Ergebnistyp zugeordnet. Derartige SF-Funktionen stellen – je nach Definitionsmenge – 1:1- oder 1:n-Beziehungen dar (vgl. Bsp. 19.1-7: *Ein, Aus* und *V_Satz*).

Wird keine Definitionsmenge angegeben , so ordnet die betreffende SF-Funktion der gesamten charakteristischen Menge einen bestimmten Wert zu. Man spricht in diesem Fall von einer *„null-domain-function"* [Ber86, S. 113 f.]. Auf diese Weise werden in SF n:1- oder n:m-Beziehungen dargestellt (vgl. Bsp. 19.1-7: *PeriodeFürsErinnern*).

Soll den Elementen der Definitionsmenge jeweils eine Potenzmenge von Elementen des Ergebnistyps zugeordnet werden, so wird für den Ergebnistyp der entsprechenden SF-Funktion die Notation *„Datentyp–set"* verwendet. Derartige SF-Funktionen stellen – je nach Definitionsmenge – 1:1- oder n:1-Beziehungen dar (vgl. Bsp. 19.1-7: *V_Satz*).

Beispiel 19.1-7:   Arten von SF-Funktionen:

$$
\begin{aligned}
\text{FUNCTIONS } Ein: \quad & B \longrightarrow Datum; \\
Aus: \quad & A \longrightarrow Datum; \\
V\_Satz: \quad & B \longrightarrow (Datum \times Uhrzeit \times Minuten)\text{–set}; \\
PeriodeFürsErinnern: \quad & \longrightarrow Minuten;
\end{aligned}
$$

Die SF-Funktion *Ein* nennt das Datum des Zugangs eines Bootes. Für jedes einzelne Boot des Segments gibt es ein Zugangsdatum, daher umfaßt der Definitionsbereich alle Elemente der charakteristischen Menge *B*. Jedem Boot wird genau ein Datum zugeordnet. Als Wertebereich wird deshalb nur der Typ *Datum* angegeben. Besonderheit der zweiten SF-Funktion, *Aus*, ist der eingeschränkte Definitionsbereich. Er umfaßt nur die Untermenge der ausgeschiedenen Boote *A*, denn nur diese haben ein Abgangsdatum. Die SF-Funktion *V_Satz* hält jeweils Datum und Uhrzeit der Rückgabe sowie die Dauer einer Vermietung fest. Da es sich dabei um mehrere Typen handelt, ist der Wertebereich als kartesisches Produkt der entsprechenden Typen gestaltet. *PeriodeFürsErinnern* zeigt die Zeitabstände, in denen der Benutzer daran erinnert werden soll, ein defektes Boot überprüfen zu lassen. Diese sind für das gesamte Segment einheitlich. Es wird daher kein Definitionsbereich angegeben.

19.1.3 SF-Ereignis

Definition: *Ein* **SF-Ereignis** *(Syntax: EVENT) ist die Spezifikation einer Operation auf den charakteristischen Typ (vgl. [Ber86, S. 112]).*

Man kann ein SF-Ereignis auch als teilweises Nachvollziehen von Realweltvorgängen beschreiben. Dafür sind regelmäßig Eingaben durch den Benutzer erforderlich. Solche SF-Ereignisse werden auch als *externe* SF-Ereignisse (vgl. [Ber89, S. 6]) bezeichnet. Eine Sonderstellung haben SF-Ereignisse, die ohne Zutun des Benutzers ausgelöst werden können:

Definition: *Ein* **internes SF-Ereignis** *(Syntax: INTERNAL EVENT) ist eine Operation, die vom System ohne Eingaben des Benutzers ausgelöst und abgewickelt werden kann (vgl. [Ber89, S. 6]).*

SF-Ereignisse bestehen aus einem Namen, einem Argument und einer Spezifikation der Bedingungen, unter denen die Operation auszuführen ist. ENDEVENT bildet den formalen Abschluß eines SF-Ereignisses. Ein SF-Ereignis hat folgende Struktur:

- Kopfzeile[2]

- Prüfbedingungen

- Mengenbedingungen

- Funktionsbedingungen

- Signalbedingungen

Alle Bedingungen werden algebraisch notiert. Im folgenden werden die angeführten Elemente anhand des SF-Ereignisses *Überprüfen* beschrieben.

19.1.3.1   Kopfzeile

Die Kopfzeile nennt den Namen des SF-Ereignisses sowie dessen Argumente. Ein Argument nennt jeweils ein vom SF-Ereignis betroffenes Objekt sowie dessen Datentyp. Die Eingabe des betroffenen Objekts durch den Benutzer ist Voraussetzung für das Auslösen einer als SF-Ereignis spezifizierten Operation.

> **Beispiel 19.1-8:**   Kopfzeile des SF-Ereignisses *Überprüfen*:
>
> EVENT *Überprüfung(b:Boot*, status: *StatusCode)*;
> ...
>
> ENDEVENT;
>
> Wurde ein Boot überprüft, so muß der Benutzer das System davon unterrichten. Dieser Vorgang ist durch das SF-Ereignis *Überprüfung* spezifiziert. Es verlangt die Angabe des betroffenen Bootes *b* und des Ergebnisses der Überprüfung *status*. Dabei muß *b* vom Typ *Boot* und *status* vom Typ *StatusCode* sein.

19.1.3.2   Prüfbedingungen

Definition: *Eine* **Prüfbedingung** *(Syntax: PRECONDITION) spezifiziert Kriterien für die Überprüfung der für ein SF-Ereignis eingegebenen Daten (vgl. [Ber86, S. 114]).*

Bei Prüfbedingungen handelt es sich um formale und logische Ansprüche an die eingegebenen Daten. Neben der Zugehörigkeit zum geforderten Typ (vgl. Abschnitt

---

[2]Die Kopfzeile ist kein formales SF-Konstrukt. Auf Grund der darin enthaltenen Information wird sie jedoch gesondert erläutert.

19.1.3.1) oder einer bestimmten Untermenge werden auch Konsistenzkriterien festgehalten (vgl. [Ber89, S. 4]). Das selbständig ablaufende interne SF-Ereignis hat
keine Prüfbedingungen, da die benötigten Daten dem System bereits bekannt sind.
Die eigentlichen Vorbedingungen für das Auslösen eines SF-Ereignisses sind nicht
als PRECONDITIONS definiert, sondern werden in der Kontrollkomponente spezifiziert (vgl. Abschnitt 19.1.4).

Beispiel 19.1-9:   Prüfbedingungen des SF-Ereignisses *Überprüfen*:

$$PRECONDITIONS \qquad b \in PR;$$
$$status \in StatusCode;$$

Für das SF-Ereignis *Überprüfung* muß das eingegebene Boot b Element der Menge der zu prüfenden Boote PR sein. Der eingegebene Code *status* muß einer
jener Codes sein, die als Zustandsbeschreibung für Mietboote vereinbart sind
(*StatusCode*).

19.1.3.3 Mengenbedingungen

Definition: *Eine* **Mengenbedingung** *(Syntax: SETCONDITION) ist eine Aussage
über eine Änderung der Mengenzugehörigkeit von Objekten durch ein SF-Ereignis
(vgl. [Ber86, S. 114]).*

Wird ein Objekt durch die betreffende Operation zum Element einer anderen Untermenge oder einer anderen charakteristischen Menge, so wird diese Tatsache als
Mengenbedingung beschrieben.

Beispiel 19.1-10:   Mengenbedingungen des SF-Ereignisses *Überprüfen*:

$$SETCONDITIONS \qquad PR' = PR - \{b\};$$
$$status = \text{"ok"} \longrightarrow F' = F \cup \{b\};$$
$$not(status = \text{"ok"}) \longrightarrow W' = W \cup \{b\};$$

Vor der Überprüfung gehörte das Boot b der Menge der zu prüfenden Boote PR
an. Durch das SF-Ereignis *Überprüfen* wird es dieser Menge entnommen und
je nach Ergebnis den freien Booten F oder den wartungsbedürftigen Booten W
zugeschlagen.

19.1.3.4 Funktionsbedingungen

Definition: *Eine* **Funktionsbedingung** *(Syntax: MAPCONDITION) ist eine Aussage über die Änderung eines als SF-Funktion spezifizierten Attributwertes von
Objekten im Zuge eines SF-Ereignisses (vgl. [Ber86, S. 114]).*

Ändert sich durch die betreffende Operation eine als SF-Funktion definierte Eigenschaft eines Objekts, so wird dieser Umstand als Funktionsbedingung festgehalten.

Beispiel 19.1-11:   Funktionsbedingungen des SF-Ereignisses *Überprüfen:*

$$MAPCONDITIONS \qquad Üp\_Satz'(b) = Üp\_Satz(b) \cup$$
$$\{\langle AktDatum, AktUhrzeit\rangle\};$$

Zu jedem Boot werden Datum und Uhrzeit der stattgefundenen Überprüfung notiert. Der Name der entsprechenden SF-Funktion lautet Üp_Satz. Für das soeben überprüfte Boot b wird ein Wertepaar, bestehend aus dem aktuellen Datum und der gegenwärtigen Uhrzeit, der Menge der bisher für dieses Boot gespeicherten Wertepaare Üp_Satz(b) hinzugefügt.

19.1.3.5 Signalbedingungen

Definition: *Eine* **Signalbedingung** *(Syntax: SIGCONDITION) ist eine Aussage über das Setzen eines Signals im Zuge eines SF-Ereignisses (vgl. [Ber86, S. 114]).*

Der Status von Signalen ermöglicht Rückschlüsse darauf, ob ein bestimmtes SF-Ereignis für ein bestimmtes Objekt bereits ausgeführt wurde. Signalbedingungen bilden damit die Verbindung zwischen einem SF-Ereignis und der Kontrollkomponente[3] (vgl. [Ber89, S. 4] und Abschnitt 19.3). Während die Signalbedingung zum Setzen eines Signals verwendet wird, erfolgt das Löschen des Signals jeweils in einer SF-Transaktion (vgl. 19.1.4).

Beispiel 19.1-12:   Signalbedingungen des SF-Ereignisses *Überprüfen:*

$$SIGCONDITIONS \qquad status = \text{"reparieren"} \longrightarrow (BootReparieren(b))ON;$$
$$status = \text{"verschrotten"} \longrightarrow (BootVerschrotten(b))ON;$$

In Abhängigkeit vom Ergebnis der Überprüfung werden beim untersuchten Boot b die entsprechenden Signale gesetzt.

19.1.4 Responder

Definition: *Der* **Responder** *ist die zeitabhängige, dynamische Kontrollkomponente eines SF-Segments (vgl. [Ber89, S. 2]) und wird durch Transaktionen aufgebaut. Eine* **SF-Transaktion** *(Syntax: TRANSACTION) ist eine bedingte Aktion des Systems (vgl. [Ber89, S. 6]).*

Damit unterscheidet sich eine SF-Transaktion von der üblichen Definition einer Transaktion als *„Folge logisch zusammengehörender Aktionen, die Operationen auf gemeinsam gespeicherte Daten ausführen"* [Han87, S. 139]. Eine SF-Transaktion

---

[3]Zum Unterschied zwischen einer SF-Funktion, die einen Zustand beschreibt, und einem SF-Signal, das eine ähnliche Form hat: Eine SF-Funktion *status* mit den Werten *„ok"*, *„reparieren"*, *„verschrotten"* spezifiziert tatsächliche Eigenschaften eines Bootes. SF-Signale wie *BootVerschrotten* oder *BootReparieren* dienen hingegen der systeminternen Kommunikation. Haben sie ihren Zweck erfüllt (Boot ausgeschieden bzw. zur Reparatur weitergeleitet), werden sie gelöscht, auch wenn das betreffende Boot nach wie vor schrottreif bzw. reparaturbedürftig ist.

ist in der Regel nur eine Aktion. Diese kann zwar Operationen auf Daten auslösen, führt diese aber nicht selbst aus (vgl. [Ber89, S. 6]). Alle SF-Transaktionen eines Segments bilden gemeinsam den Responder.

19.1.4.1 Struktur einer SF-Transaktion

Eine SF-Transaktion hat eine Kopfzeile, eine zeitliche Bedingung, einen Definitionsbereich und eine oder mehrere Aktionen.[4] ENDTRANSACTION bildet den formalen Abschluß der Definition.

19.1.4.1.1 Kopfzeile
Die Kopfzeile einer SF-Transaktion enthält neben dem Namen keine weiteren Informationen.

> **Beispiel 19.1-13:** Kopfzeile einer SF-Transaktion:
>
> TRANSACTION *Wartung*;
>
> . . .
>
> ENDTRANSACTION;

19.1.4.1.2 Zeitliche Bedingung
Der Responder prüft periodisch, ob die logischen Bedingungen für eine Aktion erfüllt sind (vgl. [Ber86, S. 132]). Wann und wie oft diese Prüfung stattfindet, wird als zeitliche Bedingung festgehalten. Wird ein *Zeitpunkt* angegeben, so ist jeweils die nächstgrößere Zeiteinheit die Periode. Bei Angabe einer *Zeiteinheit* wird zu Beginn der folgenden gleichen Einheit erstmals geprüft.

> **Beispiel 19.1-14:** Zeitliche Bedingungen einer SF-Transaktion:
>
> TRANSACTION . . . @(*AktUhrzeit*): . . .
> ENDTRANSACTION;
>
> TRANSACTION . . . @(o8:15): . . .
> ENDTRANSACTION;
>
> Im ersten Fall wird zu jeder vollen Minute (der kleinsten Zeiteinheit in einem Segment), im zweiten täglich um 8:14 Uhr untersucht, ob die logischen Bedingungen erfüllt sind.

19.1.4.1.3 Definitionsbereich
Der Definitionsbereich einer SF-Transaktion wird durch logische Bedingungen spezifiziert. Die Zugehörigkeit zu einer bestimmten Untermenge der charakteristischen Menge oder ein bestimmter Status eines SF-Signals sind Beispiele solcher Bedingungen. Dabei ist es möglich, ein SF-Signal nach erfolgreicher Abfrage zu löschen. Für jedes Objekt, das den gestellten Forderungen entspricht, wird anschließend die betreffende Aktion ausgeführt.

---

[4]Die angeführten Bestandteile sind formal keine selbständigen SF-Konstrukte. Da in einer SF-Transaktion unterschiedliche Informationen zusammengefaßt sind, erscheint eine weitere Gliederung jedoch sinnvoll.

Beispiel 19.1-15:   Definitionsbereich einer SF-Transaktion:

TRANSACTION ...
FORALL(x): $x \in PR$: ON(*BootÜberprüfen(x)*)OFF: ...
ENDTRANSACTION;

In diesem Beispiel umfaßt der Definitionsbereich alle Elemente x aus der Untermenge der zu prüfenden Boote *PR*, für die das SF-Signal *BootÜberprüfen* gesetzt
ist. Das nachgestellte OFF bewirkt, daß dieses Signal nach erfolgreicher Abfrage
gelöscht wird.

19.1.4.1.4   Aktion   Im Unterschied zu einem SF-Ereignis, das lediglich die Beschreibung einer Operation darstellt, entfaltet eine SF-Transaktion *„Eigeninitiative"*.
Dazu stehen folgende Möglichkeiten offen:

- Auslösen eines internen SF-Ereignisses

- SF-Prompt

- SF-Remind

Auslösen eines internen SF-Ereignisses: Ein internes SF-Ereignis ist eine Operation, für die keine Eingaben durch den Benutzer erforderlich sind (vgl. Abschnitt
19.1.3.1). Eine SF-Transaktion kann solche Operationen selbständig auslösen (vgl.
[Ber89, S. 6]).

Beispiel 19.1-16:   Auslösen eines internen SF-Ereignisses:

TRANSACTION ...
FORALL(x): $x \in W$: ON(*BootRepariert(x)*)OFF: *WiederInDienstStellen(x)*; ...
ENDTRANSACTION;

Für alle zu wartenden Boote *W*, deren Reparatur beendet ist, wird das interne
SF-Ereignis *WiederInDienstStellen* ausgelöst.

SF-Prompt: Ein SF-Prompt nennt eine Menge von Objekten und den Namen eines
SF-Ereignisses. Der Benutzer wird damit aufgefordert, für alle Elemente der Definitionsmenge die nötigen Eingaben zum Auslösen des genannten SF-Ereignisses zu
tätigen.

Definition: *Ein SF-Prompt (Syntax: PROMPT) ist eine Aufforderung des Systems
an den Benutzer, ein bestimmtes SF-Ereignis auszulösen (vgl. [Ber86, S. 116]).*

Beispiel 19.1-17:   SF-Prompt:

TRANSACTION ...
FORALL(x): $x \in PR$: ON(*BootÜberprüfen(x)*)OFF:PROMPT(*Überprüfen:x*); ...
ENDTRANSACTION;

Definitionsmenge sind alle Elemente der Menge der zu prüfenden Boote *PR*, für die das SF-Signal *BootÜberprüfen* gesetzt ist. Der Benutzer wird durch den SF-Prompt aufgefordert, für jedes dieser Boote das SF-Ereignis *Überprüfen* auszulösen.

SF-Remind: Auch bei dieser Aktion handelt es sich um einen Hinweis auf Handlungsbedarf.   Dieser kann durch Anzeige eines Zustandes oder Vorschlag einer Handlung erfolgen.   Die vorgeschlagene Handlung ist jedoch – im Unterschied zum SF-Prompt – nicht als SF-Ereignis spezifiziert (vgl. [Ber89, S. 6]).

Definition: *Ein* **SF-Remind** *(Syntax: REMIND) ist eine Aufforderung des Systems an den Benutzer, eine bestimmte Aktivität zu setzen (vgl. [Ber89, S. 6]).*

Beispiel 19.1-18:   SF-Remind:

```
TRANSACTION ...
FORALL(x): x ∈ ÜF: REMIND("Boot suchen":x); ...
ENDTRANSACTION;
```

Diese Aktion betrifft alle überfällig gemeldeten Boote *ÜF*. Das SF-Remind nennt dem Benutzer die abgängigen Boote und macht einen Vorschlag zur Behebung dieses Zustands. Weitergehende Unterstützung, etwa in Form eines SF-Ereignisses, wird vom System allerdings nicht geboten.

Der Text des SF-Remind ist frei definierbar. Bei der Definition eines SF-Remind gilt es jeweils, einen passenden Text zu verfassen, der den Benutzer hinweist, die nötigen Handlungen zu setzen.

19.1.4.2   Steuerungsmechanismen

Wählt man einen bestimmten Status von SF-Signalen als logische Bedingung, so läßt sich der Ablauf wie folgt steuern:

- Einmalige Durchführung

- Periodische Durchführung mit frei wählbarer Periode

- Zielgesteuerte periodische Durchführung

19.1.4.2.1   Einmalige Durchführung   Soll eine bestimmte Aktion unter den gegebenen Bedingungen genau einmal durchgeführt werden, so wird das Signal unmittelbar nach der erfolgreichen Abfrage gelöscht.

Beispiel 19.1-19:   Einmalige Durchführung einer Aktion:

```
TRANSACTION ...
FORALL(x): x ∈ W: ON(BootRepariert(x))OFF: WiederInDienstStellen(x); ...
ENDTRANSACTION;
```

Da *WiederInDienstStellen* ein internes SF-Ereignis ist, ist die umgehende Durchführung der Operation sichergestellt (vgl. Abschnitt 19.1.3.1). Das bedingende
SF-Signal *BootRepariert* kann ohne weiteres abgeschaltet werden.

19.1.4.2.2   Periodische Durchführung mit frei wählbarer Periode   Für Aktionen,
die periodisch durchzuführen sind, wobei die Periode frei wählbar sein soll, bietet
SF eine Konstruktion mit DELAY.

Definition: *Ein* **SF-Delay** *(Syntax:DELAY) ist ein Konstrukt zur zeitlichen Steuerung des Ablaufs periodisch durchzuführender Aktionen.*

Es handelt sich dabei um eine Form der zeitlichen Bedingung einer Aktion: Das
bedingende SF-Signal wird nach der erfolgreichen Abfrage gelöscht. Danach folgt
die eigentliche Aktion.   SF-Delay bewirkt eine Pause, deren Länge als SF-Funktion spezifiziert ist.   Nach Ablauf der eingestellten Wartezeit wird ein internes
SF-Ereignis ausgelöst, das das bedingende SF-Signal wieder setzt.   Die Wahl der
gewünschten Periode erfolgt über ein SF-Ereignis (vgl. [Ber89, S. 14]). Das SF-Delay
kann auch zur Steuerung von Echtzeitsystemen genutzt werden.

> **Beispiel 19.1-20:**   Periodische Durchführung eines SF-Ereignisses mit frei
> wählbarer Periode:
>
> TRANSACTION . . .
> FORALL*(x): x* ∈ *PR:* ON*(BootÜberprüfen(x))*OFF:
> PROMPT*(Überprüfen:x)*; DELAY*(PeriodeFürsErinnern): Urgieren(x);* . . .
> ENDTRANSACTION;
>
> TYPE *Boot* ISA *WasserFahrzeug* ISA *MietObjekt*
> FUNCTIONS . . .
>
>   *PeriodeFürsErinnern: ⟶ ZDauerMin;*
>
> ENDTYPE;
> EVENT *PrüfPeriodeÄndern(t:ZDauerMin)*;
>
>   MAPCONDITIONS   *PeriodeFürsErinnern′ = t*;
> ENDEVENT;

Im vorliegenden Beispiel wird der Benutzer aufgefordert, die Eingaben für
das SF-Ereignis *Überprüfung* zu tätigen.   SF-Delay bewirkt danach eine Pause.   Die Länge dieser Zeitspanne ist als gemeinsames Attribut aller Boote
(„*null-domain-function*") festgelegt.   Geändert wird die *PeriodeFürsErinnern*
über das SF-Ereignis *PrüfPeriodeÄndern*. Nach Ablauf dieser Periode prüft der
SF-Responder, ob das geforderte SF-Ereignis für die gesamte Definitionsmenge stattgefunden hat.   Der Mechanismus dafür wird im Abschnitt 19.1.4.2.3
erläutert.

19.1.4.2.3   Zielgesteuerte periodische Durchführung   Bei dieser Form der Steue-
rung wird nach einer Aktion geprüft, ob der angestrebte Zustand erreicht wurde. Ist
dies nicht der Fall, so wird die Aktion periodisch (gemäß der zeitlichen Bedingung)
wiederholt, bis das angestrebte Resultat erzielt ist.

Beispiel 19.1-21:   Zielgesteuerte periodische Durchführung einer Aktion:

TRANSACTION ...
FORALL*(x): x* ∈ *PR*: ON*(BootÜberprüfen(x))*OFF:
PROMPT*(Überprüfen:x)*; DELAY*(PeriodeFürsErinnern): Urgieren(x)*; ...
ENDTRANSACTION;

EVENT *Überprüfen(b:Boot*, status:*StatusCode)*;

$$\text{SETCONDITIONS} \qquad PR' = PR - \{b\};$$

ENDEVENT;

INTERNAL EVENT *Urgieren(b:Boot)*;

$$\text{SIGCONDITIONS} \qquad b \in PR \longrightarrow (Bootüberprüfen(b))\text{ON};$$

ENDEVENT;

Im vorliegenden Beispiel wird der Benutzer aufgefordert, die Eingaben für
das SF-Ereignis *Überprüfen* zu tätigen. Alle Boote, für die dieses SF-Ereignis
stattfindet, werden aus der Menge der zu prüfenden Boote entfernt. Für die
übrigen Boote wird nach der als *PeriodeFürsErinnern* festgelegten Zeitspanne
das SF-Signal *BootÜberprüfen* wieder gesetzt. Dadurch wird der Benutzer erneut aufgefordert, ein SF-Ereignis *Überprüfen* auszulösen, bis das letzte Boot als
überprüft gemeldet ist.

19.2   Vollständiges SF-Segment: Bootsverleih

Die folgende Spezifikation einer Bootsvermietung ist aus [Ber89] entnommen. Das
vorangestellte Diagramm zeigt die in SF als Untermengen spezifizierten möglichen Zustände eines Bootes als Rechtecke. Die als SF-Ereignisse spezifizierten
Zustandsänderungen sind als Pfeile abgebildet.

1...Ankaufen	6 ...Ausscheiden
2...Vermieten	7A...Überprüfen & status = "ok"
3...Rückstellen	7B...Überprüfen & status ≠ "ok"
4...ÜberfälligMelden	8 ...WiederInDienstStellen
5...Rückmelden	9 ...ÜberprüfungVeranlassen

SEGMENT *Bootsvermietung*;
IMPORTED SIGNAL *BootRepariert(Boot)*;
IMPORTED TYPE *Uhrzeit* ENDTYPE;
IMPORTED TYPE *Datum* ENDTYPE;
IMPORTED TYPE *Minuten* ENDTYPE;
TYPE *Boot* ISA *WasserFahrzeug* ISA *MietObjekt*;
SET *B*(SUBSETS: *R*(SUBSETS: *F, V, ÜF, ZP, W), A)*;
SECONDARY TYPES *StatusCode* = { *"ok", "reparieren", "verschrotten"*};

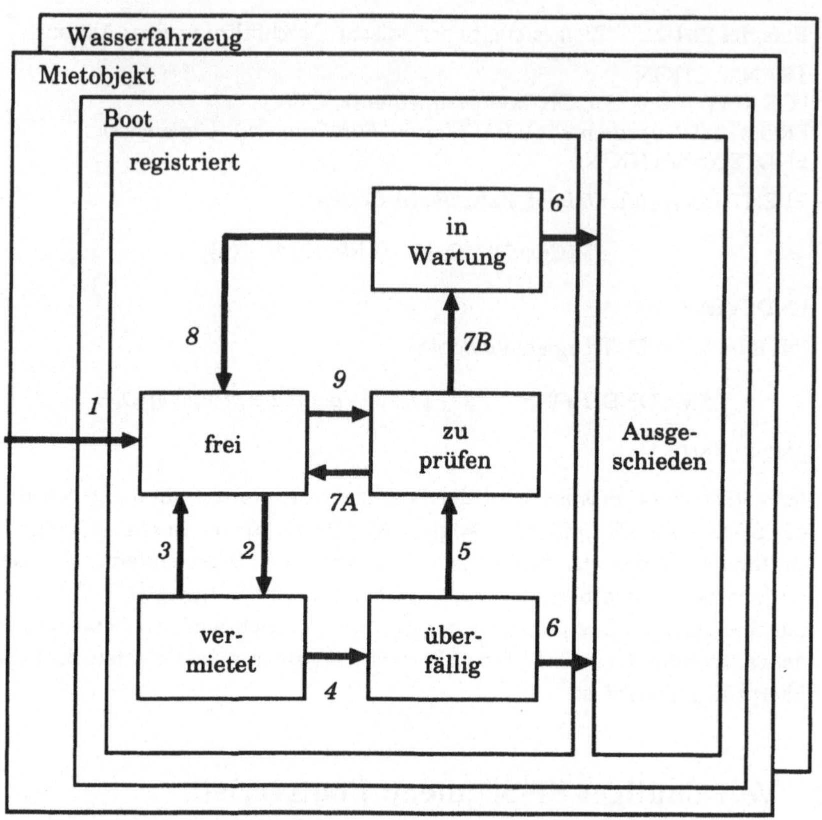

Abbildung 19.1: Bootsverleih: Untermengen und SF-Ereignisse

SIGNALS   *BootRegistrieren (Boot);*
               BootAusscheiden (Boot);
               BootÜberprüfen (Boot);
               BootReparieren (Boot);
               BootVerschrotten (Boot);

FUNCTIONS *Ein* : B $\longrightarrow$ *Datum;*

              Aus : A $\longrightarrow$ *Datum;*

LetzteVermietung : R $\longrightarrow$ *Uhrzeit;*

         V_Satz : B $\longrightarrow$ (*Datum* $\times$ *Uhrzeit* $\times$ *Minuten*)–set;

        Üf_Satz : B $\longrightarrow$ (*Datum* $\times$ *Uhrzeit*)–set;

        Rm_Satz : B $\longrightarrow$ (*Datum* $\times$ *Uhrzeit*)–set;

        Üp_Satz : B $\longrightarrow$ (*Datum* $\times$ *Uhrzeit*)–set;

PeriodeFürsErinnern : $\longrightarrow$ *Minuten;*

ENDTYPE;

1

EVENT *Ankaufen(b:Boot)*;
PRECONDITIONS $\quad b \notin B$;
SETCONDITIONS $\quad F' = F \cup \{b\}$;
MAPCONDITIONS $\quad Ein(b) = AktDatum$;
SIGCONDITIONS $\quad (BootRegistrieren(b))ON$;
ENDEVENT;

2

EVENT *Vermieten(b:Boot)*;
PRECONDITIONS $\quad b \in F$;
$\qquad\qquad\qquad AktUhrzeit \geq o9 : oo$;
$\qquad\qquad\qquad AktUhrzeit \leq 2o : oo$;
SETCONDITIONS $\quad F' = F - \{b\}$;
$\qquad\qquad\qquad V' = V \cup \{b\}$;
MAPCONDITIONS $\quad LetzteVermietung(b) = AktUhrzeit$;
ENDEVENT;

3

EVENT *Rückstellen(b:Boot)*;
DEFINITIONS $\quad Dauer : AktUhrzeit - letzteVermietung(b)$;
PRECONDITIONS $\quad b \in V$;
SETCONDITIONS $\quad V' = V - \{b\}$;
$\qquad\qquad\qquad F' = F \cup \{b\}$;
MAPCONDITIONS $\quad V\_Satz'(b) = V\_Satz(b) \cup$
$\qquad\qquad\qquad \{\langle AktDatum, LetzteVermietung(b), Dauer\rangle\}$;

ENDEVENT;

4

INTERNAL EVENT *ÜberfälligMelden(b:Boot)*;
SETCONDITIONS $\quad V' = V - \{b\}$;
$\qquad\qquad\qquad \ddot{U}F' = \ddot{U}F \cup \{b\}$;
MAPCONDITIONS $\quad \ddot{U}f\_Satz'(b) = \ddot{U}f\_Satz(b) \cup$
$\qquad\qquad\qquad \{\langle AktDatum, LetzteVermietung(b)\rangle\}$;

ENDEVENT;

5

EVENT *Rückmelden(b:Boot)*;
PRECONDITIONS $\quad b \in \ddot{U}F$;
SETCONDITIONS $\quad \ddot{U}F' = \ddot{U}F - \{b\}$;
$\qquad\qquad\qquad PR' = PR \cup \{b\}$;
MAPCONDITIONS $\quad Rm\_Satz'(b) = Rm\_Satz(b) \cup \{\langle AktDatum, AktUhrzeit\rangle\}$;
SIGCONDITIONS $\quad (Boot\ddot{U}berpr\ddot{u}fen(b))ON$;
ENDEVENT;

6

EVENT *Ausscheiden(b:Boot)*;
SETCONDITIONS $R' = R - \{b\}$;
                                   $A' = A \cup \{b\}$;
MAPCONDITIONS $Aus(b) = AktDatum$;
SIGCONDITIONS $(BootAusscheiden(b))ON$;
ENDEVENT;

7

EVENT *Überprüfen(b:Boot)*, status:*StatusCode*);
PRECONDITIONS $b \in PR$;
                                   $status \in StatusCode$;
SETCONDITIONS $PR' = PR - \{b\}$;
                                   $status = \text{"ok"} \longrightarrow F' = F \cup \{b\}$;
                                   $not(status = \text{"ok"}) \longrightarrow W' = W \cup \{b\}$;
MAPCONDITIONS $Üp\_Satz'(b) = Üp\_Satz(b) \cup \{\langle AktDatum, AktUhrzeit\rangle\}$;
SIGCONDITIONS $status = \text{"reparieren"} \longrightarrow (BootReparieren(b))ON$;
                                   $status = \text{"verschrotten"} \longrightarrow (BootVerschrotten(b))ON$;
ENDEVENT;

8

INTERNAL EVENT *WiederInDienstStellen(b:Boot)*;
SETCONDITIONS $W' = W - \{b\}$;
                                   $F' = F \cup \{b\}$;
ENDEVENT;

9

EVENT *ÜberprüfungVeranlassen(b:Boot)*;
PRECONDITIONS $b \in F$;
SETCONDITIONS $F' = F - \{b\}$;
                                   $PR' = PR \cup \{b\}$;
SIGCONDITIONS $(BootÜberprüfen(b))ON$;
ENDEVENT;

INTERNAL EVENT *Urgieren(b:Boot)*;
SIGCONDITIONS $b \in PR \longrightarrow (BootÜberprüfen(b))ON$;
ENDEVENT;

EVENT *PrüfPeriodeÄndern(t:ZDauerMin)*;
MAPCONDITIONS $PeriodeFürsErinnern = t$;
ENDEVENT;

TRANSACTION *Wartung*;
@(*ZMin*): FORALL(*x*): *x* ∈ *PR*: ON(*BootÜberprüfen(x)*)OFF:
PROMPT(*Überprüfen:x*); DELAY(*PeriodeFürsErinnern*): *Urgieren(x)*;
ENDTRANSACTION;

TRANSACTION *Üf.Test*;
@(21:15): FORALL(*x*): *x* ∈ *V*: *ÜberfälligMelden(x)*;
ENDTRANSACTION;

TRANSACTION *WiederInDienst*;
ON(*BootRepariert(x)*)OFF:*WiederInDienstStellen(x)*;
ENDTRANSACTION;

TRANSACTION *SucheEinleiten*;
@(o8:3o): FORALL(*x*): *x* ∈ *ÜF*: REMIND(*"Boot suchen":x*);
ENDTRANSACTION;

TRANSACTION *Verschrottung*;
@(*ZMin*): FORALL(*x*): *x* ∈ *W*: ON(*BootVerschrotten(x)*)OFF: *Ausscheiden(x)*;
ENDTRANSACTION;

TRANSACTION *Ausscheiden_Test*;
@(o8:15): FORALL(*x*): *x* ∈ *ÜF*:
AktDatum - Allop[5] (Max:{*y* | *y* = *Coord(ÜfSatz(x).1)*}) > *7* —→ *Ausscheiden(x)*;
ENDTRANSACTION;

ENDSEGMENT;

19.3 Vorgangsweise bei der Erstellung einer SF-Spezifikation

Bei der Erstellung einer SF-Spezifikation wird im ersten Schritt über die zu beschreibenden Objekte entschieden. Dabei entstehen die charakteristischen Typen
und damit die Gliederung des Modells in SF-Segmente. Anschließend wird über
die interessierenden Eigenschaften dieser Objekte entschieden. Dabei entstehen die
SF-Funktionen der charakteristischen Typen. Den dritten Schritt bildet die Festlegung jener Vorgänge, durch die diese Eigenschaften bestimmt oder verändert
werden können. Diese Vorgänge werden als SF-Ereignisse spezifiziert. Damit ist
die Spezifikation der statischen Komponenten des Modells abgeschlossen.

Definition: *Durch die Definition von charakteristischen Typen mit den zugehörigen SF–Funktionen und SF-Ereignissen wird ein statisches SF-Modell erstellt.*

Aufbauend auf diesem statischen SF-Modell werden die interessierenden Abläufe festgelegt. Dabei wird festgehalten, wie die als SF-Ereignisse spezifizierten Vorgänge untereinander zusammenhängen, zu welchen Zeitpunkten und in
Abhängigkeit von welchen äußeren Konstellationen bestimmte SF–Ereignisse auszulösen sind. Weiters wird festgelegt, inwieweit dabei Informationen von außen

---

[5]zur Allop-Notation vgl. [Ber89, S. 64].

benötigt werden. Daraus gehen die SF-Transaktionen, SF-Signale und die Signalbedingungen der bereits definierten SF-Ereignisse hervor (nach [Ber86, S. 131 f.]).

Definition: *Aufbauend auf ein statisches SF-Modell wird durch Definition von SF-Transaktionen, Signalen und Signalbedingungen ein dynamisches SF-Modell erstellt.*

Kapitel 20

Entsprechungen für SF-Konstrukte in begrifflichen Graphen

Für jedes zu übersetzende Modell wird ein abgegrenzter Bereich, der *Arbeitsgraph*, gebildet. Ausgehend von der begrifflichen Basis (vgl. Kapitel 24) werden im Zuge einer Übersetzung neue Begriffstypen und begriffliche Relationen definiert. Die Gültigkeit dieser Definitionen beschränkt sich jeweils auf den betreffenden Arbeitsgraphen.

Das vorliegende Kapitel behandelt die Übersetzung all jener SF-Konstrukte, die unabhängig von anderen und weitgehend ohne Unterstützung durch den Benutzer in begriffliche Graphen übersetzt werden können. Die Überführung eines gesamten SF-Segments wird in Kapitel 21 anhand eines Beispiels erläutert. In den folgenden Abschnitten wird untersucht, welche begrifflichen Graphen die Bedeutung der einzelnen SF-Konstrukte bestmöglich darstellen.

20.1 Charakteristischer Typ

Welches formale Konstrukt der begrifflichen Graphen entspricht dem charakteristischen Typ eines SF-Segments? Ein SF-Typ ist die Spezifikation eines Objekttyps (vgl. Abschnitt 19.1.2). Objekttypen fassen zusammengehörige Attribute zu Klassen zusammen (vgl. [Han86, S. 110]). In begrifflichen Graphen werden gemeinsame Merkmale zu Begriffstypen zusammengefaßt (vgl. Abschnitt 2.3.2). Ein Begriffstyp der begrifflichen Graphen hat somit die gleiche Funktion wie der charakteristische Typ eines SF-Segments.

Welcher Begriffstyp ist nun so definiert, daß jeder mögliche charakteristische Typ eines SF-Segments als eine Ausprägung davon dargestellt werden kann? Um diese Frage zu beantworten, muß untersucht werden, welche Objekte durch einen charakteristischen Typ dargestellt werden können: Der charakteristische Typ eines SF-Segments beschreibt neben körperlichen Dingen und Lebewesen auch Abstrakta, wie z.B. die zeitbezogenen Typen (vgl. Abschnitt 19.1.1.1). Die gesuchte Entsprechung in begrifflichen Graphen ist die kleinste gemeinsame Verallgemeinerung der angeführten Begriffe und damit deren erster gemeinsamer Supertyp (vgl. dazu die Begriffstypenhierarchie in Kapitel 24). Sowohl Lebewesen als auch Sachen und Abstrakta können eine Ausprägung des Begriffstyps *Konkretum* sein. Dieser ist daher die gesuchte Entsprechung für den charakteristischen Typ. Ein Begriffstyp, der als Entsprechung für den charakteristischen Typ eines SF-Segments dient, wird im folgenden als *charakteristischer Begriffstyp* bezeichnet.

Definition: *Der charakteristische Typ eines SF-Segments wird durch Definition eines gleichnamigen Begriffstyps übersetzt, der Subtyp von* Konkretum *ist.*

Die Kopfzeile einer SF-Typendefinition beschreibt damit ein generisches Konzept. Die Darstellung des charakteristischen Typs eines SF-Segments in begrifflichen Graphen ist die folgende:

Charakteristischer Typ: Begriffliche Typendefinition:
TYPE *Boot*;

...   `boot(B) type konkretum(B).`
ENDTYPE;

20.1.1   Strukturelle Spezifikation

Eine charakteristische Menge ist die Menge aller Objekte vom charakteristischen Typ. Die Untermengen der charakteristischen Menge umfassen Objekte vom charakteristischen Typ, die bestimmte zusätzliche Merkmale gemeinsam haben (vgl. Abschnitt 19.1.2.2). Zur Darstellung dieser Struktur in begrifflichen Graphen bieten sich zwei Möglichkeiten. Diese werden im folgenden beschrieben, anschließend wird eine davon als Übersetzung gewählt.

20.1.1.1   Darstellung der Struktur einer charakteristischen Menge durch Nach-bildung einer Mengenstruktur

Diese Lösung sieht mehrere Konzepte des gleichen Begriffstyps vor, wobei die Untermengen der charakteristischen Menge durch die verschiedenen Referenten dargestellt werden. Die Struktur wird durch eine begriffliche Relation *Teilmenge* dargestellt, die jeweils das Konzept einer Menge mit den Konzepten aller unmittelbaren Untermengen verbindet. Diese Relation muß folgenden Anforderungen genügen:

- *Teilmenge* muß beliebig viele Konzepte verbinden können, die charakteristische Menge kann beliebig viele Untermengen haben.

- Die Summe der Elemente aller Mengen, die durch eine *Teilmenge*-Relation mit einer übergeordneten Menge verbunden sind, darf nicht größer sein als die Mächtigkeit dieser Gesamtmenge. Diese Forderung ergibt sich aus der Verwendung der Untermengen der charakteristischen Menge zur Darstellung verschiedener einander ausschließender Zustände eines Objekts.

- Jedes Element einer Teilmenge muß in allen übergeordneten Mengen enthalten sein.

- Teilmengen können auch leer sein. Es ist möglich, daß bestimmte Zustände vorübergehend für kein Objekt zutreffen.

Struktur der charakteristischen Menge:

Begrifflicher Graph:

```
boot(R), teilmenge(boot(R),boot(B)),
boot(B), boot(F),
teilmenge(boot(F),boot(R)), boot(V),
teilmenge(boot(V),boot(R)),
boot(UEF),
teilmenge(boot(UEF),boot(R)),
boot(PR),
teilmenge(boot(PR),boot(R)), boot(W),
teilmenge(boot(W),boot(R)), boot(A),
teilmenge(boot(A),boot(B)).
```

TYPE *Boot*;
SET *B*(SUBSETS:*R* (SUBSETS: *F, V, ÜF, PR, W),
A);
...
ENDTYPE;

Bei dieser Form der Darstellung gehören die Elemente aller Untermengen dem Begriffstyp *Boot* an, der seinerseits als Menge definiert ist. Die Unterscheidung wird durch die unterschiedlichen Referenten getroffen. Das Ergebnis ist ein bestimmter begrifflicher Graph.

20.1.1.2 Darstellung der Struktur einer charakteristischen Menge durch Eintrag in der Typenhierarchie

Dieser Ansatz zielt auf die Funktion der Untermengen ab, nämlich das Zusammenfassen von Objekten, die bestimmte Eigenschaften gemeinsam haben. Da auch Begriffstypen Objekte mit gemeinsamen Merkmalen zusammenfassen (vgl. Abschnitt 2.3.2), wird für jede Untermenge gesondert ein Begriffstyp definiert. Die Mengenstruktur wird durch entsprechende Einordnung in der Typenhierarchie dargestellt.

Struktur der charakteristischen Menge:

Begriffliche Typendefinition:

```
r(X) type boot(X).
f(X) type r(X).
v(X) type r(X).
uef(X) type r(X).
pr(X) type r(X).
w(X) type r(X).
a(X) type boot(X).
```

TYPE *Boot*;
SET *B*(SUBSETS:*R* (SUBSETS: *F, V, ÜF, PR, W),
A);
...
ENDTYPE;

Bei dieser Lösungsvariante werden die Untermengen einer charakteristischen Menge als gesonderte Begriffstypen unterschieden. Den Referenten kommt bei dieser Darstellungsform keine Bedeutung zu, da es sich um eine allgemeine Definition und keinen bestimmten begrifflichen Graphen handelt.

20.1.1.3 Gewählte Lösung

Trotz der äußerlichen Ähnlichkeit der beiden Abbildungen darf nicht übersehen werden, daß grundsätzliche Unterschiede bestehen: Die Lösung in 20.1.1.1 zeigt einen bestimmten begrifflichen Graphen, während als Lösung in 20.1.1.2 eine generische Hierarchie von Begriffstypen vorgeschlagen wird. Daraus ergeben sich auch unterschiedliche Folgen für die Darstellung in begrifflichen Graphen. Die Teilmengen-Lösung erfordert nach Vorgängen, die die Untermengen-Zugehörigkeit eines Elementes ändern, eine entsprechende Änderung der Darstellung: Wird ein Boot vermietet, so muß es der Untermenge der freien Boote entnommen und jener der vermieteten zugeschlagen werden. Bei der Definition neuer Begriffstypen können derartige Veränderungen deklarativ realisiert werden: Die Definition des Begriffstyps *Vermietetes_Boot* könnte wie folgt lauten: *„Ein Boot, das vermietet wurde und später weder retourniert wurde noch überfällig gemeldet wurde."* Bei dieser Darstellung genügt es, den Vorgang einer Vermietung im Arbeitsgraphen zu vermerken. Eine Abfrage aller vermieteten Boote ergibt so stets den aktuellen Stand, ohne daß eine tatsächliche Veränderung vorgenommen werden muß.

Da eine deklarative Darstellung nur über die Bildung eigener Begriffstypen möglich ist, wird dieser Lösung der Vorzug gegeben:

Definition:　　*Die Struktur eines charakteristischen Typs wird durch die Definition einer entsprechenden Hierarchie von Begriffstypen übersetzt.*

20.1.2　SF-Funktionen

Eine SF-Funktion ist die Spezifikation einer Eigenschaft des charakteristischen Typs oder einer Beziehung zu einem anderen SF-Typ (vgl. Abschnitt 19.1.2.5). In beiden Fällen handelt es sich um eine Verbindung zweier Typen, die benannt und quantifiziert wird. In begrifflichen Graphen werden Beziehungen durch Relationen dargestellt (vgl. Abschnitt 2.3.3). Begriffliche Relationen sind daher auch geeignet, die Inhalte von SF-Funktionen darzustellen.

Definition:　　*Die Übersetzung einer SF-Funktion erfolgt durch Definition einer gleichnamigen begrifflichen Relation. Diese Relation verbindet ein Konzept vom Typ der Definitionsmenge mit einem Konzept vom Ergebnistyp der betreffenden SF-Funktion.*

Schema der Darstellung einer SF-Funktion in begrifflichen Graphen:

SF-Funktion:

Funktionsname:
　Definitionsmenge ⟶ *Ergebnistyp;*

Begriffliche Beziehungsdefinition:
```
funktionsname(D,W) relation
   typ_der_Definitionsmenge(D),
   ergebnis_typ(W),
   link(typ_der_Definitionsmenge(
        $D @ min to max),
      ergebnis_typ(
        $W @ min to max)).
```

Hinsichtlich der Quantifikation gibt es vier Arten von SF-Funktionen, deren Übersetzung in die Syntax der begrifflichen Graphen im folgenden behandelt wird.

20.1.2.1 Funktion: $A \longrightarrow B$

Definitionsbereich:[1]
min: Die Definitionsmenge einer SF-Funktion ist auf jene Elemente beschränkt, auf
die die betreffende Funktion anwendbar ist. Jedes Element ist daher mit
zumindest einer Instanz der begrifflichen Relation verbunden, die aus der
Übersetzung einer SF-Funktion in begriffliche Graphen resultiert.
$\Rightarrow min = 1$
max: Die Lösungsmenge einer SF-Funktion $F : X \to Y$ darf keine Paare $\langle x, y1 \rangle$ und
$\langle x, y2 \rangle$ enthalten, für die y1 $\neq$ y2 gilt (vgl. [Ber86, S. 113]). Daraus folgt, daß
jedes Element der Definitionsmenge mit höchstens einer Instanz der resultie-
renden Relation verbunden sein darf.
$\Rightarrow max = 1$

Wertebereich:
min: Es muß nicht jeder mögliche Wert des Ergebnistyps ein Funktionswert sein.
Der Wertebereich des Ergebnistyps ist daher kleiner oder gleich der Wertemenge.
$\Rightarrow min = 0$
max: Ein Element vom Ergebnistyp kann beliebig oft zugeordnet werden.
$\Rightarrow max = n$

SF-Funktionstypus:
Funktion: $A \longrightarrow B$;

Begrifflicher Graph:
```
link($A @ 1 to 1, $B @ 0 to n)
```

20.1.2.2 Funktion: $A \longrightarrow (B)$-set

Definitionsbereich:
Grundsätzlich gilt das in Abschnitt 20.1.2.1 Gesagte. Die Beziehung zwischen einzelnen Elementen *a* der Definitionsmenge *A* und Potenzmengen von Werten *(b)*-set
des Ergebistyps *(B)*-set wird in SF jedoch nicht als 1:1-Beziehung *a:(b)*-set, sondern
als 1:n-Beziehung *a:b* übersetzt (vgl. [Ber89, S. 3f.]).
$\Rightarrow max = n$
Wertebereich: Wie Abschnitt 20.1.2.1

SF-Funktionstypus:
Funktion: $A \longrightarrow (B)$-set;

Begrifflicher Graph:
```
link($A @ 1 to n, $B @ 0 to n)
```

20.1.2.3 Funktion: $\longrightarrow B$

Definitionsbereich:
Ist die Definitionsmenge einer SF-Funktion nicht explizit angegeben, so werden

---

[1] Als *Definitionsbereich* wird der korrekt quantifizierte Begriffstyp der Definitionsmenge einer SF-
Funktion innerhalb der entsprechenden begrifflichen Relation bezeichnet (vgl. die Darstellung in
20.1.2: „D @ min - max". Der Begriff *Wertebereich* wird analog verwendet.

durch die betreffende SF-Funktion dem gesamten SF-Segment ein oder mehrere
Elemente des Ergebnistyps zugeordnet. In begrifflichen Graphen wird daher die
Menge aller Ausprägungen des charakteristischen Typs als Definitionsbereich an-
gegeben: $Bezeichnung der Menge

Wertebereich:
min: wie Abschnitt 20.1.2.1
max: Es wird nur ein einziger Wert einmal zugeordnet. $\Rightarrow$ *max* = 1

SF-Funktionstypus: **Begrifflicher Graph:**
Funktion: $\longrightarrow$ (B);   ```link($A, $B @ 0 to 1)```

20.1.2.4   Funktion: $\longrightarrow$ (B)-set

Definitionsbereich: wie Abschnitt 20.1.2.3
Wertebereich: wie Abschnitt 20.1.2.1

SF-Funktionstypus: **Begrifflicher Graph:**
Funktion: $\longrightarrow$ (B)-set; ```link($A, $B @ 0 to n)```

Zusammenfassend gelten für die verschiedenen Quantifikationen von SF–Funktionen folgende Übersetzungen:

SF-Funktionstypus	A:B	Begriffliche Relation
Funktion: $A \longrightarrow B$;	1:1	```link($A @ 1 to 1, $B @ 0 to n)```
Funktion: $A \longrightarrow$ (B)-set;	1:n	```link($A @ 1-n, $B @ 0 to n)```
Funktion: $\longrightarrow B$;	n:1	```link($A, $B @ 0 to 1)```
Funktion: $\longrightarrow$ (B)-set;	n:m	```link($A, $B @ 0 to n)```

Beispiel 20.1-1:   Darstellung einer SF-Funktion in begrifflichen Graphen:

SF-Funktionstypus: **Begriffliche Beziehungsdefinition:**
                                          ```
                                          ein(B,D) relation
*Ein: B $\longrightarrow$ Datum;*           boot(B), datum(D),
                                            link(boot($B @ 1 to 1),
                                              datum($D @ 0 to n)).
                                          ```


Ist der Wertebereich einer SF-Funktion ein kartesisches Produkt, so sind die Ausprägungen geordnete Tupel. Die Quantifikation der SF-Funktion gilt somit jeweils
zwischen dem charakteristischen Typ und einem der Typen des Wertebereichs.

Beispiel 20.1-2:   Darstellung einer SF-Funktion, deren Ergebnistyp ein kartesisches Produkt ist, in begrifflichen Graphen:

SF-Funktionstypus:	**Begriffliche Beziehungsdefinition:**

```
v_Satz(B,D,U,W) relation
   boot(B), datum(D),
   uhrzeit(U), minuten(M),
   link(boot($B @ 1 to 1),
      datum($D @ 1 to n)),
   link(boot($B @ 1 to 1),
      uhrzeit($U @ 1 to n)),
   link(boot($B @ 1 to 1),
      minuten($M @ 1 to n)).
```

$$V\_Satz: \quad B \longrightarrow (Datum \times Uhrzeit \times Minuten)\text{--}set;$$

20.1.3 SF-Signale

Ein SF-Signal ist eine Botschaft, die sich auf ein bestimmtes Objekt oder die gesamte charakteristische Menge bezieht. Es besteht aus einem Text und (optional)
einem Argument (vgl. Abschnitt 19.1.2.4). Mitteilungen, die mit einem bestimmten
Gegenstand zusammenhängen, gibt es nicht nur in der Systemanalyse. Prüfhaken
oder ein „ok" auf kontrollierten Waren sind in der Realwelt häufig anzutreffen.
Das Erweitern der begrifflichen Basis um ein entsprechendes Konstrukt ist daher gerechtfertigt. Die Verbindung eines Textes mit einem Gegenstand läßt sich in
begrifflichen Graphen durch eine Relation darstellen:

SF-Signal:	**Begriffliche Beziehungsdefinition:**
TYPE Gegenstand ... SIGNAL text;	

```
sig(T,G) relation
   text(T), gegenstand(G),
   link(text(T),gegenstand(G)).
```

Definition: *Die Übersetzung eines SF-Signals erfolgt durch einen Text, der über
eine Relation sig mit einem Gegenstand verbunden ist.*

In SF werden zwei Arten von Signalen unterschieden: Signale mit einem Argument, die sich auf ein bestimmtes Objekt beziehen, und Signale, die kein Argument
haben und sich auf ein gesamtes Segment beziehen (vgl. Abschnitt 19.1.2.4). Diese
Unterscheidung erfolgt in begrifflichen Graphen durch die Relationen *ind_sig* und
allg_sig:

Allgemeines SF-Signal:	**Begriffliche Beziehungsdefinition:**
TYPE Typus; SIGNAL text;	

```
allg_sig(T,G) relation
   text(T), typus(G),
   sig(text($T @ 1 to 1),
      typus($G @ 1 to n)).
```

Individuelles SF-Signal:	**Begriffliche Beziehungsdefinition:**
TYPE Typus; SIGNAL text(Typus);	

```
ind_sig(T,G) relation
   text(T), typus(G),
   sig(text($T @ 1 to 1),
      typus($G @ 1 to 1)).
```

Die Quantifikation „*$G @ 1 to 1*" besagt, daß durch eine Instanz der Relation *ind_sig*
genau eine Ausprägung des Begriffstyps *Text* mit genau einer Ausprägung des

Begriffstyps *Konkretum* verbunden wird. Im Vergleich dazu die Relation *allg_sig*, von der eine Instanz jeweils mehrere Ausprägungen des Begriffstyps *Konkretum* mit einem bestimmten Text verbindet.

Definition: *Die zu Beginn einer SF-Spezifikation angeführten SF-Signale werden durch eine Vereinbarung der betreffenden Texte als individuelle oder allgemeine Signale übersetzt, die sich auf jeweils eine bzw. alle Ausprägungen des charakteristischen Begriffstyps beziehen.*

Beispiel 20.1-3:   Darstellung von SF-Signalen:

SF-Signale:

TYPE *Boot*;

SIGNALS *BootRegistrieren(Boot)*;
        BootAusscheiden(Boot);

Begrifflicher Graph:
```
boot(Boot),text('BootRegistrieren'),
ind_sig(boot(Boot),
   text('BootRegistrieren')).

boot(Boot),text('BootAusscheiden'),
ind_sig(boot(Boot),
   text('BootAusscheiden')).
```

Auch das Setzen und Löschen von Signalen wird deklarativ, also ohne tatsächliche Veränderung eines bestehenden Graphen, dargestellt. Bei der gewählten Lösung werden Setzen und Löschen von Signalen als Vorgänge definiert. Voraussetzung ist jeweils, daß eine Relation *sig* nachweisbar ist, die das zu setzende oder zu löschende Signal mit dem betroffenen Objekt `gegenstand(G)` verbindet:

Setzen von Signalen:

EVENT ...
SIGCONDITIONS *(Text(Typus))*ON
ENDEVENT;

Begriffliche Typendefinition:
```
sig_setzen(V) type
   vorgang(V), text(T),
   gegenstand(G),
   obj(vorgang(V),text(T)),
   ziel(gegenstand(G),vorgang(V)),
   sig(text(T),gegenstand(G)).
```

Abgefragt wird ein Signal, indem untersucht wird, welche der beiden Handlungen für ein bestimmtes Signal eines bestimmten Gegenstands zeitlich später stattgefunden hat. Die Abfrage eines Signals kann durch Definition einer Relation (vgl. [Sow84, S. 115]) vereinfacht werden:

Abfragen von Signalen:

... ON*(Text(Typus))* ...

Begriffliche Typendefinition:
```
an_sig(T,Y) relation
   text(T), gegenstand(G),
   sig_setzen(S),
   sig(text(T), gegenstand(G)),
   obj(sig_setzen(S), text(T)),
   ziel(gegenstand(G),sig_setzen(S)),
   nicht(/ sig_loeschen(L),
     obj(sig_loeschen(L), text(T)),
     ziel(gegenstand(G),
        sig_loeschen(L)),
     zeitl_vor(sig_setzen(S),
        sig_loeschen(L))).
```

Die Relation *an_sig* verbindet einen Signaltext mit einem Gegenstand; es muß ein Setzen dieses Signals bei demselben Gegenstand nachweisbar sein, nachdem derselbe Signal-Text bei demselben Gegenstand nicht gelöscht worden ist.

Definition: *Setzen und Löschen eines SF-Signals werden als Subtypen des Begriffstyps Vorgang übersetzt. Bei der Abfrage eines Signals wird untersucht, welcher dieser Vorgänge zuletzt stattgefunden hat.*

20.2 SF-Ereignisse

Ein SF-Ereignis ist die Spezifikation einer Operation auf den charakteristischen Typ (vgl. Abschnitt 19.1.3). Es wird also ein Vorgang beschrieben, von dem Ausprägungen des charakteristischen Typs betroffen sein können. Vorgänge werden in begrifflichen Graphen als Konzepte dargestellt, deren Begriffstyp ein Subtyp von *Vorgang* ist. Die Beziehung zwischen diesem Vorgang und einem betroffenen Individuum wird als Relation *Obj* dargestellt. Die Entsprechung für ein SF-Ereignis in den begrifflichen Graphen ist somit ein Konzept *Vorgang*, das durch eine Relation *Obj* mit einem Konzept vom charakteristischen Begriffstyp verbunden ist.

Definition: *Die Übersetzung eines SF-Ereignisses erfolgt durch Definition eines Konzepts Vorgang, dessen Objekt eine Ausprägung des charakteristischen Begriffstyps ist.*

Die Kopfzeile der Definition eines SF-Ereignisses nennt den Namen des Vorgangs und das betroffene Objekt (vgl. Abschnitt 19.1.3).

Beispiel 20.2-1: Darstellung eines SF-Ereignisses:

SF-Ereignis:

EVENT *Ankaufen(b:Boot)*;
ENDEVENT;

Begriffliche Typendefinition:
```
ankaufen(V) type
    vorgang(V), boot(B),
    obj(vorgang(V),boot(B)).
```

Bei der Übersetzung der verschiedenen Bedingungen eines SF-Ereignisses wird diese Definition schrittweise erweitert.

20.2.1 Prüfbedingungen

Bei den Prüfbedingungen handelt es sich um formale und logische Ansprüche an die eingegebenen Daten. Neben der Zugehörigkeit zu einem bestimmten Typ oder einer bestimmten Untermenge der charakteristischen Menge werden auch Konsistenzkriterien festgehalten (vgl. Abschnitt 19.1.3.2). Daß die Objekte eines Vorgangs jenen Begriffstypen angehören, für die der betreffende Vorgang definiert ist, wird durch den Mechanismus zur Abarbeitung begrifflicher Graphen sichergestellt. Eine Übersetzung ist daher nicht nötig. Kriterien, die die Konsistenz des Modells betreffen, werden hingegen in die Definition des Vorgangs aufgenommen. Die verschiedenen Konsistenzkriterien sind in SF frei definierbar. Es lassen sich daher keine allgemeinen Angaben zur Übersetzung machen. Ein Beispiel zur benutzergeführten Übersetzung folgt weiter unten (vgl. Bsp. 21.2-1).

20.2.2 Mengenbedingungen

Wird ein Objekt durch ein SF-Ereignis zum Element einer anderen Untermenge oder einer anderen charakteristischen Menge, so wird dieser Umstand als Mengenbedingung festgehalten (vgl. Abschnitt 19.1.3.3). So wird beispielsweise durch das SF-Ereignis *Vermieten* ein Element der Untermenge der freien Boote zu einem Element der Untermenge der vermieteten Boote.

Beispiel für diese Art der Definition war der Begriffstyp *vermietetes_Boot* (vgl. Abschnitt 20.1.1.2): *„Ein Boot, das vermietet wurde und später weder retourniert wurde noch überfällig gemeldet wurde."* Die Mengenbedingungen sind Anhaltspunkte dafür, welchen Einfluß ein Vorgang auf die Zugehörigkeit der betroffenen Individuen zu einer bestimmten Untermenge der charakteristischen Menge und damit zu einem bestimmten Begriffstyp[2] hat. Bei der Übersetzung werden Mengenbedingungen daher zur Definition dieser Begriffstypen herangezogen. Die Definition erfolgt durch Aufzählen jener Vorgänge, durch die ein Individuum einem bestimmten Begriffstyp zugehörig wird und den Ausschluß jener Vorgänge, die diese Zugehörigkeit beenden. Es kann also jedes zusätzliche SF-Ereignis zu einer geänderten Definition der Begriffstypen führen. Daher müssen für die Definition eines Begriffstyps alle SF-Ereignisse eines Segments bekannt sein.

Definition: *Die Mengenbedingungen aller SF-Ereignisse eines Segments werden zur Definition jener Begriffstypen verwendet, die die Struktur des charakteristischen Typs wiedergeben.*

Dieser Übersetzungsschritt kann nur für ein Segment als Ganzes vorgenommen werden und wird daher im folgenden Kapitel behandelt (vgl. Abschnitt 21.2).

20.2.3 Funktionsbedingungen

Ändert sich durch ein SF-Ereignis eine als SF-Funktion definierte Eigenschaft eines Objekts, so wird dieser Umstand als Funktionsbedingung festgehalten (vgl. Abschnitt 19.1.3.4). Es wird also ausgesagt, welche SF-Funktionswerte durch welche SF-Ereignisse verändert werden. Damit stellen Funktionsbedingungen eine Verbindung zwischen SF-Ereignissen und SF-Funktionen her.

Definition: *Die Funktionsbedingungen werden zur Definition der Attribute und Beziehungen herangezogen.*

Die Übersetzung ist bei Bearbeitung eines vollständigen Segments möglich. Sie wird daher im Abschnitt 21.5 behandelt.

---

[2]Die Struktur des charakteristischen Typs wird, wie weiter oben beschrieben (Abschnitt 20.1.1.2), in eine Hierarchie von Begriffstypen übersetzt.

20.2.4 Signalbedingungen

Eine Signalbedingung ist eine Aussage über das Setzen eines SF-Signals (vgl. Abschnitt 19.1.3.5). Die Darstellung von Signalen in begrifflichen Graphen wurde bereits weiter oben (vgl. Abschnitt 20.1.3) beschrieben. Das Setzen eines Signals wird als Vorgang übersetzt. Die Definition jenes Vorgangs, der das SF-Ereignis mit der zu übersetzenden Signalbedingung in begrifflichen Graphen darstellt, wird entsprechend erweitert.

Definition: *Signalbedingungen werden durch Konzepte des Begriffstyps sig_setzen übersetzt, die Teile der Definition jenes Vorgangs werden, der das betreffende SF-Ereignis in begrifflichen Graphen darstellt.*

> **Beispiel 20.2-2:**   Darstellung einer Signalbedingung:

Signalbedingung:

EVENT *Ankaufen(b:Boot)*;
...
SIGCONDITIONS
*(BootRegistrieren(b))*ON;
ENDEVENT;

Begriffliche Typendefinition:
```
ankaufen(V) type
    vorgang(V), sig_setzen(S),
    text('BootRegistrieren'),
    boot(B),
    obj(vorgang(V),boot(B)),
    sig(text('BootRegistrieren'),
        boot(B)),
    obj(sig_setzen(S),
        text('BootRegistrieren')),
    ziel(boot(B),sig_setzen(S)).
```

20.3 Responder

Der SF-Responder ist die zeitabhängige Kontrollkomponente eines SF-Segments. Er besteht aus einer Reihe von bedingten Aktionen, die vom System zu bestimmten Zeitpunkten ausgelöst werden. Jede dieser SF-Transaktionen besteht aus einem Namen, einer zeitlichen Bedingung, einem Definitionsbereich und einer oder mehreren Aktionen (vgl. Abschnitt 19.1.4).

Die bisher beschriebenen Elemente einer SF-Spezifikation konnten in begrifflichen Graphen deklarativ dargestellt werden. Zur Darstellung dynamischer Elemente wurde – in Anlehnung an die Definition einer SF-Transaktion – das Konstrukt „Trigger" definiert (vgl. Abschnitt 2.3.5).

Definition: *Die Übersetzung einer SF-Transaktion erfolgt durch Definition eines gleichnamigen Triggers.*

Die einzelnen Bestandteile einer SF-Transaktion werden nun schrittweise in einen Trigger übersetzt.

20.3.1 Zeitliche Bedingung einer SF-Transaktion

- **ZA:**[3] Werden hinsichtlich der ersten Durchführung der SF–Transaktion keine

---

[3]zur Bedeutung der Komponenten eines Triggers vgl. Abschnitt 2.3.5

Angaben gemacht, so erfolgt die Durchführung ab sofort. Ein Trigger kann niemals rückwirkend aktiv werden. Es wird der frühestmögliche Beginnzeitpunkt angesetzt.

- **Zyklus:**

    - Wurde die periodische Durchführung durch die Angabe eines Zeitraums spezifiziert, so wird der entsprechenden Zeitraum zum Zyklus.

    - Wurde die periodische Durchführung mit SF-Delay (vgl. Abschnitt 19.1.4.2.2) spezifiziert, so wird die betreffende Periode als Zyklus übersetzt.

    - Erfolgte keine ausdrückliche Angabe, so wird die nächstgrößere Zeiteinheit (ausgehend von ZA) als Zyklus gewählt.

- **ZE:** Ist der Zeitpunkt der letzten Durchführung einer SF-Transaktion nicht näher bestimmt, so bleibt der Trigger auf unbestimmte Zeit aktiv: Zyklusende ZE ist in diesem Fall der 31.12.1999.

Beispiel 20.3-1:   Darstellung der zeitlichen Bedingung einer SF–Transaktion in begrifflichen Graphen:

Zeitliche Bedingung:

@(*TMin.Now*) @(21:15)

Zyklusparameter:
```
ZA= 00000000,00
ZA= 00000021,15
Zyklus= 00000000,01
Zyklus= 00000100,00
ZE= 99123123,59
ZE= 99123121,15
```

Alle Zeitangaben erfolgen in der Form: JahrJahrMonatMonatTagTagStunde-Stunde,MinuteMinute

20.3.2   Definitionsbereich einer SF-Transaktion

Grundsätzlich ist der Definitionsbereich einer SF-Transaktion die charakteristische Menge oder eine ihrer Untermengen. Werden keine zusätzlichen Einschränkungen getroffen, so besteht der entsprechende Definitionsgraph des Triggers *quantifikation(X)* nur aus jenem Begriffstyp, dessen Ausprägungen Elemente der als Definitionsbereich angegebenen Menge sind:

Beispiel 20.3-2:   Darstellung des Definitionsbereichs einer Aktion in begrifflichen Graphen:

Aktion:
```
TRANSACTION: ...
FORALL(x): x ∈ PR ...
ENDTRANSACTION;
```

Quantifikation des Triggers:
```
quantifikation(/ pr(X))
```

Definitionsbereich sind alle Ausprägungen des Begriffstyps *PR* (zu prüfende Boote).

Zusätzlich zur Zugehörigkeit zu einer bestimmten Menge kann auch das Gesetztsein eines SF-Signals Voraussetzung für eine Aktion sein. Der Definitionsgraph wird in diesem Fall um die entsprechende Bedingung erweitert:

Beispiel 20.3-3:   Darstellung des Definitionsbereichs einer Aktion in begrifflichen Graphen:

Aktion:
TRANSACTION: ...
FORALL(*x*): *x* ∈ *PR*:
  ON(*BootÜberprüfen(x)*) ...;
ENDTRANSACTION;

Quantifikation des Triggers:
```
quantifikation (/
    text('BootUeberpruefen'),
    an_sig(
      text('BootUeberpruefen'),
      pr(B)), pr(B)).
```

Definitionsbereich sind alle zu prüfenden Boote (d.h. alle Individuen des Begriffstyps *pr*), für die das Signal „*BootÜberprüfen*" gesetzt ist.

20.3.3 Durchzuführende Aktion

Nach den Zeitangaben und der Nennung des Definitionsbereichs folgt die Aktion, die für alle entsprechenden Individuen durchgeführt wird. Dabei werden in SF folgende Aktionen unterschieden (vgl. Abschnitt 19.1.4.1.4):

20.3.3.1 Auslösen eines internen SF-Ereignisses

Ein internes SF-Ereignis ist eine Operation, für die keine Eingaben durch den Benutzer erforderlich sind (vgl. Abschnitt 19.1.3). Darin besteht der einzige Unterschied zu den externen SF-Ereignissen. Die Übersetzung erfolgt daher nach denselben Regeln (vgl. Abschnitt 20.2). Der entstehende Graph wird zum Aktionsgraphen des Triggers (vgl. Abschnitt 2.3.5) und kann somit benutzerunabhängig ausgelöst werden. Das betreffende SF-Ereignis ist damit ab jenem Zeitpunkt, zu dem der Trigger gegeben wird, im Arbeitsgraphen nachweisbar.

20.3.3.2 SF-Prompt und SF-Remind

Ein SF-Prompt ist eine Aufforderung des Systems an den Benutzer, für ein bestimmtes Objekt ein bestimmtes SF-Ereignis auszulösen (vgl. Abschnitt 19.1.4.1.4). Ein SF-Remind ist eine Aufforderung des Systems an den Benutzer, für ein bestimmtes Objekt eine nicht näher spezifizierte Aktivität zu setzen. In beiden Fällen handelt es sich um Ausgaben an den Benutzer, wobei der Unterschied nicht in der Form der Ausgabe sondern in der erwarteten Reaktion des Benutzers liegt. Bei der Übersetzung wird daher nicht näher zwischen den beiden Konstrukten unterschieden.

Definition: *Die Ausgaben an den Benutzer SF-Prompt und SF-Remind werden mit Hilfe des Aktors Aus übersetzt.*

Der genannte Aktor verbindet den auszugebenden Text mit jenen Objekten, auf die sich die Ausgabe bezieht (vgl. 24.4).

Beispiel 20.3-4:   Darstellung von Ausgaben an den Benutzer (SF-Prompt, SF-Remind) in begrifflichen Graphen:

Prompt:

```
TRANSACTION ...
FORALL(x): x ∈ PR:
  ON(BootÜberprüfen(x))OFF:
  PROMPT(Überprüfung:x) ...
ENDTRANSACTION;
```

Begrifflicher Graph:

```
aus(in BootUeberpruefen,
    in X,
    out BootUeberpruefen:X),
textBootUeberpruefen), pr(X),
text(BootUeberpruefen:X).
```

Kapitel 21

Übersetzung eines SF-Segments in begriffliche Graphen

In diesem Kapitel wird anhand eines Beispiels die benutzergeführte Überführung eines SF-Segments in begriffliche Graphen gezeigt. Neben der praktischen Anwendung der in Kapitel 20 aufgestellten Regeln werden insbesondere jene Übersetzungsschritte erläutert, die nur für ein SF-Segment als Ganzes oder nur mit Führung durch den Benutzer vollzogen werden. Der vorgeschlagene Weg wird in mehreren Schritten zurückgelegt:

1. Formelle Definition der Begriffstypen

2. Übersetzung der SF-Ereignisse

3. Materielle Definition der Begriffstypen

4. Übersetzung der SF-Funktionen

5. Verbindung zwischen begrifflichen Graphen und SF-Funktionen bzw. SF–Ereignissen

6. Übersetzung der SF-Signale

7. Übersetzung des SF-Responders

21.1 Formelle Definition der Begriffstypen

21.1.1 Übersetzung der Struktur des charakteristischen Typs

Der charakteristische Typ eines SF-Segments wird durch Definition eines gleichnamigen Begriffstyps übersetzt, der Subtyp von *Konkretum* ist (vgl. Abschnitt 20.1). Die Struktur eines charakteristischen Typs wird durch die Definition einer entsprechenden Hierarchie von Begriffstypen übersetzt (vgl. Abschnitt 20.1.1). Der Aufbau dieser Hierarchie kann direkt aus der SF-Spezifikation abgeleitet werden. Die dazu nötige Information findet sich in der Definition der charakteristischen Menge. Jede Untermengen-Ebene wird der unmittelbar vorhergehenden Menge untergeordnet.

Zusammenfassung 21.1.1: Bootsverleih

Struktur des charakteristischen Typs:

SET *B*(SUBSETS:
  R(SUBSETS: *F, V, ÜF, PR, W*) *A*);

Begriffliche Typendefinition:
```
registriert(R) type boot(R).
frei(F) type registriert(F).
vermietet(V) type registriert(V).
ueberfaellig(UeF) type
    registriert(UeF).
zuPruefen(PR) type registriert(PR).
inWartung(W) type registriert(W).
ausgeschieden(A) type boot(A).
```

Die Kurzbezeichnungen der SF-Mengen (*R, F,*. . .) wurden zum besseren Verständnis durch vollständige Namen (*registriert, frei,* . . .) ersetzt.

21.1.2 Einbindung in die Hierarchie der begrifflichen Basis

Der Begriffstyp *Konkretum* ist Supertyp aller Begriffstypen, die charakteristische Typen von SF-Segmenten darstellen (vgl. Abschnitt 20.1). Sind in einem SF-Segment dem charakteristischen Typ übergeordnete Typen angegeben (vgl. Abschnitt 19.1.2.1), so werden diese zwischen *Konkretum* und dem charakteristischen Begriffstyp eingeordnet.

Zusammenfassung 21.1.2: Bootsverleih

Struktur des charakteristischen Typs:

TYPE *Boot* ISA *WasserFahrzeug* ISA *MietObjekt*;

Begriffliche Typendefinition:
```
wasserFahrzeug(WF) type
    konkretum(WF).
mietObjekt(MO) type konkretum(MO).
boot(B) type wasserFahrzeug(B).
boot(B) type mietObjekt(B).
```

21.1.3 Übersetzung der SF-Ereignisse

Die Übersetzung eines SF-Ereignisses erfolgt durch Definition eines Vorgangs, dessen Objekt eine Ausprägung des charakteristischen Begriffstyps ist (vgl. Abschnitt 20.2). Ausgehend von einer Übersetzung der Kopfzeile wird die Definition dieses Vorgangs um die verschiedenen Bedingungen des entsprechenden SF-Ereignisses (vgl. Abschnitt 19.1) erweitert.

21.1.4 Kopfzeile

Die Kopfzeile der Definition eines SF-Ereignisses nennt den Namen des Vorgangs und das betroffene Objekt (vgl. Abschnitt 19.1.3). In diesem Übersetzungsschritt werden Name und Argument eines SF-Ereignisses nach den obigen Regeln (vgl. Abschnitt 20.2) übersetzt.

Im Fall eines SF-Ereignisses mit zwei Argumenten ist es nötig, daß der Benutzer zusätzlich zum entsprechenden Vorgang eine Relation definiert, die die Typen der Argumente verbindet:

Kopfzeile eines Ereignisses:

EVENT *Überprüfung(b:Boot, status:SCode)*;

Begriffliche Definition:
```
ueberpruefung(Ue) type
    vorgang(Ue), boot(B),
    obj(vorgang(Ue),boot(B)).
status(SC,B) relation
    boot(B), sCode(SC),
    status(sCode(SC),boot(B)).
```

Die in der SF-Spezifikation nicht festgehaltene Verbindung zwischen *Boot* und *sCode* muß vom Benutzer ergänzt werden.

21.1.5 Prüfbedingungen

Die Kriterien zur Prüfung der eingegebenen Daten hinsichtlich ihrer Konsistenz mit dem spezifizierten Modell sind in SF frei definierbar. Über deren Abbildung in begrifflichen Graphen kann man keine allgemeinen Aussagen treffen. Daher nur ein Beispiel:

Beispiel 21.1-1: Erweiterung der Darstellung eines SF-Ereignisses in begrifflichen Graphen um dessen Prüfbedingungen.

Ereignisdefinition:

EVENT *Vermieten(b:Boot)*;
PRECONDITIONS   *AktUhrzeit ≥ o9:oo;*
         AktUhrzeit ≤ 2o:oo;
ENDEVENT;

Begriffliche Definition:
```
vermieten(V) type
    vorgang(V), boot(B),
    obj(vorgang(V),boot(B)),
    ende(uhrzeit(U),vorgang(V)),
    uhrzeit(U), uhrzeit(o9.oo),
    uhrzeit(2o.oo),
    grgleich(uhrzeit(U),
        uhrzeit(o9.oo)),
    grgleich(uhrzeit(2o.oo),
        uhrzeit(U)).
```

Vermieten ist ein Vorgang, der zwischen 9 und 20 Uhr beendet[1] ist.

---

[1] Zum Verhältnis von Vorgängen zur Zeit in den begrifflichen Graphen: Mit einem Konzept vom Begriffstyp *Vorgang* sind die beiden Relationen *Beginn* und *Ende* verbunden, die jeweils auf einen Zeitpunkt weisen. Zwischen Beginn und Ende eines Vorgangs sind keine Aussagen über Zustände der betroffenen Objekte möglich. Daher verbindet die Relation *Ende* einen Vorgang jeweils mit jenem Zeitpunkt, zu dem er im Arbeitsgraph (vgl. Abschnitt 20) erstmals nachweisbar ist. In **SF** ist *Akt_Uhrzeit* innerhalb der Spezifikation eines SF-Ereignisses jener Zeitpunkt, zu dem die betreffende Operation abläuft. Auch in diesem Fall sind zwischen Beginn und Ende keine Aussagen über die betroffenen Objekte möglich (vgl. [Ber89, S. 4]).

21.1.6   Signalbedingungen

Das Setzen von Signalen wird in begrifflichen Graphen jeweils als Vorgang definiert. Bei bedingt zu setzenden Signalen wird auch die Bedingung für das Setzen des Signals in die Definition des Vorgangs aufgenommen.

Beispiel 21.1-2:   Erweiterung der Darstellung eines SF-Ereignisses in begrifflichen Graphen um dessen Signalbedingungen:

Ereignisdefinition:

Begriffliche Definition:

```
ueberpruefung(Ue) type
1 vorgang(Ue), boot(B),
  obj(vorgang(Ue),boot(B)),
2 notp(/
  status(text('reparieren'),
    boot(B))),
3 notp(/
    sig_setzen(Ss1),
    text('BootReparieren'),
    obj(sig_setzen(Ss1),
      text('BootReparieren')),
    sig(text('BootReparieren'),
      boot(B)),
    ziel(boot(B),
      sig_setzen(Ss1))),
4 notp(/
    status(text('verschrotten'),
      boot(B))),
5 notp(/
    sig_setzen(Ss2),
    text('BootVerschrotten'),
    obj(sig_setzen(Ss2),
      text('BootVerschrotten')),
    sig(
      text('BootVerschrotten'),
      boot(B)),
    ziel(boot(B),
      sig_setzen(Ss2))).
```

EVENT *Überprüfung(b:Boot, status:SCode)*;
SIGCONDITIONS
       status = "reparieren"
       ⟶ *(BootReparieren(b))*ON;
       status = "verschrotten"
       ⟶ *(BootVerschrotten(b))*ON;
ENDEVENT;

1. Eine *ÜBERPRÜFUNG* ist ein Vorgang, der ein Boot betrifft;

2. hat dieses den status *reparieren*,

3. so wird das Signal *BootReparieren* gesetzt;

4. hat das Boot hingegen den status *verschrotten*,

5. so wird das Signal *BootVerschrotten* gesetzt.

Mit diesem vierten Schritt wird die Spezifikation des Bootsverleihs in der Notation der begrifflichen Graphen um folgende Beschreibungen erweitert:

Zusammenfassung 21.1: Bootsverleih

```
ankaufen(A) type
      vorgang(A), obj(vorgang(A),boot(B)), boot(B),
      sig_setzen(Ss), obj(sig_setzen(Ss),text('BootRegistrieren')),
      text('BootRegistrieren'), ziel(boot(B),sig_setzen(Ss)).
```

```
ausscheiden(A) type
        vorgang(A), obj(vorgang(A),boot(B)), boot(B),
        sig_setzen(Ss), obj(sig_setzen(Ss),text('BootAusscheiden')),
        text('BootAusscheiden'), ziel(boot(B),sig_setzen(Ss)).

vermieten(V) type
        vorgang(V), obj(vorgang(V),registriert(R)), registriert(R),
                ende(uhrzeit(U),vorgang(V)), uhrzeit(U),
                grgleich(uhrzeit(U),uhrzeit(o9.oo)), uhrzeit(o9.oo),
                grgleich(uhrzeit(2o.oo),uhrzeit(U)), uhrzeit(2o.oo).

rueckstellen(Rs) type
        vorgang(Rs), obj(vorgang(Rs),registriert(R)), registriert(R).

ueberfaelligMelden(Uem) type
        vorgang(Uem), obj(vorgang(Uem),registriert(R)), registriert(R).

rueckmelden(Rm) type
        vorgang(Rm), obj(vorgang(Rm),registriert(R)), registriert(R),
                sig_setzen(Ss),
                obj(sig_setzen(Ss),text('BootUeberpruefen')),
                text('BootUeberpruefen'),
                ziel(registriert(R),obj(sig_setzen(Ss))).

ueberpruefungVeranlassen(Uev) type
        vorgang(Uev), obj(vorgang(Uev),registriert(R)), registriert(R),
                sig_setzen(Ss),
                obj(sig_setzen(Ss),text('BootUeberpruefen')),
                text('BootUeberpruefen'),
                ziel(registriert(R),sig_setzen(Ss)).
urgieren(U) type
        vorgang(U), obj(vorgang(U),registriert(R)), registriert(R),
        notp(/ zuPruefen(registriert(R)),
            notp(/ sig_setzen(Ss),
                obj( sig_setzen(Ss),text('BootUeberpruefen')),
                text('BootUeberpruefen'),
                ziel(registriert(R),sig_setzen(Ss)))).

ueberpruefung(Ue) type
        vorgang(Ue), obj(vorgang(Ue),registriert(R)), registriert(R),
        notp(/ status(text('reparieren'),registriert(R)),
            text('reparieren'),
            notp(/ sig_setzen(Ss1),
                obj(sig_setzen(Ss1),text('BootReparieren')),
                text('BootReparieren'),
                ziel(registriert(R),sig_setzen(Ss1)))),
        notp(/ status(text('verschrotten'),registriert(R)),
            text('verschrotten'),
            notp(/ sig_setzen(Ss2),
                obj(sig_setzen(Ss2),text('BootVerschrotten')),
                text('BootVerschrotten'),
                ziel(registriert(R),sig_setzen(Ss2)))).

status(SC,R) relation
        sCode(SC), link(sCode(SC),registriert(R)), registriert(R).
```

```
wiederInDienstStellen(Wi) type
        vorgang(Wi), obj(vorgang(Wi),registriert(R)), registriert(R).

pruefperiodeFestlegen(Ppf) type
        vorgang(Ppf), periodeFuersErinnern(P),
        obj(vorgang(Ppf),periodeFuersErinnern(P)).
```

21.2 Materielle Definition der Begriffstypen

Die formelle Definition der Begriffstypen gibt die Struktur eines SF-Typs wieder.
Welche Merkmale die einzelnen Begriffstypen gemeinsam haben, wird in der *materiellen Definition* festgehalten.

Zur materiellen Definition werden all jene Vorgänge herangezogen, die die Zugehörigkeit eines Individuums zum betreffenden Begriffstyp verändern. Die materielle Definition des Begriffstyps *Vermietetes_Boot* könnte z.B. lauten: *„Ein Boot, das vermietet wurde und danach weder retourniert noch überfällig gemeldet wurde."*

Welchen Einfluß ein Vorgang auf die Zugehörigkeit eines Individuums zu einem bestimmten Begriffstyp hat, wird in den Mengenbedingungen des entsprechenden SF-Ereignisses festgehalten (vgl. Abschnitt 19.1.3.3). Anhand dieser Bedingungen werden in einem ersten Schritt für jeden Begriffstyp alle Vorgänge aufgelistet, die die Zugehörigkeit eines betroffenen Objekts zu diesem Begriffstyp begründen ($\oplus$) oder beenden ($\ominus$):

Beispiel 21.2-1:   Verarbeitung der Mengenbedingungen eines SF-Ereignisses zur Definition der Begriffstypen:

EVENT *ÜberprüfungVeranlassen(b:Boot)*;

$$SETCONDITIONS \quad F' = F - \{b\};$$
$$PR' = PR \cup \{b\};$$

ENDEVENT:

Frei $\ominus$ *ÜberprüfungVeranlassen*
Zu_Prüfen $\oplus$ *ÜberprüfungVeranlassen*

Der dem SF-Ereignis *ÜberprüfungVeranlassen* entsprechende Vorgang ist ein $\oplus$Vorgang für den der Untermenge *PR* entsprechenden Begriffstyp *Zu_Prüfen*. Beim Begriffstyp *Frei* wird *ÜberprüfungVeranlassen* mit analoger Begründung als $\ominus$Vorgang vermerkt.

Diese Vorgangsweise führt im Segment Bootsverleih zu folgender Tabelle[2]:

• *Boot*

---

[2] vgl. dazu auch 19.1

⊕ *Ankaufen*

• *Registriert*

  ⊕ *Ankaufen*

  ⊖ *Ausscheiden*

• *Ausgeschieden*

  ⊕ *Ausscheiden*

• *Frei*

  ⊕ *Ankaufen, Rückstellen, WiederInDienstStellen, Überprüfung und Status = „ok"*

  ⊖ *Vermieten, ÜberprüfungVeranlassen*

• *Vermietet*

  ⊕ *Vermieten*

  ⊖ *Rückstellen, ÜberfälligMelden*

• *Überfällig*

  ⊕ *ÜberfälligMelden*

  ⊖ *Rückmelden*

• *Zu_Prüfen*

  ⊕ *Rückmelden, ÜberprüfungVeranlassen*

  ⊖ *Überprüfung*

• *In_Wartung*

  ⊕ *Überprüfung und Status nicht „ok"*

  ⊖ *WiederInDienstStellen*

Ausgehend von der obigen Tabelle wird jeder Begriffstyp nach folgendem Muster definiert:

• Ausgangspunkt der Beschreibung ist der unmittelbare Supertyp.

• Ein ⊕ Vorgang muß für die entsprechende Menge oder eine ihrer Untermengen nachweisbar sein.

- Auf jeden $\ominus$Vorgang, der später stattgefunden hat, muß ein $\oplus$Vorgang gefolgt sein[3]

Definition: *Bedingung für die Zugehörigkeit zu einem Typ ist, daß, falls einer der $\ominus$-Vorgänge stattgefunden hat, später einer der $\oplus$Vorgänge stattfand.*

Beispiel 21.2-2:   Definition des Begriffstyps *Frei*:

```
frei(F) type
1 registriert(F),
2 notp(/ vermieten(V), , obj(vermieten(V),registriert(F)),
        notp(/ notp(/ rueckstellen(R),
                      spaeter(rueckstellen(R),vermieten(V)),
                      obj(rueckstellen(R),registriert(F))),
              notp(/ ueberpruefung(Ue),
                    spaeter(ueberpruefung(Ue),V),
                    obj(ueberpruefung(Ue),registriert(F)),
                    stat(sCode('ok'),registriert(F)), sCode(ok)),
              notp(/ wiederInDienstStellen(W),
                    spaeter(wiederInDienstStellen(W),V),
                    obj(wiederInDienstStellen(W),registriert(F))))),
3 notp(/ ueberpruefungVeranlassen(UeV),
                    obj(ueberpruefungVeranlassen(UeV),F),
          notp(/ notp(/ ueberpruefung(Ue),
                    spaeter(ueberpruefung(Ue),
                    ueberpruefungVeranlassen(UeV)),
                    obj(ueberpruefung(Ue),registriert(F)),
                    stat(sCode('ok'),registriert(F)), sCode(ok)),
              notp(/ wiederInDienstStellen(W),
                    spaeter(wiederInDienstStellen(W),
                            ueberpruefungVeranlassen(UeV)),
                    obj(wiederInDienstStellen(W),registriert(F))))).
```

1) unmittelbarer Supertyp: *Registriert*, was bereits den $\oplus$Vorgang *Ankaufen* impliziert

2)3) zwei Wege von einem $\ominus$Vorgang zu einem $\oplus$ Vorgang (vgl. dazu die Zusammenfassung 21.2).

Im gesamten Segment *„Bootsverleih"* werden entsprechend den obigen Regeln folgende Begriffstypen definiert:

---

[3]Der letzten Bedingung entspricht nicht jedes Paar von zuführenden und entnehmenden Vorgängen: Betrachten wir beispielsweise die Übersetzung der Menge der freien Boote *F* zu einem Begriffstyp *Frei*: Ein Boot, das durch den Vorgang *Überprüfung_Veranlassen* dem Begriffstyp *Zu_Prüfen* zugehörig wurde, kann nicht unmittelbar darauf durch den Vorgang *Rückstellen* wieder *Frei* werden. Daher werden alle möglichen Wege gesucht, die von einem $\ominus$Vorgang ausgehend zu einem $\oplus$Vorgang führen. Für das obige Beispiel ergeben sich die folgenden vier Wege (vgl. dazu 19.1):

$\ominus$*Vermieten* → *ÜberfälligMelden* → *Rückmelden* → $\oplus$*Überprüfung* und Status = *„ok"*.
$\ominus$*Vermieten* → *ÜberfälligMelden* → *Rückmelden* → *Überprüfung* und Status nicht *„ok"*
$\qquad\qquad$ → $\oplus$ WiederInDienstStellen
$\ominus$*ÜberprüfungVeranlassen* → $\oplus$ *Überprüfung* und Status = *„ok"*.
$\ominus$*ÜberprüfungVeranlassen* → *Überprüfung* und Status nicht *„ok"*
$\qquad\qquad$ → $\oplus$ WiederInDienstStellen.

Zusammenfassung 21.2: Bootsverleih

```
registriert(R) type
1   boot(R), ankauf(Ank), obj(ankauf(Ank),boot(R)),
2   notp(/ ausscheiden(Aus), obj(ausscheiden(Aus),boot(R))).
```

1) *Registriert* ist jedes *Boot*, das Objekt eines Vorgangs *Ankauf* war,

2) und nicht Objekt eines Vorgangs *Ausscheiden* war.

```
ausgeschieden(A) type
            boot(A), ausscheiden(Aus), obj(ausscheiden(Aus),boot(A)).
```

Ausgeschieden ist jedes *Boot*, das Objekt eines Vorgangs *Ausscheiden* war.

```
frei(F) type
1   registriert(F),
2   notp(/ vermieten(V), obj(vermieten(V),registriert(F)),
3       notp(/ notp(/ rueckstellen(R),
                    spaeter(rueckstellen(R),vermieten(V)),
                    obj(rueckstellen(R),registriert(F))),
4               notp(/ ueberpruefung(Ue),
                    spaeter(ueberpruefung(Ue),vermieten(V)),
                    obj(ueberpruefung(Ue),registriert(F)),
                    stat(sCode('ok'),registriert(F)), sCode('ok')),
5               notp(/ wiederInDienstStellen(W),
                    spaeter(wiederInDienstStellen(W),vermieten(V)),
                    obj(wiederInDienstStellen(W),registriert(F))))),
6   notp(/ ueberpruefungVeranlassen(UeV),
                    obj(ueberpruefungVeranlassen(UeV),registriert(F)),
7       notp(/ notp(/ ueberpruefung(Ue),
                    spaeter(ueberpruefung(Ue),
                            ueberpruefungVeranlassen(UeV)),
                    obj(registriert(F),ueberpruefung(Ue)),
                    stat(sCode('ok'),registriert(F)), sCode('ok')),
8               notp(/ wiederInDienstStellen(W),
                    spaeter(wiederInDienstStellen(W),
                            ueberpruefungVeranlassen(UeV)),
                    obj(wiederInDienstStellen(W),registriert(F)))))).
```

Frei

1) ist jedes registrierte Boot, das

2) nicht zuletzt[4] vermietet wurde

3) ohne später entweder zurückgestellt

4) oder überprüft und für *ok* befunden

5) oder wieder in Dienst gestellt worden zu sein.

6) Falls eine Überprüfung veranlaßt wurde,

7) muß das Boot später entweder für *ok* befunden

8) oder wieder in Dienst gestellt worden sein.

---

[4]Die monadische Relation *L_Vorgang* bezeichnet den zeitlich letzten Vorgang gleichen Typs, dem ein bestimmtes Individuum unterworfen war (vgl. Kapitel 24).

```
vermietet(V) type
   1    registriert(V), obj(vermieten(Y),registriert(V)), vermieten(Y),
   2    notp(/ rueckstellen(R),  obj(rueckstellen(R),registriert(V)),
   3         notp(/ vermieten(Vm1),
                  obj(registriert(V),vermieten(Vm1)),
                  spaeter(vermieten(Vm1),rueckstellen(R)))),
   4    notp(/ ueberpruefung(Ue),  obj(registriert(V),ueberpruefung(Ue)),
   5         notp(/ vermieten(Vm2),
                  obj(registriert(V),vermieten(Vm2)),
                  spaeter(vermieten(Vm2),ueberpruefung(Ue)))).
```

Vermietet

1) ist ein registriertes Boot, das vermietet wurde und

2) falls es zurückgestellt worden ist, so muß der letzten Rückstellung

3) wieder eine Vermietung gefolgt sein und

4) falls es überprüft worden ist, so muß der letzten Überprüfung

5) wieder eine Vermietung gefolgt sein.

```
ueberfaellig(Ue) type
   1    registriert(Ue), obj(registriert(Ue),ueberfaelligMelden(Uem)),
        ueberfaelligMelden(Uem),
   2    notp(/ rueckmelden(Rm),
                  spaeter(rueckmelden(Rm),ueberfaelligMelden(Uem)),
                  obj(registriert(Ue),rueckmelden(Rm))).
```

Überfällig

1) ist ein registriertes Boot, das überfällig gemeldet wurde und

2) seit der letzten derartigen Meldung nicht zurückgemeldet wurde.

```
zuPruefen(PR) type
   1    registriert(PR),
   2    notp(/ notp(/ rueckmelden(Rm),obj(registriert(PR),rueckmelden(Rm))),
   3         notp(/ ueberpruefungVeranlassen(Uev),
                  obj(registriert(PR),ueberpruefungVeranlassen(Uev)))),
   4    notp(/ spaeter(ueberpruefungVeranlassen(Uev),Y),
              ueberpruefung(Ue1), spaeter(ueberpruefung(Ue1),
                                          ueberpruefungVeranlassen(Uev))),
        notp(/ spaeter(rueckmelden(Rm),ueberpruefungVeranlassen(Uev)),
              ueberpruefung(Ue2),spaeter(ueberpruefung(Ue2),rueckmelden(Rm))).
```

zuPrüfen

1) ist ein registriertes Boot, das

2) entweder rückgemeldet wurde

3) oder für das eine Überprüfung veranlaßt wurde, wobei

4) auf den späteren der beiden Vorgänge keine Überprüfung gefolgt ist.

```
inWartung(W) type
   1    registriert(W), obj(registriert(W),ueberpruefung(Ue)),
        ueberpruefung(Ue),
   2    notp(/ stat(text('ok'),registriert(W))), text('ok'),
   3    notp(/ spaeter(wiederInDienstStellen(Wi),ueberpruefung(Ue)),
            wiederInDienstStellen(Wi))  .
```

In Wartung

1. ist ein registriertes Boot, das bereits überprüft wurde, wobei

2. der Status nicht *ok* war und

3. auf die Überprüfung keine Wiederindienststellung gefolgt ist.

Der zweite Vorgang, der eine Wartung beenden kann, nämlich *Ausscheiden*, ist bereits durch die Beschreibung des Supertyps *Registrierte* ausgeschlossen.

21.3 Übersetzung der SF-Funktionen

Die Übersetzung einer SF-Funktion erfolgt durch Definition einer gleichnamigen begrifflichen Relation. Diese Relation verbindet ein Konzept vom charakteristischen Begriffstyp mit einem Konzept des Definitionsbereichs der SF-Funktion. Die Definition der entsprechenden Relation erfolgt nach den obigen Regeln (vgl. Abschnitt 20.1.2).

Zusammenfassung 21.3: Bootsverleih

```
ein(boot(B,D) relation
        boot(B), datum(D),
        link(boot($B @ 1 to 1),datum($D @ 1 to n)).

aus(ausgeschieden(A,D) relation
        ausgeschieden(A), datum(D),
        link(ausgeschieden($A @ 1 to 1),
        datum($D @ 1 to n)).

letzteVermietung(R, U) relation
        registriert(R), uhrzeit(U),
        link(registriert($R @ 1 to 1),
        uhrzeit($U @ 1 to n)).

v_Satz(B,D) relation
        boot(B), datum(D),
        link( boot($B @ 1 to 1),datum($D @ 1 to n)).


uef_Satz(B,U) relation
        boot(B), uhrzeit(U),
        link(boot($B @ 1 to n), uhrzeit($U @ 1 to n)).

periodeFuersErinnern(M,B) relation
        minuten(M), boot(B),
        link( boot($B @ n to 1), minuten($M @ 1 to n)).
```

21.4 Verbindung zwischen begrifflichen Darstellungen und SF-Ereignissen bzw. SF-Funktionen

Die Aussagekraft der definierten Vorgänge und Relationen, die aus den Übersetzungsschritten 21.2 und 21.3 hervorgegangen sind, ist noch recht gering:

Beispiel 21.4-1:   Darstellung einer SF-Funktion in begrifflichen Graphen:

```
boot(B), ein(datum(D),boot(B)), datum(D).
```

Der obige Graph (Bsp. 21.4-1) besagt lediglich, daß eine begriffliche Relation *Ein* existiert, die ein Konzept vom Typ *Boot* mit einem Konzept vom Typ *Datum* verbindet. Welches Datum das ist und unter welchen Umständen es sich ändern kann, wird nicht ausgesagt. Ähnlich der Gehalt des folgenden Graphen:

Beispiel 21.4-2:   Darstellung eines SF-Ereignisses in begrifflichen Graphen:

```
ankaufen(A), obj(ankaufen(A),boot(B)), boot(B).
```

Auch hier fehlen Aussagen über Voraussetzungen und Folgen des Vorgangs *Ankaufen*. Diese Information wird nun im fünften Schritt, der materiellen Definition der Relationen, übertragen.

Welche SF-Funktionswerte durch ein SF-Ereignis geändert werden, ist in den Funktionsbedingungen des betreffenden SF-Ereignisses festgehalten (vgl. Abschnitt 19.1.3.4). Dieser Zusammenhang wird nun durch die Verbindung der entsprechenden Graphen übersetzt: Jeder aus dem SF-Ereignis definierte Vorgang wird mit jenen Graphen verbunden, die die in den Funktionsbedingungen angeführten SF-Funktionen darstellen.

Beispiel 21.4-3:   Verbindung der begrifflichen Darstellung und SF-Funktionen bzw. SF-Ereignisse:

Ereignisdefinition:	Begriffliche Definition:

EVENT *Ankaufen(b:Boot)*;
MAPCONDITIONS $Ein'(b) = AktDatum$;
ENDEVENT;
	`ankaufen(A), boot(B), datum(D),`
	`obj(ankaufen(A),boot(B)),`
	`ein(datum(D),boot(B)).`

Das Argument *b* des SF-Ereignisses bezeichnet jenes Individuum *b*, für das die Funktionsbedingung gilt. Daher können die obigen Graphen (Bsp. 21.4-1 und Bsp. 21.4-2) verbunden werden.

Nun gilt es noch, den Zusammenhang zwischen *Ankaufen* und *Datum*, ausgedrückt in der Bedingung *Ein'= AktDatum*, zu übersetzen: *AktDatum* ist das Tagesdatum zur Zeit des SF-Ereignisses. In der begrifflichen Darstellung wird das Datum bei Beendigung des Vorganges *Ankaufen* verwendet. Gemäß der Funktionsbedingung ist dieses identisch mit jenem Datum, das durch die Relation *Ein* mit dem Konzept *Boot* verbunden wird. Der endgültige Graph hat somit folgendes Aussehen:

Beispiel 21.4-4:   Übersetzung einer Funktionsbedingung:

```
ein(boot($B @ 1 to 1),datum($D @ 1 to n)) relation
    boot(B), datum(D), ankaufen(A),
    link(boot($B @ 1 to 1), datum($D @ 1 to n)),
    obj(ankaufen(A),boot(B)),
    ende(datum(D),ankaufen(A)).
```

Die begriffliche Relation *Ein* verbindet ein Boot mit jenem Datum, an dem der Vorgang *Ankaufen*, dessen Objekt selbiges Boot war, abgeschlossen wurde.

Zusammenfassung 21.4: Bootsverleih

```
ein($B @ 1 to 1, $D @ 1 to n) relation
    boot(B), datum(D), ankaufen(A),
    link(boot($B @ 1 to 1), datum($D @ 1 to n)),
    obj(ankaufen(A), boot(B)),
    ende(datum(D),ankaufen(A)).

aus($B @ 1 to 1, $D @ 1 to n) relation
    boot(B), datum(D), ausscheiden(A),
    link(boot($B @ 1 to 1), datum($D @ 1 to n)),
    obj(ausscheiden(A),boot(B)),
    ende(datum(D),ausscheiden(A)).

letzteVermietung($B @ 1 to 1, $U @ 1 to n) relation
    boot(B), uhrzeit(U), vermieten(V),
    link(boot($B @ 1 to 1), uhrzeit($U @ 1 to n)),
    obj(vermieten(V),boot(B)),
    ende(uhrzeit(U),vermieten(V)).

v_Satz(B,D) relation
    boot(B), datum(D), rueckstellen(R),
    link(boot($B @ 1 to 1), datum($D  @ 1 to n)),
    obj(rueckstellen(R), boot(B)),
    ende(D,rueckstellen(R)),
    letzteVermietung(boot(B),U2).

uef_Satz (B,D,U) relation
    boot(B), datum(D), uhrzeit(U),
    ueberfaelligMelden(Uem),
    link( boot($B @ 1 to n), datum($D @ 1 to n)),
    letzteVermietung(boot(B),uhrzeit(U)),
    obj(boot(B),ueberfaelligMelden(Uem)),
    ende(datum(D),ueberfaelligMelden(Uem)).
```

```
periodeFuersErinnern(boot($B @ n to 1, minuten($P @ 1 to n)) relation
    boot(B), link(boot($B @ n to 1), minuten($P @ 1 -n)), minuten(P).
```

21.5   Übersetzung der SF-Signale

Die zu Beginn einer SF-Spezifikation angeführten SF-Signale werden in eine Relation zwischen dem Typ und dem betreffenden Text übersetzt. Dabei wird zwischen allgemeinen Signalen und Signalen, die sich jeweils auf eine bestimmte Ausprägung eines Begriffstyps beziehen, unterschieden (vgl. Abschnitt 20.1.3).

Für den Bootsverleih ergeben sich damit folgende Signaldefinitionen:

Zusammenfassung 21.5: Bootsverleih

```
boot(B), ind_sig(boot(B), text('BootRegistrieren')),
        text('BootRegistrieren').
boot(B), ind_sig(boot(B), text('BootAusscheiden')),
        text('BootAusscheiden').
boot(B), ind_sig(boot(B), text('BootUeberpruefen')),
        text('BootUeberpruefen').
boot(B), ind_sig(boot(B), text('BootReparieren')),
        text('BootReparieren').
boot(B), ind_sig(boot(B), text('BootVerschrotten'),
        text('BootVerschrotten').
```


21.6   Übersetzung des Responders

Als Entsprechung für eine SF-Transaktion (vgl. Abschnitt 20.3) wurde das Konstrukt *„Trigger"* in begrifflichen Graphen definiert (vgl. Abschnitt 2.3.5). Die Darstellung der einzelnen Elemente einer SF-Transaktion in begrifflichen Graphen wurde bereits weiter oben (vgl. Abschnitt 20.3) beschrieben. Es folgt ein Beispiel für die Übersetzung einer vollständigenen SF-Transaktion.

Beispiel 21.6-1:   Darstellung einer SF-Transaktion in begrifflichen Graphen:

Transaktionsdefinition:

Begriffliche Definition:
```
Uef_Test trigger(
    ooo1o121,15/
    ooooo1oo,oo/
    99123121,15),
quantifikation (/ vermietet(V)),
transaktion (/
    vermietet(V),
    obj(vermietet($V @ 1 - 1),
    ueberfaelligMelden(
        $Uem@1 to 1)),
    ueberfaelligMelden(Uem)).
```

```
TRANSACTION ÜF_Test;
@ (21:15):
    FORALL(x): x ∈ V:
    ÜberfälligMelden(x);
ENDTRANSACTION;
```

Ab sofort (vom 1.1.oo bis zum 31.12.99) wird täglich um 21 h 15 jedes Individuum vom Begriffstyp *Vermietet* Objekt des Vorgangs *Überfällig_melden*.

Die SF-Transaktionen des Beispiels werden in folgende Trigger übersetzt:

Zusammenfassung 21.6: Bootsverleih

```
Wartung trigger (ooooooooo,ol/periodeFuersErinnern/99123123,59),
quantifikation (/
      zuPruefen(PR), zuPruefen(PR),
      an_sig(text('BootUeberpruefen'), zuPruefen(PR))),
transaktion (/
      zuPruefen(PR) ,text('Ueberpruefung'),
      aus(zuPruefen(PR),text('Ueberpruefung')))).

Uef_Test   trigger (ooolol21,15/ooooolooo,oo/99123121,15),
quantifikation (/ vermietet(V)),
transaktion (/
       vermietet(V), ueberfaelligMelden(Uem),
       obj(vermietet($V @ 1 to 1), ueberfaelligMelden($Uem @ 1 to 1)))).

WiederInDienst trigger (ooooooooo,oo/ooooooooo,ol/99123123,59),
quantifikation (/
      inWartung(W), text('BootRepariert'),
      an_sig(text('BootRepariert'),inWartung(W))),
transaktion (/
      inWartung(W), wiederInDienstStellen(I),
      sig_loeschen(Sl), text('BootRepariert'),
      obj(inWartung($W @ 1 -1), wiederInDienstStellen($I @ 1 to 1)),
      obj(text('BootRepariert'),sig_loeschen(Sl)),
      ziel(inWartung(W),text('BootRepariert')))).

Suche_einleiten trigger (ooolol08,3o/ooooolooo,oo/99123108,3o),
quantifikation (/ ueberfaellig(Ue)),
transaktion (/
      ueberfaellig(Ue), text('Boot suchen'),
      aus(ueberfaellig(Ue),text('Boot suchen')))).

Verschrottung trigger   (ooooooooo,oo/ooooooooo,ol/99123123,59),
quantifikation (/
      inWartung(W), text('BootVerschrotten'),
      an_sig(text('BootVerschrotten'),inWartung(W))),
transaktion (/
      inWartung(W), Ausscheiden(A),
      sig_loeschen(Sl), text('BootVerschrotten'),
      obj(Ausscheiden(A,inWartung(W)),
      obj(text('BootVerschrotten'),sig_loeschen(Sl)),
      ziel(inWartung(W),sig_loeschen(Sl)))).
```

Kapitel 22

Entsprechungen für SF-Konstrukte in begrifflichen Graphen und deren Übersetzung nach SF

Die folgenden Abschnitte beschreiben, nach welchen Gesichtspunkten in einem Modell in begrifflichen Graphen Entsprechungen für die einzelnen Komponenten eines SF–Segments gesucht und in SF-Konstrukte übersetzt werden (Abschnitte 22.1 bis 22.4). Abschließend wird auf jene Inhalte eingegangen, die außerhalb der in Abschnitt 2.3.1 definierten Methodenkonstrukte in einem Modell in begrifflichen Graphen dargestellt werden können (Abschnitt 22.5).

22.1 Charakteristische Typen

22.1.1 Auswahlkriterien

In SF wird ein konzeptionelles Modell aus mehreren Segmenten aufgebaut. SF-Segmente beschreiben jeweils einen Objekttyp (charakteristischen Typ) mit den darauf zulässigen Operationen (vgl. [Ber89, S. 2]). Bei der Extraktion stellt sich daher die Frage, welche Konzepte eines Modells in begrifflichen Graphen sich als charakteristischer Typ eines SF-Segments eignen.

Charakteristischer Typ eines SF-Segments können Lebewesen, unbelebte körperliche Dinge und Abstrakta sein (vgl. Abschnitt 20.1). Demnach sind alle Subtypen der genannten Begriffstypen Kandidaten für eine Übertragung als charakteristische Typen. Konzepte, die einem allgemeineren Begriffstyp angehören, bei denen also nicht ausgeschlossen ist, daß sie zu einem der drei genannten Begriffstypen gehören, sind ebenfalls in Betracht zu ziehen.

Neben der Einordnung unter einem bestimmten Supertyp sind auch die Benennungen der Begriffstypen Anhaltspunkte für die Auswahl der charakteristischen

Typen. Allerdings lassen sich kaum objektive Kriterien dafür angeben, welche Namen auf einen möglichen charakteristischen Typ hindeuten. Da die Namen von Methodenkonstrukten weitgehend frei vergeben werden können, gelten für deren Interpretation die Regeln der zwischenmenschlichen Kommunikation (vgl. auch Abschnitt 22.5).

Ein objektives Kriterium für die Bedeutung eines bestimmten Konzepts innerhalb des Modells in begrifflichen Graphen ist hingegen die Anzahl der Verbindungen zu den anderen Konzepten dieses Modells. Je mehr solche Verbindungen für ein bestimmtes Konzept existieren, desto genauer ist es beschrieben und desto näher liegt es daher, dieses Konzept zum charakteristischen Typ eines SF-Segments zu machen[1].

Definition: *Konzepte vom Begriffstyp* Konkretum *oder einem allgemeineren Begriffstyp mit einer hohen Anzahl an Verbindungen zu anderen Konzepten sind Kandidaten für eine Übersetzung als charakteristische Typen von SF-Segmenten* (**zentrale Konzepte**).

22.1.2 Übersetzung

Der charakteristische Typ eines SF-Segments wird durch Definition eines gleichnamigen Begriffstyps, der Subtyp von *Konkretum* ist, in begriffliche Graphen übersetzt (vgl. Abschnitt 20.1). Bei der Übertragung in ein SF-Segment wird der Name des zentralen Konzepts demnach für den charakteristischen Typ beibehalten. Die Anfangsbuchstaben werden als Symbol für die charakteristische Menge (vgl. Abschnitt 19.1.2.2) verwendet. Der Supertyp des Begriffstyps des betreffenden Konzepts – ablesbar aus der Typendefinition (vgl. Abschnitt 2.3.2) – wird mit Hilfe des „*ISA*"-Konstrukts (vgl. Abschnitt 19.1.2.1) als übergeordneter Typ des entsprechenden charakteristischen Typs definiert.

> **Beispiel 22.1-1:**   Übersetzung eines zentralen Konzepts als charakteristischer Typ eines SF-Segments:

SF-Funktion:	Ausschnitt des begrifflichen Modells:
TYPE *Artikel* ISA *Konkretum*;	
SET *A*;	`artikel(A) type konkretum(A), ...`
ENDTYPE;	

> Ein Konzept vom Begriffstyp *Artikel* mit dem Supertyp *Konkretum* wird in SF als charakteristischer Typ *Artikel* mit dem übergeordneten Typ *Konkretum* definiert.

Definition: *Ein zentrales Konzept des Modells in begrifflichen Graphen wird als charakteristischer Typ eines SF-Segments definiert, indem der Name des Begriffstyps als Name des charakteristischen Typs übernommen wird. Der Supertyp des*

---

[1]Daher auch die Bezeichnung *zentrales Konzept*.

betreffenden Begriffstyps wird mit Hilfe des „ISA"-Konstrukts als übergeordneter Typ ausgewiesen. Die Anfangsbuchstaben des Namens des Begriffstyps werden als Symbol für die charakteristische Menge übernommen.

SF-Funktionen und SF-Ereignisse dienen zur näheren Spezifikation des charakteristischen Typs. Die Übersetzung aus einem Modell in begrifflichen Graphen kann daher erst nach der Übersetzung des charakteristischen Typs erfolgen (vgl. Abschnitte 19.3 und 23). Jenes Konzept, das als charakteristischer Typ übersetzt wurde, wird bei der Beschreibung der Übersetzung der anderen SF-Konstrukte als *zentrales Konzept* bezeichnet. Es wird im folgenden bei Beispielen jeweils gesondert angegeben.

22.2 SF-Funktionen

22.2.1 Auswahlkriterien

Eine SF-Funktion ist die Spezifikation einer Eigenschaft des charakteristischen Typs oder einer Beziehung zu einem anderen Typ (vgl. Abschnitt 19.1.2.5). Beziehungen oder Eigenschaften werden in begrifflichen Graphen durch Konzepte eines Rollentyps (vgl. Abschnitt 2.3.2) oder durch begriffliche Relationen dargestellt. Bei begrifflichen Relationen wird jeweils eine erweiterte und eine kontrahierte Form unterschieden (vgl. Abschnitt 2.3.3).

> **Beispiel 22.2-1:**   Formen der Darstellung einer Beziehung zwischen zwei Konzepten:
>
> Erweiterte Relation:
>
> ```
> artikel(A), link(artikel(A),lieferantenschaft(L)),
>     lieferantenschaft(L),
>     link(lieferantenschaft(L),person(P)), person(P).
> ```
>
> Kontrahierte Relation:
>
> ```
> artikel(A), lieferantenschaft(artikel(A),person(P)), person(P)
> ```
>
> Rollentyp:
>
> ```
> artikel(A), link(artikel(A),lieferant(P)), lieferant(P).
> ```

Neben Beziehungen zu einzelnen Typen werden in SF auch Beziehungen des charakteristischen Typs zu mehreren anderen Typen durch eine SF-Funktion dargestellt (vgl. Abschnitt 19.1.2.5). Auch für derartige Mehrfachbeziehungen gelten die angeführten Darstellungsformen. Gegenstück zum Rollentyp aus Bsp. 22.2-1 ist dabei ein zusammengesetztes Konzept, das aus mehreren Teilkonzepten besteht.

Beispiel 22.2-2:   Formen der Darstellung einer Mehrfachbeziehung in begrifflichen Graphen:

Erweiterte Relation:

```
artikel(A), link(artikel(A),kondition(K)), kondition(K),
        link(kondition(K),menge(M),preis(P)), menge(M), preis(P).
```


Kontrahierte Relation:

```
artikel(A), kondition(artikel(A),menge(M),preis(P)),
menge(M), preis(P)
```


Rollentyp/zusammengesetztes Konzept:

```
artikel(A), link(artikel(A),kondition(K)), kondition(K),
        teil(kondition(K),menge(M)), menge(M),
        teil(kondition(K),preis(P)), preis(P).
```


Es ist zu beachten, daß die Relation *Kondition* eine *Beziehung* zwischen einem
Artikel einerseits sowie Preis und Menge andererseits darstellt, während der
gleichnamige Rollentyp aus zwei Konzepten der Begriffstypen *Preis* und *Menge*
besteht.

Jede der angeführten Arten der Darstellung von Beziehungen oder Eigenschaften
ist eine mögliche SF-Funktion, sofern sie mit dem zentralen Konzept in Verbindung steht. Wegen der unterschiedlichen Übersetzung (vgl. Abschnitt 22.2.2.1)
ist eine Unterscheidung zwischen Rollentypen und erweiterten Relationen nötig.
Beide Konzepte sind durch *Link* mit dem zentralen Konzept verbunden. Rollentypen gehören jedoch im Gegensatz zu Mehrfachbeziehungen nicht dem Begriffstyp
Beziehung an. Weiters ist die Verbindung zwischen dem zentralen Konzept und
einem Rollentyp regelmäßig vollständig quantifiziert, während eine Verbindung
mit einem Konzept vom Begriffstyp *Beziehung* stets einseitig quantifiziert ist (vgl.
Abschnitt 22.2.3.1).

Definition: *Kandidaten für die Übersetzung in eine SF-Funktion sind Relationen*
und Rollentypen, die mit dem charakteristischen Typ verbunden sind.

Ausgenommen davon sind die begrifflichen Relationen *obj* und *Signal*, deren Übersetzung weiter unten (Abschnitte 22.3 und 22.4.1) behandelt wird.

22.2.2 Übersetzung

Die Übersetzung eines Konstrukts aus den begrifflichen Graphen in eine SF-
Funktion erfolgt für Einfachrelationen und Rollentypen unterschiedlich (siehe
22.2.2.1 und 22.2.2.2), während sie für Mehrfachrelationen sowie mit dem zentralen
Konzept verbundene zusammengesetzte Konzepte analog verläuft (s. 22.2.2.3).

22.2.2.1 Definition einer SF-Funktion aus einer Einfachrelation

Die Übersetzung einer SF-Funktion in begriffliche Graphen erfolgt durch Definition einer gleichnamigen begrifflichen Relation, die ein Konzept vom charakteristischen Begriffstyp mit einem Konzept vom Typ des Wertebereichs der betreffenden SF-Funktion verbindet (vgl. Abschnitt 20.1.2). Bei der Übersetzung in die engegengesetzte Richtung wird umgekehrt vorgegangen: Aus dem Namen der Relation (für den Fall einer kontrahierten Relation) bzw. des Konzepts vom Begriffstyp *Beziehung* (im Fall der erweiterten Relation) wird der SF-Funktionsname gebildet. Zur Definitionsmenge werden die Ausprägungen des Begriffstyps des zentralen Konzepts. Zum Ergebnistyp wird der Begriffstyp von jenem Konzept, das durch die betreffende Relation mit dem zentralen Konzept verbunden ist.

Beispiel 22.2-3:   Definition einer SF-Funktion aus einer Einfachrelation:
zentrales Konzept: *Artikel*

SF-Funktion:

FUNCTION
  Lieferantenschaft: Artikel ⟶ *Person;*

Ausschnitt des begrifflichen Modells:

```
artikel(A),
lieferantenschaft(L),
link(artikel(A),
    lieferantenschaft(L)),
link(lieferantenschaft(L),
    person(P)),
person(P) ...
```

Der Name der begrifflichen Relation *Lieferantenschaft* wird zum SF-Funktionsnamen. Das zentrale Konzept *Artikel* bestimmt die Definitionsmenge[2]. Das zweite mit der Relation verbundene Konzept *Person* wird zum Ergebnistyp.

Definition: *Relationen werden zu SF-Funktionen übersetzt, indem der Name der Beziehung zum Funktionsnamen, die Ausprägungen des zentralen Konzeps als Definitionsmenge, und die Ausprägungen des zweiten, durch die Relation verbundenen Konzepts als Ergebnistyp definiert werden.*

22.2.2.2 Rollentypen

Ein Rollentyp charakterisiert die Art der Beziehung, in der Ausprägungen des übergeordneten natürlichen Typs zu Ausprägungen anderer Begriffstypen stehen (vgl. Abschnitt 2.3.2). Beziehung und Begriffstyp sind demnach beim Rollentyp in einem Konzept vereinigt. Da bei der Übersetzung in eine SF-Funktion der Begriffstyp zur Bestimmung des Ergebnistyps dient, während der Name der Beziehung als Bezeichnung der SF-Funktion dient (siehe oben), werden Rollentypen sowohl als Ergebnistypen als auch als SF-Funktionsnamen verwendet.

---

[2]Nach der Benennung der charakteristischen Menge wird diese zur Definitionsmenge der SF-Funktionen (vgl. Abschnitt 23.2).

Beispiel 22.2-4:   Definition einer SF-Funktion aus einem Rollentyp
zentrales Konzept: *Artikel*

<table>
<tr><td>

SF-Funktion:

FUNCTION
   Lieferant: Artikel ⟶ *Lieferant;*

</td><td>

Ausschnitt des begrifflichen Modells:
```
...artikel(A),
link(artikel(A),lieferant(P)),
lieferant(P) ...
```

</td></tr>
</table>

Der Rollentyp *Lieferant* wird zum Ergebnistyp der entsprechenden SF–Funktion.
Gleichzeitig wird die Bezeichnung *Lieferant* zum SF-Funktionsnamen.

Definition: *Ein Rollentyp wird bei der Übersetzung in eine SF-Funktion sowohl
für den Namen der entsprechenden SF-Funktion als auch zur Definition des Ergebnistyps verwendet.*

22.2.2.3   Definition einer SF-Funktion aus einer Mehrfachbeziehung

Eine Beziehung zwischen dem zentralen Konzept und mehreren anderen Konzepten
wird in begrifflichen Graphen durch eine Mehrfachrelation oder eine *Link*-Verbin-
dung des zentralen Konzepts mit einem zusammengesetzten Konzept dargestellt
(Bsp. 22.2-5). Bei SF-Funktionen, die eine Beziehung des charakteristischen Typs
zu mehreren anderen SF-Typen darstellen, ist der Ergebnistyp als kartesisches Produkt dieser SF-Typen definiert (vgl. Abschnitt 19.1.2.5). Die Übersetzung derartiger
SF-Funktionen in begriffliche Graphen erfolgt durch Definition einer Mehrfachrelation, die das zentrale Konzept mit jenen Konzepten verbindet, die den Typen des
Wertebereichs entsprechen.

Wenn es gilt, eine Mehrfachrelation oder ein zusammengesetztes Konzept nach SF
zu übertragen, kann der umgekehrte Weg beschritten werden: Der Ergebnistyp
der entsprechenden SF-Funktion wird als kartesisches Produkt der Mengen der
Ausprägungen der Begriffstypen der einzelnen Teilkonzepte definiert. Der Name
des zusammengesetzten Konzepts wird zum Namen der SF-Funktion.

Beispiel 22.2-5:   Definition einer SF-Funktion aus einer Verbindung des zentralen Konzepts mit einem zusammengesetzten Konzept:
zentrales Konzept: *Artikel*

<table>
<tr><td>

SF-Funktion:

FUNCTION
Kondition: Artikel ⟶ *Menge* × *Preis;*

</td><td>

Begriffliche Definition:
```
...artikel(A),
link(artikel(A),kondition(K)),
kondition(K),
teil(kondition(K),menge(M)),
menge(M),
teil(kondition(K),preis(P)),
preis(P), ...
```

</td></tr>
</table>

Der Ergebnistyp ist ein kartesisches Produkt aus den Teilen des zusammengesetzten Konzepts *Kondition*, dessen Name zum SF-Funktionsnamen wurde. Wie
in den obigen Beispielen bestimmt das zentrale Konzept die Definitionsmenge
der SF-Funktion.

Definition: *Verbindungen zwischen dem charakteristischen Typ und einem zusammengesetzten Konzept werden als SF-Funktionen übersetzt: Der Name des
zusammengesetzten Konzepts wird zum SF-Funktionsnamen. Ein kartesisches Produkt der Ausprägungen der Begriffstypen der Teilkonzepte wird zum Ergebnistyp
der entsprechenden SF-Funktion.*

Die Übersetzung einer mit dem charakteristischen Typ verbundenen Mehrfachrelation verläuft analog: Ein kartesisches Produkt der Ausprägungen der Begriffstypen aller übrigen durch die betreffende Relation verbundenen Konzepte wird
als Ergebnistyp der entsprechenden SF-Funktion definiert. Der Name der Relation
wird zum Namen der SF-Funktion.

22.2.3   Übertragung der Quantifikation

Mehrfachrelationen und Beziehungen des charakteristischen Typs zu zusammengesetzten Konzepten entsprechen regelmäßig SF-Funktionen, die Daten von sich wie-
derholenden SF-Ereignissen festhalten (vgl. [Ber89, S. 4]). Die Übersetzung wird
daher grundsätzlich mit „1:n" quantifiziert (vgl. Abschnitt 20.1.2). Die Übertragung der Quantifikation von Beziehungen des charakteristischen Typs zu einzelnen
Konzepten verläuft nach den folgenden Regeln:

22.2.3.1   Ableitung der zu übertragenden Quantifikation

Erweiterte Relationen enthalten mehr als eine quantifizierte Relation. Daher muß
in einem ersten Schritt eine Quantifikation abgeleitet werden, die im weiteren als
Grundlage für die Übertragung in eine entsprechend quantifizierte SF-Funktion
dient.
Da Konzepte vom Begriffstyp *Beziehung* als Bindeglieder dienen (zwischen einem
Konzept und einer Beziehung besteht keine Beziehung), bestehen jeweils einseitig
quantifizierte Verbindungen zu anderen Konzepten. Bei erweiterten Relationen
wird daher die Quantifikation der beiden *Link*-Verbindungen zusammengezogen.

Beispiel 22.2-6:   Quantifikation einer erweiterten Relation:

Ausschnitt des begrifflichen Graphen:

```
... konkretum(G), link(konkretum($G @ 1 to 1),lieferantenschaft($L)),
    lieferantenschaft(L), person(P),
    link(lieferantenschaft($L), person($P @ 0 to n)), ...
```

Quantifikation der Beziehung *Konkretum – Person*:

```
(konkretum($G @ 1 to 1), person($P @ 0 to n))
```

Die Beziehung wird durch das Zusammenziehen zweier *Link*-Verbindungen
abgeleitet.

Die Quantifikation einer kontrahierten Relation kann ebenso wie die Quantifikation der Verbindung eines Rollentyps mit dem charakteristischen Typ unverändert als Grundlage der Quantifikation der entsprechenden SF–Funktion verwendet werden.

22.2.3.2 Übertragung in eine SF-Funktion

Entsprechungen zwischen Quantifikationen von SF-Funktionen und Quantifikationen begrifflicher Relationen wurden bereits weiter oben (vgl. Abschnitt 20.1.2) abgeleitet. Diese Entsprechungen werden auch zur Übertragung der Quantifikation einer begrifflichen Relation in eine SF-Funktion herangezogen.

Relation	**SF-Funktion**
link(t($A @ 1 to 1), t($B) ...)	Funktion: A $\longrightarrow$ B;
link(t($A @ *(min $\geq$ 1)* to *(max > 1)*), t($B) ...)	Funktion: A $\longrightarrow$ (B)-set;
link(t($A @ 0 to n), t($B @ 0 to 1))	Funktion: $\longrightarrow$ B;
link(t($A @ 0 to n), t($B @ 0 to n))	Funktion: $\longrightarrow$ (B)-set;

22.3 SF-Ereignisse

22.3.1 Auswahlkriterien

Ein SF-Ereignis ist die Spezifikation einer Operation auf den charakteristischen Typ (vgl. Abschnitt 19.1.3). Es wird also ein Vorgang beschrieben, von dem die Ausprägungen des charakteristischen Typs betroffen sein können. Die Entsprechung in den begrifflichen Graphen ist ein Konzept, dessen Begriffstyp ein Subtyp vom Begriffstyp *Vorgang* ist. Die Beziehung zwischen einem Vorgang und dem betroffenen Individuum wird in den begrifflichen Graphen als *obj*-Relation dargestellt (vgl. Abschnitt 20.2). Bei der Auswahl der Kandidaten für die Definition als SF-Ereignis sind daher jene Konzepte gesucht, die dem Begriffstyp *Vorgang* angehören. Zusätzlich müssen die betreffenden Konzepte mit dem zentralen Konzept durch eine *obj*-Relation verbunden sein.

Beispiel 22.3-1:   Kandidat für die Übersetzung als SF-Ereignis:
zentrales Konzept: *Artikel*

Ausschnitt aus dem begrifflichen Graphen:

```
... artikel(A), liefern(L), obj(liefern(L),artikel(A)), ...

artikel(G) type konkretum(G).
liefern(V) type vorgang(V).
```

Entscheidend für die Übersetzung als SF-Ereignis ist die Zugehörigkeit des betreffenden Konzepts zum Begriffstyp *Vorgang* sowie die *obj*-Beziehung zum zentralen Konzept.

Definition: *Kandidaten für die Definition als SF-Ereignis sind Konzepte, die dem Begriffstyp Vorgang angehören und mit dem charakteristischen Begriffstyp durch eine obj-Relation verbunden sind.*

Ausgenommen sind die Vorgänge *Sig_Setzen* und *Sig_Löschen*, deren Übersetzung weiter unten (Abschnitt 22.4.2) behandelt wird.

22.3.2 Übersetzung

Die Übersetzung eines SF-Ereignisses in begriffliche Graphen erfolgt durch die Definition eines gleichnamigen Vorgangs, dessen Objekte Ausprägungen des charakteristischen Begriffstyps sind (vgl. Abschnitt 20.2). Beim umgekehrten Weg wird der Name des Vorgangs in begrifflichen Graphen zu jenem des entsprechenden SF–Ereignisses.

Die Argumente eines SF-Ereignisses geben jene Variablen an, die bei Auslösen des betreffenden Ereignisses bekannt sein müssen (vgl. Abschnitt 19.1.3). Variable eines Vorgangs sind in den begrifflichen Graphen alle Konzepte, die mit dem betreffenden Vorgang verbunden sind. Die Begriffstypen dieser Konzepte werden daher als Argumente des entsprechenden SF–Ereignisses definiert.

Beispiel 22.3-2:   Übersetzung eines Vorgangs in begrifflichen Graphen zu einem SF-Ereignis:
zentrales Konzept: *Artikel*

SF-Ereignis:

EVENT
Liefern(Artikel, Menge, Lieferdatum);
ENDEVENT;

Begrifflicher Graph:
```
...artikel(A),
obj(liefern(L),artikel(A)),
liefern(L), menge(M),
link(liefern(L),menge(M)),
link(liefern(L),lieferdatum(D)),
lieferdatum(D), ...
```

Mit dem Vorgang *liefern* verbundene Konzepte werden zu Argumenten des entsprechenden SF-Ereignisses.

Definition: *Ein Vorgang des begrifflichen Modells, der mit dem charakteristischen Begriffstyp durch eine obj-Relation verbunden ist, wird als gleichnamiges SF-Ereignis übersetzt. Argumente des betreffenden SF-Ereignisses sind alle mit dem entsprechenden Vorgang verbundenen Konzepte.*

22.4 Dynamische Komponenten eines SF–Modells

Da die Konstrukte zur Darstellung dynamischer Komponenten eines Modells in begrifflichen Graphen in Anlehnung an die entsprechenden SF-Konstrukte definiert wurden[3], ist die Übertragung der Inhalte vergleichsweise einfach: Die Suche nach Kandidaten für bestimmte SF-Konstrukte kann entfallen, da es sich um eindeutige Entsprechungen handelt. Die Spezifikation der dynamischen Komponenten eines konzeptionellen Modells baut in SF auf einem statischen Modell auf (vgl. [Ber86, S. 132]). Bei der Übertragung der dynamischen Komponenten des Modells in begrifflichen Graphen wird daher ein vollständiges statisches SF-Modell vorausgesetzt.

22.4.1   Definition von SF-Signalen

Die Entsprechung für ein Signal in begrifflichen Graphen ist ein Text, der über eine begriffliche Relation *Signal* mit einem Konkretum verbunden ist. Deren Subrelation (vgl. Abschnitt 2.3.3) *ind_Sig* bezieht sich jeweils auf eine Ausprägung des Begriffstyps dieses Konzepts, während sich *allg_Sig* auf alle Ausprägungen bezieht (vgl. Abschnitt 20.1.3). SF-Signale mit Argument beziehen sich auf jeweils eine Ausprägung der angegebenen SF-Typen. SF-Signale ohne Argument beziehen sich auf alle Ausprägungen des charakteristischen Typs jenes SF-Segments, für das sie definiert sind (vgl. Abschnitt 19.1.2.4). Die begriffliche Relation *allg_sig* wird daher als SF-Signal ohne Argument, *ind_sig* als SF-Signal mit Argument übertragen. Voraussetzung ist in beiden Fällen eine direkte Verbindung mit dem zentralen Konzept.

Beispiel 22.4-1:   Übersetzung der Definition eines Signals:
zentrales Konzept: *Artikel*

SF-Signal:	**Begrifflicher Graph:**

```
SF-Signal:                           Begrifflicher Graph:
                                     ...
                                     artikel(A),
SIGNAL                               text('OptBestellmengeErrechnen'),
OptBestellmengeErrechnen(Artikel);   ind_Sig(artikel(A), text(
                                       'OptBestellmengeErrechnen')),
                                     ...
```

Definition: *Texte, die mit dem zentralen Konzept über die Relation allg_sig verbunden sind, werden in gleichnamige SF-Signale ohne Argument übersetzt. Besteht eine solche Verbindung über die Relation ind_sig, so wird der Text als SF-Signal mit Argument übersetzt. Argument ist der Begriffstyp des betreffenden zentralen Konzepts.*

22.4.2   Setzen und Löschen von SF-Signalen

Das Setzen und Löschen von SF-Signalen erfolgt im Rahmen von SF–Ereignissen und SF-Transaktionen (vgl. Abschnitt 19.1.2.4). Die SF-Syntax dafür ist "ON" bzw.

---

[3]Entsprechung für SF-Signale ist ein Konzept vom Begriffstyp *Text*, das durch die begriffliche Relation *sig* mit dem betroffenen Objekt verbunden ist (vgl. Abschnitt 20.1.3). Die Entsprechung für SF-Transaktionen ist ein Trigger (vgl. Abschnitt 20.3).

"OFF" in Verbindung mit dem betreffenden Signaltext. Entsprechungen in begrifflichen Graphen sind die Vorgänge *sig_setzen* und *sig_löschen* (vgl. Abschnitt 20.1.3). Die Übersetzung nach SF ist abhängig davon, ob der zu übersetzende Vorgang Teil der Definition eines Begriffstyps ist, der als SF-Ereignis übersetzt wurde[4], oder einem Trigger angehört. Als Teil der Definition eines anderen Begriffstyps erfolgt die Übersetzung als Signalbedingung des entsprechenden SF-Ereignisses.

Beispiel 22.4-2: Übersetzung des Setzens eines Signals als Signalbedingung:

SF-Ereignis:

EVENT *Nachbestellen(a:Artikel,...*
SIGCONDITIONS
  (ArtNachbestellen(a)) ON;
ENDEVENT;

Begrifflicher Graph:
```
nachbestellen(V) type
  vorgang(V), artikel(A),
  sig_setzen(Loe),
  text('ArtNachbestellen'),
  obj(vorgang(V), artikel(A)),
  obj(text('ArtNachbestellen'),
    sig_setzen(Loe)),
  ziel(artikel(A),
    sig_setzen(Loe)),
  ...
```

Bei jeder Nachbestellung eines Artikels wird das Signal, das anzeigt, daß eine Nachbestellung fällig ist, gelöscht. Dieser Teil der Definition des Vorgangs *nachbestellen* wird als Signalbedingung des entsprechenden SF-Ereignisses übersetzt.

Als Teil des Aktionsgraphen eines Triggers werden die Vorgänge *sig_setzen* und *sig_löschen* bei der Übersetzung nach SF zu Teilen der Aktion einer SF-Transaktion (vgl. Abschnitt 19.1.4.1.4).

Beispiel 22.4-3: Übersetzung des Löschens eines Signals als Teil einer SF-Transaktion:

SF-Transaktion:

TRANSACTION ...
...FORALL*(x): x* ∈ *A:*
  *(OptBestellmengeErrechnen(x))*OFF
...

Begrifflicher Graph:
```
transaktion(/
  artikel(A), sig_loeschen(Loe),
  text(
    'OptBestellmengeErrechnen'),
  obj(text(
    'OptBestellmengeErrechnen'),
    sig_loeschen(Loe)),
  ziel(artikel(A),
    sig_loeschen(Loe)),
  ...)
```

---

[4]Die Übertragung der dynamischen Komponenten des Modells erfolgt auf der Grundlage eines statischen Modells (vgl. Abschnitt 22.1.2).

22.4.3 Abfrage von SF-Signalen

Die Abfrage von Signalen erfolgt in begrifflichen Graphen mit Hilfe der Relation *an_sig*. Diese Relation verbindet jeweils ein Konzept mit einem als Signal definierten Text. Ist das entsprechende Signal gesetzt, so besteht diese Relation, andernfalls ist sie nicht nachweisbar (vgl. Abschnitt 20.1.3). In SF wird die gleiche Funktion von einem dem Signaltext vorangestellten "ON" bzw. "OFF" erfüllt. Die Bedingung *an_sig (Signaltext, betroffenes Objekt)* läßt sich daher in die SF-Syntax "ON(*Signaltext(betroffenes Objekt)*)" übertragen.

Beispiel 22.4-4:   Übersetzung der Abfrage eines Signals:

Abfragen von Signalen:	**Begrifflicher Graph:**

```
                                     ...
                                     artikel(A),
...FORALL(x): x ∈ A:                 text('OptBestellmengeErrechnen'),
   ON(OptBestellmengeErrechnen(x))   an_sig(text('OptBestellmengeErrechnen'),
...                                    artikel(A)),
                                     ...
```

Analog dazu wird ein Signal, für das *an_sig* nicht nachweisbar ist, als „*OFF*" übersetzt.

22.4.4 SF-Transaktionen

Jeder Trigger, dessen Definitionsgraph für Ausprägungen des zentralen Konzeptes eines begrifflichen Segments zutrifft, wird als SF-Transaktion übersetzt. Für Ausgabetexte, die dem Namen eines SF-Ereignisses entsprechen, erfolgt eine Übersetzung als SF-Prompt (vgl. Abschnitt 19.1.4.1.4), alle übrigen Ausgabetexte werden als SF-Remind übersetzt. Bei periodisch durchzuführenden Aktionen wird die Periode der zeitlichen Bedingung eines Triggers durch die entsprechende SF-Konstruktion mit SF-Delay ersetzt (vgl. Abschnitt 19.1.4.2.2). Texte, die durch die Relation *an_sig* mit einem Konzept des Definitionsgraphen verbunden sind, werden als Abfragen des entsprechenden SF-Signals übertragen (vgl. Abschnitt 20.1.3).

Beispiel 22.4-5:   Übersetzung eines Triggers als SF-Transaktion:

Transaktion und Ereignis:

```
TRANSACTION
   OptBestellmengeFestsetzen;
   @(ZMin): FORALL(x): x ∈ A:
   ON(OptBestellmengeErrechnen(x))
    OFF:
   PROMPT(
    OptBestellmengeEingeben:x);
   DELAY(Periode): Urgieren(x);
   ENDTRANSACTION ;


   FUNCTIONS: ... Periode: ⟶ Tage;
   INTERNAL EVENT
      Urgieren(a:Artikel);
      SIGCONDITIONS
      (OptBestellmengeErrechnen(a))ON;
   ENDEVENT;


   EVENT
      PeriodeÄndern(neuePeriode:Tage);
      MAPCONDITIONS
      Periode = neuePeriode;
   ENDEVENT;
```

Begrifflicher Graph:

```
OptBestellmengeFestsetzen
trigger(
    00000000,
    oo/00000700,
    oo/99122500,oo),
quantifikation(/
   artikel(A), text(
    'OptBestellmengeErrechnen'),
   an_sig(text(
    'OptBestellmengeErrechnen'),
    artikel(A))),
transaktion(/
   artikel(A), sig_loeschen(Loe),
   text(
    'OptBestellmengeErrechnen'),
   text(
    'OptBestellmengeEingeben'),
   obj(text(
    'OptBestellmengeErrechnen'),
    sig_loeschen(Loe)),
   ziel(artikel(A),
    sig_loeschen(Loe)),
   aus(
    in artikel(A),
    in text(
     'OptBestellmengeEingeben'),
    out text(
     'OptBestellmengeEingeben')
   )).
```

„samstags ist die optimale Bestellmenge pro Artikel festzusetzen"

Dieses Beispiel faßt die obigen Beispiele (Bsp. 22.4-3 und Bsp. 22.4-4) zusammen. Das dem Signaltext *OptBestellmengeErrechnen* vorangestellte *„ON"* prüft, ob das entsprechende Signal gesetzt ist, während das nachgestellte *„OFF"* dieses Signal löscht.

22.5 Interpretation informal codierter Inhalte des begrifflichen Modells

Neben den definierten Methodenkonstrukten lassen sich Inhalte auch mit Hilfe der Benennung dieser Konstrukte übermitteln. Man bedient sich zur Darstellung von Sachverhalten also teilweise eines formalisierten Begriffssystems (Methodenkonstrukte) und teilweise der Semantik der menschlichen Sprache (Benennungen). Letzteres ist – aus Methodensicht – eine informale Codierung. Eine Parallele aus dem Bereich der zwischenmenschlichen Kommunikation sind vielsagende Blicke oder Untertöne, die eine ansonsten belanglose Aussage mitunter gehaltvoll machen.

Von der Möglichkeit der informalen Codierung wird insbesondere in grafisch orientierten Analysemethoden (z.B.: ER, Datenflußdiagramme) Gebrauch gemacht. Dort gilt es, dem Betrachter rasch einen Überblick über das modellierte System zu verschaffen. Dieses Ziel wird mit einer geringen Anzahl von anschaulichen, jedoch vergleichsweise unscharf definierten Methodenkonstrukten erreicht. Um dennoch komplizierte Sachverhalte darstellen zu können, wird ein Teil der Information in die Namen der einzelnen Konstrukte „*verpackt"*.

Beispiel 22.5-1:   Darstellung eines ER-Modells in begrifflichen Graphen:

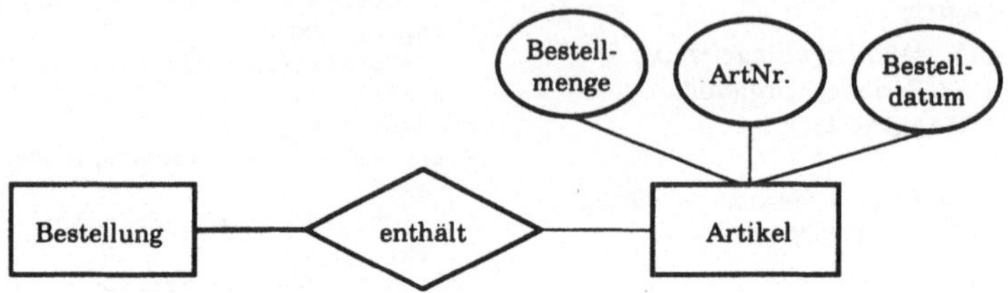

Abbildung 22.1: Ausschnitt aus einem ER-Modell

Darstellung in begrifflichen Graphen:

```
artikel(A), bestellung(B), artNr(An),
bestelldatum(Bd), bestellmenge(Bm),
enthaelt(bestellung(B), artikel(A)),
link(artNr(An),artikel(A)),
link(bestelldatum(Bd),artikel(A)),
link(bestellmenge(Bm),artikel(A)).


artNr(An) type t(An).
bestellung(B) type t(B).
bestelldatum(Bd) type t(Bd).
bestellmenge(Bm) type t(Bm).


enthaelt(A,B) relation
  t(A), t(B),
    link(t(A),t(B)).
```

Für den menschlichen Betrachter wird ein Datensatz dargestellt, der Felder für das Datum einer Bestellung sowie Menge und Nummer des bestellten Artikels enthält.

Aus der Sicht eines Übersetzungsmechanismus, der ausschließlich ER-Methodenkonstrukte interpretieren kann, handelt es sich lediglich um vier Konzepte vom Begriffstyp T – also undefinierte – die jeweils einen Namen tragen. Eines der Konzepte ist mit den übrigen drei verbunden.

Im SF-Ansatz hingegen genießen klar definierte Syntax und Semantik für eine präzise Darstellung (mit Hilfe von Methodenkonstrukten) Vorrang vor Anschaulichkeit für den menschlichen Betrachter (vgl. [Ber86, S. 110]). Dieses Ziel wird durch algebraische Spezifikation des konzeptionellen Modells verfolgt. Die verwendeten Methodenkonstrukte erlauben es, auch komplizierte Sachverhalte formal zu spezifizieren.

Beispiel 22.5-2:　　Darstellung in einer SF-Spezifikation:

SF-Ausschnitt:

```
TYPE Artikel ISA Konkretum;
SET A;
FUNCTIONS
  ArtNr: A ⟶ Integer;
  Bestell_satz:
    A ⟶ (Datum×
    Integer × Integer)–set;
ENDTYPE;

EVENT Bestellen
  (a:Artikel, bestellmenge:Integer);
  MAPCONDITIONS
    Bestell_satz'(a) =
    Bestell_satz(a) ∪
    {⟨AktDatum, ArtNr(a),
      bestellmenge⟩};
ENDEVENT;
```

Begrifflicher Graph:

```
artikel(A), bestell_Satz(Bs),
integer(An), integer(Bm),
bestellen(V), datum(Bd),
enthaelt(bestell_Satz(Bs),
  artikel(A)),
artNr(integer(An),artikel(A)),
obj(bestellen(V),artikel(A)),
ende(datum(Bd),bestellen(V)),
menge(integer(Bm),bestellen(V)),
teil(integer(An),
  bestell_Satz(Bs)),
teil(datum(Bd),
  bestell_Satz(Bs)),
teil(integer(Bm),
  bestell_Satz(Bs)).

bestellen(V) type vorgang(V).
artikel(A) type konkretum(A).

ende(E,V) relation
  zeitpunkt(E), vorgang(V),
  link(zeitpunkt(E),
    vorgang(V)).
```

Der oben (Bsp. 22.5-1) abgebildete Ausschnitt aus einem konzeptionellen Modell, dargestellt in SF: Im Vergleich zur Darstellung in grafisch orientierten Sprachen erfordert diese Spezifikation desselben Sachverhalts eine gute Kenntnis der verwendeten Methodenkonstrukte, um dem menschlichen Betrachter ein annähernd anschauliches Bild vermitteln.

Der Vergleich der Darstellungen in begrifflichen Graphen (Bsp. 22.5-2) macht jedoch den Unterschied im Gehalt an formal übermittelten Inhalten deutlich: Bei der Darstellung in SF ist neben der Tatsache einer funktionalen Abhängigkeit auch die Art der Zusammenhänge in Methodenkonstrukten codiert und damit einer maschinellen Verarbeitung zugänglich. So wird nicht wie im vorhergehenden Beispiel ein undefiniertes Konzept mit dem Namen Bestelldatum dargestellt, sondern ein Konzept vom Begriffstyp Datum, das das Ende eines Vorgangs *Bestellen* markiert, dessen Objekt ein Konkretum *Artikel* ist.

Für den menschlichen Betrachter wurde bereits aus Bsp. 22.5-1 deutlich, was einer Entschlüsselung, die ausschließlich auf der Kenntnis der Konstrukte der jeweiligen Systemanalysemethode beruht, erst durch die Darstellung in SF zugänglich wurde. Um die Ausdruckskraft jener Systemanalysemethode, in die Inhalte aus der begrifflichen Basis übertragen werden, voll auszuschöpfen, gilt es, jenen Teil der informal codierten Inhalte, der mit Hilfe von Methodenkonstrukten darstellbar ist, in solche zu übertragen. In den obigen Beispielen entspricht dies einer Übertragung aus der Darstellung in begrifflichen Graphen von Bsp. 22.5-1 in die SF-Spezifikation von Bsp. 22.5-2. Diese Aufgabe fällt dem Benutzer zu, da nur er in der Lage ist, auch die informal codierten Inhalte zu verarbeiten.

Der Benutzer steht vor der Aufgabe, die ihm verständlichen, jedoch einer automatischen Verarbeitung unzugänglichen Inhalte in entsprechende SF-Konstrukte zu übertragen. Die Frage, in welcher Form die Lösung dieser Aufgabe gedacht ist, ist Konkretum des folgenden Kapitels (vgl. Kapitel 23).

Kapitel 23

Benutzergeführte Übersetzung eines Modells in begrifflichen Graphen in SF-Segmente

Es gilt, von einem konzeptionellen Modell in begrifflichen Graphen zu einem Modell zu gelangen, das die gleichen Inhalte in SF spezifiziert. Das Ziel ist dabei nicht ein getreues Abbild des Modells in begrifflichen Graphen, sondern eine Darstellung von dessen Inhalten, bei möglichst weitgehender Ausschöpfung der Ausdruckskraft der SF-Methodenkonstrukte. Dabei sind auch jene Inhalte zu verarbeiten, die auschließlich durch einen menschlichen Betrachter erschlossen werden können (vgl. Abschnitt 22.5). Gemäß dieser Zielsetzung verläuft die Übertragung interaktiv: Die maschinell interpretierbaren Inhalte werden jeweils automatisch übersetzt und anschließend vom Benutzer unter Anwendung des informal codierten Wissens abgewandelt und erweitert. Die Regeln für die Übersetzung der einzelnen SF-Konstrukte wurden im vorangegangenen Kapitel (Abschnitte 22.1 bis 22.4) erläutert. Nun wird der Übertragungsvorgang für ein vollständiges SF–Segment anhand eines Beispiels beschrieben, wobei auch auf die Rolle des Benutzers eingegangen wird. Die Vorgangsweise entspricht dabei weitgehend jener bei der Erstellung einer SF-Spezifikation (vgl. Abschnitt 19.3):

Definition: *Ausgehend vom Modell in begrifflichen Graphen werden nach den Kriterien aus Abschnitt 22.1.1 Vorschläge erstellt, aus denen der Benutzer zentrale Konzepte auswählt, die anschließend nach den Regeln aus Abschnitt 22.1.2 jeweils als charakteristischer Typ eines SF-Segments definiert werden. Parallel dazu werden in der begrifflichen Basis jeweils Bereiche abgegrenzt, die einen charakteristischen Typ beschreiben (begriffliche Segmente, siehe 23.1). In diesen Segmenten werden nach den Regeln aus den Abschnitten 22.2 und 22.3 die Entsprechungen für SF-Funktionen und SF-Ereignisse aufgesucht und übersetzt (siehe 23.2). Anschließend werden die übersetzten statischen SF-Komponenten interaktiv vervollständigt (siehe 23.3). Die Übersetzung der dynamischen Komponenten des Segments erfolgt nach den Regeln aus Abschnitt 22.4. Durch die maschinengestützte Vervollständi-*

gung der dynamischen Komponenten im Zusammenhang des gesamten Modells wird das SF-Segment komplett (siehe 23.5).

23.1   Definition der SF-Segmente

23.1.1   Gliederung des Modells in begrifflichen Graphen

In diesem vorbereitenden Schritt wird das Modell in begrifflichen Graphen in Teile gegliedert, deren Inhalte dann jeweils zur Erstellung eines SF-Segments herangezogen werden[1].

Ein SF-Segment spezifiziert einen Objekttyp (charakteristischer Typ) durch dessen Eigenschaften und die darauf zulässigen Operationen (vgl. Abschnitt 19.1). Zur Bildung der begrifflichen Segmente müssen daher zunächst jene Konzepte des Modells in begrifflichen Graphen ausgemacht werden, die einem charakteristischen Typ eines SF-Segments entsprechen. Dazu werden die weiter oben (Abschnitt 22.1.1) aufgestellten Kriterien herangezogen. Unter diesen Kandidaten entscheidet sich der Benutzer für jene Konzepte, die als charakteristische Typen eines SF-Segments definiert werden sollen (zentrale Konzepte). Für jedes dieser zentralen Konzepte gilt es nun, das zugehörige begriffliche Segment abzugrenzen, also jenen Teil des Modells, der die Beschreibung des betreffenden Konzepts enthält. Teile des Arbeitsgraphen (vgl. Abschnitt 20), die mit nur einem zentralen Konzept in Verbindung stehen, zählen zum zugehörigen begrifflichen Segment. Es stellt sich allerdings die Frage, zu welchem begrifflichen Segment Teilgraphen zwischen zwei zentralen Konzepten zu zählen sind.

Zur Beschreibung eines charakteristischen Typs kann auch ein anderer charakteristischer Typ herangezogen werden (vgl. Abschnitt 19.1.2.5). Übertragen auf das begriffliche Modell bedeutet dies, daß zur Beschreibung eines zentralen Konzepts auch andere zentrale Konzepte dienen können. Diese müssen daher im entsprechenden begrifflichen Segment enthalten sein. Da die Entscheidung, in welchem SF-Segment die betreffende Beziehung spezifiziert wird, erst bei der Definition der SF-Funktionen fällt, müssen Beziehungen zwischen zwei zentralen Konzepten bei der Spezifikation beider SF–Segmente bekannt sein. Teilgraphen zwischen zwei zentralen Konzepten werden daher – einschließlich dem anderen zentralen Konzept – in jedes der beiden begrifflichen Segmente aufgenommen.

Somit wird das Modell in begrifflichen Graphen als Folge der Wahl zentraler Konzepte in überlappende Bereiche gegliedert.

Definition: *Die den Kriterien für die Eignung als charakteristische Typen (vgl. Abschnitt 22.1.1) entsprechenden Konzepte werden dem Benutzer angezeigt. Der Benutzer wählt daraus jene Konzepte, die innerhalb eines eigenen SF-Segments spezifiziert werden sollen. Das Ergebnis ist eine Gliederung des begrifflichen Mo-*

---

[1]Für diese Teile des Modells, die jeweils den Inhalt eines SF-Segments umfassen, wird im folgenden die Bezeichnung *„begriffliches Segment"* verwendet.

*dells in einzelne Bereiche, die jeweils die Grundlage für die Spezifikation eines
SF-Segments bilden (begriffliche Segmente).*

23.1.2 Definition der SF-Segmente

Durch die Wahl zentraler Konzepte wurde das begriffliche Modell in einzelne Bereiche gegliedert. Für jedes dieser begrifflichen Segmente wird nun ein entsprechendes
SF-Segment definiert und vom Benutzer benannt. Charakteristische Typen dieser
SF-Segmente sind die zentralen Konzepte der entsprechenden begrifflichen Segmente. Geht der Supertyp (vgl. Abschnitt 2.3.2) eines zentralen Konzepts aus dem
Modell in begrifflichen Graphen hervor, so wird er mittels des „*ISA*"-Konstrukts
(vgl. Abschnitt 19.1.2.1) in die SF-Spezifikation aufgenommen. Zur Benennung der
charakteristischen Menge wählt der Benutzer für jeden charakteristischen Typ eine
passende Kurzbezeichnung.

Definition: *Für jedes der begrifflichen Segmente wird ein SF-Segment definiert
und vom Benutzer benannt. Charakteristischer Typ ist jeweils das zentrale Konzept
des entsprechenden begrifflichen Segments. Ergebnis ist eine formale Definition jener SF-Segmente, die die Inhalte des Modells in begrifflichen Graphen aufnehmen.*

> **Beispiel 23.1-1:**   Definition der SF-Segmente:
> zentrale Konzepte: *Artikel, Person*

SF-Segment:

```
SEGMENT Warenlager;
   TYPE Artikel ISA Konkretum;
      SET A;
   ENDTYPE;
ENDSEGMENT;

SEGMENT Lieferanten;
   TYPE Lieferant ISA Person;
      SET L;
   ENDTYPE;
ENDSEGMENT;
```

Begrifflicher Graph:

```
...
artikel(G), liefert(L),
lieferant(P),
link(artikel(G),liefert(L)),
link(liefert(L),lieferant(P)),
...

artikel(G) type konkretum(G).
lieferant(P) type person(P).
```

Für die zentralen Konzepte *Artikel* und *Lieferant* werden entsprechende SF–Segmente definiert. Als Kennungen für die charakteristischen Mengen wurden *A*
für *Artikel* und *L* für *Lieferant* gewählt.

In der Folge wird ausschließlich das Segment „*Warenlager*" betrachtet.

23.2 Übersetzung der statischen Komponenten

Nach der Definition des charakteristischen Typs gilt es nun, dessen im begrifflichen
Segment dargestellte Eigenschaften im entsprechenden SF-Segment zu spezifizieren. Die statischen SF-Konstrukte spezifizieren Beziehungen des charakteristischen

Typs zu anderen Datentypen (vgl. Abschnitte 19.1.2.5 und 19.1.3). In begrifflichen Graphen sind Beziehungen eines Konzepts zu anderen Konzepten als begriffliche Relationen dargestellt (vgl. Abschnitt 2.3.3). Die einzelnen vom zentralen Konzept eines begrifflichen Segments ausgehenden Teilgraphen (die mit diesem jeweils durch eine begriffliche Relation verbunden sein müssen [Sow84, S. 72]) stellen somit ebenfalls Beziehungen dar. Für jeden dieser Teilgraphen wird daher geprüft, ob er den Kriterien für die Übersetzung in ein statisches SF-Konstrukt (vgl. Abschnitte 22.2.1 und 22.3.1) genügt. Trifft dies zu, so wird das entsprechende SF-Konstrukt definiert. Dabei werden die weiter oben aufgestellten Regeln angewandt (vgl. Abschnitt 22.2.2 und 22.3.2). Bei SF-Funktionen ersetzt die nunmehr bekannte charakteristische Menge (Bsp. 23.1-1) den Begriffstyp des zentralen Konzepts (vgl. Abschnitt 22.2.2) als Definitionsmenge. Für das Segment *Warenlager* bedeutet das: *A* statt *Artikel*. Ergebnis dieses Modellierungsschrittes ist eine Spezifikation der entsprechenden im begrifflichen Segment dargestellten Beziehungen als SF-Ereignisse und SF-Funktionen.

Definition: *Für die Übersetzung der statischen Komponenten eines begrifflichen Segments wird jeweils ein vom zentralen Konzept ausgehender Teilgraph des Arbeitsgraphen in das entsprechende SF-Konstrukt übersetzt. Das Ergebnis ist eine Spezifikation der im begrifflichen Segment dargestellten Beziehungen des zentralen Konzepts als SF-Funktionen und SF-Ereignisse.*

Zusammenfassung 23.2: Warenlager

SEGMENT *Warenlager* ;
TYPE *Artikel* ISA *Konkretum*;
SET A;

$$
\begin{aligned}
\text{FUNCTIONS } \textit{Lieferant}: \quad & A \longrightarrow \textit{Lieferant;} \\
\textit{ArtNr}: \quad & A \longrightarrow \textit{Artikelnummer;} \\
\textit{Bestand}: \quad & A \longrightarrow \textit{Bestand;} \\
\textit{Opt\_Bestellmenge}: \quad & A \longrightarrow \textit{Menge;} \\
\textit{Fehlmenge}: \quad & A \longrightarrow \textit{Menge;} \\
\textit{Entnahme}: \quad & A \longrightarrow (\textit{Datum} \times \textit{Menge})\text{–set;} \\
\textit{Bestellung}: \quad & A \longrightarrow (\textit{Lieferstatus} \times \textit{Menge})\text{–set;} \\
\textit{Konditionen}: \quad & A \longrightarrow (\textit{Preis} \times \textit{Menge})\text{–set;}
\end{aligned}
$$

ENDTYPE;
EVENT *Kondition_vereinbaren (Artikel, Menge, Preis)*;
ENDEVENT;
EVENT *Entnehmen (Artikel, Datum, Menge)*;
ENDEVENT;
EVENT *Bestellen(Artikel, Menge, Lieferstatus)*;
ENDEVENT;
ENDSEGMENT;

23.3 Vervollständigung der statischen Komponenten des SF-Modells

Nach der zahlenmäßigen Vervollständigung der SF-Ereignisse (Abschnitt 23.3.1) werden die übersetzten Funktionen und Ereignisse der SF-Syntax angepaßt (Abschnitt 23.3.2). Im Anschluß daran werden die Funktionsbedingungen der SF–Ereignisse definiert (Abschnitt 23.3.3)[2]. Abschließend sind die übersetzten Datentypen gemäß der Konvention von SF zu definieren (Abschnitt 23.3.4). Diese Schritte verlaufen interaktiv. Es handelt sich dabei um die Verarbeitung informal codierter Information (vgl. Abschnitt 22.5).

23.3.1 Zahlenmäßige Vervollständigung der SF-Ereignisse

SF-Funktionen spezifizieren interessierende Eigenschaften des charakteristischen Typs. SF-Ereignisse spezifizieren, wie und unter welchen Umständen die Ausprägungen dieser Eigenschaften bestimmt werden (vgl. [Ber89, S. 3]). Für das aus der Übertragung der statischen Komponenten eines begrifflichen Segments entstandene SF-Segment (vgl. Abschnitt 23.3) wird nun geprüft, ob die bestehenden SF-Ereignisse alle Möglichkeiten der Veränderung von Werten der bestehenden SF-Funktionen erfassen oder für einzelne SF–Funktionen eine Ergänzung vorzunehmen ist. Dies kann durch Erweiterung der Argumente (vgl. Abschnitt 19.1.3.1) eines der bestehenden SF-Ereignisse oder Definition eines zusätzlichen SF-Ereignisses[3] geschehen.

Definition: *Der Benutzer hat zu prüfen, ob durch die bestehenden SF-Ereignisse alle Änderungsmöglichkeiten der SF-Funktionswerte berücksichtigt werden, und gegebenenfalls Ergänzungen vorzunehmen. Dies kann durch Erweiterung der Argumente eines der bestehenden SF-Ereignisse oder Definition eines zusätzlichen SF-Ereignisses geschehen.*

Beispiel 23.3-1:   Definition eines wertbestimmenden Ereignisses einer SF-Funktion:

SF-Funktion und bisher definierte SF-Ereignisse eines SF-Segments:

FUNCTION *Lieferant* : $A \longrightarrow$ *Lieferant*;

EVENT *Bestellen(Artikel, Menge, Lieferstatus)*; . . .
EVENT *Entnehmen(Artikel, Menge)*; . . .
EVENT *Kondition_vereinbaren(Artikel, Menge, Preis)*;

---

[2] Auf die Darstellung einer Untermengenstruktur wird in der vorliegenden Arbeit nicht eingegangen. Mengenbedingungen (vgl. Abschnitt 19.1.3.3) werden daher nicht berücksichtigt. Anhaltspunkte für die Definition der Prüfbedingungen (vgl. Abschnitt 19.1.3.2) werden im Modell in begrifflichen Graphen nicht dargestellt (vgl. Abschnitt 20.1.2). Die Definition der Signalbedingungen (vgl. Abschnitt 19.1.3.5) wurde bereits unter 22.4.2 behandelt.

[3] Ein SF-Ereignis, das die Werte einer bestimmten SF-Funktion verändert, wird im folgenden *wertbestimmendes Ereignis* der betreffenden SF-Funktion genannt.

Zusätzlich definiertes SF-Ereignis:
EVENT *Aufnehmen(Artikel, Lieferant)*; ...

Der Lieferant wird bei Aufnahme eines Artikels in das Programm bestimmt.
Das bestehende SF-Segment wird um ein entsprechendes SF-Ereignis erweitert.
Aufnehmen ist wertbestimmendes Ereignis der SF-Funktion *Lieferant*.

Beispiel 23.3-2: Erweiterung eines bestehenden SF-Ereignisses um ein Argument:

SF-Funktion und bisher definierte SF-Ereignisse eines SF-Segments:

$$\text{FUNCTION } ArtNr: \quad A \longrightarrow Nummer,$$

EVENT *Aufnehmen(Artikel, Lieferant)*; ...
EVENT *Bestellen(Artikel, Menge, Lieferstatus)*; ...
EVENT *Entnehmen (Artikel, Menge)*; ...
EVENT *Kondition_vereinbaren (Artikel, Menge, Preis)*; ...
Erweitertes SF-Ereignis:
EVENT *Aufnehmen(Artikel, Lieferant, Artikelnummer)*; ...

Die Artikelnummer wird beim Aufnehmen eines Artikels in das Programm
endgültig festgelegt. Das betreffende SF-Ereignis wird daher um ein Argument
erweitert.

Zusammenfassung 23.3.1: Warenlager

SEGMENT *Warenlager*,
TYPE *Artikel* ISA *Konkretum*; SET *A*;

$$\begin{aligned}
\text{FUNCTIONS } Lieferant: & \quad A \longrightarrow Lieferant; \\
ArtNr: & \quad A \longrightarrow Artikelnummer, \\
Bestand: & \quad A \longrightarrow Bestand; \\
Opt_Bestellmenge: & \quad A \longrightarrow Menge; \\
Fehlmenge: & \quad A \longrightarrow Menge; \\
Entnahme: & \quad A \longrightarrow (Datum \times Menge)\text{–set}; \\
Bestellung: & \quad A \longrightarrow (Lieferstatus \times Menge)\text{–set}; \\
Konditionen: & \quad A \longrightarrow (Preis \times Menge)\text{–set};
\end{aligned}$$

ENDTYPE;
EVENT *Aufnehmen(Artikel, Lieferant, Artikelnummer)*;
ENDEVENT;
EVENT *Bestellen(Artikel, Menge, Lieferstatus)*;
ENDEVENT;
EVENT *Entnehmen (Artikel, Datum, Menge)*;
ENDEVENT;
EVENT *Kondition_vereinbaren (Artikel, Menge, Preis)*;
ENDEVENT;

EVENT *Kundenanfrage(Artikel, Menge)*;
ENDEVENT;
EVENT *LieferungEntgegennehmen(Artikel, Menge)*;
ENDEVENT;
EVENT *Lieferantenvertrag(Artikel, Lieferant)*;
ENDEVENT;
EVENT *Neue_Konditionen_vereinbaren (Artikel)*;
ENDEVENT;
EVENT *OptBestellmengeEingeben(Artikel, Menge)*;
ENDEVENT;
ENDSEGMENT;

Das SF-Ereignis *Kondition_vereinbaren* liefert jeweils ein zusätzliches $\langle$*abnahmemenge,*
stückpreis$\rangle$-Wertepaar. Durch das SF-Ereignis *Neue_Konditionen_Vereinbaren* werden
alle bisher gültigen Wertepaare gelöscht, wonach mit *Kondition_vereinbaren* jeweils
neue Konditionen vereinbart werden können (vgl. auch Bsp. 23.3-6 und Bsp. 23.3-7).

23.3.2 Anpassung der übersetzten Funktionen und Ereignisse an die SF–Syntax

23.3.2.1 Funktionsnamen

Der SF-Konvention entsprechend (vgl. [Ber89, S. 10]) werden die Namen von SF-
Funktionen, deren Ergebnistypen kartesische Produkte sind, mit dem Zusatz *_Satz*
versehen. Damit wird angedeutet, daß es sich weniger um Eigenschaften als vielmehr um Sätze der Daten sich wiederholender Vorgänge handelt.

Beispiel 23.3-3:   Anpassung von SF-Funktionsnamen:

Übersetzte Funktion:

$$\text{FUNCTION } \textit{Entnahme}: \quad A \longrightarrow (\textit{Datum} \times \textit{Menge})\text{-set};$$

Geänderter SF-Funktionsname:

$$\text{FUNCTION } \textit{Entnahme\_Satz}: \quad A \longrightarrow (\textit{Datum} \times \textit{Menge})\text{-set};$$

23.3.2.2 Argumente der Ereignisse

Die oben definierten (vgl. Abschnitt 23.3.1) SF-Ereignisse haben Datentypen als
Argumente. Bei den Argumenten der SF-Ereignisse wird jedoch zwischen betroffenen Objekten und deren Datentypen unterschieden (vgl. Abschnitt 19.1.3.1). Diese
Unterscheidung ist nun vom Benutzer vorzunehmen. Dazu wird eine Kurzbezeichnung für die betroffenen Objekte festgelegt. Diese Bezeichnung soll Auskunft über
die Rolle geben, die der angeführte Datentyp im betreffenden SF-Ereignis spielt.

Beispiel 23.3-4:   Differenzierung zwischen betroffenen Objekten eines SF-Ereignisses und deren Datentypen:

Kopfzeile eines Ereignisses:
EVENT *Aufnehmen(Artikel, Lieferant, Artikelnummer);* ...

Unterscheidung: betroffenes Objekt – Datentyp:
EVENT *Aufnehmen(a:Artikel, l:Lieferant, artikelnummer:Integer);*

Die in Kleinschreibung notierten Bezeichnungen dienen bei der weiteren Definition der SF-Ereignisse als Variablen.

23.3.2.3   Ergebnistypen von Funktionen

Parallel zur obigen Unterscheidung (vgl. Abschnitt 23.3.2.2) sind die Ergebnistypen von SF-Funktionen den in den Argumenten der wertbestimmenden SF–Ereignisse angeführten Datentypen anzupassen, mit dem Ziel, die Anzahl der verwendeten Datentypen zu reduzieren, indem Variablennamen auf die Argumente der wertbestimmenden SF-Ereignisse beschränkt werden.

Beispiel 23.3-5:   Anpassung der Ergebnistypen:
Übersetzte Funktion:

$$\text{FUNCTION } \textit{Konditionen\_Satz}: \quad A \quad \longrightarrow \quad (\textit{Preis} \times \textit{Menge})\text{–set;}$$

EVENT *Kondition_vereinbaren (a:Artikel, abnahmemenge:Integer , stückpreis: Integer);*
ENDEVENT;

SF-Funktion mit angepaßtem Ergebnistyp:

$$\text{FUNCTION } \textit{Konditionen\_Satz}: \quad A \quad \longrightarrow \quad (\textit{Integer} \times \textit{Integer})\text{–set;}$$

Daß es sich beim ersten Argument um einen Preis und beim zweiten um eine Mengenangabe handelt, geht nicht mehr aus der SF-Funktion hervor. Die bisher in der Bezeichnung der Ergebnistypen enthaltene Information ist nun aus dem wertbestimmenden Ereignis abzulesen. Ermöglicht wurde diese Anpassung an die SF-Konvention durch die vorhergehende Differenzierung in der Kopfzeile der SF-Ereignisse (vgl. Abschnitt 23.3.2.2). Der dadurch hergestellte Zusammenhang zwischen SF-Funktionen und wertbestimmenden SF–Ereignissen wird im folgenden Übersetzungsschritt festgehalten.

23.3.3   Definition der Funktionsbedingungen

Nach der Anpassung der Ereignisse und Funktionen ist nun der Zusammenhang zwischen SF-Funktionen und den jeweils wertbestimmenden SF-Ereignissen zu definieren. Funktionsbedingungen spezifizieren Änderungen von als SF-Funktionen definierten Eigenschaften im Zuge eines SF-Ereignisses (vgl. Abschnitt 19.1.3.4). Damit sind sie das passende Konstrukt zur Spezifikation dieses Zusammenhangs. Da die Definition der Funktionsbedingungen nur unter Berücksichtigung der Benennungen von Methodenkonstrukten möglich ist, handelt es sich um Verarbeitung informal codierter Information, die durch den Benutzer vorzunehmen ist (vgl. Abschnitt 22.5). Die Funktionsbedingungen werden definiert, indem der Name der SF–Funktion sowie die durch das wertbestimmende Ereignis hervorgerufene Änderung notiert werden. Der Benutzer definiert die durch ein SF-Ereignis hervorgerufenen Änderungen der Werte einer SF-Funktion als Funktionsbedingungen.

Beispiel 23.3-6:   Definition einer Funktionsbedingung:

SF-Funktion und wertbestimmendes Ereignis:

$$\text{FUNCTION } \mathit{Konditionen\_Satz} : \quad A \quad \longrightarrow (\mathit{Integer} \times \mathit{Integer})\text{--set;}$$

EVENT *Kondition_vereinbaren (a:Artikel, abnahmemenge:Integer,*
                                                    stückpreis: Integer);
ENDEVENT;

Funktionsbedingung:

$$\text{MAPCONDITIONS} \quad \mathit{Konditionen'}(a) = \mathit{Konditionen}(a) \cup$$
$$\{\langle \mathit{abnahmemenge}, \mathit{stückpreis} \rangle\};$$

Die Funktionsbedingung hält fest, daß bei jedem Ereignis *Kondition_vereinbaren* für den betroffenen Artikel *a* des Ergebnistyps der SF-Funktion *Konditionen* ein Wertepaar ⟨*abnahmemenge,stückpreis*⟩ hinzugefügt wird (vgl. Anmerkung zur Zusammenfassung 23.3.1).

Beispiel 23.3-7:   Definition einer Funktionsbedingung:

SF-Funktion und wertbestimmendes Ereignis:

$$\text{FUNCTION } \mathit{Konditionen\_Satz} : \quad A \quad \longrightarrow (\mathit{Integer} \times \mathit{Integer})\text{--set;}$$

EVENT *Neue_Konditionen_vereinbaren (a:Artikel)*;
ENDEVENT;

Funktionsbedingung:

$$\text{MAPCONDITIONS} \quad \mathit{Konditionen'}(a) = \{\};$$

Das SF-Ereignis *Neue_Konditionen_vereinbaren* löscht alle bisher gültigen Wertepaare ⟨*abnahmemenge,stückpreis*⟩ und ermöglicht somit die Vereinbarung neuer Konditionen, die jeweils durch das SF-Ereignis *Kondition_vereinbaren* festgehalten werden (vgl. Bsp. 23.3-6).

23.3.4 Definition der verwendeten Datentypen

Zur Beschreibung des charakteristischen Typs eines SF-Segments verwendete Datentypen sind entweder innerhalb des betreffenden SF-Segments zu definieren oder aus einem anderen SF-Segment zu übernehmen. Ausgenommen davon sind lediglich die Datentypen *Integer*, *Real*, *Boolean* und *Text*, die als vordefiniert betrachtet werden (vgl. [Ber89, S. 2 f]).

Im Zuge der Übersetzung wurden die Begriffstypen der Konzepte des Modells in begrifflichen Graphen als Datentypen in das entsprechende SF-Konstrukt übernommen (vgl. Abschnitte 22.1.2 und 22.2.2). Diese Datentypen müssen nun, da die Beschreibung des charakteristischen Typs vollständig ist, nach den Regeln von SF definiert werden. Die Entscheidung, ein bestimmtes Konzept zu einem zentralen Konzept zu machen, bewirkt bei der Übertragung nach SF, daß das betreffende Konzept zum charakteristischen Typ eines SF-Segments wird (vgl. Abschnitt 23.1).

Zur Beschreibung eines charakteristischen Typs verwendete und innerhalb anderer SF-Segmente definierte Datentypen sind in das betreffende SF–Segment zu übernehmen (vgl. Abschnitt 19.1.1.1). Datentypen, die auf ein zentrales Konzept zurückzuführen sind, werden daher als übernommene Typen angeführt. Ebenfalls zu übernehmen sind die in [Ber89, S. 3] aufgezählten zeitbezogenen Typen. Alle übrigen Datentypen werden als SF-Sekundärtypen vorgeschlagen (vgl. Abschnitt 19.1.2.3).

Definition: *Zeitbezogene Typen sowie jene Datentypen, die auf ein zentrales Konzept zurückzuführen sind, werden unverändert in das SF-Segment übernommen. Anhand einer Auflistung aller verbleibenden Datentypen definiert der Benutzer anschließend die sekundären Typen des betreffenden SF-Segments. Das Ergebnis ist ein hinsichtlich der statischen Komponenten (charakteristischer Typ, SF-Funktionen, SF-Ereignisse) vollständiges SF-Segment.*

Beispiel 23.3-8:   Definition eines sekundären SF-Typs:

Bisher undefinierter Datentyp:
SCode

Definition als sekundärer SF-Typ:

    SECONDARY TYPE *SCode*   =   {*"nicht lieferbar"*,
                                 "nur noch begrenzte Stückzahl vorrätig",
                                 "uneingeschränkt lieferbar"}

Der Benutzer definiert den Datentyp *SCode* als sekundären Typ.

Zusammenfassung 23.3: Warenlager

SEGMENT *Warenlager*;
IMPORTED TYPE *Datum* ENDTYPE;
IMPORTED TYPE *AktDatum* ENDTYPE;
IMPORTED TYPE *Lieferant* ENDTYPE;

TYPE *Artikel* ISA *Konkretum;*
SET *A;*

    SECONDARY TYPE *SCode* = {*"nicht lieferbar"*,
                                    "nur noch begrenzte Stückzahl vorrätig",
                                    "uneingeschränkt lieferbar" }

          FUNCTIONS *Lieferant* : A $\longrightarrow$ *Lieferant;*
                      ArtNr : A $\longrightarrow$ *Artikelnummer;*
                  Bestand : A $\longrightarrow$ *Bestand;*
        Opt_Bestellmenge : A $\longrightarrow$ *Menge;*
              Fehlmenge : A $\longrightarrow$ *Menge;*
              Entnahme : A $\longrightarrow$ *(Datum* × *Menge)*–set;
            Bestellung : A $\longrightarrow$ *(Lieferstatus* × *Menge)*–set;
          Konditionen : A $\longrightarrow$ *(Preis* × *Menge)*–set;

ENDTYPE;

EVENT *Aufnehmen(a:Artikel, l:Lieferant, artikelnummer:Integer);*
MAPCONDITIONS   *Lieferant*(*a*) = *l;*
                    ArtNr(*a*) = *artikelnummer;*
ENDEVENT;

EVENT *Bestellen(a:Artikel, bestellmenge:Integer, lieferstatus:SCode);*
MAPCONDITIONS   *Bestell_Satz*′(*a*) = *Bestell_Satz*(*a*)∪
                    {⟨*lieferstatus, bestellmenge*};
ENDEVENT;

EVENT *Entnehmen (a:Artikel, entnahmemenge:Integer);*
MAPCONDITIONS   *Entnahme_Satz*′(*a*) = *Entnahme_Satz*(*a*)∪
                    ⟨*AktDatum, entnahmemenge*⟩;
ENDEVENT;

EVENT *Kondition_vereinbaren (a:Artikel, abnahmemenge:Integer,*
                    stückpreis:Integer);
MAPCONDITIONS   *Konditionen_satz*′(*a*) = *Konditionen_satz*(*a*)∪
                  ⟨*abnahmemenge, stückpreis*⟩;
ENDEVENT;

EVENT Kundenanfrage(a:Artikel, angefragte_menge:Integer);
MAPCONDITIONS   angefragte_menge > Bestand(a) $\longrightarrow$
                              Fehlmenge$'(a)$ = Fehlmenge(a)+
                                      angefragte_menge $-$ Bestand(a);
ENDEVENT;

EVENT Lieferantenvertrag(a:Artikel, l:Lieferant);
MAPCONDITIONS   Lieferant$'(a)$ = l;
ENDEVENT;

EVENT LieferungEntgegennehmen(a:Artikel, liefermenge:Integer);
MAPCONDITIONS   Bestand$'(a)$ = Bestand(a) + liefermenge;
                      Fehlmenge(a) < liefermenge $\longrightarrow$ Fehlmenge$'(a)$ = 0;
                      Fehlmenge(a) > liefermenge $\longrightarrow$ Fehlmenge$'(a)$ =
                              Fehlmenge(a) $-$ liefermenge;
ENDEVENT;

EVENT Neue_Konditionen_vereinbaren (a:Artikel);
MAPCONDITIONS   Konditionen$'(a)$ = {};
ENDEVENT;

EVENT OptBestellmengeEingeben(a:Artikel, opt_menge:Integer);
MAPCONDITIONS   OptBestellmenge$'(a)$ = opt_menge;
ENDEVENT;

ENDSEGMENT;

23.4   Übersetzung der dynamischen Komponenten

Die Übersetzung der dynamischen Komponenten kann auf Grund der eindeutigen
Entsprechungen, die die Konstrukte der begrifflichen Graphen in SF haben (vgl.
Abschnitt 22.4), ohne Unterstützung durch den Benutzer erfolgen. Jede Entsprechung für ein dynamisches SF-Konstrukt wird nach den Regeln aus Abschnitt 22.4,
analog zu den dort gegebenen Beispielen übersetzt.

23.5 Vervollständigung der dynamischen Komponenten

War die Vervollständigung eines statischen SF-Segments auf Grund der wechsel-
seitigen Abhängigkeiten zwischen SF-Funktionen und SF-Ereignissen vergleichsweise aufwendig, so gestaltet sich die Vervollständigung eines dynamischen SF-
Segments verhältnismäßig einfach, da die einzelnen SF–Transaktionen voneinander
unabhängig sind (vgl. Abschnitt 19.1.4). Es ist lediglich sicherzustellen, daß alle im
Rahmen des SF-Segments verwendeten SF-Signale innerhalb des betreffenden SF-
Segments definiert sind oder formell aus einem anderen SF-Segment übernommen
werden.

Definition: *Zur Vervollständigung eines dynamischen SF-Segments werden bislang undefinierte SF-Signale angezeigt. Der Benutzer entscheidet jeweils, ob das
betreffende SF-Signal innerhalb des SF-Segments zu definieren ist oder formell aus
einem anderen SF-Segment zu übernehmen ist. Das Ergebnis ist ein vollständiges
SF-Segment.*

Beispiel 23.5-1:   Vervollständigung der Signaldefinitionen eines SF–Segments:

Bisher undefiniertes Signal:
AusProgrammNehmen(Artikel)

Definition als übernommenes Signal:
IMPORTED SIGNAL *AusProgrammNehmen(Artikel)*;

Kapitel 24

Begriffliche Basis

Es folgen die Definitionen jener Elemente der begrifflichen Basis, die bei der Übersetzung von SF-Konstrukten verwendet werden.

24.1 Typenhierarchie

```
konkretum
    individuum
        sache
        lebewesen
    abstraktum
        beziehung
        eigenschaft
        information
            text
            integer
                masszahl
                    zeitmass
                        zeitraum
                            tage
                            minuten
                        zeitpunkt
                            datum
                            uhrzeit
vorgang
    handlung
        sig_setzen
        sig_loeschen
    prozess
```

24.2 Begriffstypen

```
handlung(V) type vorgang(V),
            lebewesen(L), agent(lebewesen(L),vorgang(V)),
            konkretum(G), obj(vorgang(V),konkretum(G)).
```

```
sig_loeschen(V) type vorgang(V),
            text(T),  obj(vorgang(V),text(T)),
            konkretum(G),  ziel(konkretum(G),vorgang(V)),
            an_sig(text(T),konkretum(G)).

sig_setzen(V) type vorgang(V),
            text(T),  obj(vorgang(V),text(T)),
            konkretum(G),  ziel(konkretum(G),vorgang(V)),
            sig(text(T),konkretum(G)).

vorgang(T) type t(T),
            zeitpunkt(Z1),  beginn(zeitpunkt(Z1),t(T)),
            zeitpunkt(Z2),  ende(zeitpunkt(Z2),t(T)),
            zeitraum(ZR),  dauer(zeitraum(ZR),t(T)),
            minus(zeitpunkt(Z2),zeitpunkt(Z1),zeitraum(ZR)).
```

24.3   Relationen

```
agent(lebewesen(L),vorgang(V)) relation
            lebewesen(L),  link(lebewesen(L),vorgang(V)),  vorgang(V).

allg_sig(text(T),konkretum(G)) relation
            text(T),  sig(text($T @ 1 to 1),  konkretum($G @ 1 to n)),
            konkretum(G).

an_sig(text(T),konkretum(G)) relation
            text(T),  sig(text(T),konkretum(G)),  konkretum(G),
            sig_setzen(SS),
            obj(text(T),sig_setzen(SS)),  ziel(konkretum(G),sig_setzen(SS)),
            nicht(/ sig_loeschen(SL),  obj(text(T),sig_loeschen(SL)),
                    ziel(konkretum(G),sig_loeschen(SL)),
                    zeitl_vor(sig_setzen(SS),sig_loeschen(SL))).

beginn(zeitpunkt(Z),vorgang(V)) relation
            zeitpunkt(Z),  link(zeitpunkt(Z),vorgang(V)),  vorgang(V).

dauer(zeitraum(ZR),vorgang(V)) relation
            zeitraum(ZR),  link(zeitraum(ZR),vorgang(V)),  vorgang(V),
            zeitpunkt(ZP1),  beginn(zeitpunkt(ZP1),vorgang(V)),
            zeitpunkt(ZP2),  ende( zeitpunkt(ZP2),vorgang(V)),
             minus( zeitpunkt(ZP2),zeitpunkt(ZP1),zeitraum(ZR)).

ende(zeitpunkt(Z),V) relation
            zeitpunkt(Z),  link(zeitpunkt(Z),vorgang(V)),  vorgang(V).

grgleich(integer(Gross),integer(Klein)) relation
            integer(Gross),  link(integer(Gross),integer(Klein)),
            integer(Klein).

groesser(integer(Gross),Klein) relation
            integer(Gross),  link(integer(Gross),integer(Klein)),
            integer(Klein).

ind_sig(text(T),G) relation
```

```
            text(T), sig(text($T % 1 to 1), konkretum($G @ 1 to 1)),
            konkretum(G).

obj(vorgang(V),konkretum(G)) relation
            konkretum(G), link(konkretum(G),vorgang(V)), vorgang(V).

sig(text(T), konkretum(G)) relation
            text(T) link(text(T), konkretum(G)), konkretum(G).

spaeter(zeitpunkt(Spaeter),zeitpunkt(Frueher)) relation
            zeitpunkt(Frueher), zeitl_vor(zeitpunkt(Frueher),
            zeitpunkt(Spaeter)), zeitpunkt(Spaeter).

teil(t(Teil),t(Ganzes)) relation
            t(Teil), link(t(Teil),t(Ganzes)), t(Ganzes).

zeitl_vor(vorgang(Frueher),vorgang(Spaeter)) relation
            vorgang(Frueher), link(vorgang(Frueher),vorgang(Spaeter)),
            vorgang(Spaeter),
            zeitpunkt(ZP1), ende(zeitpunkt(ZP1),vorgang(Frueher)),
            zeitpunkt(ZP2), ende(zeitpunkt(ZP2),vorgang(Spaeter)),
            groesser(zeitpunkt(ZP2),zeitpunkt(ZP1)).

ziel(konkretum(G),vorgang(V)) relation
            konkretum(G), link(konkretum(G),vorgang(V)), vorgang(V).
```

24.4 Aktoren

```
aus(in text(Text), in t(T), out text('Text')) aktor
    text(Text), t(T), text('Text:T').

finde_Konzept_Namen(in t(Konzept), out text(Text)) aktor
     text(Text), name(text(Text),t(Konzept)), t(Konzept).

ident(in t(X), out t(Y)) aktor
    t(X), t(Y).

minus(integer(A),integer(B),E) aktor
    integer(A), integer(B), prolog_ E:= A-B.
```

Literaturverzeichnis

[All83]   Allen J.F.: „*Maintaining Knowledge about Temporal Intervals*", in [BL85].

[Bac90]   Bachl G.: „*Editions- und Interpretationsmechanismen für konzeptuale Graphen in PROLOG*", Diplomarbeit, Wirtschaftsuniversität Wien 1990.

[Bal82]   Balzert H.: „*Die Entwicklung von Software–Systemen*", Bibliographisches Institut, Mannheim 1982.

[BB87]   Blokdijk A., Blokdijk P.: „*Planning and Design of Information Systems*", Academic Press, London 1987.

[BDM87]   Bry F., Decker H., Manthey R.: „*A Uniform Approach to Constraint Satisfaction and Constraint Satisfiability in Deductive Databases*", in: Proceedings of the Conference Extending Data Base Technology, 1988, Venedig, Italien.

[Ber85]   Berztiss, A.: „*A Conceptual Model Based on Events and Functions*", SYSLAB Report No. 35, Stockholm 1985.

[Ber86]   Berztiss A.: „*The Set-Function Approach to Conceptual Modeling*", in: [OSV86].

[Ber89]   Berztiss A.: „*The Specification and Prototyping Language SF*", Pittsburgh–Stockholm 1989.

[BJ78]   Bjørner D., Jones C.B.: „*The Vienna Development Method: The Meta-Language*", LNCS 61, Springer Verlag, Berlin 1978.

[BL85]   Brachman R.J., Levesque H.L., (Hrsg.): „*Readings in Knowledge Representation*", Morgan Kaufmann Publishers, Los Altos 1985.

[BS82]   Brodie M.L., Silva E.: „*Active and Passive Component Modelling: ACM/PCM*", in: [OSV82].

[BSS83]   Budde R., Schnupp P., Schwald A.: „*Untersuchungen über Maßnahmen zur Verbesserung der Software–Produktion — Teil 1: Theoretische Ansätze auf dem Gebiet der Software–Technologie*", Gesellschaft für Mathematik und Datenverarbeitung, Oldenbourg Verlag, München 1983.

[Bub78]   Bubenko J.A.: *„Information Systems Methodologies — A Research Review"*, in: [OSV86].

[Che76]   Chen P.P.: *„ The Entity–Relationship Model — Towards a Unified View of Data"*, in: ACM Transactions on Database Systems, Vol. 1, No. 1, March 1976.

[Che85]   Chen P.P.: *„Database Design Based on Entity and Relationship"*, in: Bing Yao (Hrsg.), *„Principles of Database Design"*, Prentice Hall, Englewood Cliffs, New York 1985.

[CG90]   *„Proceedings of the Fifth Annual Workshop on Conceptual Structures"*, Part 1: Boston, USA; Part 2: Stockholm, Schweden 1990.

[CHJ86]   Cohen B., Harwood W.T., Jackson M.I.: *„The Specification of Complex Systems"*, Addison–Wesley, Wokingham 1986.

[CM84]   Clocksin W.F., Mellish C.S.: *„Programming in Prolog"*, 2nd Edition, Springer, Berlin, 1984

[Cod79]   Codd E.F.: *„Extending the Database Relational Model to Capture More Meaning"*, ACM Transactions on Database Systems, Vol. 4, No. 4, December 1979.

[CRW77]   McCall J.A., Richards P.K., Walters G.F.: *„Factors in Software Quality — Concepts and Definition of Software Quality"*, NTIS, Springfield Va., November 1977.

[Dav78]   Davis G.B.: *„Evolution of Business System Analysis Techniques"*, in: [Han81].

[DeM78]   DeMarco T.: *„Structured Analysis and System Specification"*, Yourdon Press New York 1978.

[DF87]   Duce D.A., Fielding E.V.C.: *„Formal Specification — A Comparison of two Techniques"*, in: The Computer Journal, British Computer Society, Vol. 30, No. 4, August 1987.

[Dud73]   *„DUDEN – Die Grammatik"*, Bibliographisches Institut, Mannheim 1973.

[Dud83]   *„DUDEN – Deutsches Universalwörterbuch"*, Bibliographisches Institut, Mannheim 1983.

[Dud86]   Duden *„Informatik"*, Bibliographisches Institut, Mannheim 1986.

[DZ88]   Dart P. W., Zobel J.: *„Conceptual Schemas Applied to Deductive Databases"*, Information Systems, Vol. 13, No. 3, pp. 273–287, 1988.

[EN89]   Elmasri R., Navathe S. B.: *„Fundamentals of Database Systems"*, Benjamin/Cummings, Redwood City 1989.

[EN90]   Esch J.W., Nagle T.E.: „*Representing Temporal Intervals Using Conceptual Graphs*", in: [CG90]

[Esch90]   Eschenbach R.: „*Erfolgspotential Materialwirtschaft*", Wien 1990.

[Flo86]   Floyd C.: „*A Comparative Evaluation of System Development Methods*", in: [OSV86].

[Geb87]   Gebhardt F.: „*Semantisches Wissen in Datenbanken — Ein Literaturbericht*", in: Informatik Spektrum (1987) 10.

[Gei87]   Geitner U.W.: „*CIM–Handbuch — Wirtschaftlichkeit durch Integration*", Vieweg & Sohn, Braunschweig 1987.

[GHP82]   Gewald K., Haake G., Pfadler W.: „*Software Engineering: Grundlagen und Technik rationeller Programmentwicklung*", Oldenbourg Verlag, München – Wien 1982.

[Gil88]   Gilb T.: „*Principles of Software Engineering Management*", Addison–Wesley, Wokingham 1988.

[GMN89]   Gallaire H., Minker J., Nicolas J.: „*Logic and Databases: A Deductive Approach*", in: [MB89b].

[GTS89]   Gardiner D.A., Tjan B., Slagle J.R.: „*Extended Conceptual Structures Notation*", Proceedings of the Fourth Annual Workshop on Conceptual Graphs at the IJCAI-89, August 1989, Detroit.

[GTS90]   Gardiner D.A., Tjan B., Slagle J.R.: „*What can We Learn from Predicate Calculus with Numeric Quantifiers*", in: [CG90]

[GÖ90a]   Gutzwiller Th., Österle H.: „*Referenz–Meta–Modell Analyse*", Bericht Nr. IM2000/CCRIM/2, IWI, St. Gallen, Jänner 1990.

[GÖ90b]   Gutzwiller Th., Österle H.: „*Referenz–Meta–Modell Design*", Bericht Nr. IM2000/CCRIM/5, IWI, St. Gallen, Dezember 1990.

[GS79]   Gane C., Sarson T.: „*Structured Systems Analysis: Tools and Techniques*", Prentice Hall, Englewood–Cliffs 1979.

[GV89]   Gardarin G., Valduriez P.: „*Relational Databases and Knowledge Bases*", Addison–Wesley, Reading, Massachusetts 1989.

[Han78]   Hansen H.R. (Hrsg): „*Entwicklungstendenzen der Systemanalyse*", 5. Wirtschaftsinformatik-Symposium der IBM Deutschland GmbH, Bad Neuenahr 10.–12. Oktober 1978, Oldenbourg, München 1978.

[Han80]   Hansen H.R.: „*Systemanalyse*", in: Handwörterbuch der Organisation, 2. Aufl., Hrsg. Grochla E., Stuttgart 1980.

[Han81]   Hansen H.R.: „*Aufbau betrieblicher Informationssysteme*", Service-Fachverlag, 4. Auflage, Wien 1981.

[Han86]   Hansen H.R.: „Wirtschaftsinformatik I – Einführung in die betriebliche Datenverarbeitung", 5. Auflage, Stuttgart 1986.

[Han87]   Hansen H.R.: „Wirtschaftsinformatik I—EDV-Begriffe und Aufgaben", 3. Auflage, Stuttgart 1987

[HL87]   Henhapl W., Letschert T.: „VDM — Vienna Development Method", in: it, Heft 4, 29. Jahrgang 1987.

[HN87]   Hansen H.R. (Hrsg), Neumann G. (Hrsg): „Beiträge zur Expertensystemforschung an der Wirtschaftsuniversität Wien", Service-Fachverlag, Wien 1987.

[HR88]   Hansen H.R., Riedl R.: „Strategische langfristige Informationssystemplanung (SISP)", in: Handbuch Wirtschaftsinformatik, Hrsg. Kurbel K., Strunz H., C.E. Poeschel Verlag, Stuttgart 1990.

[IBM85]   IBM: „Fachausdrücke der Informationsverarbeitung, Englisch-Deutsch Deutsch-Englisch", Suttgart 1985.

[Jac78]   Jackson M.A.: „Principles of Program Design", 3rd Edition, Academic Press, London 1978.

[Jon80]   Jones C.B.: „Software Development — A Rigorous Approach", Prentice Hall, Cambridge 1980.

[Jon86]   Jones C.B.: „Systematic Software Development Using VDM", Prentice Hall, Cambridge 1986.

[Keh89]   Kehrer N.: „Die Repräsentation des doppischen Finanzbuchhaltungssystems in Konzeptualen Graphen", Diplomarbeit, Wirtschaftsuniversität Wien, November 1989.

[Kow89]   Kowalski R.: „Database Updates in the Event Calculus", Research Report DoC 86/12, Imperial College, London, 1989.

[Kra90]   Krachler B.: „Benutzergeführte Übersetzung konzeptioneller Modelle zwischen SF und einer universellen Repräsentation in Begrifflichen Graphen", Diplomarbeit, Wirtschaftsuniversität Wien, Oktober 1990.

[KS85]   Kowalski R., Sergot M.: „A Logic-based Calculus of Events", Department of Computing, Imperial College, London 1985.

[Kun78]   Kunert H.: „Phasenkonzept für die Anwendungsentwicklung", in: [Han81].

[KW88]   KnowledgeWare: „Information–Engineering Workbench", Arthur Young International, 1988.

[KWD87]   Kersten M.L., Weigand H., Dignum F., Boom J.: „A Conceptual Modelling Expert System", in: [Spa84].

[Lee83]   Lee R.M.: *„Application Software and Organizational Change: Issues in the Representation of Knowledge"*, Information Systems, Vol. 8, No. 3.

[LES83]   Lechner K., Egger A., Schauer R.: *„Einführung in die allgemeine Betriebswirtschaftslehre"*, Linde, Wien 1983.

[Lel88]   Lell C.: *„A Framework for Relational Database Design Algorithms in Prolog"*, Diplomarbeit, Universität Wien, April 1988.

[LGN81]   Lundeberg M., Goldkuhl G., Nilsson A.: *„Information Systems Development – A Systematic Approach"*, Prentice Hall, Englewood Cliffs, USA 1981.

[Llo87]   Lloyd J.W.: *„Foundations of Logic Programming"*, 2. Auflage, Springer-Verlag, Berlin 1987.

[Lun82]   Lundeberg M.: *„The ISAC Approach to Specification of Information Systems and its Application to the Organization of an IFIP Working Conference"*, in: [OSV82].

[MB89b]   Mylopoulos J., Brodie M. (Hrsg.): *„Readings in Artificial Intelligence and Databases"*, Morgan Kaufmann, San Mateo, California 1989.

[McC63]   McCarthy J.: *„Situation, Action, and Causal Laws"*, Stanford Artificial Intelligence Project: Memo 2, 1963.

[McL83]   MacLennan B.J.: *„Principles of Programming Languages"*, CBS College Publishing, New York 1983.

[Mert87]   Mertens P.: *„Lexikon der Wirtschaftsinformatik"*, Springer Verlag, Berlin 1987.

[MN89]   Mühlbacher R., Neumann G.: *„A Conceptual Graph Based Dictionary as a Source for the Generation of Entity Relationship Models"*, Proceedings of the Forth Annual Workshop on Conceptual Graphs at the IJCAI-89, August 1989, Detroit.

[Mos86]   Moszkowski B.: *„Executing temporal logic programs"*, Cambridge University Press, Cambridge, 1987.

[MS85]   Methlie L.B., Sprague R.H.: *„Knowledge Representation for Decision Support Systems"*, North-Holland, Amsterdam 1985.

[Müh87]   Mühlbacher R.: *„Repräsentation juristischen Wissens in konzeptualen Graphen"*, in: [HN87].

[Müh90]   Mühlbacher R.: *„Using Conceptual Graphs as a Representation Language for System Analysis Methods"*, Proceedings of the Fifth Annual Workshop on Conceptual Graphs at the ECAI-90, Stockholm, August 1990.

[Neu86]   Neumann G.: „*Meta–Interpreter Directed Compilation of Logic Programs into Prolog*", IBM–Research Report RC 12113 (#54357), Yorktown Heights, New York 1986.

[Neu87]   Neumann G.: „*Metainterpretergesteuerte Compilation von logischen Programmen nach Prolog*", Dissertation, Wirtschaftsuniversität Wien, Mai 1987.

[Neu88]   Neumann G.: „*Metaprogrammierung und Prolog*", Addison–Wesley, Bonn 1988.

[Nij78]   Nijssen, G.: „*The Next Five Years in Data Base Technology*", in: „*Data Base Technology*", Volume 2, Infotech State of the Art Report, London, 1978.

[Nij80]   Nijssen, G.: „*A Framework for Advanced Mass Storage Applications*", in: „*Medinfo 1980, Proceedings of the Third World Conference on Medical Informatics*", Tokyo 1980, North Holland, Amsterdam, 1980.

[NZ90]   Nogier J.F., Zock M.: „*Lexical Choice as a Process of Matching Word Definitions on an Utterance Graph*" in: „*Proceedings of the Fifth Annual Workshop on Conceptual Graphs at the ECAI-90*", Stockholm, August 1990.

[OR23]   Ogden C.K., Richards I.A.: „*The Meaning of Meaning*", 1923, Harcourt, Brace, and World, New York, 8.Edition 1946.

[Ord78]   Ording E.C.: „*Langfristige Orientierung für die Entwicklung von Informations–Systemen*", in: [Han81].

[OST83]   Olle T.W., Sol H.G., Tully V.J., (Hrsg): „*Information System Design Methodologies: A Feature Analysis*", North-Holland, Amsterdam 1983.

[OSV82]   Olle T.W., Sol H.G., Verrijn-Stuart A.A., (Hrsg): „*Information System Design Methodologies: A Comparative Review*", North-Holland, Amsterdam 1982.

[OSV86]   Olle T.W., Sol H.G., Verrijn-Stuart A.A., (Hrsg): „*Information System Design Methodologies: Improving the Practice*", North-Holland, Amsterdam 1986.

[Öst81]   Österle H.: „*Entwurf betrieblicher Informationssysteme*", Hanser Verlag, München 1981.

[Pei60]   Peirce C.S.: „*Manuscripts on Existential Graphs*", gedruckt in: Burks A.W. (Hrsg), „*Collected Papers of Charles Sanders Peirce*", Harvard University Press, Cambridge, MA 1960.

[Pet81]   Peterson J.L.: „*Petri Net Theory and the Modeling of Systems*", Prentice Hall, Englewood Cliffs 1981.

[Pet88]   Peters L.: *„Advanced Structured Analysis and Design"*, Prentice Hall, Englewood Cliffs 1988.

[PH89]   Pfeiffer H.D., Hardtley R.T.: *„Semantic Additions to Conceptual Programming"*, Proceedings of the Fourth Annual Workshop on Conceptual Graphs at the IJCAI-89, August 1989, Detroit.

[Pic90]   Picot A.: *„Informationsmanagement: Die Wissenschaft vom Lösen der Probleme"*, in: *„International Journal of Technological Management"*, Vol. 5, Nr. 3, Coventry 1990.

[Pre78]   Pressmar D.B.: *„Beschreibungssprachen für betriebliche Informationssysteme"*, in: [Han81].

[Ros77]   Ross D.T.: *„Structured Analysis (SA): A Language for Communicating Ideas"*, IEEE Transactions of Software Engineering SE-3, No. 1, 1977.

[RR86]   Rolland C., Richard C.: *„The Remora Methodology for Information Systems Design and Management"*, in: [OSV86].

[RS77]   Ross D.T., Shoman K.E.: *„Structured Analysis for Requirements Definition"*, ToSE, Vol. SE-3, No.1, Jan. 1977.

[RTW82]   Rzevski G., Trafford D.B. Wells. M.: *„The Evolutionary Design Methodology applied to Information Systems"*, in: [OSV82].

[SBO85]   Sernadas A., Bubenko J., Olive A. (Hrsg): *„Information Systems: Theoretical and Formal Aspects"*, Elsevier Science Publishers, North Holland, Amsterdam 1985.

[Sch82]   Schulz A.: *„Methoden des Softwareentwurfs und der strukturierten Programmierung"*, deGruyter Verlag, Berlin 1982.

[Sch86]   Schneider H. J. (Hrsg.): *„Lexikon der Informatik und Datenverarbeitung"*, 2.Auflage, Oldenbourg Verlag, München 1986.

[SM86]   Steel T.B., Meersman R., (Hrsg), *„Data Semantics (DS–1)"*, North-Holland, Amsterdam 1986.

[Snod87]   Snodgrass R.: *„The temporal query language TQuel"*, ACM Transactions on Database Systems, Vol.12, No.2, pp 247-298.

[Sow84]   Sowa J.F.: *„Conceptual Structures: Information Processing in Mind and Machine"*, Addison–Wesley, Reading 1984.

[Sow88]   Sowa J.F.: *„Conceptual Graph Notation"*, in: *„Proceedings of the Third Annual Workshop on Conceptual Graphs"*, St. Paul, Minnesota 1988.

[Sow89]   Sowa J.F.: *„Conceptual Analysis as a Basis for Knowledge Acquisition"*, in: *„Proceedings of the Fourth Annual Workshop on Conceptual Graphs"*, St. Paul, Minnesota 1989.

[Sow90] Sowa J.F.: „*Towards the Expressive Power of Natural Language*", in: [CG90].

[Spa84] Spaccapietra S. (Hrsg): „*Entity Relationship Approach*", Proceedings of the Fifth International Conference on Entity Relationship Approach, Dijon 1986, North–Holland, Amsterdam 1987.

[Spi88] Spivey J.M.: „*Understanding Z — A specification language and its formal semantics*", Cambridge University Press, Cambridge 1988.

[SR83] Schank R.C., Rieger C.J.: „*Inference and the Computer Understanding of Natural Language*", in [BL85].

[SS80] Smith J.M., Smith D.C.P.: „*A Database Approach to Software Specifications*", in: Riddle W.E., Fairly R.E. (Hrsg), „*Software Development Tools*", Springer Verlag, New York 1980.

[Sta85] Stamper R.: „*Management Epistemology: Garbage in, Garbage out (And what about Deontology and Axiology?)*", in: [MS85].

[TRV82] Tjoa A.M., Rennert P.F., Vinek G.: „*Datenmodellierung: Theorie und Praxis des Datenbankentwurfs*", Physica Verlag, Würzburg – Wien 1982.

[TYF86] Teorey T.J., Yang D., Fry H.P.: „*A Logical Design Methodology for Relational Databases using the extended Entity Relationship Model*", ACM Computing Surveys 18, 2, June 1986.

[VF85] Veloso P.A.S., Furtado A.L.: „*Towards Simpler and Yet Complete Formal Specifications*", in: [SBO85].

[Vin90] Vinatzer J.: „*Überführung des ER-Modells in konzeptuale Graphen*", Diplomarbeit, Wirtschaftsuniversität Wien, Oktober 1990.

[Vog88] Vogel R.: „*Informationssystemspezifikation in ISAC und VDM am Beispiel einer Bibliotheksverwaltung*", Diplomarbeit, Wirtschaftsuniversität Wien, Februar 1988.

[Voss87] Vossen G.: „*Datenmodelle, Datenbanksprachen und Datenbankmanagement Systeme*", Addison-Wesley, Bonn 1987.

[VvB82] Verheijen G.M.A., Van Bekkum J.: „*NIAM: An Information Analysis Method*", in: [OSV82].

[Wag83] Wagner G.: „*Modell betrieblicher Informationsverarbeitung*", Haag und Herchen, Frankfurt 1983.

[War84] Ward P.T.: „*Systems Development Without Pain*", Yourdon Press, New York 1984.

[Wed88] Wedekind H.: „*Die Problematik des Computer Integrated Manufacturing (CIM)*", in: Informatik Spektrum, Band 11, Heft 1, Februar 1988.

Abbildungsverzeichnis

Betriebs- und Wirtschaftsinformatik

Herausgeber: H. R. Hansen, H. Krallmann, P. Mertens
A.-W. Scheer, D. Seibt, P. Stahlknecht, H. Strunz
R. Thome

Band 6: W. Sinzig
Datenbankorientiertes Rechnungswesen
Grundzüge einer EDV-gestützten Realisierung
der Einzelkosten- und Deckungsbeitragsrechnung
3. Aufl. 1990. DM 78,- ISBN 3-540-51786-3

Band 8: T. Noth, M. Kretzschmar
Aufwandschätzung von DV-Projekten
Darstellung und Praxisvergleich der wichtigsten
Verfahren
2. Aufl. 1985. DM 42,- ISBN 3-540-16069-8

Band 17: A. Schulz (Hrsg.)
Die Zukunft der Informationssysteme
Lehren der 80er Jahre
Dritte gemeinsame Fachtagung der
Österreichischen Gesellschaft für Informatik
(ÖGI) und der Gesellschaft für Informatik (GI).
Johannes Kepler Universität Linz,
16. - 18. September 1986
1986. DM 106,- ISBN 3-540-16802-8

Band 19: M. Schumann
Eingangspostbearbeitung
in Bürokommunikationssystemen
Expertensystemansatz und Standardisierung
1987. DM 54,- ISBN 3-540-17369-2

Band 20: T. Noth
Unterstützung des Managements von
Software-Projekten durch eine Erfahrungsdatenbank
1987. DM 76,- ISBN 3-540-17842-2

Band 21: H. Demmer
Datentransportkostenoptimale Gestaltung von
Rechnernetzen
1987. DM 69,- ISBN 3-540-17919-4

Band 22: J. Becker
Architektur eines EDV-Systems zur
Materialflußsteuerung
1987. DM 72,- ISBN 3-540-18349-3

Band 23: P. Haun
Entscheidungsorientiertes Rechnungswesen
mit Daten- und Methodenbanken
1987. DM 59,- ISBN 3-540-18418-X

Band 24: E. Plattfaut
DV-Unterstützung strategischer
Unternehmensplanung
Beispiele und Expertensystemansatz
1988. DM 49,- ISBN 3-540-18631-X

Band 26: F. Schober
Modellgestützte strategische Planung
für multinationale Unternehmungen
Konzeption, Potential und Implementierung
1988. DM 78,- ISBN 3-540-18767-7

Band 27: J. Hofmann
Aktionsorientierte Datenverarbeitung
im Fertigungsbereich
1988. DM 49,- ISBN 3-540-18798-7

Band 29: R. Oetinger
Benutzergerechte Software-Entwicklung
1988. DM 78,- ISBN 3-540-19135-6

Band 31: P. Mertens, V. Borkowski, W. Geis
Betriebliche Expertensystem-Anwendungen
2., völlig neu bearb. und erw. Aufl. 1990. DM 78,-
ISBN 3-540-52599-8

Band 32: R. Thome (Hrsg.)
Systementwurf mit Simulationsmodellen
Anwendergespräch, Universität Würzburg,
10. 12. 1987
1988. DM 59,- ISBN 3-540-19454-1

Band 33: W. Ruf
Ein Software-Entwicklungs-System auf der
Basis des Schnittstellen-Management Ansatzes
Für Klein- und Mittelbetriebe
1988. DM 78,- ISBN 3-540-50364-1

Band 34: A. Back-Hock
Lebenszyklusorientiertes Produktcontrolling
Ansätze zur computergestützten Realisierung
mit einer Rechnungswesen-Daten- und
Methodenbank
1988. DM 58,- ISBN 3-540-50413-3

Band 35: J. Nonhoff
Entwicklung eines Expertensystems für das
DV-Controlling
1989. DM 55,- ISBN 3-540-50760-4

Band 36: G. Schmidt
CAM: Algorithmen und Decision Support
für die Fertigungssteuerung
1989. DM 55,- ISBN 3-540-51088-5

Band 37: U. Leismann
Warenwirtschaftssysteme mit Bildschirmtext
1990. DM 90,- ISBN 3-540-51844-4

Band 38: C. Petri
Externe Integration der Datenverarbeitung
Unternehmensübergreifende Konzepte
für Handelsunternehmen
1990. DM 78,- ISBN 3-540-51849-5

Band 39: U. Venitz
CIM-Rahmenplanung
1990. DM 78,- ISBN 3-540-51910-6

Band 42: K. Hildebrand
Software Tools: Automatisierung im Software Engineering
Eine umfassende Darstellung der Einsatz-
möglichkeiten von Software-Entwicklungs-
werkzeugen
1990. DM 58,- ISBN 3-540-52628-5

Band 43: K. G. Götzer
Optimale Wirtschaftlichkeit und Durchlaufzeit im Büro
Ein Verfahren zur integrierten Optimierung
der Büroinformations- und Kommunikations-
technik
1990. DM 69,- ISBN 3-540-52939-X

Band 44: O. Schweneker
Entwicklung eines Expertensystems für Absatzprognosen durch konzeptionelles Prototyping
1990. DM 58,- ISBN 3-540-53216-1

Band 45: L. Gröner
Entwicklungsbegleitende Vorkalkulation
1991. DM 78,- ISBN 3-540-53444-X

Band 46: R. Winter
Mehrstufige Produktionsplanung in Abstraktionshierarchien auf der Basis relationaler Informationsstrukturen
1991. DM 98,- ISBN 3-540-53546-2

Band 47: J. Becker
CIM-Integrationsmodell
Die EDV-gestützte Verbindung betrieblicher Bereiche
1991. DM 78,- ISBN 3-540-53850-X

Band 48: P. Neu
Strategische Informationssystem-Planung
Konzept und Instrumente
1991. DM 78,- ISBN 3-540-54185-3

Band 49: R. Busch
Operations Research und Wissensbasierte Systeme
Modelle, Konzepte, Perspektiven für betriebliche Anwendungen
1991. DM 85,- ISBN 3-540-54203-5

Band 50: M. Müller-Wünsch
Wissensbasierte Unternehmensstrategieent-
wicklung
Perspektiven für die Architektur integrierter,
computergestützter Führungssysteme
1991. DM 69,- ISBN 3-540-54439-9

Band 51: D. Bartmann
Lösungsansätze der Wirtschaftsinformatik im Lichte der praktischen Bewährung
1991. DM 78,- ISBN 3-540-54574-3

Band 52: M. Schumann
Betriebliche Nutzeffekte und Strategiebeiträge der großintegrierten Informationsverarbeitung
1992. DM 98,- ISBN 3-540-54726-6

Preisänderung vorbehalten.